U0248645

国家出版基金项目
NATIONAL PUBLICATION FOUNDATION

矿区生态环境修复丛书

铊环境分析化学方法

陈永亨　齐剑英　吴颖娟
刘　娟　王　津　李祥平　等 著

科 学 出 版 社
龙 门 书 局
北 京

内 容 简 介

　　本书系统地介绍铊的基本物理化学性质，生物毒性，社会用途，宇宙、地球丰度及其在环境介质中的分布。重点论述铊的各类分析方法及使用条件，检测范围和检测限，相对精确度，各类分析方法的基本原理和发展历史，以及各类分析方法在环境科学研究与环境污染治理中的应用。

　　本书可供高等院校环境科学与工程、化学化工和食品科学等专业本科生、研究生使用，也可供环境科学与工程领域科研人员和工程技术人员，以及环境保护监测工作者参考。

图书在版编目（CIP）数据

铊环境分析化学方法/陈永亨等著. —北京: 龙门书局, 2020.11
（矿区生态环境修复丛书）
国家出版基金项目
ISBN 978-7-5088-5797-8

I. ①铊⋯　II. ①陈⋯　III. ①铊—环境分析化学　IV. ①X132

中国版本图书馆 CIP 数据核字（2020）第 158058 号

　　　　责任编辑：李建峰　杨光华　刘　畅/责任校对：高　嵘
　　　　　　责任印制：彭　超/封面设计：苏　波

科 学 出 版 社 出版
龍 門 書 局
北京东黄城根北街 16 号
邮政编码：100717
http://www.sciencep.com
武汉精一佳印刷有限公司印刷
科学出版社发行　各地新华书店经销
*

开本：787×1092　1/16
2020 年 11 月第 一 版　　印张：16 3/4
2020 年 11 月第一次印刷　　字数：400 000
定价：218.00 元
（如有印装质量问题，我社负责调换）

"矿区生态环境修复丛书"

编 委 会

顾问专家

傅伯杰　彭苏萍　邱冠周　张铁岗　王金南

袁　亮　武　强　顾大钊　王双明

主　编

干　勇　胡振琪　党　志

副主编

柴立元　周连碧　束文圣

编　委（按姓氏拼音排序）

陈永亨　冯春涛　侯恩科　黄占斌　李建中　李金天

林　海　刘　恢　卢桂宁　罗　琳　马　磊　齐剑英

沈渭寿　涂昌鹏　汪云甲　夏金兰　谢水波　薛生国

杨胜香　杨志辉　余振国　赵廷宁　周爱国　周建伟

秘　书

杨光华

"矿区生态环境修复丛书"序

我国是矿产大国,矿产资源丰富,已探明的矿产资源总量约占世界的12%,仅次于美国和俄罗斯,居世界第三位。新中国成立尤其是改革开放以后,经济的发展使得国内矿山资源开发技术和开发需求上升,从而加快了矿山的开发速度。由于我国矿产资源开发利用总体上还比较传统粗放,土地损毁、生态破坏、环境问题仍然十分突出,矿山开采造成的生态破坏和环境污染点多、量大、面广。截至2017年底,全国矿产资源开发占用土地面积约362万公顷,有色金属矿区周边土壤和水中镉、砷、铅、汞等污染较为严重,严重影响国家粮食安全、食品安全、生态安全与人体健康。党的十八大、十九大高度重视生态文明建设,矿业产业作为国民经济的重要支柱性产业,矿产资源的合理开发与矿业转型发展成为生态文明建设的重要领域,建设绿色矿山、发展绿色矿业是加快推进矿业领域生态文明建设的重大举措和必然要求,是党中央、国务院做出的重大决策部署。习近平总书记多次对矿产开发做出重要批示,强调"坚持生态保护第一,充分尊重群众意愿",全面落实科学发展观,做好矿产开发与生态保护工作。为了积极响应习总书记号召,更好地保护矿区环境,我国加快了矿山生态修复,并取得了较为显著的成效。截至2017年底,我国用于矿山地质环境治理的资金超过1 000亿元,累计完成治理恢复土地面积约92万公顷,治理率约为28.75%。

我国矿区生态环境修复研究虽然起步较晚,但是近年来发展迅速,已经取得了许多理论创新和技术突破。特别是在近几年,修复理论、修复技术、修复实践都取得了很多重要的成果,在国际上产生了重要的影响力。目前,国内在矿区生态环境修复研究领域尚缺乏全面、系统反映学科研究全貌的理论、技术与实践科研成果的系列化著作。如能及时将该领域所取得的创新性科研成果进行系统性整理和出版,将对推进我国矿区生态环境修复的跨越式发展起到极大的促进作用,并对矿区生态修复学科的建立与发展起到十分重要的作用。矿区生态环境修复属于交叉学科,涉及管理、采矿、冶金、地质、测绘、土地、规划、水资源、环境、生态等多个领域,要做好我国矿区生态环境的修复工作离不开多学科专家的共同参与。基于此,"矿区生态环境修复丛书"汇聚了国内从事矿区生态环境修复工作的各个学科的众多专家,在编委会的统一组织和规划下,将我国矿区生态环境修复中的基础性和共性问题、法规与监管、基础原理/理论、监测与评价、规划、金属矿冶区/能源矿山/非金属矿区/砂石矿废弃地修复技术、典型实践案例等已取得的理论创新性成果和技术突破进行系统整理,综合反映了该领域的研究内容,系统化、专业化、整体性较强,本套丛书将是该领域的第一套丛书,也是该领域科学前沿和国家级科研项目成果的展示平台。

本套丛书通过科技出版与传播的实际行动来践行党的十九大报告"绿水青山就是金山银山"的理念和"节约资源和保护环境"的基本国策,其出版将具有非常重要的政治意义、理论和技术创新价值及社会价值。希望通过本套丛书的出版能够为我国矿区生态环境修复事业发挥积极的促进作用,吸引更多的人才投身到矿区修复事业中,为加快矿区受损生态环境的修复工作提供科技支撑,为我国矿区生态环境修复理论与技术在国际上全面实现领先奠定基础。

干　勇　胡振琪　党　志

柴立元　周连碧　束文圣

2020 年 4 月

序

　　铊具有很大的生理毒性，在自然环境中一般背景值很低，属稀有分散元素，很少引起人们的关注。但铊是低温热液成矿元素，在某些硫化物矿床中富集伴生。社会经济的发展需要开发利用相关矿产资源，使铊进入表生环境中，造成水体、土壤和大气的污染，进而随着生物富集/食物链传递进入动物体内及人体，威胁危害人类健康。中国科学院地球化学研究所、贵州大学的研究者们早在 20 世纪 60～70 年代因矿床地球化学研究对贵州黔西南滥木厂典型汞铊独立矿床的铊环境生态污染展开了较系统的研究。铊的环境生态污染和人体慢性铊中毒的健康威胁引起了社会和政府的高度关注。我国是一个富铊的国家，很多省份都拥有含铊矿产资源，经济开发带来的铊环境污染问题逐渐引起了学界的重视。

　　本书作者陈永亨教授团队从 20 世纪 90 年代开始展开铊的环境污染研究，在贵州兴仁滥木厂含铊汞矿研究的基础上，对广东云浮含铊黄铁矿和凡口含铊铅锌矿开展了深入的铊环境污染研究。全面系统地研究了硫酸生产过程、铅锌冶炼过程中铊的各工艺流程分布、迁移转化方式及其在各环境介质中的赋存状态，并预言未来 10～20 年将是中国铊环境污染的高爆发期。从 2010 年 10 月，广东爆发北江铊污染事件，之后连续爆发了广西、江西、四川、湖南等地饮用水水源河流铊污染事件，震惊社会和政府高层。面对一系列的铊环境污染事件，在广大民众处于惊慌和茫然之时，陈永亨教授团队毅然承担起铊环境污染治理和控制的社会责任，暂时放下他们擅长的其他基础研究。他们走进工厂、企业全面调查了解，学习冶炼企业的工艺生产流程，系统地研究铊的工艺分布规律，针对企业的现有环境条件和企业的承受能力，开发了可行性强的铊环境污染控制技术。从源头上管控铊的环境排放标准，同时建立了铊工业废水排放地方标准，为环境管理部门提供了环境监管政策依据；成功实施了工业废水铊处理技术示范工程，为业内企业提供了可操作性强的技术支撑。

　　20 多年来，陈永亨教授团队坚持不懈，专注于铊环境生态污染、工业生产源头铊排放控制技术、土壤铊污染治理修复、污染水体铊净化等系列理论研究和技术开发。根据环境介质中铊的含量范围，团队开发了一系列铊环境分析化学技术方法，并拓展了铊环境地球化学理论。经过长期努力，陈永亨教授团队已经发展成为国际上领先的铊环境污染研究团队之一。从初期的分光光度法、原子吸收光度法到痕量极谱分析法、ICP-MS 微量元素分析法到 MC-ICP-MS 同位素分析法和分级提取化学形态分析法，他们都进行了深入系统的分析研究，终于集成《铊环境分析化学方法》，我特向他们表示由衷的祝贺，并且非常高兴为此书作序，积极地向科学出版社推荐出版。这对众多的环境监测和环境保护科研人员，有志于环境保护工作的教师和学生了解和掌握铊的环境地球化学知识和环境分析化学方法将大有裨益，并具有重要的指导意义。

中国科学院院士

2019 年 12 月 6 日于广州

前　言

　　随着人类社会的发展和生活水平的提高，人们越来越重视生存的环境和生活条件的改善，关心和注重环境保护的呼声和要求越来越高。随着我国改革开放的不断推进和社会经济的快速发展，自然资源开发利用力度不断加大，社会发展的需求对资源的索取越来越多，化学工业和化学产品渗透到人类生活的各个领域，由此带来的化学污染和化学问题对人类的困扰也越来越突出，粗放型社会经济发展模式带来的环境污染已对人类健康构成巨大的威胁和影响，对社会经济的可持续发展压力愈加明显，已经成为社会经济发展的瓶颈。我国是一个富铊资源的国家，如超大型的广东云浮含铊黄铁矿、广东凡口含铊铅锌矿、云南兰坪金顶含铊铅锌矿、云南南华砷铊矿、广西益兰含铊汞矿、贵州戈塘含铊锑金矿、贵州黔西南兴仁滥木厂含铊汞矿、四川东北寨含铊金砷矿、安徽城门山含铊铅矿床和安徽和县香泉独立铊矿床等。这些矿床在早期粗放型开采利用模式下，周边生态环境早已满目疮痍。例如，有报道称 20 世纪 80 年代，云南金顶铅锌矿附近众多的机关、工厂和个人纷纷上山采矿，挖了 600 多个矿洞，为采得 1 t 可以出售的商品矿石，他们扔掉了 7～10 t 工业矿石。被丢弃的铅锌矿石漫山遍野，仅 5 年间，便消耗了宝贵的工业储量矿石 800 万 t，潜在价值 95 亿元。这些被丢弃的数以百万吨计的矿石，在雨季到来时被冲入河流，严重污染了金顶镇以下 80 多千米长的河段。如此多含有重金属元素的硫化物长期浸泡在河水中，对河流及其沿岸造成非常严重的环境污染。

　　铊（Tl）是一种剧毒的稀有分散元素，环境背景值非常低，一般人对铊缺乏了解，长期以来人们很少关注这种元素。铊高度富集在某些岩石矿物中，甚至富集成为独立矿物。由于开采矿物资源而将铊带入环境当中，造成环境水体、土壤和大气的污染，它通过植物、蔬菜、水果和粮食进入食物链，并在动物体内和人体积累富集，造成动物和人类中毒，威胁人类的健康和后代的生命质量。

　　1997 年 1 月，我由中国科学院广州地球化学研究所调到广州师范学院(现广州大学)化学系，由原来的研究方向天体化学转为环境地球化学。在调研选择具体的研究内容上，通过 1995 年发生的震惊全球的清华大学化学系学生朱令铊中毒事件，我了解到我国贵州黔西南兴仁滥木厂含铊汞矿开采导致铊污染，在 20 世纪 60～70 年代曾经爆发过 2 次大规模的铊中毒事件，造成 1000 多人中毒，20 余人死亡。我通过进一步调查，了解到广东省拥有 2 座亚洲超大型含铊硫化物矿床——云浮含铊黄铁矿和凡口铅锌矿，年总开采量达 500～600 万 t，这意味着由于矿山开采每年将有 100 余吨铊被带入环境，预计经过 10～20 年稀有分散元素铊在环境中的积累将成为广东省境内的"环境定时炸弹"。因此，我将研究方向确定为铊环境地球化学，开启了我们团队 20 多年坚持不懈的研究。由于铊环境背景值低，很少人了解和关注，国内外铊的环境分析化学研究基础薄弱。我们根据当初的实验室条件，从分光光度法开始，研究铊的各种分离富集方法及各种显色剂与铊的显色反应、铊的原子吸收光度法、电化学极谱分析法，后来发展到电感耦合等离子质谱分析法、非传统同位素分析法和铊化学形态分级提取分析法等，系统地分析了广东云浮含铊黄铁矿、广东凡口铅锌矿、云南兰坪金顶含铊铅锌矿和贵州黔西南兴仁滥木厂含铊汞矿中的各类矿石、矿渣、废水及矿区土壤、矿区水体、污染区植物、农产品及饮用水源水中铊的含量及分布特征，建立了各类含铊样品中铊的分析方法，改进了土壤铊的分级提取标准 BCR①法，探索建立了铊的非传统同位素分析方法。

2009 年，我们准备总结铊的环境分析化学方法，拟定了本书的撰写提纲，分配了撰写人员和章节。2010 年 10 月爆发了广东北江铊污染事件，北江流域 4000 万人的饮用水源一夜告急，主要事故单位——年产值 60~70 亿元的韶关冶炼厂被关闭 2 年多。面对严峻的环境铊污染事件，作为国内主要的专业研究团队，我们暂时放下撰写书稿，全力投入工业铊污染治理技术研究，先后给广东省委、省人民政府呈送了《韶关冶炼厂铊污染控制技术方案建议书》和《加强广东省铊环境污染控制治理与铊资源回收储存的建议》。在第一份建议书中，我们认为韶关冶炼厂的铊污染问题是可以防治的，长期关闭是不合适的。韶关冶炼厂的铊污染控制主要存在两个方面的问题，一是含铊废水排放问题，二是烟尘中铊的控制与回收，我们有能力解决。第一份建议书得到了时任广东省委书记汪洋的批示，通过两轮专家论证，韶关冶炼厂得以复产。第二份建议书指明我国是一个富铊资源国家，相邻的广西、湖南、江西均有大量含铊资源和涉铊企业，珠江上游的云南、贵州和四川拥有丰富的含铊矿产，日后将会大量开发，预计未来 10~20 年将是铊污染的高暴发期，广东将会成为铊污染的汇聚地，将严重制约广东经济的可持续发展，特向政府相关部门建议：①加快开展珠江上游地区铊等毒害元素的矿产开发利用暴露通量及其生态影响调查研究；②尽快论证立项开展含铊工业废水处理技术示范工程，含铊废渣与电尘回收铊综合利用技术应用推广；③在有剧毒危险品管理资质的机构增加建立铊资源管理库，将回收的高纯度铊实行统一管理以作资源储备；④加快制定铊环境污染排放控制地方标准，以便管理部门进行正常的监督和管控。第二份建议书得到了时任广东省委书记胡春华的批示，广东省环境保护厅（现为广东省生态环境厅）牵头在全国率先实现了省际上下游流域污染补偿机制，制定了广东省地方环境标准《工业废水铊污染物排放标准》，实施了工业废水铊污染控制技术示范工程。

最近 10 年来，我们在努力研发工业铊污染控制技术，而在这些年中，我国继广东北江铊污染事件后，相继暴发了 2012 年 1 月广西龙江镉铊砷锑污染事件、2013 年 6 月广西贺江镉铊污染事件、2016 年 4 月江西新余袁河铊污染事件、2017 年 5 月四川嘉陵江铊污染事件、2018 年湖南醴陵渌江铊污染事件，造成了民众和政府的焦虑和不安，我们曾经的预言竟如此快地成为现实，可见铊污染的势头比我们想象的还要严重得多。

经过 20 余年的努力，我们基本上拥有了应对铊环境污染的控制和治理能力，开发了一系列铊的微量痕量分析技术，以及土壤水体污染控制和治理技术，今天终于再次拿

---

① BCR 为欧洲共同体标准物质局（Bureau Communautaire de Référence）的法文缩写，是现在欧盟标准测量和测试机构（Standards Measurement and Testing Programme，SM&T）的前身

起笔开始撰写《铊环境分析化学方法》，并借"矿区生态环境修复丛书"编写的东风，能够一鼓作气完成，以了结 10 年前的心愿。

全书分为 10 章，第 1 章介绍铊的基本理化性质、地球化学特性、生理毒性及应用；第 2 章介绍铊的丰度分布及环境分析意义；第 3 章主要根据环境标准推荐方法介绍铊的样品采集和前处理方法；第 4 章介绍铊的光度分析法；第 5 章介绍铊的原子吸收光谱法；第 6 章介绍铊的电化学分析法；第 7 章介绍铊的电感耦合等离子体质谱（ICP-MS）分析法和电感耦合等离子体原子发射光谱（ICP-AES）分析法；第 8 章介绍铊的多接收电感耦合等离子体质谱（MC-ICP-MS）分析法；第 9 章介绍铊的化学形态分级提取分析法；第 10 章介绍铊环境分析化学发展趋势。为了方便读者对各类方法的全面了解，各章不同重点地介绍了各类方法的基本原理（包括经典原理）和发展历史。

全书总结了我们团队 20 多年来在铊的环境分析化学研究中的成果，感谢广州大学大湾区环境研究院、环境科学与工程学院、化学与化工学院、土木工程学院和生命科学学院有关老师、研究生和本科生的参与，以及在研究中做出的贡献。

本书前言由陈永亨撰写，第 1~2 章由陈永亨、杨春霞和王春霖撰写，第 3 章由齐剑英、范芳和李祥平撰写，第 4 章由吴颖娟撰写，第 5 章由齐剑英、范芳和李祥平撰写，第 6 章由吴颖娟撰写，第 7 章由齐剑英、范芳和李祥平撰写，第 8 章由刘娟、王津和邓菲菲撰写，第 9 章由陈永亨、杨春霞和王春霖撰写，第 10 章由陈永亨和邓红梅撰写，全书由陈永亨和齐剑英统稿、定稿。

本书在撰写过程中得到了广州大学环境科学与工程学院肖唐付教授、李锦文副教授及化学与化工学院吴惠明副教授的帮助，惠予审读，提出了很中肯的修改意见和建议；广州大学环境科学与工程学院曹小安教授、化学与化工学院张平教授参与了分析方法的研究，书中引用了他们的研究成果，撰写过程中得到他们的大力支持和指导，他们还对相关章节的撰写提出了具体的建议，在此表示衷心的感谢。

本书在编写过程中得到了中国科学院院士、中国科学院广州地球化学研究所彭平安研究员的充分肯定、鼓励和支持，在此向彭平安院士致以衷心的感谢。

本书的编写还得到了华南理工大学党志教授、中国矿业大学胡振琪教授的鼓励、指导和具体的撰写建议。感谢研究生林茂、任加敏、林景奋和周玉婷，本科生阮浩樟、古宇婷和贺惠贤参与了本书部分资料的收集和整理。

我们的研究工作一直得到国家自然科学基金委员会、生态环境部、广东省科学技术厅、广东省生态环境厅、广州市科技局和广州市教育局的科技项目资助，因此能够取得长足的进步，特向各资助单位和机构致以真诚的谢意。

限于作者的水平和能力，书中难免出现疏漏之处，敬请读者批评指正。

陈永亨

2019 年 12 月 16 日于广州

目　　录

第 1 章　绪　　论

1.1　铊的发现及基本理化性质

铊是一种金属元素，化学符号 Tl，英文 thallium，源自希腊文 thallos，意为嫩芽，因它在光谱中的亮黄谱线带有新绿色彩而得名。铊是人类发现的第 62 个化学元素，在 1861年发现于最初工业生产的废弃物——硫酸生产废渣。发现人是英国著名化学家和物理学家克鲁克斯（Sir William Crookes，1832～1919 年），他于 1859 年创办并主编《化学新闻》，1863 年当选英国皇家学会会员，1913～1915 年任英国皇家学会会长。几乎同一时间段，铊的另一个发现人是法国里尔大学的化学教授 K.A. 拉米（1820～1878）。拉米于 1862年初在硒样品光谱中发现了以前从未看到过的绿色谱线，当时他并不知道克鲁克斯发现了类似的绿色谱线。他用本生蓄电池首次从铊的氯化物中获得了金属铊。他比克鲁克斯较早成功地确定了铊的物理和化学属性，并认为它是金属，且准确地确定了铊元素的原子量、原子价态。拉米也是第一个在动物身上进行铊的毒性研究的科学家，他的论文《论新元素铊的存在》发表于 1862 年 6 月 23 日。这篇文章清楚显示，拉米已经证实了铊元素的金属性质，与克鲁克斯相比，他提炼出了更多的铊，从而使他能够更加充分地研究该元素的属性。拉米证明，铊一方面表现出类似铅的特性，另一方面又表现出碱金属的特性。他详细地描述了新元素的物理属性，并且指出它的特殊性就是火焰的鲜绿色彩。拉米研究铊及其化合物的起点是氯化铊，而且指出铊蕴藏在生产硫酸所用的多种黄铁矿样品中。在 1862 年 12 月发表的第二篇论文中，拉米详细地描述了铊盐、氯化盐和过氧化盐的提炼和化学性能。因此，拉米是独立地并且是和克鲁克斯同时经历了探索新元素的相同过程，尽管他公布实验结果比较少，也比较晚，但他的实验和对实验结果的解释更加准确。

关于发现铊的优先权论战，引起了人们的广泛兴趣，尤其是在英国，这场论战在《泰晤士报》《柳叶刀》《雅典娜神庙》《化学师与药技师》等知名报刊及克鲁克斯的杂志《化学新闻》上大量报道。两人之间有关发现新元素的荣誉之争直到 1863 年 6 月克鲁克斯获选为英国皇家学会会士之后才逐渐消退。

需要指出的是，克鲁克斯在英国皇家学会发表的讲演中公正地划清了发现铊的优先功绩，两人各得其所。克鲁克斯承认自己的法国同行拉米在研究铊的化学属性和提炼纯金属铊锭中取得的重大功绩。

有关铊元素发现的事件过程总结于表 1.1 中。

表 1.1　铊元素发现大事记

事件时间	发现者及其实验过程或相关史实
1861 年 3 月 5 日	克鲁克斯致函本生表明观察到一种未知的绿色谱线，并指明有可能是发现的新元素

事件时间	发现者从事的实验过程
1861 年 3 月 8 日	克鲁克斯致函本生,明确谈到了新元素的发现
1861 年 3 月 12 日	克鲁克斯致函本生,描述了新元素的提取方法:"可以从硫酸厂的废渣中提取"
1861 年 3 月 30 日	克鲁克斯在《化学新闻》和《哲学杂志》发表声明,提出"新元素的存在,可以从硫酸厂的废渣中提取"
1861 年 5 月 18 日	克鲁克斯在《化学新闻》发表《对于假想的新类金属的注释》,首次提出铊的名称
1862 年 3 月	拉米独立发现铊的绿色谱线
1862 年 5 月 1 日	克鲁克斯展示用锌沉淀法提取的多孔状金属铊(铊氧化物)
1862 年 5 月或 4 月	拉米研究了克鲁克斯的报告,知道了铊的名称并提炼出铊锭
1862 年 5 月 16 日	拉米在法国里尔市皇家科学协会展示金属铊锭
1862 年 6 月 7 日	拉米在国际博览会上展示铊锭
1862 年 6 月 9 日	拉米与克鲁克斯会面
1862 年 6 月 19 日	克鲁克斯在英国皇家学会会议上宣读铊的论文
1862 年 6 月 23 日	拉米在巴黎科学院宣读题为"关于新元素铊的存在"的论文
1862 年 7 月	克鲁克斯和拉米因在不同阶段独立发现了铊,分别获得国际博览会铊元素发现金质奖章和铊元素第一块金属锭金质奖章

铊是无味无臭的金属,白色、重而柔软,熔点 303.5 ℃,沸点 1 457 ℃,在 20 ℃时的密度为 11.85 g/cm³。铊属于剧毒高危重金属,是最毒的稀有金属元素之一,Tl 离子及化合物都有毒,国内外有关铊中毒的事件时有发生,严重的铊中毒会导致神经受损成为植物人或死亡。

铊位于元素周期表中第六周期的第三主族,外层电子构型为 $6s^2 6p^1$,具有六方密堆积结构,它的基本物理化学特性见表 1.2(王春霖,2010;杨春霞,2004)。

表 1.2　铊的基本物理化学性质(武汉大学和吉林大学,1994a,1994b;Lee,1971)

特性	数值	特性	数值
原子序数	81	原子量	204.38
价电子层构型	$[Xe]6s^2 6p^1$	离子价态	+1, +3
溶点/℃	303.5	沸点/℃	1457
摩尔体积/(cm³/mol)	17.2	原子密度/(g/cm³)	11.85
共价半径/nm	0.148	原子半径/nm	0.17
离子半径/nm	0.147(+1);0.95(+3)		$Tl^+ + e^- \longrightarrow Tl\,(s)$, -0.336
电离势/eV	6.106(+1),29.63(+3)	氧化还原电位/V	$Tl^{3+} + 3e^- \longrightarrow Tl\,(s)$, $+0.741$
EK 值	0.42(+1),3.45(+3)		$Tl^{3+} + 2e^- \longrightarrow Tl^+$, $+1.28$
电负性	1.4(+1),1.9(+3)	电阻率/Ωm	1.8×10^{-8}

金属铊像铅一样柔软且具有延展性,它的断面具有强烈的金属光泽,易溶于稀的氢氟酸、浓硫酸和浓硝酸等无机酸中形成铊的一价化合物(HCl 除外,因为 TlCl 溶解度较低),

不溶于碱溶液和液氨（Schoer，1984）。铊在空气中很不稳定，常温下能够被空气和水缓慢氧化，在空气中放置日久，即在表面生成相当厚的氧化层，使颜色变暗。铊的氧化物可归为两大类：一是定义明确的氧化物如 Tl_2O 和 Tl_2O_3；二是定义不明确的氧化物包括 Tl_2O_4 和非化学计量氧化物（Lee，1971）。当金属铊暴露于空气时，可以生成铊的一价氧化物 Tl_2O。Tl_2O 的 Tl–O–Tl 键角为（131±11）°，Tl–O 的化学键长度为（2.19±0.05）Å，标准生成焓为（−169.68±5.88）kJ/mol（Nriagu，1988）。此外，Tl_2O 很容易吸湿，可以跟水发生反应生成 Tl（OH）并可溶于乙醇生成 $TlO–C_2H_5$。铊（+3）氧化物 Tl_2O_3 可以通过往铊（+1）的碱性溶液中加入过氧化氢来获得，它的标准生成焓为（396.06±3.36）kJ/mol。Tl_2O_3 是深蓝色的化合物，它可以通过对含有 Tl_2SO_4、$H_2C_2O_4$ 和 H_2SO_4 的溶液进行电解来制备（王春霖，2010；Lee，1971）。

铊在自然界中有两种价态：Tl(I) 和 Tl(III)。Tl(I) 的化合物性质和碱金属相似，易溶于水（表 1.3）。在溶液中 Tl(III) 化合物比 Tl(I) 化合物稳定；Tl(I) 化合物易被溴水、氯水、过氧化氢和亚硝酸氧化为 Tl(III) 化合物；Tl(III) 化合物可被亚硫酸还原为 Tl(I) 的化合物（Lee，1971）。Tl(I) 和 K(I) 的地球化学行为非常相似，Tl(I) 可以类质同象方式替代矿物晶格中的 K(I)（Smith and Carson，1977；Shaw，1957，1952），这与它们同为单价离子，且具有相似的离子半径有关（Tl(I) 的离子半径为 1.40Å，K(I) 的离子半径为 1.65Å）（Shannon，2015）。由于 Tl(I) 相对于 K(I) 具有更强的电负性，Tl(I) 容易与含 P、S、I 的配位体形成配合物，而 K(I) 趋向于与含 N、O、F 的配位体形成配合物（表 1.4）。在自然环境，铊主要以 Tl(I) 形式稳定存在，只有在强酸性和强氧化剂（如 MnO_4^- 和 Cl_2）存在的情况下，Tl(III) 才有可能存在（Vink，1993；Lee，1971）。

表 1.3　铊(I)化合物的溶解度（Kaplan and Mattigod，1998）

Tl(I)化合物	溶解度/（g/L）	Tl(I)化合物	溶解度/（g/L）	Tl(I)化合物	溶解度/（g/L）
硫酸铝铊	117.8	甲酸铊	5 000	正磷酸铊	5
碳酸铊	40.3	氢氧化铊	259	焦磷酸铊	400
氯化铊	2.9	碘化铊	0.006	硫酸铊	48.7
氰化铊	168	硝酸铊	95.5	硫化铊	0.2
亚铁氰化铊	3.7	亚硝酸铊	321	连二硫酸铊	418
氟化铊	786	草酸铊	14.8	脂肪酸铊	0.1～1

表 1.4　Tl 配合物的稳定常数 K（25℃）（Lin and Nriagu，1998）

配位体类型	配位体数量	Tl(I)的 lg K	Tl(III)的 lg K	配位体类型	配位体数量	Tl(I)的 lg K	Tl(III)的 lg K
柠檬酸根	1	1.04	12.02	Br^-	3		21.20
NTA	1	3.44	16.81	Br^-	4		23.90
OAc^-	1	0.79	8.42	Cl^-	1	0.52	8.14
Br^-	1	0.93	9.70	Cl^-	2		13.60
Br^-	2		16.60	Cl^-	3		15.78

配位体类型	配位体数量	Tl(I)的 lg K	Tl(III)的 lg K	配位体类型	配位体数量	Tl(I)的 lg K	Tl(III)的 lg K
Cl^-	4		18.00	SO_4^{2-}	2	1.02	9.28
EDTA	1		22.50	NO_3^-	1	0.45	7.20
F^-	1	0.10	6.44	CO_3^{2-}	2	2.79	15.76
I^-	1	0.72	11.42	HCO_3^-	1	3.42	18.07
I^-	2		20.88	自然颗粒物	1	2.50	14.68
I^-	3		27.60	$\equiv S-OH_{weak}$	1	0.24	6.41
I^-	4		31.82	$\equiv S-OH_{strong}$	1	1.31	10.35
SO_4^{2-}	1	0.95	9.02	生物吸附 S 位	1	1.25	10.83
HPO_4^{2-}	1	3.31	17.66	生物吸附 C 位	1	1.62	12.10

1.2　铊的地球化学特性

　　铊是典型的稀有分散元素,广泛存在于自然界中,铊在自然界中的平均丰度很低,为 0.8×10^{-6} µg/g,克拉克值为 0.48×10^{-6} µg/g(田雷,2009)。铊在自然界中存在 ^{205}Tl 和 ^{203}Tl 两种稳定同位素(占比分别为 70.476% 和 29.524%)(Nielsen and Rehkämper,2011)。铊在地壳中主要以同价类质同象、异价类质同象存在于一些矿物中,还以胶体吸附状态和独立铊矿物形式存在(陈永亨 等,2001)。铊在结晶化学及地球化学性质上具有亲石和亲硫的双重性(刘英俊 等,1984),前者表现为与 K、Rb、Cs 紧密共生,后者使它与 Pb、Fe、Zn 等元素的硫化物有密切关系。因此,铊在自然地质作用中的行为表现为固定的双重性特点,在特定的地球化学环境中,又可形成独立的铊矿物。

　　铊在地壳内存在的矿物较广泛(表 1.5),可存在于造岩矿物(含 K、Rb、Cs 等硅酸盐类矿物)、硫化物、含硫酸岩类矿物内,也可存在于沉积成因的锰矿、煤矿、钾盐、白铁矿等矿物内。铊在酸性岩中的含量比基性岩中的高,尤其在花岗岩中铊的含量很高。铊在深海锰结核、某些硫化物(黄铁矿、方铅矿、闪锌矿)及煤中的含量也很高(杨春霞,2004)。铊的独立矿物很少,早年发现的独立矿物有红铊矿($TlAsS_2$)、硫砷辉锑汞铊矿($Tl_4Hg_3Sb_2As_8S_{20}$)、红铊铅矿($(Pb, Tl)_2As_5S_9$)、硒铊银铜矿($Cu_7(Tl, Ag)Se_4$)、褐铊矿(Tl_2O_3)、硫铁铊矿($TlFeS_2$)、辉铁铊矿($TlFe_2S_3$)、水钾铊矾($H_8K_2Tl_2(SO_4)_8 \cdot 11H_2O$)等。铊在内生成矿作用中主要以类质同象状态存在,只有在热液作用晚期为胶体所吸附。在外生作用下,铊主要以胶体吸附状态存在。在内生成矿作用过程中,特别是低温热液矿床中,铊主要富集于铅、汞、锑、砷、硒等含硫盐类矿物及硫化物内。铊的类质同象置换、胶体吸附作用过程和富集规律,主要受内在的晶体化学特点(极化性质、离子半径、电价、配位数等)与外在的环境介质条件(pH、温度、压力、氧化还原电位等)所控制。在内外因相互作用下,铊可以富集在不同类型、不同成矿阶段、不同种类的矿物内,表明铊在整个岩浆作用和风化沉积作用过程中的分异作用(杨敏之,1960)。

表 1.5 地质物料中 Tl 的分布（Nriagu, 1988） （单位: mg/kg）

样品类型		Tl 质量分数	样品类型		Tl 质量分数
火成岩	超基性岩	0.05	变质岩	榴辉岩	0.30
	铁镁质岩	0.18		片岩	0.60
	中性盐	0.55		片麻岩	0.37
	花岗岩–流纹岩	1.70		板岩和千枚岩	0.46
	碱性岩	1.20		石英岩	0.02
沉积岩	页岩	0.70	其他	方铅矿	1.40~20.00
	砂岩	0.03		闪锌矿	8.00~45.00
	碳酸盐	0.05		黄铁矿	5.00~23.00
	杂砂岩	0.30		煤	0.05~10.00
深海沉积物	碳酸盐	0.16		土壤	0.20
	黏土	0.60		陆生植物	0.015
	锰结核	1.90~199.80		陆地动物	0.005
	淡水沉积物	0.35			

1.3 铊的生理毒性

铊的毒性为三氧化二砷的 3 倍多（Chandler and Scott, 1986），毒性近似于 Hg，比 Pb、Cd、Cu、Zn 高（Manzo and Sabbioni, 1989），且有积蓄性，毒性作用能延续很长时间。据报道，浓度为 2.0 mg/L 和 10 mg/L 的铊可分别使海洋中的微生物和甲壳动物中毒；浓度为 1 mg/L 的铊会使植物中毒；狗皮下注射或静脉注射铊的致死量为 12~15 mg/kg（周令治和邹家炎，1993）。食物中人对铊的允许摄入量为 0.001 5 mg/d，致死量为 600 mg/d 或 10~15 mg/kg（Moore et al., 1993）。

铊可经呼吸道、消化道和皮肤接触等途径进入机体，吸收后广泛分布于机体内各个组织器官，易透过血脑屏障，经肠道及肾脏排出，并积蓄于各组织及头发和指甲中。对家兔的体内毒物代谢动力学研究表明，铊的特点是分布极快，呈周身分布，其消除较缓慢，消除半衰期较长，为 26.76 h，并在体内有一定量的蓄积（黄丽春 等，1996a）。

由于 Tl^+ 的理化性质与 K^+ 相似，能够影响生物体内与钾离子有关的酶系，如铊与钠–钾激活的 ATP[①]酶的亲和力比钾大 10 倍，从而干扰正常的新陈代谢活动，竞争性地抑制钾的生理生化作用（邱玲玲 等，2013；彭敏和李蕴成，2008）。这种大的酶系亲和力可引起毒性作用，铊进入细胞内不易再排出，并与钾有关的受体部位结合，当铊的浓度增大时，就产生明显的毒性效应，与高钾状态相似，如影响肌纤维膜的兴奋性、心肌活动性、神经纤维的电势、神经–肌肉之间的兴奋性传导、肾脏电解质转运等。通过实验验证，低浓度

① ATP 为腺苷三磷酸（adenosine triphosphate）的英文缩写

的 Tl^+ 即可取代钾激活的哺乳动物或微生物的钾依赖性酶系中的 K^+，这些酶系包括磷酸酶、丙酮酸激酶、丝氨酸脱氢酶、AMP[①]-脱氨酶、维生素 B_{12} 依赖性二醇脱氨酶、L-苏氨酸脱水酶、酵母醛脱氢酶等（汪颖和何跃忠，2010）。

关于铊的毒性机理尚未完全清楚。一般认为铊可通过如下三种途径发挥其毒性作用：①干扰依赖钾的关键生理过程；②影响 Na^+/K^+-ATP 酶的活性；③与巯基结合。铊遵从与营养元素钾相似的分布规律，而且会改变与钾有关的作用过程。如植物中的 Tl^+ 与 K^+ 具有拮抗作用，抑制钾在植物中的转移，从而影响营养物质在植物体内的正常运输（张兴茂，1998）。Tl^+ 能成为 K^+ 在酶反应中的替代品，与细胞膜表面的 Na-K-ATP 酶竞争结合进入细胞内，在酶中铊与同价态的钾相比有大于 10 倍的亲和性，这些增加的亲和性会引起中毒。铊的毒性机理可能还包括与线粒体表面的含巯基团结合，与维生素 B_2 和维生素 B_2 辅酶相互作用破坏钙体内平衡等（杨克敌和赵美英，1995）。

铊的亲硫性使它可与蛋白或酶分子上的巯基结合，干扰其生物活性。实验表明，铊盐可使哺乳动物的血清巯基含量下降。线粒体氧化呼吸链中的含巯基酶的巯基与铊结合后，可导致该酶氧化–磷酸化脱偶联。另一方面，铊在无离子渗入的情况下刺激琥珀酸氧化，也可引起氧化–磷酸化脱偶联反应，干扰能量的产生，使神经系统首先受到影响。铊也可与半胱氨酸上的巯基结合而影响半胱氨酸加入角质蛋白的合成，导致毛发的脱落（汪颖和何跃忠，2010）。

铊也可与核黄素结合，使得核黄素蛋白合成减少和核黄素腺苷代谢紊乱，导致丙酮酸代谢和其他有关的能量代谢发生障碍。所以，铊中毒的一些神经症状与核黄素缺乏症十分相似（邱玲玲 等，2013）。

此外，铊还对其他生理活动产生干扰作用。如铊与多核糖体结合，可干扰蛋白质的合成。铊能拮抗钙离子对心肌的激活效应，对窦房结具有去心律作用。铊可使脑组织的脂质过氧化速率增加，促使脑细胞的衰老退化。Tl^{3+} 能抑制储胺颗粒上的 ATP 酶活性，引起儿茶酚胺代谢紊乱，铊还能抑制线粒体中 δ-氨基-γ-酮戊酸合成酶的活性、增强线粒体血红素降解酶和血红素氧化酶的活性，因而可使线粒体血红素含量降低，细胞色素 P-450 和苯胺羟化酶活性皆降低，导致混合功能氧化酶的功能受损（魏庆义，1986）。

据报道，铊可使怀孕小鼠的胚胎发生严重的骨骼畸形；铊还能使大鼠胚胎纤维母细胞 DNA 断裂，也能引起单链 DNA 断裂，具有明显的致突变效应；铊对哺乳动物的生殖功能可能有不良影响。研究表明，碳酸铊能诱发小鼠骨髓多染红细胞微核和精子畸形率增高，说明铊能通过睾丸屏障，干扰精子的发育过程。铊能使大鼠精子的抗酸能力、运动和数量发生变化，睾丸内精子生成能力减弱，功能失常（张冬生，1987）。

铊还能诱导基因突变。在 10^{-3} mol/L 时，硝酸铊在大肠杆菌 WP_2 try 和 WP_2 hcrtry 菌株回变实验中呈阳性，说明铊可能是碱基置换型诱变剂。在 V_{79} 细胞诱变实验中，铊能使次黄嘌呤鸟嘌呤转磷酸核糖基酶（HGPRT）的基因发生突变，使（HGPRT$^+$）细胞变成（HGPRT$^-$）细胞（王旭东，2009）。铊离子对人体有致畸作用早有文献报道，慢性

---

① AMP 为腺苷–磷酸（adenosine monophosphate）的英文缩写

铊中毒患者在怀孕的头 3 个月可引起胎儿畸形，如果中毒发生在怀孕 3 个月以后，如果达到一定的剂量限度后，婴儿的中枢神经系统会被破坏。

铊对雄性的生殖功能有明显影响，动物实验证明睾丸是仅次于肾脏的铊的主要蓄积部位和可能的靶器官，铊中毒可严重损害动物睾丸的发育。铊有明显的致畸效应，不但能抑制 DNA 合成，影响染色体复制，诱发哺乳动物染色体畸变，而且可诱发人类细胞染色体畸变的增加。如铊能与线粒体膜的巯基结合，干扰含硫氨基酸的代谢，并抑制细胞的有丝分裂。从癌变与突变的关系及癌变原理考虑，铊可能是潜在的致癌物（李汉帆 等，2007；杨克敌和赵美英，1995）。

一般来说，人体急性铊中毒往往都是通过口服铊化合物引起的（USDHHS，1992）。急性铊中毒者常首先出现恶心、呕吐、腹痛等消化道表现（孟亚军 等，2005），铊化合物入血后迅速分布于全身器官，此期神经系统症状突出，出现下肢针刺样、灼烧样疼痛、发麻等（黄觉斌 等，1998）。铊长期累积会导致人体慢性中毒，其临床症状轻者表现为头晕、耳鸣、乏力、食欲下降、头痛、四肢痛、腹痛和神经麻痹，同时还可引发神经炎；重者表现为脱发、双目失明甚至死亡（聂爱国和龙江平，1997；Zhou and Lin，1985；卢林周和白朝林，1981）。铊中毒累积全身各系统可出现血压升高、心跳过速、心电图异常、蛋白尿、肝功能异常、内分泌异常等（Moeschlin，1980）。水的硬度和腐殖酸不能降低铊的毒性，因为铊不能与腐殖酸、碳酸盐或碳酸氢盐形成稳定的络合物（Zitko，1975）。

动物的急性铊中毒表现为神经系统和消化系统症状：坐立不安、惊厥、运动障碍、抽搐、下肢部分麻木、失水、血性腹泻或便秘、胸闷和呼吸衰竭（Smith and Carson，1977）。这些症状与人体急性铊中毒的表现一致。铊的硫酸盐对老鼠的最小致死量约为 25 mg/kg，而铊的硫酸盐对雌性野鸭的最小致死量与老鼠相近（Smith and Carson，1977）。铊的醋酸盐和氧化物对老鼠的半数致死量分别为 32 mg/kg 和 39 mg/kg（USDHHS，1992）。铊在水环境中的行为仍然不十分清楚，当水中铊的质量浓度为 1～60 mg/L 时，可以使水体中的鱼死亡（Zitko et al.，1975；Nehring，1962）。对铊 48 h 急性毒性测试可知，水蚤和网纹蚤的半数致死量分别为 810 μg/L 和 410 μg/L（Lin，1997）。

铊对鸡、兔、鼠的毒理学研究表明（郭昌清 等，1996；黄丽春 等，1996b；李红 等，1996；冯殿 等，1990，1989），0.48 mg/kg 剂量以上的碳酸铊能诱发小鼠骨髓细胞核素增加；质量浓度为 0.047 mg/kg 时，诱发体外培养细胞形态转化；剂量在 0.83～2.50 mg/kg 时可导致小鼠致畸，胚胎吸收率和胸骨、枕骨缺失。动物铊中毒的病理检查发现，肾脏可能是铊最早作用的靶器官，其次是睾丸，铊可使睾丸精子生成功能失常；同时也能够抑制动物甲状腺激素的分泌，从而抑制骨骼的生长和发育，表现为动物胚胎发育迟缓、畸形、骨骼短小弯曲、软骨发育不全等（崔明珍 等，1990）。

对人体误服不同类型的铊化合物后的情况研究表明，呼吸系统和心血管系统中只有肾、肝和肌肉是容易受影响的；但是没有足够的数据表明当人体摄入铊之后，铊会损害人体的呼吸系统。人体铊中毒的平均致死剂量为 10～15 mg/kg，在此剂量条件下若不及时医治，将在 10～12 天内死亡（WHO，1996）。如果是慢性铊中毒，其症状跟急性铊中毒相似，但会比急性铊中毒的症状缓慢一些（WHO，1996）。人体慢性铊中毒通常需要数月的时间才能康复,但是铊中毒对神经和大脑造成的损害会使患者有失明和记忆力衰退的后遗症(WHO,1996)。铊的流行病学研究表明:长期食用受铊污染的粮食、蔬菜后可能会导致人体慢性铊中毒(Zhou and Lin,1985)。

铊可以通过食物链、皮肤接触、飘尘烟雾进入动物和人体。铊对组织器官的亲和能力依次为:肾＞睾丸＞肝＞脾＞前列腺＞毛发,也有报道认为心脏是早期铊中毒的攻击目标(黄丽春 等,1996b)。张忠等(1999a)对滥木厂铊污染区中鸡的各器官含铊量分析表明:以骨骼中含铊最高,达 6.41 mg/kg;其次是鸡胃为 1.10 mg/kg;之后是鸡心和鸡毛,分别为 1.07 mg/kg 和 1.05 mg/kg。而人体铊中毒,无论是慢性还是急性,其血、尿、毛发中铊含量均较正常人显著升高,慢性铊中毒患者还表现为指(趾)甲的含铊量较高(张忠 等,1999b;黄丽春 等,1995)。铊中毒患者的尿、发、大便、指甲的铊含量分析显示:以头发含铊量最高,然后依次为指甲、大便和尿(聂爱国和龙江平,1997)。张宝贵和张忠(1996)对铊污染区人体中的铊含量分析表明,吸入人体的铊部分被排出体外,其余部分则在内脏中富集。人体(头发、尿液、指甲)中铊含量可作为评价铊接触中毒水平的重要参考依据。如根据铊在尿液中含量高低可区分病人受铊毒害的轻重程度,尿液中铊质量浓度小于 100 μg/L 为非铊病患者,100～1 000 μg/L 为轻铊病患者,大于 1 000 μg/L 为重铊病患者(张忠 等,1999b)。

1.4　铊 的 应 用

铊元素自被发现以来,已广泛应用于各个领域。铊的早期应用主要是医学方面,在医学领域,铊及其化合物最初主要用于治疗各种疟疾,曾用于治疗梅毒、淋病、结核病、头癣、痢疾、痛风、盗汗等疾病(王艳,1996)。1883 年铊用于治疗梅毒,1897 年开始用作脱毛剂,1898 年用于治疗肺结核,1919 年开始用于治疗金钱癣和某些传染性皮肤病,但因治疗用剂量与中毒剂量之差太微小,逐步限制了在这方面的应用(Nriagu,1988)。在现代医学中铊同位素(^{201}Tl)被广泛用于心脏、肝脏、甲状腺、黑素瘤和冠状动脉类疾病的检测、诊断和治疗(郭金成 等,1998;林景辉 等,1997)。

在农业方面,铊在 1920 年开始被广泛用作杀鼠、灭蚁、杀虫和防霉的药剂,由于其剧毒性,且在使用过程中容易造成环境污染,在 20 世纪 60～70 年代,含铊的杀虫剂逐步被各国政府限制使用。

20 世纪 80 年代以来,铊被广泛用于电子、军工、航天、化工、冶金、通信、卫生等各个方面,在光导纤维、辐射闪烁器、光学透镜、辐射屏蔽材料、催化剂和超导材料等方面具有很好的潜在应用能力。铊化物还是生产高压硒整流片、电阻温度计、无线电传真、原子钟表等脉冲传送器的重要材料,在化工、电子、医学、航天、高能物理、超导和光学等领域的应用日益增多。目前,铊主要作为高新技术领域功能材料的重要组成部分,如 γ 射线检测设备、高精密度的光学仪、红外探测器、特殊合金、光敏设备、超导材料、光纤通信、电子计算机等(Llewellyn,1990);在化工领域,铊及其化合物可作为许多氧化反应的催化剂（周令治和邹家炎，1994）。

随着科学的进步和发展，人们逐渐发现了铊合金在工业上的作用非常巨大。1972 年之后，铊在药物方面的使用受到限制而转用于电子工业，而铊化合物辐射检测仪在诊断心血管疾病与肿瘤、乙酸亚铊（TlAc）治疗痢疾及结核病、铊盐治疗皮肤病等方面仍有所发展。从 20 世纪 90 年代初起，铊的主要应用由电子工业转向高温超导材料，如美国 1985 年用于超导的铊量为零，但 1993 年报道已超过 50%的铊用作超导材料，其后直到 21 世纪初每年用于超导材料的铊约占铊总量 80%以上，用作磁能存储器、磁力发动机及磁共振仪等。含铊高温超导材料是继钇系、铋系之后于 1988 年发现的第三类高温超导材料（Sheng and Hermann，1988）。铊系高温超导体是所有高温超导体中成员最多的家族，在晶体结构上几乎涵盖了所有铜基氧化物高温超导体的晶体类型。铊系超导体分为两个分族，第 1 个分族的分子通式为 $Tl_2Ba_2Ca_{n-1}Cu_nO_{2n+4}$，$n=1, 2, 3, \cdots$。该分族有 3 个成员，即 Tl2201，Tl2212 和 Tl2223。因为该族成员有 2 个 Tl 原子，又称为铊双层分族。第 2 个分族的化学通式为 $Tl(Ba,Sr)_2Ca_{n-1}Cu_nO_{2n+4}$，$n=1, 2, 3, \cdots$。这个分族也有 3 个成员 Tl1201，Tl1212 和 Tl1223，因该族成员有单个 Tl 原子而成为单层分族（古宏伟 等，2015；信赢，2003）。

铊合金在提高合金强度、改善合金硬度、增强合金抗腐蚀性等方面具有突出性能。铊与铅的合金多用于生产特种保险丝和高温锡焊的焊料；铊与铅、锡三种金属的合金具有抵抗酸类腐蚀特性，非常适用于酸性环境中机械设备的关键零件；铊与汞的合金熔点低达 −60℃，常被用于填充低温温度计，可以在极地等高寒地区和高空低温层中使用；铊锡合金被用作超导材料；铊镉合金是原子能工业中的重要材料。

铊化合物已经成为现代电子工业中的重要材料，在国防军事方面的作用更不可轻视。铊的硫化物对肉眼看不到的红外线特别敏感，用其制作的光敏光电管，可在黑夜或浓雾大气条件下接收信号和进行侦查工作，还可用于制造红外线光敏电池。卤化铊的晶体可制造各种高精密度的光学棱镜、透镜和特殊光学仪器零件。在第二次世界大战期间，氯化铊的混合晶体就曾被用来传送紫外线，在深夜进行侦察敌情或内部联络。近年来，应用溴化铊与碘化铊制成的光纤对 CO_2 激光的透过率比石英光纤要好得多，非常适合于远距离、无中继、多路通信。碘化铊填充的高压汞铊灯为绿色光源，广泛应用于信号灯生产和化学工业光反应的特殊发光光源方面。在玻璃生产过程中，添加少量的硫酸铊或碳酸铊，其折射率会大幅度提高，完全可以与宝石相媲美。

除在医学和工业领域的应用外，铊在地质领域也有着广泛的应用。由于铊与金的地球化学和晶体化学性质很相似，在矿物和矿体中常共生，作为找金的指示元素，其异常范围大而且清晰，尤其在隐伏金矿体的地表，金含量很低（Au 的质量分数小于 $1×10^{-9}$），但铊显示的异常可高出金几倍至几百倍；因此，常常用铊作为寻找金矿，特别是隐伏金矿的指示元素（侯嘉丽和杨密云，2002，1995；邹振西 等，2000；曾庆栋 等，1998；潘家永和张宝贵，1997；龙江平 等，1994；Warren and Horsky，1988；Massa and Ikramuddin，1987；Ikramuddin，1985）。

铊是一种非常活泼的元素，以稀有分散状态赋存于各种环境介质中，因为所有铊化合物都有毒，铊一旦进入环境，将给人类和生物界带来巨大的威胁。铊的化合物有数十种，常见的有：硫酸铊、硝酸铊、乙酸铊、碳酸铊、磷酸铊、氧化铊、氯化铊、溴化铊、碘化铊、氢氧化铊、甲酸铊等，均为剧毒化合物。铊是一种重金属，是最毒的稀有元素之一，其毒性远超 Cd、Pb、Cu 等重金属，仅次于甲基汞，且具有明显的积蓄性，铊是世界上优先控制的 13 种金属污染物之一，所以铊的应用会受到相应的限制。

参 考 文 献

陈永亨, 谢文彪, 吴颖娟, 等, 2001. 中国含铊资源开发与铊环境污染[J]. 深圳大学学报(理工版), 18(1): 57-63.

崔明珍, 肖白, 刘建中, 等, 1990. 铊的毒性及其最高容许浓度的估算. 卫生毒理学杂志, 4(1): 21-23.

冯殿, 章燕程, 陈蔼眉, 等, 1989. 硫酸铊致雏鸡胚胎发育骨骼畸形的观察. 天津医学院学报, 13(2): 27-31.

冯殿, 章燕程, 陈蔼眉, 等, 1990. 硫酸铊对鸡胚胎甲状腺影响的观察. 福建医学院学报, 24(1): 5-7, 98.

古宏伟, 董泽斌, 韩征和, 等, 2015. 高温超导材料的研发、产业化经济性能提高. 电工电能新技术, 34(6): 1-15.

郭昌清, 冯慈影, 董矛, 等, 1996. 铊在大鼠体内的吸收、分布和排泄. 工业卫生与职业病, 22(3): 139-141.

郭金成, 胡旭东, 王金城, 等, 1998. 血管重建术前后存活心肌的评价(附 27 例报告). 中华核医学杂志, 18(2): 97-98.

侯嘉丽, 杨密云, 1995. 用铊作探途元素寻找金矿. 有色金属矿产与勘查, 4(4): 223-227.

侯嘉丽, 杨密云, 2002. 铊元素分析在非卡林型金矿找矿中的应用研究. 黄金科学技术, 10(1): 41-46.

黄觉斌, 魏镜, 李舜伟, 等, 1998. 铊中毒五例临床分析. 中华医学杂志, 78(8): 610-611.

黄丽春, 郭昌清, 张一华, 1995. 某地区居民生物材料中铊含量分析. 工业卫生与职业病, 21(6): 373-374.

黄丽春, 霍学义, 郭昌清, 1996a. 兴仁县回龙村矿石、废矿渣对周围环境的铊污染调查. 工业卫生与职业病, 22(3): 158-160.

黄丽春, 霍学义, 郭昌清, 1996b. 碳酸亚铊在家兔体内的毒物动力学研究. 工业卫生与职业病, 22(2): 77-79.

李红, 黄丽春, 郭昌清, 1996. 碳酸铊对小白鼠微核的影响. 职业卫生与病伤, 11(1): 41-42.

李汉帆, 朱建如, 付洁, 2007. 铊的毒性及对人体的危害. 中国公共卫生管理, 23(1): 77-79.

林景辉, 柴晓峰, 朱玫, 等, 1997. ^{201}Tl 再注射心肌显像和再注射后延迟显像检测心肌存活的对比研究. 中华核医学杂志, 17(3): 146-149.

刘英俊, 曹励明, 李兆麟, 等, 1984. 元素地球化学. 北京: 科学出版社: 393-399.

龙江平, 张宝贵, 张忠, 等, 1994. 铊的地球化学异常与金矿找矿. 地质与勘探, 30(5): 56-61.

卢林周, 白朝林, 1981. 慢性铊中毒致视神经萎缩一例报告. 中华眼科杂志, 4: 247.

孟亚军, 张志荣, 贺东平, 2005. 铊的卫生学研究进展. 现代预防医学, 32(9): 1074-1077.

聂爱国, 龙江平, 1997. 贵州西南地区慢性铊中毒途径研究. 环境科学与技术, 1: 12-14, 45.

潘家永, 张宝贵, 1997. 铊: 寻找细微浸染型金矿床的指示元素. 矿物学报, 17(1): 45-49.

彭敏, 李蕴成, 2008. 铊对神经系统损伤研究进展. 微量元素与健康研究, 25(1): 564-565.

邱玲玲, 宋治, 陈茹, 2013. 急性铊中毒研究进展. 国际病理科学与临床杂志, 33(1): 87-92.

田雷, 2009. 中国南方地区铊地球化学特征. 北京: 中国地质大学(北京): 61.

汪颖, 何跃忠, 2010. 铊中毒与急救的研究进展. 国际药学研究杂志, 37(2): 118-121.

王艳, 1996. 铊及其应用. 河南师范大学学报(自然科学版), 24(3): 98-99.

王春霖, 2010. 含铊硫铁矿中铊在硫酸生产过程的赋存形态转化、分布特征及对环境污染的贡献. 广州: 中国科学院研究生院广州地球化学研究所: 142.

王旭东, 2009. 有毒微量元素铊的催化动力学法测定研究. 合肥: 合肥工业大学: 41.

魏庆义, 1986. 铊中毒及其机理研究概况(综述). 卫生研究, 15(1): 12-16.

武汉大学, 吉林大学, 1994a. 无机化学(第三版): 上册. 北京: 高等教育出版社.

武汉大学, 吉林大学, 1994b. 无机化学(第三版): 下册. 北京: 高等教育出版社.

信赢, 2003. 铊系高温超导体的化学、晶体结构、材料特征及生产工艺. 低温物理学报, 25(增刊) 315-324.

杨春霞, 2004. 含铊黄铁矿利用过程中毒害重金属铊的迁移释放行为研究. 广州: 中国科学院研究生院广州地球化学研究所: 108.

杨克敌, 赵美英, 1995. 铊的毒理学研究进展. 国外医学卫生学分册, 22(4): 201-204.

杨敏之, 1960. 铊的地球化学. 地质科学, 3: 148-158.

张忠, 陈国丽, 张宝贵, 等, 1999a. 滥木厂铊矿床及其环境地球化学研究. 中国科学(D 辑), 29(5): 433-440.

张忠, 陈国丽, 张宝贵, 等, 1999b. 尿液、头发、指(趾)甲高铊汞砷是铊矿区污染标志. 中国环境科学, 19(6): 481-484.

张宝贵, 张忠, 1996. 铊矿床: 环境地球化学研究综述. 贵州地质, 13(1): 38-44.

张冬生, 1987. 碳酸铊对微核率和精子畸形的研究. 卫生研究, 16(1): 13-17.

张兴茂, 1998. 云南南华砷铊矿床的矿床和环境地球化学. 矿物岩石地球化学通报, 17(1): 44-45.

周令治, 邹家炎, 1993. 稀散金属手册. 长沙: 中南工业大学出版社.

周令治, 邹家炎, 1994. 稀有金属金矿. 有色金属(冶炼部分)(1): 42-46.

曾庆栋, 沈远超, 杨金中, 1998. 山东乳山金矿区及外围铊地球化学找矿研究. 黄金科学技术, 6(4): 8-13.

邹振西, 陈代演, 任大银, 2000. 植物灰分法在黔西南某些铊矿床(点)的初步应用. 贵州工业大学学报(自然科学版)(6): 15-24.

CHANDLER H A, SCOTT M, 1986. A review of thallium toxicology. Journal of the Royal Naval Medical Service, 72: 75-79.

IKRAMUDDIN M, 1985. 铊: 矿床的一种潜在指示剂. 地质地球化学, 5(154): 6-12.

KAPLAN D I, MATTIGOD S V, 1998. Aqueous geochemistry of thallium//NRIAGU J O. Thallium in the Environment. New York: Wiley-Interscience Publication: 15-29.

LEE A G, 1971. The chemistry of thallium. Amsterdam: Elsevier Publishing Company.

LIN T S, NRIAGU J O, 1998. Speciation of thallium in natural waters//NRIAGU J O. Thallium in the Environment. New York: Wiley-Interscience Publication: 34-39.

LIN TSER-SHENG, 1997. Thallium speciation and distribution in the great lakes. Ann Arbor: University of Michigan, Environmental Health Sciences.

LLEWELLYN T O, 1990. Thallium. Ceramic Bulletin, 69: 885-886.

MANZO L, SABBIONI E, 1989. Chapter 62// SEILER H G, SIGEL H. Handbook on Toxicity of Inorganic Compounds. New York: Marcel Dekker Znc.

MASSA P J, IKRAMUDDIN M, 1987. 美国内华达州科莫矿区含金银石英脉及伴生火山岩中的铊. 地质地球化学, 4(158): 7-10.

MOESCHLIN S, 1980. Thallium poisoning. Clin Toxicol, 17: 133-146.

MOORE D, HOUSE I, DIXON A, 1993. Thallium poisoning: diagnosis may be elusive but alnico is the clue. BMJ, 306(6891): 1527-1529.

NEHRING D, 1962. Experiments on toxicological effect of thallium ions on fish and fish-food organisms. Zeitschrift Fischerei, 11: 557-562.

NIELSEN S G, REHKÄMPER M, 2011. Thallium isotopes and their environmental applications to problems in earth and environmental science. // BASKARAN M. Handbook of environmental isotope geochemistry. Heidelberg: Springer.

NRIAGU J O, 1988. History, production, and Uses of Thallium, // Nriagu J O. Thallium in the Environment. New York: Wiley-Interscience Punlication: 1-14.

SCHOER J, 1984. Thallium// HUTZINGER O. The Handbook of environmental chemistry V(III) part C. Berlin: Springer-Verlag: 143-214.

SHANNON R D, 2015. Revised effective ionic radii and systematic studies of interatomic distances in halides and chalcogenides. Acta Crystallographica Section A, 32: 751-767.

SHAW D M, 1952. The geochemistry of thallium. Geochim Cosmochim Acta, 2: 118-154.

SHAW D M, 1957. The geochemistry of gallium, indium, and thallium: a review. Physics and Chemistry of the Earth, 2: 164-211.

SHENG Z Z, HERMANN A M, 1988. Bulk superconductivity at 120K in the TlCa/BaCuO system，Nature, 332(6160): 138-139.

SMITH I C, CARSON B L, 1977. Trace metals in the environment: I. Thallium. Ann Arbor, Michigan: Ann Arbor Science.

USDHHS, 1992. Toxicological profile for thallium. U.S. Department of Health & Human Services. Agency for Toxic Substances and Disease Registry. Atlanta, GA.

VINK B W, 1993. The behavior of thallium in the (sub)surface environment items of Eh and pH. Chemical Geology, 109: 119-123.

WARREN H V, HORSKY S J, 1988. 铊: 一种生物地球化学勘查金的工具. 地质地球化学, 2(167): 13-15.

WHO, 1996. Thallium and thallium compounds: health and safety guide. Geneva: World Health Organization.

ZHOU D X, LIN D N, 1985. Chronic thallium poisoning in a rural area of Guizhou Province. China. Journal of Environmental Health, 48: 14-18.

ZITKO V, 1975. Toxicity and pollution potential of thallium. Science of the Total Environment, 4: 185-192.

ZITKO V, CARSON W V, CARSON W G, 1975. Thallium: occurrence in the environmental and toxicity to fish. Bulletin of Environmental Contamination and Toxicology, 13: 23-30.

第 2 章　铊的丰度分布及环境分析意义

2.1　铊的宇宙丰度与陨石丰度

元素的宇宙丰度最初是根据地壳化学组成的研究提出的元素相对丰度，随着原子核结构理论的发展，逐步阐明元素的宇宙丰度不是取决于元素的化学性质而是取决于核性质进而逐步得到完善。元素的宇宙丰度是指元素的太阳系丰度。一般太阳表面的元素丰度代表了太阳星云的元素丰度。其中，挥发性元素丰度主要根据太阳光谱的测定结果，而非挥发性元素丰度以 I 型碳等球粒陨石的元素丰度为初始丰度，长期以来不同的学者根据地球、月球和陨石的研究成果，给出了铊的不同宇宙丰度（表 2.1）及不同天体物质中铊的丰度（表 2.2）。刘英俊等（1984）在《元素地球化学》中总结了各类陨石中铊的平均丰度（表 2.3），Guo 等（1994）系统地分析了 50 个铁陨石和 6 个球粒陨石中铊的分布（表 2.4）。

表 2.1　铊的宇宙丰度（$Si=10^6$）

Tl 的宇宙丰度	参考文献	Tl 的宇宙丰度	参考文献
0.110	刘英俊等（1984）	0.192	涂光炽等（1984）
0.108	刘英俊等（1984）	0.184	Anders and Grevesse（1989）
0.182	刘英俊等（1984）		

表 2.2　不同天体物质中铊的丰度（$Si=10^6$）

天体物质	Tl 的宇宙丰度	参考文献	天体物质	Tl 的宇宙丰度	参考文献
陨石圈/10^{-6}	0.300	Goldschmidt(1954)	Orgueil CI 陨石	0.170	欧阳自远（1988）
太阳光球 $Si=10^6$	0.200	Kuroda（1983）	初始太阳星云	0.170	Palme 等（1981）
陨石	0.192	Cameron（1973）			

表 2.3　各类陨石中铊的平均丰度（刘英俊 等，1984）　　　　（单位: ng/g）

铁陨石		顽火辉石	普通球粒陨石		碳质球粒陨石	无球粒陨石
金属相	陨硫铁	球粒陨石				
	10～200	70～140	0.4		70～140	—
	—	—	1.0		140	
1.35	100	96	1.0		97	0.7
	113	120	1.3（H 群）	0.75（L 群）	130	0.75

表 2.4　铁陨石和球粒陨石中铊的分布（Guo et al., 1994）　　　（单位: ng/g）

陨石	来源	化学分类	铊的质量分数	各类陨石平均值
Annaheim	GSC	IAB	14.9	
Bitburg	USNM	IAB	5.6	
Canyon Diablo	AMC	IAB	4.6	
Four Corners	USNM	IAB	8.1	9.9±4.88
Gladstone	QM	IAB	18.0	
Toluca	FMC	IAB	9.6	
Woodbine	USNM	IAB	8.4	
Chihuahua City	FMC	IC	9.1	
Santa Rosa	USNM	IC	6.7	10.9±5.28
St Francois	FMC	IC	16.8	
Bilibino	WZ	IIAB	6.3	
Forsyth County	AMNH	IIAB	10.1	
North Chile	AMC	IIAB	6.1	6.1±3.59
Sao Juliao de Moreira	WZ	IIAB	7.8	
Sierra Gorda	AMNH	IIAB	0.4	
Ballinoo	FMC	IIC	2.0	
Kumerina	WAM	IIC	2.7	4.3±3.34
Perry ville	USNM	IIC	8.1	
Carbo	AMNII	IID	4.5	
Needles	FMC	IID	5.5	4.5±0.95
Rodeo	GSC	IID	3.6	
Arlington	USNM	IIE	2.9	4.3±1.98
Weekeroo Station	FMC	IIE	5.7	
Cape York（Woman）	AMNH	IIIAB	8.1	
Los Reyes	MC	IIIAB	16.4	
Madoc	GSC	IIIAB	7.3	
Manitouwabing	UT	IIIAB	5.6	
Merceditas	GSC	IIIAB	2.9	9.2±4.33
Owens Valley	AMNH	IIIAB	12.5	
Waingaromia	CMNZ	IIIAB	8.6	
Zacatecas	AMNII	IIIAB	12.5	
Carlton	AMNH	IIICD	26.6	
Lamesa	WZ	IIICD	8.2	17.3±7.77
Mungindi	FMC	IIICD	14.7	
Nandan	IGG	IIICD	19.5	

续表

陨石	来源	化学分类	铊的含量	各类陨石平均值
Cachiyuyal	FMC	IIIE	13.6	
Coopertown	AMNH	IIIE	20.6	14.0±6.36
Paneth's Iron	BM	IIIE	7.9	
Clark County	USMN	IIIF	21.2	
Moonbi	AUSM	IIIF	15.0	17.4±3.33
Nelson County	FMC	IIIF	16.0	
Gibeon	AMC	IVA	39.2	
Guanghua	IGG	IVA	30.0	31.8±6.64
Steinbach	USNM	IVA	26.3	
Skookum	GSC	IVB	8.5	
Tlacotepec	AMNH	IVB	8.1	8.1±0.45
Weaver Mountains	AMC	IVB	7.6	
Butler	CMNZ	ANOM	2.5	
Mundrabilla	AMC	ANOM	6.9	4.1±2.41
Santa Catarina	FMC	ANOM	3.0	
Allende	FMC	CV3	169.0	163.5±7.78
Mokoia	WM	CV2	158.0	
Jilin	ICG	H5	2.8	3.4±0.85
Plain view	PPS	H5	4.0	
Summerfield	PPS	L5	5.3	4.2±1.56
Umbarger	PPS	L3/6	3.1	

以上资料研究表明,铊在陨石中的丰度分布具有以下特点:铊在顽火辉石球粒陨石和碳质球粒陨石中相对富集,在普通球粒陨石和无球粒陨石中相对贫化。在铁陨石中,铊相对在陨硫铁中富集,在金属相中贫化,这是由铊的亲硫性质和挥发性决定的。在不同铁陨石化学群中,相对在 IVA 群、IIIE 群富集,在 IAB 群和 IIICD 群中丰度范围相对分布宽,这与铁陨石母体分异程度有关,是陨石样品中陨硫铁分布不均匀所决定的。

2.2　铊的地球化学分布

铊具有双重地球化学性质,既有亲石性,又有亲硫性。由于铊的亲石性,铊的类质同象主要作为次配位的 1 价离子进入云母和钾长石中,在氧化物及氢氧化物中铊较广泛分布于沉积成因或矿床氧化带的锰矿物中;对硫酸盐矿床,铊则通常存在于明矾石、黄钾铁矾中(陈永亨 等,2002;刘英俊 等,1984)。铊作为亲硫元素,主要以微量元素形式进入方铅矿、硫铁矿、闪锌矿、黄铜矿、辰砂、雌黄、雄黄和硫盐类矿物中（龙江平，1992）。不同类型矿物岩石中，铊的含量分布存在较大的差异。在岩浆岩中，铊的含量表现为自超基性岩向酸性岩和较小程度上向碱性岩增加的趋势（刘英俊 等，1984），超基性、基性、中性、酸性和碱性岩中铊的质量分数分别为 0.05～0.60 mg/kg、0.10～0.27 mg/kg、0.15～0.83 mg/kg、0.73～3.20 mg/kg、1.20～1.50 mg/kg（Albuquerque et al.，1972）。在变质岩中，铊的平均质量分数为 0.653 mg/kg，其含量主要受变质母岩种类控制；在热液成因的变质绢云母中，铊的质量分数有时可以达到 10 mg/kg（Heinrichs et al.，1980）。沉积岩中，铊的质量分数为 0.1～3.0 mg/kg，通常介于 0.27～0.48 mg/kg（Heinrichs et al.，1980）。在沉积岩中，通常黏土质岩石中铊的含量较高；但在还原条件下有 H_2S 存在时形成的黑色页岩更加富集铊，可达 0.9 mg/kg（刘英俊 等，1984）。总体而言，沉积岩中铊的含量从砂岩、页岩到黏土岩是逐渐增加的（陈永亨 等，2002；Heinrichs et al.，1980）。各类岩石矿物中铊的含量分布参见表 1.5。

由于铊在地壳中主要以类质同象状态存在，部分呈胶体吸附，铊的独立矿物种类多数量少。铊常以微量元素形式进入这些元素的含硫盐类矿物及硫化物矿物中，显示出铊元素的亲硫性（何立斌 等，2005）。在低温热液成矿过程中，一价铊离子还可与硫、砷、硒结合，形成自己的独立矿物，甚至在特定条件下富集形成铊矿床。环太平洋和地中海沿岸是发现铊矿物比较多和比较集中的地区（涂光炽 等，2003）。目前世界上已经发现的铊矿物有 56 种（范裕 等，2005）（表 2.5）。我国科学家从 20 世纪 80 年代开始研究铊矿物以来，共发现了 12 种铊矿物，包括一种新的铊矿物——铊明矾（lanmuchangite）TlAl[SO₄]₂·12H₂O（陈代演 等，2001），这一新矿物已经得到国际矿物学协会新矿物及矿物命名委员会正式批准和承认。

表 2.5　目前世界上已发现的铊矿物（范裕 等，2005）

分类	序号	中文名称	英文名称	化学式	晶系
	1	辉铊矿	Carlinite	Tl_2S	三方晶系
	2	硫锑铊铁铜矿	Chalcothallite	$(Cu,Fe)_6Tl_2SbS_4$	四方晶系
	3	斜硫砷汞铊矿	Christite	$TlHgAsS_3$	单斜晶系
	4	硫砷铊银铅矿	Hatchite	$(Pb,Tl)AgAs_2S_5$	三斜晶系
	5	红铊铅矿（硫砷铊铅矿）	Hutchinsonite	$(Pb,Tl)_2As_5S_9$	斜方晶系
	6	红铊矿	Lorandite	$TlAsS_2$	单斜晶系
硫化物	7	斜硫砷锑铊矿	Parapierrotite	$Tl(Sb,As)_5S_8$	单斜晶系
	8	辉铁铊矿	Picotpaulite	$TlFe_2S_3$	斜方晶系
	9	硫锑铊矿	Pierrotite	$Tl_2Sb_6As_4S_{16}$	斜方晶系
	10	硫铁铊矿	Raguinite	$TlFeS_2$	斜方晶系
	11	拉硫砷铊铅矿	Rathite	$(Pb,Tl)_3As_5S_{10}$	单斜晶系
	12	硫锑铜铊矿	Rohaite	$TlCu_5SbS_2$	四方晶系
	13	硫砷汞铊矿	Routhierite	$TlCu(Hg,Zn)_2(As,Sb)_2S_3$	四方晶系

分类	序号	中文名称	英文名称	化学式	晶系
	14	硫铊铁铜矿	Thalcusite	$Cu_{3-x}Tl_2Fe_{1+x}S_4$	四方晶系
	15	硫镍铁铊矿	Thalfenisite	$Tl_6(Fe,Ni,Cu)_{25}S_{26}Cl$	等轴晶系
	16	硫砷锑汞铊矿	Vrbaite	$Tl_4Hg_3Sb_2As_8S_{20}$	斜方晶系
	17	铜红铊铅矿	Wallisite	$TlPb(Cu,Ag)As_2S_5$	三斜晶系
	18	维硫锑铊矿	Weissbergite	$TlSbS_2$	三斜晶系
	19	硫砷锑铅铊矿	Chabourneite	$(Tl,Pb)_{21}(Sb,As)_{91}S_{147}$	三斜晶系
	20	硫砷铜铊矿	Imhofite	$Tl_6CuAs_{16}S_{40}$	单斜晶系
	21	贝硫砷铊矿	Bernardite	$Tl(As,Sb)_5S_8$	单斜晶系
	22	硫铊银金锑矿	Criddleite	$TlAg_2Au_3Sb_{10}S_{10}$	单斜晶系
	23	硫砷铅铊矿	Edenharterite	$TlPbAs_3S_6$	斜方晶系
	24	硫砷锡铊矿	Erniggliite	$Tl_2SnAs_2S_6$	三方晶系
	25	硫铊砷矿（辉砷锑铊矿）	Gillulyite	$Tl_2(As,Sb)_8S_{13}$	单斜晶系
	26	银板硫锑铅矿（硫锑铊银铅矿）	Rayite	$Pb_8(Ag,Tl)_2Sb_8S_{21}$	单斜晶系
	27	硫锑铊砷矿	Rebulite	$Tl_5Sb_5As_8S_{22}$	单斜晶系
	28	新民矿（斜硫砷铊汞矿）	Simonite	$TlHgAs_3S_6$	单斜晶系
硫化物	29	硫砷锌铊矿	Stalderite	$TlCu(Zn,Fe,Hg)_2As_2S_6$	四方晶系
	30	硫铊汞锑矿	Vaughanite	$TlHgSb_4S_7$	三斜晶系
	31		Fangite	Tl_3AsS_4	斜方晶系
	32	硫砷铊矿	Ellisite	Tl_3AsS_3	三方晶系
	33	硫锑砷铊矿	Jankovicite	$Tl_5Sb_9As_3SbS_{22}$	三斜晶系
	34	辉锑铅矿	Jentschite	$TlPbAs_2SbS_6$	单斜晶系
	35	斜硫锑砷银铊矿	Sicherite	$TlAg_2(As,Sb)_3S_6$	斜方晶系
	36	硫砷铊汞矿	Galkhaite	$(Cs,Tl)(Hg,Cu,Zn)_6(As,Sb)_4S_{12}$	四方晶系
	37		Unnamed	$TlHgAs_3S_6$	四方晶系
	38		Unnamed	$MHgAsS_3,(M=Tl,Cu,Ag)$	单斜晶系
	39		Unnamed	$TlCu_3S_2$	
	40	铊黄铁矿	Tl Pyrite	$(Fe,Tl)(S,As)_2$	等轴晶系
	41		Unnamed	$TlSnAsS_3$	
	42		Unnamed	Tl_2AsS_3	
	43		Unnamed	$Cu_3(Bi,Tl)S_4$	
	44		Unnamed	Tl_3AsS_4	
	45		Unnamed	$Au(Te,Tl)$	
硒化物	46	硒铊铁铜矿	Bukovite	$Tl_2Cu_3FeSe_4$	四方晶系
	47	硒铊银铜矿	Crookesite	$Cu_7(Tl,Ag)Se_4$	四方晶系

分类	序号	中文名称	英文名称	化学式	晶系
硒化物	48	硒铊铜矿	Sabatierite	Cu_4TlSe_3	斜方晶系
锑化物	49	锑铊铜矿	Cuprostibite	$Cu_2(Sb,Tl)$	四方晶系
氧化物	50	褐铊矿	Avicennite	Tl_2O_3	等轴晶系
	51		Unnamed	$Fe_2TlAs_3O_{12}\cdot4H_2O$	三方晶系
氯化物	52		Unnamed	$TlCl$	
含氧盐 硫酸盐	53	水钾铊矾	Monsmedite	$H_8K_2Tl_2(SO_4)_8\cdot11H_2O$	等轴晶系
	54	铊明矾	Lanmuchangite	$TlAl[SO_4]_2\cdot12H_2O$	等轴晶系
	55	铁钾铊矾	Dorallcharite	$(Tl,K)Fe_3(SO_4)_2(OH)_6$	三方晶系
硅酸盐	56	硅铝铊石	Perlialite	$K_8Tl_4Al_{12}Si_{24}O_{72}\cdot20H_2O$	六方晶系

注：表中空缺表示尚未有正式中文名称和确定的晶系

表 2.6 给出了我国发现的部分含铊矿物中铊的含量，大多数情况下，铊仅以稀有分散元素形式赋存于矿物中，并未形成独立矿物，表 2.7 列出了部分含铊矿物中铊的含量。

表 2.6　我国已发现的铊的独立矿物

矿物名称	化学式	铊的平均质量分数/%	晶系	发现地	参考文献
硫砷铊铅矿	$(Pb,Tl)As_5S_9$	19.57	斜方	云南南华	张宝贵等（1995）
辉铁铊矿	$TlFe_2S_3$	未检测	斜方		张忠等（1996）
硫砷铊矿	Tl_3AsS_3	未检测	三方		张忠等（1996）
铊黄铁矿	$(Fe,Tl)(S,As)_2$	6.96	等轴		张宝贵等（1998）
红铊矿	$TlAsS_2$	59.4	单斜	贵州滥木厂	陈代演（1989）
斜硫砷汞铊矿	$TlHgAsS_3$	35.17	单斜		安树仁（1989）
铊明矾	$TlAl[SO_4]_2\cdot12H_2O$	33.25	等轴		陈代演等（2001）
硫铁铊矿	$TlFeS_2$	未检测	斜方		李国柱（1996）
褐铊矿	Tl_2O_3	98.53	等轴	西藏洛隆	毛水和等（1989）

表 2.7　部分含铊矿物中铊的含量　　　　　　　　（单位：mg/kg）

含铊矿物	铊的质量分数	参考文献
云浮黄铁矿	1.0～55.7	陈永亨等（2001）；杨春霞（2004）；张宝贵等（1994）；王正辉等（2000）；周令治和邹家炎（1994）
云浮黄铁矿尾砂	49.7～51.6	陈永亨等（2002）
香泉黄铁矿	132～7 717	范裕等（2005）
黄铁矿	40～170	陈露明和张启发（1993）
辰砂	11～76	陈露明和张启发（1993）
重晶石	33～38	陈露明和张启发（1993）

续表

含铊矿物	铊的质量分数	参考文献
兰坪铅锌矿	110～154	Xiao 等（2012）
兰坪金顶铅锌矿	7～154	姜凯等（2014）
集安铅锌矿	0.47～7.7	张宝贵等（2002）

这些含铊岩石和硫化物在次生氧化作用下，可向环境中释放大量的铊（Albuquerque et al.，1972）。Calderoni 等（1985）研究了意大利南部坎帕尼亚区的富铊碱性火山岩在风化过程中铊的地球化学行为，结果发现：铊和钾在风化过程中关系密切，可同时被活化进入地下水。而地球化学的模拟实验表明（龙江平，1992）：含铊岩、矿石中铊的活化、迁移受 pH 和温度的影响，当 pH<3，随温度的升高，矿物岩石中的铊易活化、迁移；但即使在低温条件下，铊也有很高的溶解性。铊在流体中可能以 Cl、S 和 As 的配合物迁移，$[TlCl_4]^-$是铊在流体溶液中迁移富集的主要形式之一（Lin，1997），Cl 对铊的迁移与富集有重要的作用（张宝贵 等，1996）。此外，Ashley（1991）的研究还证实，铊的有机配合物可能是铊迁移富集的另一种形式。在云南金顶含铊铅锌矿床和贵州滥木厂汞铊矿床附近的铊污染是铊从岩石矿石中迁移到环境中的典型实例，当地居民土法采矿，仅收集可以出售的商品矿石而丢弃大量的工业矿石，这些丢弃的矿石中含铊硫化物被氧化，生成硫酸铊等可溶性铊盐并被雨水冲洗进入河流，造成严重的水体铊污染。

2.3　铊在环境介质中的分布

2.3.1　铊在水体中的分布

天然水体中铊的含量非常低，铊在各种天然水体中的浓度见表 2.8。从表中可以看出，铊在不同地区水体中的含量变化存在较大的差异。铊在太平洋、大西洋、波罗的海海水中，其质量浓度为 0.012 0～0.061 2 μg/L；铊在莱茵河、奥得河、渥太华河水中，其质量浓度为 0.006～0.715 μg/L；铊在 Kiekrz 湖和北美五大湖湖水中，其质量浓度为 0.001～0.036 μg/L；铊在意大利中部、加拿大、挪威中部和南部地下水中，其质量浓度为 0.001～1.264 μg/L；铊在意大利南部溪流水中，其质量浓度为 0.001～0.006 μg/L；铊在波兰波兹南自来水中，其质量浓度为 0.005 1～0.071 μg/L；铊在北极雪水中的质量浓度非常低，仅为 0.3～0.9 ng/L。

表 2.8　铊在各种天然水体中的浓度　　　　　　　　　　　　（单位：μg/L）

水体	铊质量浓度	参考文献
太平洋和大西洋海水	0.012～0.016	Flegal 和 Patterson（1985）
波罗的海海水	0.061 2	Lukaszewski 等（1996）

水体	铊质量浓度	参考文献
莱茵河河水	0.715	Cleven 和 Fikkert（1994）
奥得河河水	0.016 7	Lukaszewski 等（1996）
渥太华河河水	0.006	Hall 和 Pelchat（1996）
Kiekrz 湖水	0.0085	Lukaszewski 等（1996）
北美五大湖湖水	0.001～0.036	Cheam 等（1996）；Lin 和 Nriagu（1999）
意大利中部地下水	1.264	Dall'Aglio 等（1994）
加拿大地下水	0.006	Hall 和 Pelchat（1996）
挪威中部和南部地下水	0.001～0.250	Banks 等（1995）
意大利南部溪流水	0.001～0.006	Dall'Aglio 等（1994）
波兰波兹南自来水	0.0051～0.071	Lukaszewski 等（1996）
中国云浮硫铁矿区自来水	0.01～0.03	陈永亨等（2001）
北极雪水	0.000 3～0.000 9	Cheam 等（1996）

在硫化物矿化区的水体中，铊的浓度却急剧升高。如在加拿大流经某有色金属矿化区的河流水中，铊质量浓度达到 1～80 μg/L（Zitko et al.，1975）。在我国黔西南 Hg-Tl-As-Au 的矿化区，铊在地表溪流水中的平均质量浓度为 1.9～8.1 μg/L；在深层地下水中铊的质量浓度为 13.4～1 102 μg/L，且随着远离矿化区，其浓度逐渐降低至背景值（<0.005 μg/L）（Xiao et al.，2003；肖唐付 等，2000），这表明：在表生环境中，含铊硫化物通过化学风化作用，或水–岩相的相互作用，使岩石矿物中的铊得以进入地下水或地表水中。此外，含铊矿石、冶炼废渣的风化淋滤、工业废水的排放、燃煤发电厂及水泥厂的烟尘沉降等，是铊进入环境水体的另一途径。如南华砷铊矿矿坑水中铊质量浓度为 2.91～13.00 μg/L，滥木厂汞铊矿矿坑水中铊质量浓度为 26.6～26.9 μg/L（张忠 等，1997）；云浮硫酸厂除尘废水中的铊质量浓度为 15.4～400.0 μg/L（陈永亨 等，2002）；加拿大境内与煤矿和燃煤沉降粉尘有关的水体中，铊的质量浓度为 0.14～1 326.2 ng/L（Cheam et al.，2000）。可见，随着含铊矿产资源的开发利用，大量的铊污染物被释放进入水体，已对环境水体造成了明显的铊污染。

2.3.2　铊在土壤中的分布

土壤中的铊主要来源于岩石的风化和大气的沉降，铊在土壤中广泛分布，但其分布具有不均一性（齐文启 等，1992）。世界范围内，不同地区自然背景土壤中铊的含量见表 2.9。从表中可见，世界各地未污染土壤中铊的质量分数一般都较低，在 0.01～3.00 mg/kg，其中大多数未污染土壤中铊的质量分数不超过 1.0 mg/kg。齐文启等（1992）对我国土壤中铊含量分布进行了研究，结果表明：我国土壤中的铊含量随着土壤性质的不同而发生变化，从燥红土至红壤随着从南到北的纬度变化基本呈现逐渐降低的趋势；此外，同一类土壤中随着由东到西的经度变化，铊的含量有逐渐降低的规律。自然背景中的铊含量与原始风化母岩中的铊含量有正相关性，且土壤中的铊含量与土壤 pH、粒度、腐殖质没有明显的关系（Hofer et al.，1990），但与土壤黏土矿物、锰氧化物、云母有明显的相关性（Tremel et al.，1997a）。

表 2.9　不同地区自然背景土壤中铊的含量　　　　（单位：mg/kg）

土壤	铊质量分数	参考文献
美国地面土壤，表土	0.2～2.8	Smith 和 Carson（1977）
加拿大蔬菜地土壤	0.17～0.22	Peter 和 Viraghavan（2005）
加拿大萨斯喀彻温省土壤	0.25～0.71	Mermut 等（1996）
尼斯河工业区表土	0.5	Heim 等（2002）
法国地面土壤	0.13～1.54	Tremel 等（1997a，1997b）
中国地面土壤	0.292～1.172	齐文启等（1992）
瑞士地面土壤	0.121	Tremel 等（1997a，1997b）
波兰上层土、表层土	0.014～0.405	Kabata（1991）
奥地利地面土壤	0.076～0.91	Sager（1998）
苏格兰地面土壤	0.1～0.8	Fergusson（1990）
英国地面土壤	0.03～0.99	Fergusson（1990）
德国巴登地区土壤	0.1～2.2	Sager（1998）
俄罗斯地面土壤	1.5～3.0	Il'in 和 Konarbaeva（2000）

世界土壤中铊的平均质量分数为 0.2 mg/kg（齐文启 等，1992），我国 853 个 A 层土样分析结果表明铊质量分数为 0.292～1.172 mg/kg，中值为 0.580 mg/kg，几何均值为 0.584 mg/kg，呈正态分布。黄春雷等（2011）对浙中某地高铊背景土壤研究表明不同地质背景土壤中铊含量差异较大，沉积岩土壤铊含量较低，变质岩和岩浆岩区土壤铊含量较高，花岗岩区含量最高，平均质量分数达 1.63 mg/kg（表 2.10）。不同类型土壤中铊质量分数以山地黄泥土最高，达到 1.37 mg/kg，各类土壤中铊含量为黄壤>红壤>水稻土>潮土>岩性土（表 2.11）。

表 2.10　不同地质背景土壤中铊的含量（黄春雷 等，2011）　　（单位：mg/kg）

地质背景	最大值	最小值	平均值	样本数
白垩系红色砂砾岩	1.79	0.25	0.60	865
中更新统残破积层	0.89	0.34	0.58	80
全新统洪冲积层	2.40	0.34	0.86	934
斑岩	1.82	0.63	1.36	17
花岗岩	2.74	0.63	1.63	54
震旦系沉积岩	1.18	0.40	0.61	81
正长岩	2.77	0.63	1.39	20
二长岩	3.41	0.63	1.32	78
上侏罗统沉积岩	3.15	0.43	0.91	398

续表

地质背景	最大值	最小值	平均值	样本数
奥陶系泥质岩	1.18	0.51	0.72	39
寒武系碳酸盐岩	1.64	0.59	0.89	17
元古界变质岩	2.95	0.61	1.32	213

分析单位：国土资源部杭州矿产资源监督检测中心，2009

表 2.11　不同土壤类型铊含量（黄春雷 等，2011）　　（单位：mg/kg）

土类	亚类/土属	最大值	最小值	平均值	样本数
红壤	红壤/红泥土	0.79	0.59	0.68	9
	红壤/黄筋泥	1.09	0.35	0.60	110
	黄红壤/黄红泥土	1.29	0.39	0.65	18
	黄红壤/黄泥土	2.42	0.54	1.17	268
	黄红壤/红砂土	1.79	0.27	0.55	312
	黄红壤/砂黏质红土	2.80	0.63	1.33	66
	侵蚀性红壤/白岩砂土	1.72	0.80	1.27	5
	侵蚀性红壤/片石砂土	0.83	0.52	0.66	9
	侵蚀性红壤/石砂土	1.67	0.40	0.76	100
黄壤	山地黄泥土	3.15	0.63	1.37	62
	潮土	1.18	0.39	0.84	55
水稻土	渗育型水稻土	2.53	0.37	0.71	358
	潴育水稻土	3.41	0.25	0.87	1 308
岩性土	钙质紫色土/红紫砂土	1.56	0.32	0.65	85
	钙质紫色土/紫砂土	1.02	0.41	0.72	37

分析单位：国土资源部杭州矿产资源监督检测中心，2009

　　但随着工业化及一系列富铊矿床的开发利用，铊已成为潜在的土壤污染元素。在矿石开采过程中，裸露地表的矿石和尾矿中含铊的硫化物在表生氧化作用下进入表生环境（张忠 等，1997）。如黔西南汞铊矿区和卡林型金矿区土壤中的铊质量分数在 28.3～60.5 mg/kg（聂爱国和龙江平，1997）；滥木厂铊矿区的风化土及矿渣土中的铊质量分数分别达 164.2～232.5 mg/kg 和 221.5～232.5 mg/kg（孙嘉龙 等，2009）；作者课题组分析滥木厂铊矿区污染土壤中铊质量分数高达 334 mg/kg（陈永亨 等，2018）。可见，采矿活动造成了大量的铊释放进入土壤。含铊矿物焙烧渣的堆置过程中，焙烧渣中的铊在雨水淋滤作用下也会释放进入土壤，广东某硫酸厂焙烧渣堆放区土壤中的铊质量分数达到 4.99～15.20 mg/kg（Yang et al.，2005）。可见，露天堆置的含铊废渣也是土壤中铊污染的一个重要释放源。此外，含铊矿物的冶炼过程，铊在粉尘中富集并释放进入大气，含铊粉尘通过干、湿沉降作用，也可对冶炼厂周围土壤构成明显的铊污染。如德国巴登某水泥厂含铊粉尘的排放使附近土壤中的铊含量明显升高（达到 15 mg/kg）（Scholl, 1980）。由此可见，土壤中的铊污染主要是人类活动的作用结果。

2.3.3 铊在大气中的分布

铊进入大气的主要途径包括自然过程（如火山活动）和人为过程，但大气环境中的铊主要还是来自人为过程。由于铊的化合物多数是高挥发性的，铊在含铊矿物冶炼过程能以气态形式在大气中运移，在冶炼过程有 60%～70%进入焙烧烟尘（未立清和张宇光，1999），从而释放进入大气环境导致大气中铊浓度的剧增。因此，大量含铊矿物的冶炼、化石燃料的燃烧是大气中铊的主要污染来源（Cheam, 2001）。据报道，通过矿物和化石原料的燃烧美国每年向大气环境中排放的铊约为 350 t，德国每年排放的铊约为 90 t（Kazantzis, 2000）。大气中的铊主要存在于颗粒物中。一般来说，大气中铊的浓度都非常低。如欧洲大气环境中铊的平均质量浓度为 0.06 ng/m^3（Bowen, 1979），美国内布拉斯加州沙德伦大气中铊的年平均质量浓度为（0.22±0.08）ng/m^3（Struempler, 1975），大西洋上空大气的铊质量浓度<0.02 ng/m^3（Volkening and Heumann, 1990），柏林郊区大气中铊的质量浓度为 0.05～1.00 ng/m^3，意大利热那亚的工业城镇大气中，铊的质量浓度分别可达到 15 ng/m^3 和 14 ng/m^3（Valerio et al., 1989；1988）。

陈永亨等（2011）对某含铊黄铁矿利用工厂周边大气气溶胶（PM$_{10}$ 和 PM$_{2.5}$）中铊的浓度分析表明，PM$_{10}$ 和 PM$_{2.5}$ 中铊的质量浓度分别为 1.28～6.92 ng/m^3 和 1.27～4.29 ng/m^3。PM$_{10}$ 和 PM$_{2.5}$ 中铊的富集因子均大于 10，是典型的污染元素，其中 PM$_{10}$ 中铊的主要污染来源为硫铁矿焙烧渣搬运过程中的细颗粒扬尘，而 PM$_{2.5}$ 中铊的主要污染来源为硫酸生产排放的尾气。

大气中的铊可以随着大气环流进行长距离的迁移，同时也能随着雨、雪的沉降而迁移到表层水、土壤进而到植物中。粒径<2 μm 的颗粒物在大气中有很长的驻留时间，并能通过大气环流进行长距离的传输，如在北极雪水中铊的质量浓度为 0.03～0.09 ng/kg（Cheam et al., 1996）。燃煤火力发电厂、水泥厂和金属冶炼厂是大气中铊污染物的主要来源（Cheam, 2001），当铊从这些工厂的生产过程中释放进入大气后，它会以氧化物或其他化合物的形式存在于其中（USDHHS, 1992; Schoer, 1984）。大气中这些铊的化合物是非挥发性的，但有些铊的化合物（如硫酸铊）是水溶性的，而这些水溶性的铊化合物会随着大气的干、湿沉降作用而进入环境水体和土壤中（Cheam et al., 2000）。铊作为高毒害性的污染物、潜在的致畸物，在大气中以气溶胶或可吸入粒子形式存在，能直接通过呼吸作用进入人体，因此大气中的铊直接威胁着人类的健康，更需要引起人们的注意。目前对铊在大气中的研究远远少于 As、Cr、Hg、Pb 等有毒金属及其化合物，对大气中铊的存在形态之间的相互转化、作用机理研究就更少。因此，有关铊的环境大气研究尚薄弱，还有待于进一步的深入研究（刘娟 等，2013）。

2.3.4　铊在植物和动物中的分布

　　植物体中的铊主要是植物通过吸收作用,从土壤中吸收而来。植物体中铊的分布不仅与生长植物土壤中的铊分布有关,还与植物种类有关(Harada and Hatanaka, 2001)。生长于未受污染土壤上的植物中铊的质量分数为 0.02~0.25 mg/kg(Schoer, 1984),而生长在污染土壤上植物体内的铊分布却有明显的升高(Sager, 1998)。如德国某水泥厂附近的蔬菜地由于受含铊粉尘的污染,其蔬菜作物中铊的质量分数为 9.5~45 mg/kg(Allus et al., 1988)。在黔西南金、汞、铊矿化区的植物体内铊的分布也有明显的升高,蔬菜作物中铊的质量分数尤以莲花白最高,可高达 41.7 mg/kg(聂爱国和龙江平, 1997),白菜含铊量为 0.7~5.4 mg/kg、辣椒含铊量为 2.9~5.3 mg/kg、稻谷含铊量为 0.26~3.1 mg/kg、胡萝卜含铊量为 21.6 mg/kg、大米的铊质量分数为 1~5.2 mg/kg(Xiao et al., 2004;陈代演 等, 1999);而野生草本植物、灌木、乔木中的铊质量分数分别为 28.7~43.6 mg/kg、125~183 mg/kg、140~435 mg/kg(黄丽春 等, 1996)。不同种类植物中,含铊量高低顺序为乔木>灌木>野生草本植物;而在同一种类植物中,铊主要分布在根和叶中,其次为茎、果实和块茎。表 2.12 给出了部分污染地区植物和蔬菜中铊的质量分数。

表 2.12　部分污染区植物中铊的质量分数（干重）　　　　　　　（单位：mg/kg）

样品点	植物样品	铊质量分数	参考文献
广东云浮黄铁矿区农田	茼蒿	1.56~9.58	Liu 等（2019）
	小白菜	1.30	
	生菜	0.49~1.01	
	油菜	0.70~1.95	
	西洋菜	16.65~20.45	
	青葱	0.23~0.84	
	甘蓝	1.13	
	甘薯	2.90~0.51	
	中国芥菜	0.70~0.94	
	白菜	2.13	
	木瓜	0.43	
	卷心菜	1.30	
广东云浮黄铁矿区稻田	水稻	1.42	Huang 等（2018）
广东云浮硫酸厂	甘薯	176.8±6.3	Wang 等（2013）
	卷心菜	110.1±4.7	
	茄子	56.37±1.3	
	芋头	20.77±0.8	
	大豆	51.27±0.6	
	生菜	22.27±0.5	

样品点	植物样品		铊质量分数	参考文献
广东韶关冶炼厂附近地区	荷兰豆		1.47±0.04	Liu 等（2017）
	甜菜		1.65±0.01	
	葱		0.77±0.01	
	台湾生菜		0.92±0.01	
	小白菜		1.45±0.01	
	菜心		0.28±0.05	
	中国芥菜		0.30±0.01	
	白菜		0.49±0.01	
	菠菜		0.34±0.02	
	红薯		0.30±0.01	
	生菜		0.46±0.03	
	印度豆		0.45±0.04	
中国南方珠三角地区	生菜		0.002 2～0.39	Yu 等（2018）
	卷心菜		0.006 2～0.42	
贵州省黔西南滥木厂铊污染区	卷心菜	根	2.10～33.2	Jia 等（2018）
		茎	2.80～38.1	
		新叶	5.30～658	
		老叶	37.9～1 503	
贵州省黔西南滥木厂	白菜		0.31～5.4	Xiao 等（2004）
	卷心菜		0.4～495	
	辣椒		0.19～5.3	
	玉米		0.05～3.1	
	大米		0.27～5.2	
	胡萝卜		22	
	蕨叶		15	
	野草		25～47	
贵州省兴仁县回龙村	野生草本植物		28.7～43.6	黄丽春等（1996a）
	灌木		125～183	
	乔木		140～435	
土耳其铅锌矿尾矿废水	浮萍		13.43	Sasmaz 等（2019）
	绿萍		17.18	
土耳其 Gumuskoy 矿区及周边	岩生庭荠	根	3.47～29.43	Sasmaz 等（2016）
		芽	3.98～13.23	

续表

样品点		植物样品		铊质量分数	参考文献
土耳其 Gumuskoy 矿区及周边		罗汉松	根	9.67～229.6	Sasmaz 等（2016）
			芽	3.32～114.6	
		矢车菊	根	2.27～13.26	
			芽	3.59～21.63	
		飞廉	根	10.56～83.52	
			芽	3.93～12.87	
		红花琉璃草	根	2.41～582.7	
			芽	7.64～972.9	
		黄海罂粟	根	357.62～747.7	
			芽	92.25～120.4	
		板蓝根	根	68.21～2 861	
			芽	95.83～3 561	
		滇紫草	根	4.21～11.44	
			芽	7.55～36.38	
		糙苏	根	5.63～571.2	
			芽	7.64～51.64	
		蝇子草	根	54.01～1 087	
			芽	39.53～2 871	
		马鞭草	根	19.36～2 979	
			芽	33.53～1 879	
捷克共和国中波希米亚地区	红砂壤	白芥	根	9.65 ± 2.20	Vaněk 等（2010）
			茎	19.9±3.3	
			叶	13.4±0.5	
	薄层土	白芥	根	1.84±0.61	
			茎	4.42±1.41	
			叶	6.62±0.37	
西班牙南部受煤矿泄漏影响区		大麦	种子	N.D.～0.004	Soriano 和 Fereres（2003）
			秸秆	0.067±0.059	
		小黑麦	种子	N.D.～0.002	
			秸秆	0.159±0.144	
		油菜	种子	2.03±2.55	
			秸秆	2.72±3.81	
		芥菜	种子	0.680±0.432	
			秸秆	0.881±0.983	

续表

样品点	植物样品		铊质量分数	参考文献
德国某水泥厂铊污染土壤	羽衣甘蓝	幼苗	1.2±0.2	Al-Najar 等（2003）
		根	0.1±0.0	
	屈曲花	幼苗	2.9±0.5	
		根	0.2±0.0	
法国中东部沃德吕尼（Vault-de-Lugny）地区	小麦	秸秆	0.004	Tremel 等（1997a）
		谷粒	<0.004	
	油菜	芽	20	
		种子	33	
	玉米	秸秆	0.34	
		玉米粒	<0.004	

注：N.D.表示未检出

受铊污染植物中的铊分布表明，植物中的铊分布可能与钾在植物中的传输有关（Renkema，2007）。由于钾在植物中有调节植物运动、水分代谢的作用，植物细胞的吸水和失水是直接由 K^+ 的吸入和排出引起的；在植物细胞里，K^+ 有相当部分存在于叶绿体中。因此，污染区内含水量多、叶片面积大的植物较含水量少、叶片面积小的植物铊分布多，老枝比嫩枝铊分布多。此外，Tl^+ 远比 Tl^{3+} 容易被植物根吸收，因为 Tl^+ 可以在植物新陈代谢过程中替代 K^+，而 Tl^{3+} 只能通过离子交换和扩散作用进入植物根系（Logan et al.，1984）。

在 1.3 节中已经讨论过铊可以通过食物链、皮肤接触、飘尘烟雾进入动物和人体。铊对组织器官的亲和能力依次为：肾>睾丸>肝>脾>前列腺>毛发，黄丽春等（1996b）认为心脏是早期铊中毒的攻击目标。张忠等（1999）报道铊污染区中鸡骨骼中含铊高达 6.41 mg/kg，鸡胃中铊质量分数为 1.10 mg/kg，鸡心和鸡毛中铊质量分数分别为 1.07 mg/kg 和 1.05 mg/kg。胡恒宇等（2007）对安徽香泉铊矿化区鸡器官中铊分布研究得到相同的结论。铊中毒人体的血、尿、毛发中铊质量分布均较正常人有显著的升高，慢性铊中毒患者还表现为指（趾）甲的含铊量较高（张忠 等，1999；黄丽春 等，1995）。表 2.13 给出了部分动物器官中铊的分布，表 2.14 给出了部分人体生物材料中铊的质量分数。

表 2.13 部分动物器官中铊的质量分数 （单位：mg/kg）

样品点	动物样品	铊质量分数	观察特征	参考文献
中国香港	小鼠	12~66	肾脏>回肠>胃>肝脏,同时证实 AST(天冬酸氨基转移酶)、ALT(丙氨酸氨基转移酶)升高,证实肾、心、肝等器官局部损伤。铊使得线粒体溶解 AST、ALT 溶出,浓度增大	Leung 和 Ooi（2000）
加拿大	北梭鱼肌肉	32.6±3.1	重金属铀、铊等引起 ROS 增加,产生氧化应激,氧化型谷胱甘肽产生。破坏体系还原水平	Kelly 和 Janz（2009）

续表

样品点	动物样品	铊质量分数	观察特征	参考文献
波兰	蟾蜍：肝脏	3.98		Dmowski 等（2015）
	肾脏	1.24		
	骨头	1.39		
	肌肉	0.82		
	皮肤	1.49		
	银虱：肝脏	14.53		
	肾脏	34.27		
	木鼠：肝脏	11.34		
	肾脏	44.05		
	喜鹊：肾脏	14～45		
波斯湾伊朗海域	鱼肌肉	0.241～14.86	铊在可控范围内，镍含量较高	Jaafarzadeh Haghighi Fard 等（2017）
日本	野鸭：肾脏	0.42～119.61		Mochizuki 等（2005）
	肝脏	0.10～33.94		
意大利弗留利、威尼斯、朱利亚	大型底栖动物无脊椎动物群落	0.05～0.11		Pastorino 等（2019）

表 2.14　部分人体生物材料中铊的质量分数　　（单位：mg/kg 或 mg/L）

样品点	样品（器官）	铊质量分数	观察特征	参考文献
中国	孕妇血清	0.000 050 7～0.000 074 8		Qi 等（2019）
	婴儿脐带血	0.000 003 36～0.000 043 9		
中国	血液	0.38		Lin 等（2019）
	尿液	2.58		
中国武汉	第一孕期尿液	0.000 34		Wu 等（2019）
	第二孕期尿液	0.000 36		
	第三孕期尿液	0.000 34		
中国深圳	血清	0.000 09～0.000 15	重金属导致缺血性卒中风，其中 Al、As、Cd 正相关，Fe、Se 负相关，Tl 相关系数亦较高，值得注意	Wen 等（2019）
中国武汉	血浆	1.14	吸烟人群，高相关系数	Dai 等（2019）
	尿液	0.000 58		
中国	血液	4.677	一个星期出现脱发，延误诊断	Yang 等（2018）
	尿液	0.312		

样品点	样品（器官）	铊质量分数	观察特征	参考文献
中国湖北	男：尿液	3.60	硫酸铊投毒致死案例，尸检报告显示全身多处器官产生水肿，指甲产生月牙状线	Li 等（2015）
	头发	13.75		
	血液	0.15		
	脑	2.58		
	肝	5.08		
	肾	2.21		
	心	1.83		
	肺	0.88		
	胃	4.02		
	女：尿液	3.15		
	头发	10.02		
	血液	0.019		
	脑	2.03		
	肝	0.98		
	肾	0.98		
	心	0.57		
	肺	0.46		
	胃	0.38		
印度	血液	0.121	误食含铊小麦（患者指甲产生月牙状腐蚀）	Saha 等（2004）
	头发	0.045 9		
	尿液	0.03		
日本	A 人员全血	0.0699	投毒案件，茶叶摄入铊，根据头发中铊含量变化，推断关于暴露量的信息	Matsukawa 等（2018）
	A 人员尿液 29 d、37 d	0.357、0.218		
	B 人员全血	0.0394		
	B 人员尿液 29 d、37 d	0.643、0.179		
	C 人员全血	0.097		
	C 人员尿液 29 d、37 d	0.319、0.268		
	D 人员全血	0.117		
	D 人员尿液 29 d、37 d	0.635、0.431		
	E 人员全血	0.092		
	E 人员尿液 29 d、37 d	0.246、0.177		
日本	员工 A（先发现）头发	0.012	玻璃制造厂员工，职业病	Mamoru Hiratal 等（1998）
	员工 B（继发者）13 个月头发	0.449 mg/kg		

样品点	样品（器官）	铊质量分数	观察特征	参考文献
日本	员工 C（继发者）36 个月头发	0.702	玻璃制造厂员工，职业病	Mamoru Hiratal 等（1998）
日本	血液	0.223	刑事犯罪，他人投毒	Yumoto 等（2017）
	尿液	0.351		
欧洲	人员 1：血液；尿液	10；42	他人投毒，集体中毒，由于铊中毒症状诊断困难，延误治疗，3 人救治无效死亡	Ratti 等（2018）
	人员 2：血液；尿液	4.2；47.6		
	人员 3：血液；尿液	0.08；0.007		
	人员 4：血液；尿液	3.4；22.7		
	人员 5：血液；尿液	5.7；无		
	人员 6：血液；尿液	1.2；17.3		
	人员 7：血液；尿液	0.488；2.8		
	人员 8：血液；尿液	0.231；2.7		
日本	尿液	0.085	二次铊摄入	Kuroda 等（2016）
斯洛伐克共和国；布拉迪斯拉发	住院第三天尿液	1.45	醉酒后误食铊盐	Sojáková 等（2015）
	住院第五天尿液	1.24		
	住院第七天尿液	0.601		

2.4　铊的环境分析意义

铊是第 ⅢA 族中最重的元素，具有质软、延展性好、强光透性及导电性等特点，主要以与其他有色金属组成一系列的化合物半导体、光电子材料、特殊合金、新型功能材料及有机金属化合物等形式应用于电子、冶金、仪表、化工、医药等行业，是现代工业材料制造不可或缺的主要原料。改革开放 40 年来，我国经济的高速发展促使矿产资源开发力度不断加大，在矿产资源利用过程中将包括铊在内的重金属释放进入环境中，由此引发的环境污染问题日趋严重。贵州省黔西南地区由于含铊汞矿开发利用造成的铊环境污染，导致该地区 20 世纪 60 年代和 70 年代出现了历史上两次大面积范围内合计上千人铊中毒现象，先后 20 余人死于铊中毒（张忠 等，1997；聂爱国和龙江平，1997）；云南南华砷铊矿床在 40 年的开采历史中，已表现出明显的铊污染效应（张兴茂，1998；张忠 等，1997）；安徽省香泉矿开采引起的铊污染效应也已显现（范裕 等，2007；胡恒宇 等，2007）；20 世纪 70 年代开始广东省云浮黄铁矿和凡口铅锌矿的开采，导致珠江流域西江和北江的铊污染问题日渐突出。

特别是 2005 年 12 月、2010 年 10 月广东北江连续发生铊镉污染事件后，2012 年 1 月发生广西龙江镉铊砷锑污染事件，2013 年 6 月发生广西贺江的镉铊污染事件，2016 年 4 月江西新余袁河铊污染事件，2017 年 5 月四川嘉陵江铊污染事件，2018 年 8 月湖南醴陵渌江铊污染事件等，均为重金属冶炼企业将铅锌等重金属提炼过程中产生的废水、废渣违法排放和堆放，其不合理的处理方法严重影响了周边生态环境和居民生存环境。一系列的重金属污染事件表明目前我国的重金属污染已经处于高危态势。

随着中国经济的持续快速发展，以信息技术为中心的高新产业的兴起，对铊的需求量越来越大，20 年前全球铊消费量约 15 t/a，由于科学技术的快速发展，2012 年为 40 t/a 左右。自然界中铊多是以微量的形式伴生于某些矿物中，其中超过 70%以上的铊伴生于铅锌精矿中。长期以来，由于对铊的环境生理毒性缺乏深入的认识，铊被有意或无意地排入环境，据不完全统计，2010 年以来我国每年被排入环境的铊总量估计超过 500 t，这是一个极大的环境隐患。因此，含铊有色金属采冶过程中的环境污染控制和治理已经成为国民经济增长与环境和谐发展中亟待解决的重要环境问题之一。

长期以来，人们关注了大多数重金属元素污染，铊由于其环境背景值低，一直以来未引起足够重视，但是铊却是最毒的稀有分散元素之一，其毒性远超 As、Cd、Cr(VI)、Pb，且具有明显的积蓄性，毒性作用可持续较长时间。对于我国含铊矿产资源开发利用过程中，特别是铅锌采冶行业，由于没有考虑铊的回收利用，80%以上的铊都随生产过程全部释放入环境中，人们对铊在铅锌采冶行业环境风险来源及危害特征的明确辨识重视不够，也疏于从环境风险和环境污染危害的角度对铅锌冶炼提取技术进行优化和改进。目前还缺少对于铅锌采冶行业铊污染防治及相关环境保护方面的技术规范和相关标准，造成铅锌采冶行业企业难以控制生产过程中铊污染事故的发生，政府及相关部门难以有效监管有关企业的铊污染物排放，缺乏相关环境管理应对措施。因此，不管是从保护生态环境和人体健康，还是支持新兴信息产业稳定快速发展的角度考虑，开展含铊有色金属采冶行业铊污染控制与管理方案的研究都成为一个非常紧迫的任务。

我国铊污染形势严峻，铊环境污染风险大，公众关注度高，但迄今尚缺乏针对铊污染综合防治的系统的、有说服力的基础数据，缺乏铊环境污染识别、评估和环境管理的对策和方案。因此，很有必要开展我国含铊有色金属采冶行业如铅锌采冶行业的铊污染防控与环境风险评估研究，为我国含铊有色金属采冶行业铊污染环境管理工作提供有效的技术支撑。通过开展行业中的环境污染（粉尘、烟尘、废水和废渣等）风险来源研究，包括工艺技术、过程控制、末端治理技术及管理等层面上影响污染物排放的各种因素，建立含铊有色金属采冶行业的铊污染源清单和数据库，形成铊污染源的源解析技术；通过开展铊污染的环境污染防控技术体系筛选研究，形成铊污染防控最佳技术政策或技术指南；通过筛选和研发含铊废物无害化处理技术，形成含铊废物无害化处理处置技术体系和风险防控技术措施，分别制定含铊有色金属采冶行业废水、废物中铊的国家、地方排放标准，制定进口资源矿产和动植物产品中铊含量的限值标准和环境污染补偿标准；依据环境影响评价导则、总纲、大气环境、地面水环境、生态影响，工业企业土壤环境质量风险评价基准等，总结含铊有色金属采冶行业环境影响评价的方法、步骤及其他注意事项，完善含铊有色金属采冶行业环境影响评价导则；通过对含铊有色金属采冶企业周边环境影响与风险评估研究，形成含铊有色金属采冶行业环境风险识别与评估方法，提出含铊有色金属采冶行业铊环境风险控制管理对策。鉴于此，铊的环境分析技术研究具有重要的理论意义和实际应用价值，它将成为解决我国社会经济可持续发展瓶颈问题的关键抓手，各级政府应该给予高度的重视和关注。

由于铊在自然界的稀有分散特性，在自然土壤中铊质量分数一般低于 1 mg/kg，在淡水和海水中铊质量浓度一般低于 0.05 μg/L，仅在某些矿物中富集。随着矿产资源的开发利用而大量进入环境，由于背景值低，各地区缺乏污染排放标准，长期未能引起足够的重视，铊环境检测设备严重不足，相对于其他重金属，铊严重缺少分析方法研究。因此，积极开展各类环境介质中铊的微量、痕量分析方法研究，在基层环境监测单位配备相应的监测仪器设备和检测科研人员，迅速开展培训和辅导，快速提升基层环境监测队伍人员的科学业务水平和分析测试能力，对于应对全国铊环境污染高爆发期的出现具有重要的现实意义，对保证社会经济可持续发展具有战略指导作用。

参 考 文 献

安树仁, 安贤国, 李锡林, 1988. 自然界罕见的斜硫砷汞铊矿在贵州的发现和研究. 贵州地质, 5(4): 377-379.

陈代演, 1989. 红铊矿在我国的发现和研究. 矿物学报, 9(2): 141-147.

陈代演, 王华, 任大银, 等, 1999. 铊的地球化学与找矿的若干问题讨论: 以黔西南主要铊矿床(点)为例. 矿物岩石地球化学通报, 18(1): 57-60.

陈代演, 王冠鑫, 邹振西, 等, 2001. 新矿物: 铊明矾. 矿物学报, 21(3): 271-277.

陈露明, 张启发, 1993. 504 铀汞钼多金属矿床中镍、硒、铼、铊的分布特征. 贵州科学, 11(4): 57-62.

陈永亨, 谢文彪, 吴颖娟, 等, 2001. 中国含铊资源开发与铊环境污染. 深圳大学学报(理工版), 18(1): 57-63.

陈永亨, 谢文彪, 吴颖娟, 等, 2002. 铊的环境生态迁移与扩散. 广州大学学报(自然科学版), 1(3): 62-66.

陈永亨, 王春霖, 齐剑英, 等, 2011. 含铊黄铁矿利用对工厂周边大气气溶胶组成的影响. 广州大学学报(自然科学版), 10(4): 9-13.

陈永亨, 黄颖, 殷美玲, 等, 2018. 污染土壤中铊的化学形态分布与转化. 矿山环境会议论文报告. 广州: 华南理工大学.

何立斌, 孙伟清, 肖唐付, 2005. 铊的分布、存在形式与环境危害. 矿物学报, 25(3): 230-236.

范裕, 周涛发, 袁峰, 2005. 铊矿物晶体化学和地球化学. 吉林大学学报(地球科学版), 35(3): 284-290.

范裕, 周涛发, 袁峰, 等, 2007. 安徽和县香泉独立铊矿床铊的赋存状态研究. 岩石学报, 23(10): 2530-2540.

胡恒宇, 周涛发, 范裕, 等, 2007. 香泉铊矿化区人体的铊含量特征及环境学意义. 合肥工业大学学报(自然科学版), 30(4): 405-408.

黄春雷, 潘卫丰, 宋明义, 等, 2011. 浙中某地铊生态地球化学研究. "资源保障环境安全——地质工作使命"华东 6 省 1 市地学科技论文集: 155-159.

黄丽春, 郭昌清, 张一华, 1995. 某地区居民生物材料中铊含量分析. 工业卫生与职业病, 21(6): 373-374.

黄丽春, 霍学义, 郭昌清, 1996a. 兴仁县回龙村矿石、废矿渣对周围环境的铊污染调查. 工业卫生与职业病, 22(3): 158-160.

黄丽春, 霍学义, 郭昌清, 1996b. 碳酸亚铊在家兔体内的毒物动力学研究. 工业卫生与职业病, 22(2): 77-79.

姜凯, 燕永锋, 朱传威, 等, 2014. 云南金顶铅锌矿床中铊、镉元素分布规律研究. 矿物岩石地球化学通报, 33(5): 753-758.

李国柱, 1996. 兴仁滥木厂汞铊矿床矿石矿物成分与铊的赋存状态初探. 贵州地质, 13(1): 24-37.

刘娟, 王津, 陈永亨, 等, 2013. 大气气溶胶中铊污染问题的研究进展. 有色冶金设计与研究, 34(3): 79-81.

刘英俊, 曹丽明, 李兆麟, 等, 1984. 元素地球化学. 北京: 科学出版社: 1-548.

龙江平, 1992. 铊的地球化学、铊矿物和含铊矿床. 中国科学院矿床地球化学开放研究实验室年报. 北京: 地震出版社: 116-121.

毛水和, 卢文全, 杨有富, 等, 1989. 褐铊矿在我国的首次发现. 矿物学报, 9(3): 253-256.

聂爱国, 龙江平, 1997. 贵州西南地区慢性铊中毒途径研究. 环境科学与技术 (1):12-14.

欧阳自远, 1988. 天体化学. 北京: 科学出版社: 1-386.

齐文启, 曹杰山, 陈亚雷, 1992. 铟(In)和铊(Tl)的土壤背景值研究. 土壤通报, 23(1): 31-33.

孙嘉龙, 肖唐付, 邹晓, 等, 2009. 黔西南滥木厂铊矿区的微生物生态效应研究. 地球与环境, 39(1): 62-65.

涂光炽, 欧阳自远, 朱炳泉 等, 1983. 地球化学. 上海: 上海科学技术出版社: 1-447.

涂光炽, 高振敏, 张宝贵, 等, 2003. 分散元素地球化学及成矿机制. 北京: 地质出版社: 424.

王正辉, 罗世昌, 林朝惠, 等, 2000. 苹果酸对含铊黄铁矿的淋滤实验研究. 地球化学, 29(3): 283-285.

未立清, 张宇光, 谷国山, 等, 1999. 竖罐炼锌过程中铊的回收. 有色矿冶(3): 39-44.

肖唐付, 洪业汤, 郑宝山, 等, 2000. 黔西南 Au-As-Hg-Tl 矿化区毒害金属元素的水地球化学.地球化学, 29(6): 571-577.

杨春霞, 2004. 含铊黄铁矿利用过程中毒害重金属铊的迁移释放行为研究. 广州: 中国科学院广州地球化学研究所: 108.

张忠, 张兴茂, 张宝贵, 等, 1996. 南华砷铊矿床雄黄标型特征. 矿物学报, 16(3): 315-320.

张忠, 张宝贵, 龙江平, 等, 1997. 中国铊矿床开发过程中铊环境污染研究. 中国科学(D 辑), 27(4): 331-336.

张忠, 陈国丽, 张宝贵, 等, 1999. 尿液、头发、指(趾)甲高铊汞砷是铊矿区污染标志. 中国环境科学, 19(6): 481-484.

张宝贵, 张忠, 1996. 铊矿床: 环境地球化学研究综述. 贵州地质, 13(1): 38-44.

张宝贵, 张乾, 潘家永, 1994. 粤西大降平超大型黄铁矿矿床微量元素特征及其成因意义. 地质与勘探, 30(3): 66-71.

张宝贵, 张忠, 龚国洪, 等, 1995. 硫砷铊铅矿在中国的发现和研究. 矿物学报, 15(2): 138-143.

张宝贵, 张三学, 张忠, 等, 1998. 南华砷铊矿床铊黄铁矿的发现和研究. 矿物学报, 18(2): 174-178.

张宝贵, 张忠, 胡静, 2002. 吉林集安铅锌矿地球化学与分散元素. 矿物学报, 22(1): 62-66.

张兴茂, 1998. 云南南华砷铊矿床和环境地球化学. 矿物岩石地球化学通讯, 17(1): 44-45.

周令治, 邹家炎, 1994. 稀散金属近况. 有色金属(冶炼部分) (1): 42-46.

ALBUQUERQUE C A R D, MUYSSON J R, SHAW D M, 1972. Thallium in basalts and related rocks. Chemical Geology, 10: 41-58.

ALLUS M A, BRERETON R G, NICKLESS G, 1988. The effect of metals on the growth of plants: the use of experimental design and response surfaces in a study of the influence of Tl, Cd, Zn, Fe and Pb on Barley Seedlings. Chemometrics and Intelligent Laboratory Systems, 3: 215.

AL-NAJAR H, SCHULZ R, ROMHELD V, 2003. Plant availability of thallium in the rhizosphere of hyperaccumulator plants: a key factor for assessment of phytoextraction. Plant and Soil, 249(1): 97-105.

ANDERS E, GREVESSE N, 1989. Abundance of the elements: Meteoritic and Solar, Geochimica et

Cosmochimica Acta, 53: 197-214.

ASHLEY R P, 1991. Geology and geochemistry of three sedimentary rock hosted disseminated gold deposits in Guizhou Province, People Republic of China. Ore Geology Reviews, 6: 133-151.

BANKS D, REIMANN C, ROYSET O, et al., 1995. Natural concentrations of major and trace elements in some Norwegian bedrock ground-waters. Applied Geochemistry, 10: 1-16.

BOWEN H J M, 1979. Environmental Chemistry of Elements. London: Academic Press.

CALDERONI G, FERRI T, GIANNETTI B, et al., 1985. The behavior of thallium during alteration of the K-alkaline rocks from the Roccamonfina volcano (Campania, southern Italy). Chemical Geology, 48: 103-113.

CAMERON A G W, 1973. Abundances of the elements in solar system. Icarus, 18: 337-406.

CHEAM V, 2001. Thallium contamination of water in Canada. Water Quality, 36 (4): 851-877.

CHEAM V, GARBAL G, LECHNER J, et al., 2000. Local impacts of coal mines and power plants across Canada; I, Thallium in waters and sediment. Research Journal of Canada, 35: 581-607.

CHEAM V, LAWAON G, LECHNER J, et al., 1996. Thallium and cadmium in recent snow and firn layers in the Canadian Arctic by atomic fluorescence and adsorption spectrometries. Fresenius Journal of Analytical Chemistry, 355: 332-335.

CLEVEN R, FIKKERT L, 1994. Potentionmetric stripping analysis of thallium in natural waters. Analytical Chimica Acta, 289: 215-221.

DAI J, WU X, BAI Y, et al., 2019. Effect of thallium exposure and its interaction with smoking on lung function decline: a prospective cohort study. Environment International, 127: 181-189.

DALL'AGLIO M, FORNASERI M, BRONDI M, 1994. New data on thallium in rocks and natural waters from Central and Southern Italy: insights into application. Mineralogy and Petrology, 37: 103-112.

DMOWSKI K, ROSSA M, KOWALSKA J, et al., 2015. Thallium in spawn, juveniles, and adult common toads (Bufo bufo) living in the vicinity of a zinc-mining complex, Poland. Environmental Monitoring and Assessment, 187(1): 4141.

FERGUSSON J E, 1990. The heavy elements: chemistry, environmental impact and health effects. Oxford: Pergamon Press: 614.

FLEGAL A R, PATTERSON C C, 1985. Thallium concentration in sea water. Marine Chemistry, 15: 327-331.

GOLDSCHMIDT V M, 1954. Geochemistry. Oxford: Clarendon Press: 1-730.

GUO X, BROOKS R R, REEVES R D, 1994. Thallium in meteorites. Meteoritics, 29(1): 85-88.

HALL G E M, PELCHAT J C, 1996. Performance of inductively coupled plasma mass spectrometric methods used in the determination of trace elements in surface waters in hydro-geological surveys. Journal of Analytical Atomic Spectrometry, 9: 779-786.

HARADA H, HATANAKA T, 2001. Thallium uptake by perennial plants. Bulletin of the National Grassland Research Institute, 60: 33-38.

HEIM M, WAPPELHORST O, MARKERT B, 2002. Thallium in terrestrial environments-occurrence and effects. Ecotoxicology, 11: 369-377.

HEINRICHS H, SCHULA D B, WEDEPOHL K H, 1980. Terrestrial geochemistry of Cd, Bi, Tl, Pb, Zn and Rb. Geochimica et Cosmochimica Acta, 44: 1519-1533.

HOFER G F, AICHBERGER K, HOCHMAIR U S, 1990. Thallium gehalte landwirtschaftlich genutzer Boden Oberosterreichs. Die Bodenkulter, 41: 187-193.

HUANG X, LI N, WU Q, et al., 2018. Fractional distribution of thallium in paddy soil and its bioavailability to rice. Ecotoxicology and Environmental Safety, 148: 311-317.

II' IN V B，KONARBAEVA G A, 2000. Thallium in the soils of southwestern Siberia. Eurasian Soil Science, 33: 613-616.

JAAFARZADEH HAGHIGHI FARD N, ZARE JAVID A, RAVANBAKHSH M, et al., 2017. Determination of nickel and thallium concentration in Cynoglossus arel fish in Musa estuary, Persian Gulf, Iran. Environmental Science and Pollution Research, 24(3): 2936-2945.

JIA Y, XIAO T, SUN J, et al., 2018. Microcolumn-based speciation analysis of thallium in soil and green cabbage. Science of the Total Environment, 630: 146-153.

KABATA P A, 1991. Trace metals in soils of Poland, occurrence and behavior. Trace Substances in Environmental Health, 25: 53-70.

KAZANTZIS G, 2000. Thallium in the environment and health effects. Environmental Geochemistry and Health, 22, 275-280.

KELLY J M, JANZ D M, 2009. Assessment of oxidative stress and histopathology in juvenile northern pike (*Esox lucius*) inhabiting lakes downstream of a uranium mill. Aquatic Toxicology, 92(4): 240-249.

KURODA H, MUKAI Y, NISHIYAMA S, et al., 2016. Tardily accelerated neurologic deterioration in two-step thallium intoxication. Journal of Clinical Neuroscience, 34: 234-236.

KURODA P K, 1983. The origin of the chemical elements and the Oklo phenomenon. Berlin: Springer-Verlag.

LEUNG K M, OOI V E C, 2000. Studies on thallium toxicity, its tissue distribution and histopathological effects in rats. Chemosphere, 41(1): 155-159.

LI S, HUANG W, DUAN Y, et al., 2015. Human Fatality Due to Thallium Poisoning: Autopsy, Microscopy, and Mass Spectrometry Assays. Journal of Forensic Sciences, 60(1): 247-251.

LIN G, YUAN L, BAI L, et al., 2019. Successful treatment of a patient with severe thallium poisoning in a coma using Prussian blue and plasma exchange: a case report. Medicine (Baltimore), 98(8): e14629.

LIN T S, NRIAGU J O, 1999. Thallium speciation in the Great Lake. Environmental Science & Technology, 33: 3394-3397.

LIN TSER-SHENG, 1997. Thallium speciation and distribution in the great lakes. Ann Arbor: University of Michigan, Environmental Health Sciences.

LIU J, LI N, ZHANG W L, et al., 2019. Thallium contamination in farmlands and common vegetables in a pyrite mining city and potential health risks. Environmental Pollution, 248: 906-915.

LIU J, LUO X, WANG J, et al., 2017. Thallium contamination in arable soils and vegetables around a steel plant: a newly-found significant source of Tl pollution in South China. Environmental Pollution, 224: 445-453.

LOGAN P G, LEPP N W, PHIPPS D A, 1984. Some aspects of thallium uptake by higher plants// HEMPHILL D D. Trace substances in environmental health. Columbia: University of Missouri, 18: 570-575.

LUKASZEWSKI Z, ZEMBRZUSKI W, PIELA A, 1996. Direct determination of ultratrace of thallium in water by flow-injection-differential-pulse anodic stripping voltammetry. Analytica Chimica Acta, 318: 159-165.

MAMORU HIRATA1 K T, MARIKO ONO-OGASAWARA, MITSUTOSHI TAKAYA, et al., 1998. A Probable Case of Chronic Occupational Thallium Poisoning in a Glass Factory. Industrial Health, 36: 300-303.

MATSUKAWA T, CHIBA M, SHINOHARA A, et al., 2018. Changes in thallium distribution in the scalp hair after an intoxication incident. Forensic Science International, 291: 230-233.

MERMUT A R, JAIN J C, SONG L, et al., 1996. Trace element concentrations of selected soils and fertilizers in Saskatchewan. Canada. Journal of Environmental Quality, 25: 58-63.

MOCHIZUKI M, MORI M, AKINAGA M, et al., 2005. Thallium contamination in wild ducks in Japan. Journal of Wildlife Diseases, 41(3): 664-668.

PALME H, SUESS H E, ZEH H D, 1981. Abundances of the elements in the solar system. Landolt- Bömstein New Series, VI/2a: 257-272.

PASTORINO P, BERTOLI M, SQUADRONE S, et al., 2019. Detection of trace elements in freshwater macrobenthic invertebrates of different functional feeding guilds: a case study in Northeast Italy. Ecohydrology & Hydrobiology, 19: 428-440.

PETER A L J, VIRAGHAVAN T, 2005. Thallium: a review of public health and environmental concerns. Environment International, 31: 493-501.

QI J, LAI Y, LIANG C, et al., 2019. Prenatal thallium exposure and poor growth in early childhood: a prospective birth cohort study. Environment International, 123: 224-230.

RATTI F, FACCHINI A, BECK E, et al., 2018. "Familial venoms": a thallium intoxication cluster. Intensive Care Med, 44(12): 2298-2299.

RENKEMA H J, 2007. Thallium accumulation by durum wheat and spring canola: the roles of Cation competition, Uptake kinetics, and Transpiration. Canada: The University of Guelph.

SAGER M, 1998. Thallium in agricultural practice // NRIAGU J O. Thallium in the environment. New York: John Wiley & Sons, Inc: 59-87.

SAHA A, SADHU H G, KARNIK A B, et al., 2004. Erosion of nails following thallium poisoning: a case report. Occupational & Environmental Medicine, 61(7): 640-642.

SASMAZ M, AKGUL B, YILDIRIM D, et al., 2016. Bioaccumulation of thallium by the wild plants grown in soils of mining area. International Journal of Phytoremediation, 18: 1164-1170.

SASMAZ M, Öbek, E, Sasmaz A, 2019. Bioaccumulation of cadmium and thallium in Pb-Zn tailing waste water by Lemna minor and Lemna gibba. Applied Geochemistry, 100: 287-292.

SCHOER J, 1984. Thallium// HUTZINGER O. The Handbook of environmental chemistry V(3) part C. New York: Springer-Verlag, 3(c): 143-214.

SCHOLL W, 1980. Bestimmung von Thallium in verschiedenen anorgannischen und organischen Matrices ein einfaches photometrisches Routineverfahren mit Brillantgrun. Landwirtschaftliche Forschung, 37: 275-286.

SMITH I C, CARSON B L, 1977. Trace metals in the environment, I. Thallium. An Arbor, Michigan: Ann Arbor Science.

SOJÁKOVÁ M, ŽIGRAI M, KARAMAN A, et al., 2015. Thallium intoxication. Neuroendocrinology Letters, 36(4): 311-315.

SORIANO M A, FERERES E, 2003. Use of crops for in situ phytoremediation of polluted soils following a toxic flood from a mine spill. Plat Soil, 256(2): 253-264.

STRUEMPLER A W, 1975. Trace element composition in atmospheric particulates during 1973 and the summer of 1974 at Chadron, Nebreska. Environmental Science & Technology, 9: 1164-1168.

TREMEL A, MASSON P, GARRAUD H, et al., 1997a. Thallium in French agrosystems—II. Concentration of thallium in field-grown rape and some other plant species. Environmental Pollution, 97: 161-168.

TREMEL A, MASSON P, STERCKEMAN T, et al., 1997b. Thallium in French agrosystems—I. Thallium contents in arable soils. Environmental Pollution, 95: 293-302.

USDHHS, 1992. Toxicological profile for thallium. U.S. Department of Health & Human Services. Atlanta, GA: Agency for Toxic Substances and Disease Registry.

VALERIO F, BRESCIANINI C, MAZZUCOTELLI A, et al., 1988. Seasonal variation of thallium, lead, and chromium concentrations in airborne particulate matter collected in an urban area. Science of the Total Environment, 71: 501-509.

VALERIO F, BRESCIANINI C, LASTRAIOLI S, 1989. Airbone metals in urban areas. International Journal of Environmental Analytical Chemistry, 35: 101-110.

VANĚK A, KOMREKM, CHRASTNY V, et al., 2010. Thallium uptake by white mustard (Sinapis alba L.) grown on moderately contaminated soils-Agro-environmental implications. Journal of Hazardous Materials, 182(1-3): 303-308.

VOLKENING J, HEUMANN K G, 1990. Heavy metals in the near-surface aerosol over the Atlantic Ocean from 60° South to 54° North. Journal of Geophysical Research Atmospheres, 95: 20623-20632.

WANG C, CHEN Y, LIU J, et al., 2013. Health risks of thallium in contaminated arable soils and food crops irrigated with wastewater from a sulfuric acid plant in western Guangdong province, China. Ecotoxicology and Environmental Safety, 90: 76-81.

WEN Y, HUANG S, ZHANG Y, et al., 2019. Associations of multiple plasma metals with the risk of ischemic stroke: a case-control study. Environment International, 125: 125-134.

WU M, SHU Y, SONG L, et al., 2019. Prenatal exposure to thallium is associated with decreased mitochondrial DNA copy number in newborns: evidence from a birth cohort study. Environment International, 129: 470-477.

XIAO T, BOYLE D, GUHUA J, et al., 2003. Groundwater related thallium transfer processes and impacts on ecosystem, southwest Guizhou Province, China. Applied Geochemistry, 18: 675-691.

XIAO T F, GUHA J, BOYLE D, et al., 2004. Environmental concerns related to high thallium levels in soils and thallium uptake by plants in southwest Guizhou, China. Science of the Total Environment, 318: 223-244.

XIAO T F, YANG F, LI S, et al., 2012. Thallium pollution in China: a geo-environmental perspective. Science of the Total Environment, 421: 51-58.

YANG C X, CHEN Y H, PENG P A, et al., 2005. Distribution of natural and anthropogenic thallium in highly weathered soils. Science of the Total Environment, 341:159-172.

YANG G, LI C, LONG Y, et al., 2018. Hair loss: evidence to thallium poisoning. Case Reports in Emergency Medicine, 2018: 1313096.

YU H Y, CHANG C Y, LI F B, et al., 2018. Thallium in flowering cabbage and lettuce: potential health risks for local residents of the Pearl River Delta, South China. Environmental Pollution, 241: 626-635.

YUMOTO T, TSUKAHARA K, NAITO H, et al., 2017. A successfully treated case of criminal thallium poisoning. Journal of Clinical & Diagnostic Research, 11(4): OD01-OD02.

ZITKO V, CARSON W V, CARSON W G, 1975. Thallium: occurrence in the environmental and toxicity to fish. Bulletin of Environmental Contamination and Toxicology, 13: 23-30.

第3章 环境介质中铊样品的采集和前处理方法

3.1 环境空气和废气的采集和处理

3.1.1 点位布设基本原则

监测点应根据监测任务的目的、要求布设,必要时进行现场踏勘后确定。所选点位应具有较好的代表性,监测数据能客观反映一定空间范围内环境空气和废气中铊的污染浓度水平,监测点数量应满足监测目的及任务要求。

3.1.2 点位布设的技术要求

1. 环境空气质量监测点位布设要求[①]

(1)监测点应地处相对安全、交通便利、电源和防火措施有保障的地方。

(2)应采取措施保证监测点附近 1 000 m 内的土地使用状况相对稳定。

(3)监测点采样口周围水平面应保证有 270°以上的捕集空间,不能有阻碍空气流动的高大建筑、树木或其他障碍物;如果采样口一侧靠近建筑,采样口周围水平应有 180°以上的自由空间。从采样口到附近最高障碍物之间的水平距离,应为障碍物与采样口高度差的 2 倍以上,或从采样口到建筑物顶部与地平线的夹角小于 30°。

(4)区域点和背景点周边向外的大视野需 360°开阔,1~10 km 圆距离内应没有明显的视野阻断。

(5)采样口距地面高度为 1.5~15.0 m,在建筑物上安装监测仪器时,监测仪器的采样口离建筑物墙壁、屋顶等支撑物表面的距离应在 1 m 以上。

2. 污染源废气监测点位布设要求[②]

(1)监测点位置应避开对测试人员操作有危险的场所。

(2)监测点位置应优先选择在垂直管段,应避开和断面急剧变化的部位。采样口应设置在距弯头、阀门、变径管下游方向不小于 6 倍直径,和距上述部件上游方向不小于 3 倍直径处。采样断面的气流速度最好在 5 m/s 以上。

---

① 引自:《环境空气质量手工监测技术规范》(HJ 194—2017)、《环境空气质量监测点位布设技术规范(试行)》(HJ 664—2013)

② 引自:《固定源废气监测技术规范》(HJ 397—2007)

3.1.3　样品采集和保存

（1）环境空气样品采集。用中流量采样器以 0.1 m³/min 流量，采集滤膜样品（石英材质或特氟龙材质为佳）不少于 100 m³（标准状态）。

（2）废气样品采集。当温度低于 300 ℃时在管道内等速采样。当温度高于 300 ℃时，铊以气态存在，应将废气导出管道外，使温度降至 300 ℃以下，以 0.02 m³/min 流量恒流采样（30～50 min）。

（3）样品保存。滤膜样品采集后将有尘面两次向内对折，放入样品盒或纸袋中保存；滤筒样品采集后将封口向内折叠，竖直放回原采样套筒中密闭保存。分析前样品保存在 15～30 ℃的环境中，样品保存最长期限为 180 d。

3.1.4　试样制备

1. 微波消解①

取适量滤膜样品：大张 TSP②滤膜（尺寸约为 20 cm×25 cm）取 1/8，小张圆滤膜（如直径 90 mm 或以下）取整张。用陶瓷剪刀剪成小块置于消解容器内，加入 10.0 mL 硝酸–盐酸混合液（体积比为 1：3），使滤膜浸没其中，加盖，置于消解罐组件中并旋紧，放到微波消解转盘架上。设定消解温度为 200 ℃、消解持续时间为 15 min，开始消解。消解结束后，取出消解罐组件，冷却，以超纯水淋洗内壁，加入约 10.0 mL 超纯水，静置半小时进行浸提，过滤，定容至 50.0 mL，待测。

滤筒样品取整个，剪成小块后，加入 25.0 mL 硝酸–盐酸混合液（体积比为 1：3）使滤筒浸没其中，消解步骤如上，最后定容至 100.0 mL。

2. 电热板消解①

取适量滤膜样品：大张 TSP 滤膜（尺寸约为 20 cm×25 cm）取 1/8，小张圆滤膜（如直径 90 mm 或以下）取整张。用陶瓷剪刀剪成小块置于特氟龙烧杯中，加入 10.0 mL 硝酸–盐酸混合液（体积比为 1：3），使滤膜进入其中，盖上表面皿，在 100 ℃加热回流 2.0 h，然后冷却。以超纯水淋洗烧杯内壁，加入约 10.0 mL 超纯水，静置半小时进行浸提，过滤，定容至 50.0 mL，待测。

滤筒样品取整个，剪成小块后，加入 25.0 mL 硝酸–盐酸混合液（体积比为 1：3）使滤筒浸没其中，消解步骤如上，最后定容至 100.0 mL。

3.1.5　记录填写

（1）现场监测采样及样品保存、运输、交接、处理和实验室分析的原始记录是监测工作的重要凭证，应在记录表格上按规定格式填写；

① 引自：《空气和废气 颗粒物中铅等重金属元素的测定 电感耦合等离子体质谱法》（HJ 657—2013）
② TSP 为总悬浮颗粒物（total suspended particulate）的英文缩写

（2）记录应使用墨水笔或档案用签字笔书写，字迹端正、清晰、数据更正规范，不得涂改或撕毁原始记录；

（3）监测人员必须具有严肃认真的工作态度，对各项记录负责，及时记录，不得以回忆方式填写；

（4）测试人和审核人在原始记录上签名后方可报出数据；

（5）原始记录应有统一编号，按期归档保存。

3.1.6 数值修约

数值修约按《数值修约规则与极限数值的表示和判定》（GB/T 8170—2008）进行，进行加法或减法运算时，所得结果的有效数字位数取决于绝对误差最大的数值，即最后结果的有效数字自左起不超过参加计算的近似值中第一个出现的可疑数字。在小数的加减计算中，结果所保留的小数点后的位数与各近似值中小数点后位数最少者相同。在实际计算过程中，保留的位数可比各近似值中小数点后位数最少者多保留一位小数，将计算结果按数值修约规则处理。

进行乘法或除法运算时，所得结果的有效数字位数应与参加运算的各近似值中有效数字位数最小者相同；乘方或开方运算时，计算结果的有效数字位数和原数相同；对数或反对数运算时，所得结果的有效数字位数和真数相同；求 4 个或 4 个以上准确度接近的近似值的平均值时，其平均值的有效数字位数可比原数增加一位。

3.2 地表水、地下水和污水的采集和处理

3.2.1 样品采集的基本要求

依据不同的水体功能、水文要素和污染源、污染物排放等实际情况，力求以最低的采样频次和时间，取得最有时间代表性的样品，既要满足能反映水质状况的要求，又要切实可行[①]。

3.2.2 样品采集和保存

（1）采样器：聚乙烯塑料桶、自动采样器、电动泵、活塞式与隔膜式采水器。

（2）采样数量：地表水、地下水和污染源污水通常采集瞬时水样。采集 250 mL 水样保存在硬质玻璃或高压聚乙烯瓶中。①地下水：从井中采集水样，必须在充分抽汲后进行，抽汲水量不得少于井内水体积的 2 倍，采样深度应在地下水水面 0.5 m 以下，以保证水样能代表地下水水质。②污水：实际的采样位置应在采样断面的中心。当水深大于 1 m 时，

---

① 引自：《地表水和污水监测技术规范》（HJ/T 91—2002）、《地下水环境监测技术规范》（HJ/T 164—2004）

应在表层下 1/4 深度处采样；水深小于或等于 1 m 时，在水深的 1/2 处采样。

（3）样品的保存。样品采集后加入适量浓硝酸调节至 pH＜2。

（4）水样运输前应将容器的外（内）盖盖紧。装箱时应用泡沫塑料等分隔，以防破损。箱子上应有"切勿倒置"等明显标志。同一采样点的样品瓶应尽量装在同一个箱子中；如分装在几个箱子内，则各箱内均应有同样的采样记录表。运输前应检查所采水样是否已全部装箱。运输时应有专门押运人员。水样交化验室时，应有交接手续。

3.2.3　试样制备

1. 微波消解①

准确量取 45.0 mL 摇匀后的样品于消解罐中，加入 4.0 mL 浓硝酸和 1.0 mL 浓盐酸，在 170 ℃温度下微波消解 10 min。消解完毕后，冷却至室温，将消解液移至 100 mL 容量瓶中，用超纯水定容至刻度，摇匀，待测。

2. 电热板消解①

准确量取 100 mL 摇匀后的样品于 250 mL 聚四氟乙烯烧杯中，加入 2.0 mL 浓硝酸和 1.0 mL 浓盐酸，置于电热板上加热消解，加热温度不得高于 85℃。消解时，烧杯应盖上表面皿或采取其他措施，保证样品不受通风柜周边的污染。持续加热，保持溶液不沸腾，直至样品蒸发至 20 mL 左右。在烧杯口盖上表面皿以减少过多的蒸发，并保持轻微回流 30 min。待样品冷却后，用去离子水冲洗烧杯至少 3 次，并将冲洗液倒入容量瓶中，在 50.0 mL 容量瓶中定容，用去离子水定容，摇匀，待测。

若使用石墨消解炉代替电热板消解样品，可参照上述步骤进行。

3.3　土壤和沉积物的采集和处理

3.3.1　土壤点位布设基本原则

土壤点位布设基本原则参见《土壤环境监测技术规范》（HJ/T 166—2004）。

代表性原则：点位数量应能反映区域土壤环境质量状况、污染物空间分布及其变化规律，力求以较少的点位获得最好的空间代表性。

准确性原则：应使用规定精度且校核无误的地理信息底图，底图采用统一地理坐标系，保证布设点位与真实点位之间误差在可接受的范围内。

可比性原则：应兼顾历史点位，使土壤监测结果具有可比性和延续性，包括已经布设的土壤环境背景点位、土壤环境质量监测点位和土壤污染调查点位等。

---

① 引自：《水质 65 种元素的测定 电感耦合等离子体质谱法》（HJ 700—2014）

完整性原则：应涵盖不同土壤类型、不同土地利用类型和不同污染类型的场地，保证点位的完整性。

样品是由总体中随机采集的一些个体所组成，个体之间存在变异，因此样品与总体之间，既存在同质的"亲缘"关系，样品可作为总体的代表，但同时也存在一定程度的异质性，差异越小，样品的代表性越好；反之亦然。为了使采集的监测样品具有好的代表性，必须避免一切主观因素，使组成总体的个体有同样的机会被选入样品，即组成样品的个体应当是随机地取自总体。另一方面，在一组需要相互之间进行比较的样品应当有同样的个体组成，否则样本多的个体所组成的样品，其代表性会大于样本少的个体组成的样品。所以"随机"和"等量"是决定样品具有同等代表性的重要条件。

3.3.2 土壤布点方法

土壤监测点位的布设同时还要考虑不同污染类型进行设计：大气污染型土壤监测单元和固体废物堆污染型土壤监测单元以污染源为中心放射状布点，在主导风向和地表水的径流方向加密采样点（离污染源的距离远于其他点）；灌溉水污染监测单元、农用固体废物污染型土壤监测单元和农用化学物质污染型土壤监测单元采用均匀布点；灌溉水污染监测单元采用按水流方向带状布点，采样点自纳污口起由密渐疏；综合污染型土壤监测单元布点采用综合放射状、均匀、带状布点法相结合的方式采样。若土壤相对稳定，气象条件变化的影响较小，污染物含量随时间变化的差异不大，通常每年采样一次。土壤布点方式分简单随机、分块随机、系统随机三种方式（图3.1）

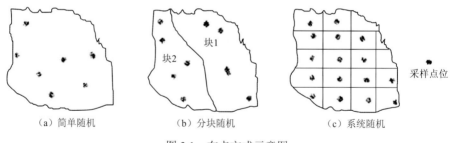

（a）简单随机　　　　（b）分块随机　　　　（c）系统随机

图 3.1　布点方式示意图

1. 简单随机

将监测单元分成网格，每个网格编上号码，决定采样点样品数后，随机抽取规定的样品数的样品，其样本号码对应的网格号，即为采样点。随机数的获得可以利用抽签的方法。

2. 分块随机

根据收集的资料，如果监测区域内的土壤有明显的几种类型，则可将区域分成几块，每块内污染物较均匀，块间的差异较明显。将每块作为一个监测单元，在每个监测单元内再随机布点。在正确分块的前提下，分块布点的代表性比简单随机布点好，如果分块不正确，分块布点的效果可能会适得其反。

3. 系统随机

将监测区域分成面积相等的若干部分（网格划分），每网格内布设一采样点，这种布点称为系统随机布点。如果区域内土壤污染物含量变化较大，系统随机布点比简单随机布点所采样品的代表性要好。

3.3.3　土壤样本量计算

1. 一般性调查

土壤监测点位应根据调查目的、调查精度及污染状况等因素布设，要充分考虑土壤的内在变异性，如场地的大小、污染方式、污染的物理化学性质及土壤的类型等。监测点位的布设优先考虑污染物种类及其扩散途径，土壤采样点要与农作物采样相互对应。

土壤样品数量按照如下公式计算。

（1）由均方差和绝对偏差计算基本样品数。用下列公式可计算所需的样品数：

$$N = t^2 \sigma^2 / D^2 \tag{3.1}$$

式中：N 为样品数；t 为选定置信水平（一般为 95%）一定自由度下的值；σ^2 为均方差，可从先前的其他研究或者从极差 R 估计 $[\sigma^2 = (R/4)^2]$；D 为可接受的绝对偏差。

（2）由变异系数和相对偏差计算基本样品数。式（3.1）可变为

$$N = t^2 C_V^2 / m^2 \tag{3.2}$$

式中：C_V（%）为变异系数，可从先前的其他研究资料中估计；m（%）为可接受的相对偏差，土壤环境监测一般限定为 20%~30%。没有历史资料的地区、土壤变异程度不太大的地区，一般 C_V 可用 10%~30%粗略估计。

原则上污染区土壤监测需根据调查区实际情况设置监测点，样品数量不低于以上计算的基础样品数量。土壤样本量除基本满足样本的容量要求外，还应根据检测目的、调查的精度等实际情况进行确定，但总体上土壤采样点的数量不少于 30 个。

2. 专项调查[①]

一般农用地土壤、城镇居民区土壤单个采样网格不大于 1 000 m×1 000 m；污水灌溉区农田土壤单个采样网格不大于 250 m×250 m；污染场地和工业固体废物堆积场地及周边土壤单个采样网格不大于 20 m×20 m。在采样网格内可采用对角线法、梅花法、蛇形法或棋盘法等方法中的任一采样方式采集混合样，土壤样品主要采集 0~20 cm 土壤（一般农作物耕作层土壤）和 0~60 cm 土壤（种植果林类农作物土壤）。

3.3.4　土壤样品采集

土壤的布点同时考虑不同的土壤类型、土壤面积大小和污染程度，农用地且污染较重

---

① 引自：《环境与健康现场调查技术规范　横断面调查》（HJ 839—2017）

的土壤应加密采样;受污染源影响的非农用地类型可适当减少采样布点。布点采用对角线法。农田土壤兼顾各种不同的农作物,以及地貌、地形条件与污染源的关系。

采样点可采表层样或土壤剖面。一般监测采集表层土,采样深度 0~20 cm,特殊要求的监测(土壤背景、环评、污染事故等)必要时选择部分采样点采集剖面样品。剖面的规格一般为长 1.5 m,宽 0.8 m,深 1.2 m。挖掘土壤剖面要使观察面向阳,表土和底土分两侧放置。

面积较小的土壤污染调查和突发性土壤污染事故调查可直接采样。

1. 表层土壤

一般监测采集表层土,采样深度 0~20 cm,必要时选择部分采样点采集剖面样品。每个土壤单元至少有 3 个采样点组成,每个采样点的样品为土壤混合样。

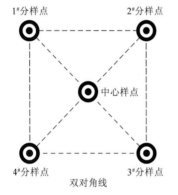

图 3.2　土壤混合样双对角线采集法示意图

混合样采集方法:现场确定计划采样点位后,以确定点位为中心划定采样区域,一般为 20 m×20 m;当地形地貌及土壤利用方式复杂,样点代表性差时,可视具体情况扩大至 100 m×100 m。以确定点位为中心,采用双对角线法 5 点采样(图 3.2),每个分样点采样方法与单独样品采集方法相同,5 点采样量基本一致,共计采样量不少于 1 500 g。当土壤中砂石、草根等杂质较多或含水量较高时,可视情况增加样品采样量。

2. 土壤剖面样

深层土壤采样使用专门的土钻等采样工具单点采样,当采样中遇有碎石较多时,可在附近另行掘进采样或采取人工开挖的办法采集样品。采集过程中应防止上层土壤的混入。样品应自规定的起始深度以下连续采 10~50 cm 长的土柱,应避免采集基岩风化层,若符合要求的土层太薄或达不到规定深度时,应同点位多次采样,土壤样品总量应不少于 1 000 g。土壤深层样品采集如图 3.3 所示。

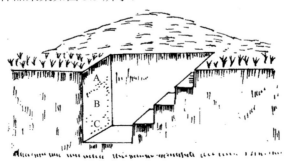

图 3.3　土壤深层样品采集示意图

A—腐殖质层;B—沉积层;C—母质层

采样深度要求如下：

（1）平原、盆地及黄土高原采样深度应达到 150 cm；

（2）山地丘陵区采样深度应达到 120 cm；

（3）西部及高寒山区、干旱荒漠、岩溶景观区等地区，采样深度应达到 100 cm；

（4）当出现某一样点在其附近多处采样仍未达到规定采样深度时，可根据土壤实际深度采样，并做出标记，记录采样情况。

3.3.5 沉积物样品的采集

沉积物样品的采集参见《地表水和污水监测技术规范》（HJ/T 91—2002）、《海洋监测规范 第 3 部分：样品采集、贮存与运输》（GB 17378.3—2007）。

表层沉积物采样器，一般选择抓斗式（掘式）采泥器、锥式采泥器等。将采泥器常速放至离水底一定距离（3～5 m），再全速放至水底，慢速提离水底后，快速提至水面，再行慢速，慢慢提至接样板上。样品流失过多或沉积物太软、采泥器下降过猛，均应重采。

用于储存海洋沉积物样品容器应为广口硼硅玻璃瓶和聚乙烯袋。

3.3.6 样品制备

1. 风干（烘干）

在风干室将土样、沉积物样品放置于盛样用器皿中，除去土壤中混杂的砖瓦石块、石灰结核、动植物残体等，摊成 2～3 cm 的薄层，经常翻动。半干状态时，用木棍压碎或用两个木铲搓碎土样，置阴凉处自然风干。土壤样品也可以采用土壤样品烘干机烘干，温度控制在（35±5）℃。

2. 粗磨

在制样室将风干的样品倒在有机玻璃板上，用木槌碾压，用木棒或有机玻璃棒进一步压碎，拣出杂质，细小已断的植物须根可采用静电吸附的方法清除。将全部土样手工研磨后混匀，过孔径 2 mm 尼龙筛，去除 2 mm 以上的砂粒（若砂粒含量较多，应计算它占整个土样的质量分数），大于 2 mm 的土团要反复研磨、过筛，直至全部通过。过筛后的样品充分搅拌、混合直至均匀。

3. 细磨

用玛瑙球磨机（或手工）研磨到土样全部通过孔径 1 mm（14 目）的尼龙筛，四分法弃取，保留足够量的土样，称重，装瓶备分析用；剩余样品继续研磨至全部通过孔径 0.15 mm（100 目）尼龙筛，四分法弃取，装瓶备分析用。

3.3.7　试样制备

1. 微波消解法

称取样品 0.2 g（精确至 0.000 1 g）于微波消解容器中，用少量实验用水润湿后，加入 6 mL 硝酸、2 mL 氢氟酸和 2 mL 盐酸，使样品盒消解液充分混匀。若有剧烈化学反应，待反应结束后再加盖拧紧。将消解容器装入消解支架后放入微波消解装置的炉腔中，确认温度传感器和压力传感器工作正常。按照表 3.1 的升温程序进行微波消解，程序升温结束后冷却。待消解容器内温度降至室温后在通风橱中取出消解容器，缓缓泄压放气，打开消解罐。

表 3.1　微波消解升温程序

升温时间/min	消解温度	保持时间/min
7	由室温升到 120 ℃	3
5	由 120 ℃升到 160 ℃	3
5	由 160 ℃升到 190 ℃	25

将消解容器内的溶液转移至聚四氟乙烯烧杯中，用少许实验用水洗涤消解容器和盖子后一并倒入烧杯中。将烧杯置于温控加热设备上微沸的状态下进行赶酸。待液体呈黏稠状时，取下稍冷，用滴管取少量硝酸冲洗烧杯内壁，利用余温溶解附着在烧杯壁上的残渣，之后转入 50 mL 容量瓶中，再用滴管吸取少量硝酸重复上述步骤，洗涤液一并转入容量瓶中，然后用实验用水定容至刻度线，混匀，待测。

2. 电热板消解法

称取样品 0.2 g（精确至 0.000 1 g）于 50 mL 聚四氟乙烯消解烧杯中，用少量实验用水润湿后，加入 10 mL 硝酸浸泡过夜，盖上表面皿，于通风橱内的电热板上低温（95℃±5℃）加热，使样品初步分解，待蒸发至剩余体积接近 3 mL 时，取下稍冷，然后加入 5 mL 硝酸、5 mL 浓盐酸、2 mL 氢氟酸和 1 mL 高氯酸，加盖，于电热板上中温（130℃±10℃）加热 2 h。开盖，电热板温度控制在高温（170℃±10℃），继续加热并经常摇动烧杯，至冒白烟并蒸至内溶物呈黏稠状。若有黑色残渣，表明碳化物未被完全消解，可补加 3 mL 硝酸、3 mL 氢氟酸和 1 mL 高氯酸，重复上述消解过程。取下烧杯稍冷，加入 3 mL 硝酸溶液溶解内溶物，温热溶解残渣，待冷至室温后将溶液转移至 50 mL 容量瓶中，用适量硝酸溶液淋洗烧杯 2～3 次，洗涤液全部转移至容量瓶中，用实验用水定容至刻度线，混匀，待测。

若使用石墨消解仪代替电热板消解样品，可参照上述步骤进行。

3. 空白试样制备

用实验用水代替样品，按照与试样制备相同的步骤进行实验室空白试样的制备。

3.4　农、畜、水产品采集和处理

农、畜、水产品的采集与处理参见《农、畜、水产品污染监测技术规范》(NY/T 398—2000)。

3.4.1　农作物样品采集基本要求

(1) 当农作物类监测与农田土壤监测同时进行时,农作物样品的采集应与农田土壤样品同步采集,农作物采样点就是农田土壤采样点。

(2) 单一进行农作物监测时采样前的现场调查与资料收集、监测单元的划分、采样点位的布设、采样方法都与农田土壤监测有相似之处。

(3) 农作物监测单元应以监测区域农作物受污染的途径划分为基本单元,结合参考土壤污染类型、农作物种类、商品粮生产基地、保护区类别、行政区划等要素,由当地农业环境监测部门根据实际情况进行划定,同一单元的差别应尽可能缩小。

3.4.2　农作物监测点布设

1. 点位数量

当农作物监测和土壤监测同时进行时,农作物样点数和采样点位尽可能与土壤样点数和采样点位保持一致,监测样点数可酌情减少;当单一进行农作物监测时,农作物监测的布点数量要根据调查目的、调查精度和调查区域环境状况等因素确定。一般要求每个监测单元最少应设 3 个点。

2. 布点原则

监测点布设应坚持哪里有污染就在哪里布点的原则。把监测点布设在怀疑或已证实有污染的地方,根据经济和技术力量条件,布点应优先照顾农作物污染严重、影响大的粮食主要产区及商品生产基地。监测点布设的重点应是:污水或污水灌溉的地块;厂矿企业和乡镇周围的地块;大量堆放工业废渣、城市垃圾地点周围的地块;长期受工业废气和粉尘影响的地块;大量使用农用化学物质的地块;长期使用污泥、城市垃圾、固体废物及以废物为原料制成的肥料的地块。布点具体要求如下。

(1) 大气污染型监测区农作物监测点:以大气污染源为中心,采用放射状布点法。布点密度由中心起由密渐稀,除在同一密度圈内均匀布点外,在大气污染源主导风下风方向应适当增加监测距离和布点数量。

(2) 灌溉水污染型监测区农作物监测点:在纳污灌溉水体两侧,按水流方向采用带状布点法。布点密度自灌溉水体纳污口起由密渐稀,各引灌段相对均匀。

(3) 固体废弃堆污染型监测区农作物监测点:结合地表径流和当地常年主导风向,

采用放射布点法和带状布点法。

（4）农业污染型监测区农作物监测点：在施用种类、施用量、施用时间等基本一致的情况下采用均匀布点法。

（5）综合污染型农作物监测点：以主要污染物排放途径为主，综合采用放射布点法、带状布点法及均匀布点法。

3.4.3　农作物样品采集

1. 粮食

在粮食作物收获期内采集粮食作物，同时进行农田土壤监测，两者采样点应保持一致。根据暴露调查目的，粮食作物主要采集可食用部位。在调查区域内，以 $0.1\sim0.2\ hm^2$ 为采样单元，每个采样单元采集 $5\sim20$ 个植株，混合成样。粮食作物样品混合后按四分法对角取样，制备成有代表性样品。采集样品量约 $1\ kg$，装入纸袋或布袋待分析。

2. 蔬菜

蔬菜样品分为叶菜类、根茎类和瓜果类三种类型。在调查家庭农田中按照对角线或者 S 形布点，以 $0.1\sim0.3\ hm^2$ 为采样单元，每个采样单元样本量不少于 20 个。对于叶菜类蔬菜，每个采样点采集的小型植株的叶菜类去根整株采集；大型植株的叶菜类可用辐射形切割法采样，即从每株表层叶至心叶切成 8 小瓣，随机取 2 瓣为该植株分样；对于根茎类蔬菜，采集根部和茎部，大型根茎可用辐射形切割法切成 4 份或 8 份，取其 2 份进行缩分；对于瓜果类蔬菜，在植株上、中、下各侧均匀采摘，混合成样。各类蔬菜样品采样量约为 $1\ kg$，分别装入塑料袋或布袋，贴好标签，扎紧袋口待测。

3. 水果

在平坦果园采样时，以 $0.1\sim0.2\ hm^2$ 为采样单元，采用对角线法布点采样，由采样区的一角向另一角引一对角线，在此线上等距离布设采样点；在山地果园采样时，按照不同海拔高度均匀布点，每个采样单元采样量不少于 10 份。每个采样点上树型较大的果树，采样时应在果树的上、中、下、内、外部及果实着生方位（东、南、西、北）均匀采摘果实。各方位采摘的果实充分混匀，按四分法缩分，分别装入袋内，粘贴标签，扎紧袋口待测。

3.4.4　畜禽、水产品样品采集

1. 畜禽类

在调查家庭中选择小型畜禽（鸡、鸭、鹅等）作为采样对象。调查区每个行政村（或自然村）作为采样单元，每个采样单元每种畜禽至少采集 6 只。用不锈钢小刀取小型畜禽胸部、背部及腿部的肌肉约 $1\ kg$ 混合，装入塑料袋，粘贴标签，在 $-20\ ℃$ 以下冷冻保存待分析。根据需要同步采集小型畜禽的不同脏器组织部位的样品。

2. 水产品

根据调查区的实际情况,以行政村(或自然村)作为采样单元,每个采样单元采集鱼、虾、螺、蚌等水产品。对于鱼类样品,体重在 500 g 左右的采集个体数量不少于 6 尾;250 g 以下的采集个体数量不少于 10 尾。鱼类样品去除鳞片和鳃等不可食用部位,沿脊椎纵剖后取肌肉。对于虾、螺、蚌等甲壳类,每类采集不少于 6 份,每份采集 50 个个体,去除硬壳,取其可食用部分,切碎混合均匀。样品装入塑料袋,粘贴标签,在−20 ℃以下冷冻保存待分析。

3.4.5　样品制备

1. 干样样品制备

粮食样品用干纱布擦净样品上的泥尘等附着物后直接磨碎,带皮粮食样应用清水冲洗、晾干,去皮后磨碎;根、茎、叶、果蔬菜水果等将样品用不锈钢刀或剪刀,切剪成 0.5～1.0 cm 大小的块状、条状,在晾干室内摊放于晾样盘中风干。为加快干燥,可将切碎样品放在 85～90 ℃烘箱鼓风烘 1 h,破坏酶的作用,再在 60～70 ℃下通风干燥 24～48 h 成风干样品。上述两种风干样品置于玛瑙研钵(或玛瑙碎样机、石磨、不锈钢磨)进行手工或机械研磨,使样品全部通过 40～60 目尼龙塑料筛,混合均匀成待测试样。

2. 生鲜样品制备

新鲜样品用干净纱布轻轻擦去样品上的泥沙等附着物后直接用组织捣碎机捣碎,混合均匀成待测试样。含纤维较多的样品,如根、茎秆、叶子等不能用捣碎机捣碎,可用不锈钢刀或剪刀切(剪)成小碎片,混合均匀成待测试样。

3. 畜、禽产品:新鲜样加工

(1)肉组织类:将缩分样经组织捣碎机捣碎,混合均匀后成待测试样。

(2)蛋类:将缩分样鲜蛋去壳,蛋白和蛋黄充分混合均匀后成待测试样(不要起泡沫)。若分别测定时,将其敲碎在 7.5～9.0 cm 漏斗中,蛋黄在上,蛋白在下,分取后混合均匀成待测试样。

(3)乳类:将缩分样温热至约 20 ℃,倾入清洁的容器中混合均匀后成待测试样。若乳油块尚未分散或乳油附于容器壁,可将乳油刮下并置水浴中温热至 38 ℃,混匀后成待测试样。

3.4.6　试样制备

1. 微波消解法

称取固体样品 0.2～0.5 g(精确至 0.001 g,含水分较多的样品可适当增加取样量至 1.0 g)或准确移取液体试样 1.00～3.00 mL 于微波消解罐中,含乙醇或二氧化碳的样品先在电热板上低温加热除去乙醇或二氧化碳，加入 5～10 mL 硝酸，加盖放置 1 h 或过夜，旋紧罐盖，按照微波消解仪标准操作步骤进行消解。冷却后取出，缓慢打开罐盖排气，用少量水冲洗内盖，将消解罐放在控温电热板上或超声水浴箱中，于 100 ℃加热 30 min 或超声脱气 2～5 min，用水定容至 25 mL 或 50 mL，混匀备用，同时做空白试验。微波消解升温程序见表 3.2。

表 3.2　微波消解升温程序

升温时间/min	消解温度	保持时间/min
5	由室温升到 120 ℃	5
5	由 120 ℃升到 150 ℃	10
5	由 160 ℃升到 190 ℃	20

2. 压力罐消解法

称取固体干样 0.2～1.0 g（精确至 0.001 g，含水分较多的样品可适当增加取样量至 2.0 g）或准确移取液体试样 1.00～5.00 mL 于消解内罐中，含乙醇或二氧化碳的样品先在电热板上低温加热除去乙醇或二氧化碳，加入 5 mL 硝酸，放置 1 h 或过夜，旋紧不锈钢外套，放入恒温干燥箱消解，于 150～170 ℃消解 4 h，冷却后，缓慢旋松不锈钢外套，将消解内罐取出，在控温电热板上或超声水浴箱中，于 100℃加热 30 min 或超声脱气 2～5 min，用水定容至 25 mL 或 50 mL，混匀备用，同时做空白试验。

3. 湿法消解

准确称取 0.5～5.0 g（精确至 0.001 g）或准确移取 2.00～10.00 mL 试样于玻璃或聚四氟乙烯消解器皿中，含乙醇或二氧化碳的样品先在电热板上低温加热除去乙醇或二氧化碳，加 10 mL 硝酸–高氯酸（10+1）混合溶液，于电热板上或石墨消解装置上消解，消解过程中消解液若变棕黑色，可适当补加少量混合酸，直至冒白烟，消化液呈无色透明或略带黄色，冷却，用水定容至 25 mL 或 50 mL，混匀备用；同时做空白试验。

3.5　固体废物的采集和处理

固体废物的采集参见《工业固体废物采样制样技术规范》（HJ/T 20—1998）、《危险废物鉴别技术规范》（HJ/T 298—2007）、《固体废物金属元素的测定　电感耦合等离子体质谱法》（HJ 766—2015）、《固体废物 22 种金属元素的测定　电感耦合等离子体发射光谱法》（HJ 781—2016）。

3.5.1　固体废物样品采集

采集代表性的固态废物（含半固态废物和液态废物，排入水体的除外）。

1. 采样点

对于堆存、运输中的固态工业固体废物和大池中液态工业废物，可按照对角线型、梅花型、棋盘型、蛇型等点分布方式确定采样点；对于粉末状、小颗粒的固体废物可按垂直方向、一定深度的部位确定采样点；对于容器内的工业固体废物，可按照上部（表面下相当于总体积的 1/6 深处）、中部（表面下相当于总体积的 1/2 深处）、下部（表面下相当于总体积的 5/6 深处）确定采样点。采样方式按照简单随机采样、分层采样、系统采样、两段采样等确定。

2. 样本计算

根据固态废物的粒度、非均匀性等确定样品的最少份数和最少采样质量。

1）份样量

份样量取决于废物的粒度上限，工业废物的粒度越大，均匀性越差，份样量越多。份样量可按切乔特公式计算：

$$Q \geqslant K \cdot d\alpha \qquad (3.3)$$

式中：Q 为份样量应采的最低质量，kg；d 为废物中最大粒度的直径，mm；K 为缩分系数，代表废物的不均匀程度，废物越不均匀，K 值越大；α 为经验常数；一般来说，K 值取 0.06，α 取 1.0。液态样品以不小于 100 mL 的采样瓶（或采样器）所盛量为准。

2）样本量

当份样标准偏差或允许误差未知时，可根据表 3.3 中数据进行选择。

表 3.3　批量大小与最小份样数

批量大小 （单位：固体为 t；液体为 m^3）	最小份样数	批量大小 （单位：固体为 t；液体为 m^3）	最小份样数
<1	3	≥500	20
≥5	5	≥1 000	25
≥50	10	≥10 000	30
≥100	15		

3. 采样方法

1）在生产现场采样

先根据固体废物的批量大小确定应采的份样个数，再根据固体废物的最大粒度（95%以上能通过的最小筛孔尺寸）确定份样量，然后确定采样的间隔，采取简单随机采样，对一批废物不做任何处理，不进行分类和排队，按照其原来的状况从废物中随机采取份样，组成总样。

2）在运输车及容器中采样

在运输一批固体废物时，当车数不多于该批废物规定的份样数时，车应采份数按式（3.4）计算。当车数多于规定的份样数时，按表 3.3 中批量大小与最小份样数选出在所需最少的采样车数后随机采集一个份样（图 3.4）。

$$每车应采份样数 = \frac{规定份样数}{车数} \tag{3.4}$$

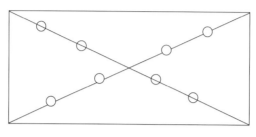

图 3.4　车厢中的采样点示意图

在车中，采样点应均匀分布在车厢的对角线上，端点距车角应大于 0.5 m，表层去掉 0.3 m。对于一批若干容器盛装的废物，选出最少容器数，在每个容器中均随机采集两个样品。

3）在废渣堆采样

在渣堆两侧距堆底 0.5 m 处画第一条横线，然后每隔 0.5 m 画一条横线，再每隔 2 m 画一条垂线，其交点作为采样点，在每个点上从 0.5～1.0 m 深处随机采样一份。

3.5.2　固体废物样品制备

每份样品保存量至少应为试验和分析需用量的 4 倍，置阴凉处自然风干。样品也可以采用烘干机烘干，温度控制在（35±5）℃。将全部样品手工研磨后混匀，过孔径 0.15 mm 尼龙筛，过筛后的样品充分搅拌、混合直至均匀。

3.5.3　固体废物试样制备

1. 微波消解法

称取过 0.15 mm 筛样品 0.1～0.2 g（精确至 0.000 1 g）于微波消解容器中，用少量实验用水润湿后，加入 9 mL 硝酸、2 mL 盐酸、3 mL 氢氟酸及 1 mL 过氧化氢，使样品罐消解液充分混匀。若有剧烈化学反应，待反应结束后再加盖拧紧。将消解容器装入消解支架后放入微波消解装置的炉腔中，确认温度传感器和压力传感器工作正常。按照表 3.4 的升温程序进行微波消解，程序升温结束后冷却。待消解容器内温度降至室温后从防酸通风橱中取出消解容器，缓缓泄压放气，打开消解罐。将消解容器内的溶液转移至聚四氟乙烯的烧杯中，用少许实验用水洗涤消解容器和盖子后一并倒入烧杯中，加入 2 mL 高氯酸，置于温控加热设备于 160～180 ℃的状态下进行赶酸，驱赶至白烟冒尽，待液体呈黏稠状时，取下稍冷，用滴管取少量硝酸冲洗烧杯内壁，利用余温溶解附着在烧杯壁上的残渣,之后转入 50 mL 容量瓶中,再用滴管吸取少量硝酸重复上述步骤,洗涤液一并转入容量瓶中,然后用实验用水定容至刻度线,混匀,待测。

表 3.4 微波消解升温程序

升温时间/min	消解温度	保持时间/min
5	由室温升到 120 ℃	3
3	由 120 ℃升到 160 ℃	3
3	由 160 ℃升到 180 ℃	10

注:1.最终消解后仍有颗粒物沉淀,则需离心或以 0.45 μm 微孔滤膜过滤后定容;2.有机质含量高的样品,需提前加入 5 mL 逆王水微沸至黄烟冒尽,方可进行消解

2. 电热板消解法

准确称取过 0.15 mm 筛样品 0.1~0.2 g(精确至 0.000 1 g)于聚四氟乙烯烧杯中,用少量实验用水润湿后,加入 5 mL 浓盐酸置于电热板上以 180~200 ℃加热近干,取下稍冷,加入 5 mL 浓硝酸、5 mL 氢氟酸和 3 mL 高氯酸,加盖在电热板上以 180 ℃加热至余液为 2 mL,继续加热,并摇动坩埚。当加热至冒白烟时,加盖使黑色有机碳化物分解,待烧杯壁上的黑色有机物消失后,开盖,驱赶白烟并蒸至内容物呈黏稠状。视情况补加 3 mL 浓硝酸、3 mL 氢氟酸、1 mL 高氯酸重复上述过程。取下稍冷,用滴管取少量硝酸冲洗烧杯内壁,利用余温溶解附着在烧杯壁上的残渣,之后转入 50 mL 容量瓶中,再用滴管吸取少量硝酸重复上述步骤,洗涤液一并转入容量瓶中,然后用实验用水定容至刻度线,混匀,待测。

3.6 其他样品的采集与处理

岩矿样品:准确称量 0.2 g(精确至 0.000 1 g)200 目岩矿样品置于聚四氟乙烯烧杯中,用少量水润湿,加入 10 mL 硝酸、5 mL 氢氟酸和 2 mL 高氯酸,盖上坩埚盖,于 150℃控温电热板上加热 1 h 后,揭去坩埚盖,升温至 240℃,直至高氯酸白烟冒尽,取下。趁热加入 6 mL 硝酸冲洗杯壁,在电热板微热 5~10 min 至溶液清亮,取下冷却,之后转入 50 mL 容量瓶中,再用滴管吸取少量硝酸重复上述步骤,洗涤液一并转入容量瓶中,然后用实验用水定容至刻度线,混匀,待测。

第4章 铊的光度分析法

根据电磁辐射的本质,光谱可分为分子光谱和原子光谱。习惯上,基于分子光谱而建立的一类分析方法统称光度分析法,如紫外-可见光度法、荧光光度法和化学发光法。而基于原子光谱而建立的一类分析方法统称光谱分析法,如原子吸收光谱法、原子荧光光谱法和原子发射光谱法。光度分析法方法成熟、可测元素多,在一些常见元素的分析中灵敏度超过了(火焰)原子吸收光谱法(表4.1)。光度分析法在许多元素的标样定值和标准方法中被广泛采用(丁杏春,1998)。

表 4.1   常见元素光度分析法和(火焰)原子吸收光谱法的检测限(周天泽,1996)(单位:μg/L)

方法	Tl	As	Cd	Hg	Cu	Pb	Cr	Mo	Sb	Mn	Co	V	Ni
光度分析法	20	15	15	25	10	25	15	30	25	1	15	15	5
原子吸收光谱法	200	100	15	2 200	60	200	60	300	300	30	70	700	70

4.1 铊的分光光度法

分子的主要能量形式是电子运动能、振动能和转动能,这三种量子化的能量均对应在一定的能级;当电子的能级差在 1～20 eV 时,其辐射波长为 10～800 nm,属紫外光区和可见光区;其中波长 10～200 nm 为远紫外区,波长 200～400 nm 为近紫外区,波长 400～800 nm 为可见光区。无论是无机物还是有机物,通过特定的化学反应,其产物在可见光区的摩尔吸光系数都比在紫外光区大。因此,通过加入各种特定的化学试剂,借助这些加入试剂与待测物灵敏的显色或褪色反应,在可见光区可以测定许多物质的铊含量。

4.1.1 分光光度法的原理

可见光区的吸收光谱法称分光光度法,它是以显色反应为前提,基于有色物质对光的选择性吸收而建立起来的分析方法。

吸收光谱通常指分子吸收光谱(与原子吸收光谱形成区别),它由分子的外层价电子跃迁产生,也称电子光谱。无机化合物的吸收光谱一般由两种电子跃迁产生:电荷迁移跃迁和配位场跃迁;由于每种电子能级的跃迁均伴随若干个振动和转动能级的跃迁,分子吸收光谱呈现出远比原子吸收光谱复杂的宽带吸收,且强度较大。因此,分光光度法有一定的灵敏度和选择性,并有比较高的精密度和准确度,在早期微量铊的分析中应用较多。

1. 吸收光谱

　　吸收光谱也称吸收曲线。当不同波长的光透过有色溶液时，测量每一波长下该有色溶液对这一波长光的吸收程度，然后以波长为横坐标，吸光度为纵坐标，描出连续的吸光度-波长曲线，即为该溶液的吸收光谱。图 4.1 是镉试剂的衍生物——对偶氮苯重氮氨基偶氮苯磺酸（*p*-azobenzenediazoaminoazobenzene aulfonic acid，ADAAS）与 Tl^{3+} 形成红色配合物的吸收光谱。

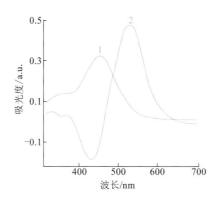

图 4.1　Tl^{3+}–对偶氮苯重氮氨基偶氮苯磺酸配合物的吸收光谱（朱玉瑞 等，1994）
1—对偶氮苯重氮氨基偶氮苯磺酸（[R]=1.0×10^{-5} mol/L）；2—Tl^{3+}（3.9×10^{-6} mol/L）–对偶氮苯重氮氨基偶氮苯磺酸配合物

　　吸收光谱由一个或几个宽吸收的谱带组成（图 4.2）。吸光度最大的地方称吸收峰，该处对应的波长称最大吸收波长,表示物质对光的特征吸收或选择性吸收,它与分子中外层电子或电子的结构（或成键、非成键和反键电子）有关。峰与峰之间吸光度最小的地方称吸收谷,它所对应的波长称最小吸收波长。

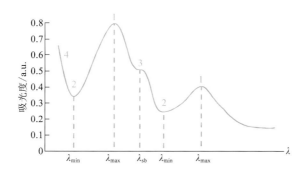

图 4.2　吸收光谱（胡琴和彭金咏，2016）
1—吸收峰；2—吸收谷；3—肩峰；4—末端吸收

　　吸收峰旁边呈现的一个曲折称为肩峰；在吸收光谱波长较短的一端呈现的强吸收但不形成峰形的部分称末端吸收（图 4.2）。
　　由于结构改变，化合物的吸收峰向长波方向移动的现象称为红移；反之，吸收峰向短波方向移动的现象称为蓝移。

吸收紫外光，产生 $\pi-\pi^*$ 和 $n-\pi^*$ 电子跃迁的基团或结构称生色团，使相连的生色基团的吸收峰红移，并使吸光度增加的饱和基团（带非键电子对）称助色团。

因化合物的结构改变或别的原因而引起的显色反应增强，且吸收强度增加的效应称增色效应；反之，引起显色反应和吸收强度减弱的效应称褪色效应。

化合物在最大吸收波长 λ_{max} 处的摩尔吸光系数 $\varepsilon_{max} > 10^4$ 时，此时的吸收峰称强带，当 $\varepsilon_{max} < 10^2$ 时，此时的吸收峰称弱带。

吸收光谱的形状和最大吸收波长与物质的特性有关。不同物质的吸收光谱均不相同，这是分光光度法定性的依据。溶剂对吸收光谱有较大的影响。改变溶剂的极性，吸收光谱的形状会发生变化。当溶剂由非极性溶剂改变为极性溶剂时，多数化合物的紫外-可见吸收光谱变得平滑，吸收光谱的精细结构消失。改变溶剂的极性也会使吸收光谱的最大吸收波长发生改变，因此，使用紫外-可见吸收光谱定性时，需要注意溶剂的影响。多数化合物的紫外-可见吸收光谱特征性不明显。一般不单独用作未知化合物的鉴定，只作为一种辅助或补充手段。

2. 朗伯-比尔定律

当一束平行的单色光穿过有色溶液时，一部分被吸收，一部分穿过溶液，还有一部分被吸收池的表面反射，如果入射光的强度为 I_0，吸收光的强度为 I_a，透射光的强度为 I_t，反射光的强度为 I_r，根据光的加和性，则

$$I_0 = I_a + I_t + I_r \tag{4.1}$$

光度分析时，需要将待测溶液与参比溶液分别置于材质和厚度均相同的两个吸收池，强度同为 I_0 的单色光通过两个吸收池，以参比池作基准调节仪器的零吸收点，再测量待测溶液的透射光强度。由于两个吸收池的反射光基本相同，其影响相互抵消，式（4.1）简写为

$$I_0 = I_a + I_t \tag{4.2}$$

透射光强度与入射光强度之比称透光度或透光率，以 T 表示：

$$T = I_t / I_0 \tag{4.3}$$

溶液的透光度越大，对光的吸收能力越小；反之，透光度越小，则对光的吸收能力越大。因此，透光度的倒数反映了溶液对光的吸收程度，以吸光度 A 表示：

$$A = 1/T = I_0 / I_t \tag{4.4}$$

对式（4.4）两边取对数，则

$$\lg A = -\lg T = \lg(I_0 / I_t) \tag{4.5}$$

溶液对光的吸收程度 A，与溶液的浓度 c、液层厚度 l 和入射光的波长 λ 有关。假设入射光波长 λ 不变，则溶液对光的吸收只与溶液的浓度 c 和液层厚度 l 相关：

$$A = Ecl \tag{4.6}$$

据式（4.5）和式（4.6），吸光度 A 可表示为

$$A=\lg(I_0 / I_t)=Ecl \qquad (4.7)$$

式（4.7）即为朗伯-比尔定律，它是分光光度法定量的依据，其物理意义为：当一束平行的单色光穿过均匀的、无散射的有色溶液时，溶液的吸光度与溶液的浓度和液层厚度的乘积成正比。E 是吸光系数，与吸光物质的性质、入射光波长和温度等有关。当有色溶液的浓度为 1 mol/L、液层厚度为 1 cm 时的吸光度，E 以 ε 表示，称为摩尔吸光系数。它表征各种有色物质在一定波长下的特征常数，可以衡量显色反应的灵敏度。ε 值越大，表示该有色物质对此波长光的吸收能力越强，显色反应越灵敏。

朗伯-比尔定律适用于单色光和均匀的、无散射的有色溶液。实际应用上：①很难得到真正意义上的单色光，只能得到波长范围很窄的复色光。由于物质对不同波长光的吸收程度不同，吸光度与浓度不能形成真正意义上的线性关系，从而产生朗伯-比尔定律偏离；②溶液在测定过程中难以完全均匀，溶液内的粒子常会发生离解、电离、络合或溶剂化作用，使吸光能力发生改变，影响朗伯-比尔定律的准确性，使之偏离；③溶液中的粒子会对入射光产生散射，且随着粒子浓度的增大，散射光的强度增强，使透射光的强度降低，被测样品的吸光度增大，引起偏离。因此，朗伯-比尔定律适用于一定的浓度范围。

4.1.2　分光光度法的显色体系

铊与许多物质可形成有色配合物。1980～2000 年，以新试剂和新方法为特色的铊的分光光度法获得了空前的发展。我国科学工作者对铊的分光光度法做出了很大贡献，合成了许多新的显色剂，开发了 100 多种铊的分光光度检测方法。在铊的分光光度分析中，显色反应主要为配位反应和氧化还原反应。显色体系的选择主要依据以下原则：显色反应需选择性好、灵敏度高，形成的配合物色差大、稳定性好。分光光度法分析铊的显色体系近百个，这些显色体系主要有以下 4 种类型。

1. 铊的碱性染料显色体系

碱性染料是一类有机碱，含大共轭体系和"带醌型"结构，具有强的供电子和吸电子基团，离解时色素基团带正电荷 BD^+，属阳离子染料。通过有机萃取，碱性染料可在显色反应中获得色泽鲜艳、着色力强、色差大且稳定性好的离子配合物，摩尔吸光系数较高（表 4.2）。

表 4.2　用于铊分析的碱性染料显色剂

显色剂	酸介质	萃取剂	λ_{max}/nm	ε/(L/mol·cm)	线性范围/(μg/mL)	应用	参考文献
罗丹明 B	2 mol/L H_3PO_4，柠檬酸三钠	1.0×10^{-2} mol/L 微晶萘　丙酮	540		0.00～0.04	水	耿新华等（2014）
	1～2 mol/L HCl 或 HBr	苯/异丙醚/异戊醇	560	8.7×10^{1}	0.1～2.0	自来水、矿泉水、海水	段群章（1999）

续表

显色剂	酸介质	萃取剂	λ_{max}/nm	ε/(L/mol·cm)	线性范围/(μg/mL)	应用	参考文献
罗丹明 6G	0.2 mol/L H$_2$SO$_4$		580		0.005～0.100	冶炼废水	邓湘舟等（2014）
亮绿	0.08～0.16 mol/L HBr	乙酸异戊酯	630	7.0×10^4	0.05～5.00	土壤、植物	段群章和段武君（1990）
	0.15 mol/L HCl	异丙醚	630	1.6×10^5	0～2	滤渣	段群章（1999）
结晶紫	1.5 mol/L HCl		595	1.04×10^5	0.00～1.25	金属镉	王锡仁和周安康（1992）
	0.15～0.2 mol/L HCl	甲苯	610/584	2.5×10^5	0～3	工业微尘	段群章和段武君（1990）
	4×10^{-2} mol/LNaCl，3.8×10^{-2}～1.9×10^{-1} mol/L HCl	甲苯	605	8.3×10^4	0.0～1.2	矿石	
胜利蓝 4R	6～9 mol/L HCl	苯	608	8.5×10^4	0.1～1.0		
亚甲基蓝	0.1～0.5 mol/L HCl	1，2-二氯乙烷-三氯乙烷（1∶1）	655	1.14×10^5	0.2～3.5		段群章（1999）
甲基紫	0.04～0.12 mol/L HBr	乙酸戊酯	610	5.3×10^4	0.05～4.00		段群章和段武君（1990）
	0.10～0.25 mol/L HCl	苯	620	6.4×10^4	0～1		
乙基紫	0.12～0.36 mol/L H$_2$SO$_4$		560	1.12×10^6	0.0～0.4	岩矿	李祖碧和徐其亨（1991）
	8 mol/L H$_3$PO$_4$，1%阿拉伯树胶	乙醚	555	3.07×10^5	0.00～0.16		罗红群等（1997）
	2 mol/L H$_3$PO$_4$，乙酸钠	乙醇	540		0.00～0.04	水	耿新华等（2015a）
甲基绿	0.05～0.5 mol/L HBr	乙酸异戊酯	590	1.13×10^5	0～10	铟	段群章（1999）
	0.01～1.0 mol/L HCl	二氯乙烷-三氯乙烷（1∶1）	570	8.14×10^4	0.1～3.5		
桃花红 2S	1.7 mol/L H$_2$SO$_4$ 和 2×10^{-3} mol/L KBr	甲苯	550		0.02～7.00	半导体单晶	
茜素紫	pH 5.0	氯代十六烷基吡啶/乙醚	610	1.4×10^6	0.0～0.1	金属盐类，电极精渣，铅铜合金	张仁德等（1988）
天竺牡丹紫	0.4 mol/L HCl	甲苯-MIBK	570	1.03×10^5			王凤君（1986）

2. 铊的偶氮类显色体系

偶氮类试剂是一类重要的显色剂和指示剂，主要有吡啶偶氮、喹啉偶氮和噻唑偶氮三类。偶氮键——N ═ N——是偶氮类试剂的颜色载体，化学性质较活泼。偶氮类试剂难溶于水，常用水相胶束增溶使之与金属离子在水相显色。例如，在 Triton X-100 存在下，邻羟基苯基重氮氨基偶氮苯（o-HDAA）在下列条件下，与 Tl^{3+} 和 Hg^{2+} 均有高灵敏度的显色反应：①在 0.54～1.10 mol/L 的氨水介质中与 Tl^{3+} 形成 1：2 的红色配合物（表 4.3）；②pH 为 10.0 的硼砂–氢氧化钠缓冲液中与 Hg^{2+} 形成 1：2 的橙红色配合物；配合物的最大吸收波长均为 520 nm，摩尔吸光系数分别为 1.3×10^5 L/mol·cm（Tl^{3+}-o-HDAA）和 1.74×10^5 L/mol·cm（Hg^{2+}-o-HDAA）（曹小安 等，2001a，b）。对硝基苯重氮氨基偶氮苯（镉试剂）及其衍生物对偶氮苯重氮氨基偶氮苯磺酸（ADAAS），与镉、汞等过渡金属离子有灵敏的显色反应。在 NH_3-NH_4Cl 缓冲溶液和 Triton X-100 存在时，ADAAS 可与 Tl^{3+} 形成红色配合物，摩尔吸光系数为 1.3×10^5 L/mol·cm（表 4.3），当 NH_3 存在时，毫克级的下述离子：K^+、Na^+、Zn^{2+}、Mg^{2+}、Ba^{2+}、As^{5+}、Cl^-、F^-、Br^-、CN^-、NO_3^-、NO_2^-、SO_3^{2-}、CO_3^{2-}、$Cr_2O_7^{2-}$、CH_3COO^-、硫脲、酒石酸钾钠、柠檬酸钠和微克级的下述离子：Ga^{3+}、W^{6+}（500 μg）、Ag^+、Ca^{2+}、Sn^{2+}、Al^{3+}、Zr^{6+}、Co^{2+}（50 μg）、Ni^{2+}、Pb^{2+}、Pd^{2+}、Cr^{3+}、In^{3+}、Mo^{6+}（20 μg）不干扰 20 μg Tl^{3+} 的测定，等量的 Cd^{2+}、Cu^{2+}、Hg^{2+}、I^- 和 $C_2O_4^{2-}$ 有干扰，加入硫脲和 NaBr 可消除 2 倍以上的 Cd^{2+} 和 Cu^{2+} 的干扰（朱玉瑞 等，1994）。

表 4.3　用于铊分析的偶氮类显色剂

显色剂	酸介质	λ_{max}/nm	ε/ (L/mol·cm)	线性范围 /（μg/mL）	应用	参考文献
邻羟基苯基重氮氨基偶氮苯（o-HDAA）	0.54～1.1 mol/L 氨水，Triton X-100 和(SDBS)*	520	1.4×10^5	0.0～0.6	水样和地质样品	曹小安等（2001）
2-羟基-5-磺酸基苯基-重氮基偶氮苯（HSDDA）	0.72～0.99 mol/L 氨水	516	1.04×10^5	0.0～0.8	水样	曹小安等（2002）
2-羟基-3-羧基-5-磺酸基苯基重氮氨基偶氮苯（HCSDAA）	pH 10.0～11.0 NH_4Cl-NH_3 缓冲液，Triton X-100	510	1.52×10^5	0.0～0.7	水样、烟叶、煤灰	郑国祥等（1997）
邻甲基苯基重氮氨基偶氮苯（o-MDAAB）	pH 10.4 NH_4Cl-NH_3 缓冲液，Triton X-100	516	1.69×10^5	0.0～0.8	自来水	李惠霞等（2006）
邻羧基苯基重氮氨基偶氮苯（CDAA）	1.1～3 mol/L 氨水 OP（非离子表面活性剂）	512	1.34×10^5	0.0～0.8	水样、烟叶、煤灰	郭忠先等（1997）
7-(4.5-二甲基噻唑-2-偶氮)-8-羟基喹啉-5-磺酸（DMTAOx）	pH 4～5 氯化十六烷基吡啶	560	1.3×10^5	0.05～0.75	金属矿物	刘锡林（1993）
6-(2-喹啉偶氮)-3,4-二甲氨基苯酚（QADMP）	pH 1～3.5 乙酸盐	615	1.5×10	1～30		
2-(4-安替比林偶氮)-5-二乙氨基酚（ANAP）	0.2 mol/L KBr+ 0.25 mol/L HCl 或 0.2 mol/L KBr+ 0.3 mol/L H_2SO_4	600～606	$3.86 \sim 5.68 \times 10^4$	0.7～4.2		段群章和段武君（1990）
1-(2-吡啶偶氮)-2-奈酚（PAN）	pH 3 H_2SO_4	656	1.5×10^4	0.6～6.0		

显色剂	酸介质	λ_{max}/nm	ε/ (L/mol·cm)	线性范围 /（μg/mL）	应用	参考文献
2-(5-溴-吡啶偶氮)-5-二乙氨基苯酚（5-Br-PADAP）	pH 1～2 OP（非离子表面活性剂）	640	$1.3×10^5$	0～30	矿石	王德新（1984）
2,6-二氯-4-氨磺酰基苯氮重氮氨基偶氮苯	pH 10.3 $Na_2B_4O_7$-NaOH	515	$1.32×10^5$	0.00～0.72	粉煤灰	孙登明和王磊（1993）
2,6-二溴-4-氨磺酰基苯基重氮氨基偶氮苯	pH 11.2 NH_4Cl-NH_3缓冲液	515	$1.79×10^5$	0.00～0.48	矿石，粉煤灰	王磊等（1991）
4,4-二偶氮苯重氮氨基苯	pH 10.4 NH_4Cl-NH_3缓冲液, Triton X-100	517	$1.6×10^5$		废水	藤恩江（1989）
对硝基苯重氮氨基偶氮苯（镉试剂）	pH 11 NH_4Cl-NH_3缓冲液	470	$1.37×10^5$	0.0～1.2		洪水皆等（1988）
镉试剂-2B	pH 11.5～12.5 NH_4Cl-NH_3缓冲液, Triton X-100	500	$9.3×10^4$	0.0～0.8	地质样品	曹小安等（2000）
对偶氮苯重氮氨基偶氮苯磺酸（ADAAS-镉试剂的衍生物）	pH 10.0 NH_4Cl-NH_3缓冲液, Triton X-110	522	$1.3×10^5$	0.0～0.7	水样	朱玉瑞等（1994）

在偶氮类试剂中引入的卤原子或硝基,可扩大试剂分子的共轭体系,增加分子的吸收截面积和 π 电子的流动性;卤原子或硝基的吸电子诱导效应,可使吡啶环和喹啉环的酸性增强,提高试剂与金属离子显色反应的灵敏度和选择性;偶氮类试剂中,与苯环相连的偶氮基的对位有氨基或二甲氨基时,氨基氮原子上未共用电子对的所在轨道与苯环上的 π 轨道产生共轭效应,使氮原子上未共用的电子对离域到苯环上,偶氮基上氮原子的电子云密度增加,可使试剂的灵敏度得到进一步的提高（于秀兰 等,2011）。

3. 铊的酮类显色体系

分光光度法分析铊的显色体系一般为显色剂与 Tl^{3+} 显色。酮类显色剂 4,4'-二双（二甲氨基）硫代二苯甲酮,即硫代米氏酮（TMK）和 4,4'-二双（二乙氨基）硫代二苯甲酮（TEDAT）与 Tl^+ 有灵敏的显色反应（表 4.3）。酮类显色剂的发色基团是与酮基相连的碳–硫双键（$>C=S$）,当碳–硫双键上的 π 电子与 Tl^+ 配位时,Tl^+ 所带的正电荷可部分转移到碳骨架上,如果碳-硫双键与母体结构的共轭效应较大,则有利于电荷的分布,提高显色反应的灵敏度。TMK 和 TEDAT 与 Tl^+ 灵敏的显色反应则是其例（洪水皆和李庆喜,1989）。

硫代米氏酮也可与 Tl^{3+} 显色。硫代米氏酮、Tl^{3+} 与表面活性剂十六烷基三甲基溴化胺（CTMB）形成的 Tl^{3+}- TMK-CTMB 配合物在 520 nm 和 650 nm 处各有一个吸收峰,在 520 nm 处,Tl^{3+}-TMK- CTMB 配合物和 TMK-CTMB 配合物的吸光度均较大,背景过高不利于测定;因此,选择 650 nm 处作测定波长比较合适（表 4.4）。Tl^{3+} 与 TMK 在 pH 4.0

可形成有色配合物，摩尔吸光系数为 5.1×10^4 L/mol·cm（杨晓秋 等，1995）。

表 4.4　用于铊分析的酮类显色剂

显色剂	酸介质	λ_{max}/nm	ε/(L/mol·cm)	线性范围/（μg/mL）	参考文献
4,4'-二双（二甲氨基）硫代二苯甲酮，又称硫代米氏酮（TMK）	pH 3.5~4.5 HAc-NaAc，十六烷基三甲基溴化胺（CTMB）	650	4.08×10^5 5.1×10^4	0.02~0.20 0.48~85	王文海和宋传忠（2005） 杨晓秋等（1995）
4,4'-二双（二乙氨基）硫代二苯甲酮（TEDAT）	pH 2.3~3.5,Triton X-100	642	1.2×10^5	0.0~0.8	洪水皆和李庆喜（1989）
	pH 3.5~6, Triton X-114	654	8.7×10^4	0.0~1.6	
4,4'-双（二乙氨基）二苯甲硫酮（金试剂）	pH 3.3~5.5,乙酸介质离子表面活性剂	350		0.0~0.5	薛光（1997）
5-羟基 3-丙基-5-(I) Darabinotetrahydroxybytyl-3-S 噻唑烷-2-硫酮（pHTTT 法）	pH 2.2，Clark 和 Lubs 缓冲液	210			段群章和段武君（1990）

4. 用于铊分析的其他显色体系

磷酸介质中，氯丙嗪盐酸化物可与 Tl^{3+} 形成配合物，在波长 526 nm 处有最大吸收（表 4.5），该法可用于铊合金中铊的测定。盐酸介质中，$TlCl_4^-$ 与 1,2,4,6-四苯吡啶鎓高氯酸盐生成 1:1 离子配合物，可被乙酸异戊酯萃取，用于锌精矿和闪锌矿中铊的测定，仅 Au^{3+} 有严重干扰。

表 4.5　用于铊分析的其他显色剂

显色剂	酸介质	λ_{max}/nm	ε/（L/mol·cm）	线性范围/（μg/mL）	参考文献
氯丙嗪盐酸化物	4~7 mol/L H_3PO_4	526	2.1×10^4		段群章（1999）
2,4,6-三苯噁英鎓高氯酸盐	0.5 mol/L HCl	415	3.32×10	0.25~5	段群章和段武君（1990）
1,2,4,6-四苯吡啶鎓高氯酸盐	0.5 mol/L HCl	310		0~8	Pérez 等（1982）

碱介质中，Tl^+ 与胆红素也可形成配合物。在新配制胆红素的 NaOH 水溶液的吸收光谱上，有 440 nm 和 290 nm 两个吸收带。当 $TlNO_3$ 与胆红素具不同的物质的量比时，随着 Tl^+ 浓度的逐渐升高，胆红素的紫外可见光谱位于 440 nm 处的吸收峰蓝移，峰强度逐渐减小，而位于 290 nm 处的吸收峰则逐渐红移，且峰强度逐渐增大，显示 Tl^+ 与胆红素发生了相互作用；等吸收点分别出现在 395 nm 和 516 nm（图 4.3）。

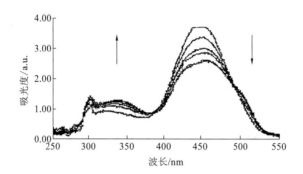

图 4.3　Tl$^+$对胆红素紫外-可见吸收光谱的影响（李改仙 等，2005）

沿箭头方向，Tl$^+$的浓度依次为：0.25×10^{-4} mol/L，50×10^{-4} mol/L，100×10^{-4} mol/L，150×10^{-4} mol/L，250×10^{-4} mol/L

4.1.3　分光光度法检测铊的技术

　　环境样品的铊含量很低。开发高灵敏度的显色剂和多元配合的显色体系，可明显提高分光光度法检测铊的灵敏度（4.1.2 小节）。除此之外，采用分离富集与分析测定相结合的方法或者拓展化学反应范围的动力学光度法也可使铊检测的灵敏度得到显著提高。

1. 液相萃取法

　　分光光度法检测铊常用萃取的方法在有机溶剂中显色完成。显色剂既是显色剂又是萃取剂，具有富集样品中的铊并去除干扰物的双重作用。碱性染料、偶氮试剂和酮类试剂均为有机显色剂，三种显色剂与铊的显色机理为

　　　　Tl^{3+}+碱性染料显色剂→1∶1 离子配合物→+有机物→三元配合物→光度分析

　　　　Tl^{3+}+偶氮类显色剂→1∶2 有色配合物→+表面活性剂增敏→光度分析

　　　　Tl^{3+}+酮类显色剂→1∶1 有色配合物→+表面活性剂增敏→光度分析

　　以碱性染料显色剂为例，强酸性介质中，Tl^{3+}与卤素离子（Cl$^-$或 Br$^-$）形成卤铊配离子（TlX$_4^-$），与碱性染料中带正电荷的色素基团形成 1∶1 的离子配合物 BD$^+$-TlX$_4^-$，在水中以离子对的形式存在，此时，色素基团的结构并未改变，离子配合物的吸收波长与试剂空白的吸收波长差别很小甚至相同，普通仪器难以分辨差别；可是，这些离子配合物与有机相可形成三元配合物，且这些三元配合物在有机相的溶解性优于水相。当加入有机萃取剂时，由离子配合物形成的三元配合物可进入有机相，碱性染料（带负电荷的部分）极少进入有机相，这样，溶于有机相的三元配合物与试剂空白之间便可形成明显的色泽差异，易于进行光度分析（洪水皆和李庆喜，1989）。例如，孔雀绿、碘绿、亮绿和乙基紫均为三苯甲烷类染料。在磷酸介质中，Tl^{3+}与过量 I$^-$反应生成的 TlI$_2^-$可进一步与孔雀绿、碘绿、亮绿和乙基紫形成离子配合物（图 4.4）。当溶液中有阿拉伯胶存在时，溶液保持清亮。当 Tl^{3+}的量为 2 μg（孔雀绿）、4 μg（乙基紫），多数共存离子不影响测定，但使用乙基紫显色时，Ag$^+$、Hg^{2+}、Pd^{2+}、Au^{3+}、Sb^{3+}、Cd^{2+}和 Bi^{3+}会干扰测定，在氢溴酸存在下，用乙醚萃取可提高方法的选择性。又如，在 0.15～0.2 mol/L 的 HCl 中，Tl^{3+}与 Cl$^-$形成 TlCl$_4^-$后，再与结晶紫形成可被甲苯萃取的三元配合物，摩尔吸光系数为

2.52×10^5 L/mol·cm，当溶液中的 Tl^{3+} 为 5.0 µg 时，Tl^+、Mo^{6+}、V^{5+}、Hg^{2+} 等 30 多种阳离子和近 10 种阴离子存在不影响测定，可用于工业微尘中 Tl^+ 和 Tl^{3+} 的测定。

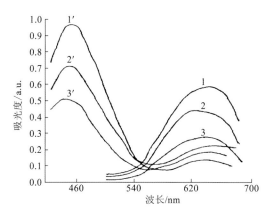

图 4.4　碱性染料显色体系中离子配合物的吸收光谱（刘绍璞和罗红群，1993）

1—Tl^{3+}-I⁻-孔雀绿体系；2—Tl^{3+}-I⁻-亮绿体系；3—Tl^{3+}-I⁻-碘绿，相应试剂作空白；1′—I⁻-孔雀绿体系；
2′—I⁻-亮绿体系；3′—I⁻-碘绿，水作空白

与碱性染料不同，Tl^{3+} 与偶氮类显色剂可直接形成色泽鲜艳的配合物，但大多数待测样品为水溶液，为提高水相中 Tl^{3+} 与有机相的偶氮类显色剂反应的灵敏度，需要加入表面活性剂（表 4.3）。

2. 固相萃取法

固相萃取法基于液–固色谱理论，通过固定相对样品中铊的选择性吸附，使之与样品基体和干扰组分分离，再通过溶剂选择性洗脱或热解吸，实现铊的分离富集。与传统的有机溶剂萃取方法相比，固相萃取法可大大减少有机溶剂的用量，绿色环保。如 H_3PO_4 介质中，Tl^{3+} 在水相中与 I⁻ 和结晶紫（CV^+）形成不溶于水的三元配合体系，以 TlI_4-CV 吸附在微晶酚酞的表面，因酚酞和结晶紫均有 π 共轭体系，它们之间能够充分重叠，很好地吸附在一起；在柠檬酸三钠存在下，Tl^{3+} 与 Br⁻ 形成的三元配合体系也可与负载在微晶萘上的罗丹明 B 发生反应，罗丹明 B 含有 4 个疏水基团（—C_2H_5），微晶萘对大体积疏水性的配合物有良好的吸附性能，因此，三元配合物体系以[$TlBr_4^-$][RhB^+]形式很好地吸附在微晶萘的表面（耿新华 等，2015b，2014）。

3. 浮选萃取法

浮选萃取是浮选与溶剂萃取的结合。在待浮选样品的水溶液中加入一定量与水互不相溶的有机溶剂，样品中带表面活性的有机组分或被表面活性剂捕集的非表面活性组分随鼓起的气泡上升浮出水相，如果目标组分溶于有机相，则在气流的推动下进入上层有机相并溶于其中，实现分离。如果目标组分不溶于有机相，则附在浮选槽壁或在水相与有机相之间形成第三相，也可实现分离。如 Tl^{3+}-I⁻-次甲基蓝的离子配合物可被环己烷定量浮选，达到分离富集的目的；浮选物溶于甲醇后，可用吸光光度法进行测定；该配合物的最大吸收波长在 670 nm 处（图 4.5），摩尔吸光系数为 1.11×10^6，线性范围是 0～2 µg/mL，

可用于环境样品水样中痕量铊的测定。对于组分复杂的地质试样，可采用聚氨酯泡沫塑料吸附，分离出 Tl^{3+} 后再行测定。

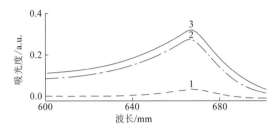

图4.5　Tl^{3+}-I^--次甲基蓝浮选吸光光度法的吸收光谱（何应律 等，1995）
1—试剂空白对甲醇；2—离子配合物对试剂空白；3—离子配合物对甲醇

4. 纸色谱分离法

纸色谱分离法是基于液–液色谱理论，以滤纸为载体而建立的分离方法。由纤维素组成的滤纸含大量的羟基，有很强的亲水性，可吸收 20%的水分。这些水分子中，部分与

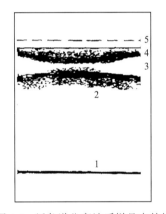

图4.6　纸色谱分离地质样品中的铊
（吴惠明 等，2003）
1—展开前；2—Tl；3—Fe；4—Cu、Pb、Zn；5—前端

纤维素上的羟基通过氢键结合形成强极性的固定相（液–液色谱的固定相），当含待分离物质的样品被点样在滤纸的一端后，将其悬挂于密闭的展开容器中，待滤纸被含展开剂的蒸气饱和后，再将滤纸的点样端浸入展开剂中，展开剂在毛细管的作用下向另一端移动，不同溶质因理化性质的差异与固定相的化学作用不同，或因在流动相中的溶解度不同，导致待分离物质在两相中的分配系数不同而实现分离。如甲基异丁基酮在HCl-水相介质中可萃取 Tl^{3+}，用甲基异丁基酮、乙醇和氢溴酸混合成均相的展开剂，在 1.0 mol/L 氢溴酸，95%乙醇，且甲基异丁基酮：氢溴酸：乙醇（体积比）=6：9：10 的条件下，可用纸色谱分离地质样品中的铊（图4.6）；再以微沸的 Na_2SO_3 浸泡色谱纸，把 Tl^{3+} 从滤纸上解吸下来：$TlCl_3+Na_2SO_3+H_2O{=\!=\!=}TlCl+Na_2SO_4+2HCl$；然后以镉试剂 2B 为显示剂，用萃取光度法在 515 nm 处测定铊。

5. 催化动力学光度法

动力学光度法是以时间为变量，观察反应物和生成物的浓度随时间变化的方法。催化动力学光度法以 Tl^+ 或 Tl^{3+} 为催化剂，催化氧化剂与有机染料的氧化反应，根据一定时间内，有机染料的褪色程度计算 Tl^+ 或 Tl^{3+} 的浓度。催化动力学光度法有很高的灵敏度（$10^{-12}\sim10^{-10}$ mol/L），检测限常比萃取光度法高出几个数量级。催化动力学光度法的另一个优点是拓展了可用于光度分析的化学反应的范围。例如，在含微量 Tl^+ 的酸介质中，抗

坏血酸可使亚甲基蓝还原为无色产物，在没有 Tl^+ 作催化剂时，这个反应进行得很慢；当 Tl^+ 存在时，通过测定亚甲基蓝在 664 nm 处吸光度的降低，用分光光度法跟踪 Tl^+ 对反应的催化作用，可测定 Tl^+ 的浓度（Tabatabate et al.，2010）。

在稀 H_2SO_4 中，痕量的 Tl^{3+} 对氧化偶氮胂 M（AsAM）的褪色反应有很强的催化作用，在 2.0 mL 溴酸钾、4.0 mL AsAM、1.0 mL 柠檬酸和 90℃恒温水浴中反应 10 min，取出用流水冷却 5 min，在 540 nm 处可测定痕量的 Tl^{3+}（图 4.7）。

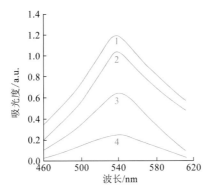

图 4.7　利用 Tl^{3+} 催化溴酸钾氧化偶氮胂 M(AsAM) 的褪色反应测定痕量铊的吸收光谱（周之荣 等，2006）

1—H_2SO_4+AsAM+柠檬酸；2—$KBrO_3$+溶液 1；3—0.25 μg Tl^{3+}+溶液 2；4—0.5 μg Tl^{3+}+溶液 2

在微乳液：正丁醇：正庚烷：水质量比为 3：2：0.8：94.2 的介质和 pH 3.5 的 HAc-NaAc 缓冲溶液中，以硫脲作活化剂，Tl^{3+} 可催化亚铁氰化钾和 4，7-二苯基-1，10-菲咯啉之间的配体交换反应，据此可建立痕量铊的催化动力学光度法，用于测定河水、污水和矿石中铊的测定（图 4.8）。

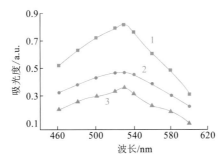

图 4.8　Tl^{3+} 催化亚铁氰化钾和 4，7-二苯基-1，10-菲咯啉间配体交换反应的吸收光谱（许崇娟 等，2006）

1—微乳液介质中的非催化反应；2—微乳液介质中的催化反应；3—1 与 2 测定值之差

6. 非催化动力学光度法

以 Tl^+ 或 Tl^{3+} 的诱导反应而非催化反应参与动力学过程的分析方法称为非催化动力学光度法。诱导反应与催化反应的区别在于，诱导体 Tl^+ 或 Tl^{3+} 参加了主反应，并发生了永久的变化，而催化反应中，Tl^+ 或 Tl^{3+} 本身不参与反应。如弱酸条件下，H_2O_2 氧化邻氨基酚（O-AP）的反应较缓慢，Tl^{3+} 对 H_2O_2 氧化 O-AP 无催化作用，加入 EDTA，Tl^{3+} 对 H_2O_2 氧化 O-AP 仍无催化作用；但 Cu^{2+} 对 H_2O_2 与 O-AP 的氧化反应有很强的催化作用，EDTA 可削弱这种催化作用。当 Cu^{2+}、Tl^{3+} 和 H_2O_2 同时与 O-AP 混合时，立即形成链式反应：Cu^{2+} 先与 EDTA 形成 EDTA-Cu^{2+} 配合物 Tl^{3+} 则置换 EDTA-Cu^{2+} 中的 Cu^{2+}，Cu^{2+} 再催化 H_2O_2 氧化 O-AP，生成氯仿可萃的黄色产物，在 424 nm 处有最大的吸收波长，可用于粉煤灰中痕量铊的测定（图 4.9）。

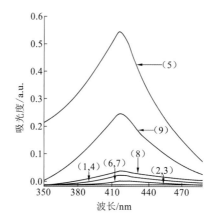

图 4.9　以 Tl^{3+} 置换 EDTA-Cu^{2+} 中的 Cu^{2+} 催化 H_2O_2 氧化 O-AP 间接测定痕量铊的吸收光谱
（孙登明 等，2003）

（1）H_2O_2-O-AP/$CHCl_3$ 体系；（2）Tl^{3+}-O-AP/$CHCl_3$ 体系；（3）Cu^{2+}-O-AP/$CHCl_3$ 体系；（4）Tl^{3+}+体系(1)；（5）Cu^{2+}+体系(1)；
（6）EDTA+体系(1)；（7）Tl^{3+}+体系(6)；（8）Cu^{2+}+体系(6)；（9）Tl^{3+}+体系(8)

利用 Tl^+ 对 Cr^{6+}-I^- 淀粉氧化还原反应的诱导作用，以 HCl-NaAc 缓冲溶液控制 pH，当 pH 为 1.6，Cr^{6+}：I^-（体积比）=1：2.5 时，25℃ 下反应 20 min，诱导与非诱导体系的吸光度有很大的差别，且变化较小，可用于痕量铊的分析（图 4.10）。

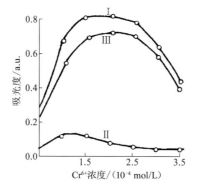

图 4.10　Tl^+ 对 Cr^{6+}-I^- 淀粉氧化还原反应的诱导与非诱导体系的吸光度（王建华 等，1992）
I—诱导体系 0.2 μg/mL Tl^+；II—非诱导体系 0.0 μg/mL Tl^+；III—I 与 II 之差

4.1.4　紫外-可见分光光度计

1945 年，世界上第一台紫外-可见分光光度计由美国贝克曼（Beckman）公司研制成功。经过 70 多年的发展，紫外-可见分光光度计已经成为全球应用最多、覆盖面最广、集合精密光学和现代微电子技术的一种分析仪器，是物质定量分析和纯度检查的基础仪器，并可参与物质的定性分析和结构分析，在科研、医疗、检测领域和工农业生产有极广泛的用途。

1. 仪器类型

根据光束和波长，紫外-可见分光光度计可分为 5 种：①单光束紫外-可见分光光度计，结构简单，只有一束单色光，一个比色皿和一个光电转换器，经单色器分光后的单色光交汇经过样品池和参比池，进行光度测量 [图 4.11（a）]。②准双光束紫外-可见分光光度计，有两束单色光，一个比色皿和两个光电转换器，测量时，仅有一束单色光通过比色皿，另一束单色光作参比光束，用于抵消光源波动，提高仪器的稳定性 [图 4.11（b）]。③双光束紫外-可见分光光度计，分两种类型：一种是单色器、比色皿和光电转换器各两个；另一种是单色器、比色皿各两个，以一个光电倍增管作光电转换器 [图 4.11（c）]；可连续改变波长，自动比较样品和参比溶液的透光度，自动消除光强变化引起的误差。④双波长紫外-可见分光光度计，两个单色器、一个吸收池和一个检测器 [图 4.11（d）]，由于只用一个比色皿，不用参比溶液，可消除两个比色皿（吸收池和参比池）引起的测量误差，提高测量的准确度，适合混合物和混浊样品的测量。⑤多道分光光度计，以单光束紫外-可见分光光度计为基础，采用二极管阵列检测器和计算机控制 [图 4.11（e）]，可快速扫描，在极短的时间内（≤1 s）给出光谱范围的全部信息，在环境分析和过程分析有重要用途，适合跟踪快速反应机理、研究快速反应的动力学。

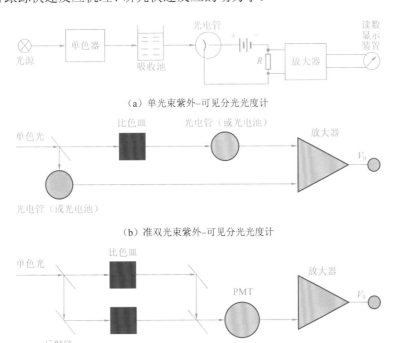

（a）单光束紫外-可见分光光度计

（b）准双光束紫外-可见分光光度计

（c）双光束紫外-可见分光光度计

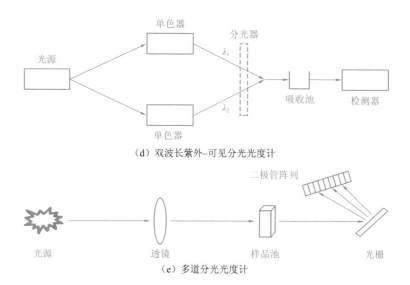

（d）双波长紫外–可见分光光度计

（e）多道分光光度计

图 4.11　不同类型紫外–可见分光光度计的结构示意图（董慧茹，2016；潘祖亭，2010）

2. 仪器主要构件

紫外–可见分光光度计由光源、单色器、吸收池、检测器和信号显示系统等部分组成。①光源，光源的作用是提供强而稳定的入射光。紫外–可见分光光度计的可见光光源为钨灯或卤钨灯，紫外光源为氢灯或氘灯。钨灯或卤钨灯可发射 340～2 500 nm 的连续光源（可作为近红外光源），辐射强度与施加电压的 4 次方成正比，须严格稳定钨丝灯的电压。氢灯或氘灯发射波长为 160～375 nm 的连续光，氘灯的灯管内充有氢的同位素氘，光谱分布虽与氢相同，但光强是同功率氢灯的 3～5 倍，是紫外光区应用广泛的一种光源。②单色器，将复合光分解成单色光的装置称单色器。紫外–可见分光光度计的单色器可在紫外–可见光区域任意可调、选择光谱纯度高的单一波长的光。单色器是一个完整的色散系统，由入射和出射狭缝、准光器（透镜或凹面反射镜使入射光成平行光）、色散元件、聚焦元件和出射狭缝等部分组成，其中色散元件是核心部件。采用全息光栅的色散元件分辨率高、易制备且质量好。单色器的性能对入射的单色性有直接影响，进而影响仪器的灵敏度、选择性和校准曲线的线性。③吸收池，即比色皿，用于盛放试样。为保持入射光的通透，吸收池由玻璃或石英材料制成，具有两个相互平行、透光、厚度精确的平面，吸收池的光学面不能损蚀和沾污。玻璃材料的吸收池只能用于可见光区，石英材料的吸收池在可见光和紫外光区均适用。需要注意的是，无论是玻璃或石英材料制成的比色皿均需配对使用，同一组比色皿在测定同一溶液时其配对误差应少于透过率的 0.5%（即 <0.5%T），对药检或高精度科研分析结果其配对误差则应≤0.2%T，不然由比色皿不配对而引入的分析误差较大，直接影响分析结果。比色皿换向也会引入 4%～7% 误差，使用时需注意比色皿的箭头方向（王宏斌和高建民，2011；李昌厚，2008）。④检测器，将光信号转变为电信号的装置。紫外–可见光度计的检测器有光电管、光电倍增管和二极管阵列检测器。光电倍增管利用二次电子发射放大光电流，放大倍数高达 10^8，是应用最广泛的灵敏度很高的检测器。二极管阵列检测器响应速度快，但灵敏度逊于光电倍增管，

因为光电倍增管具有很高的电流放大倍数。⑤信号显示系统，由计算机、程序存储器和数据存储器组成。通过计算机键盘输入测试模式，计算机的控制中心 CPU 根据程序存储器和数据存储器的程序控制测试模式，并对检测器提供的信号进行处理、控制及相应的计算。

3. 性能指标

稳定可靠是选择仪器的宗旨，性能指标是选购紫外–可见分光光度计需考虑的首要因素。

1）光度准确度

光度准确度指实际测量的光度读数值与真值之差。常用两种方法表示：①吸光度的准确度 AA；②透射比的准确度 TA。我国国家标准规定紫外–可见分光光度计的 TA（即 $\triangle T$）为 0.5%。考察光度准确度时需要注意，只有明确在什么吸光度值上测量的 AA，或者是在什么透射比值上测量的 TA，才是真正意义上的光度准确度。

2）光谱带宽

经单色器射出的单色光实质是一条光谱带，这条光谱带谱线强度轮廓线的 1/2 高度处的谱带宽度称光谱带宽。光谱带宽表征仪器的光谱分辨率，与单色器的狭缝宽度、分光元件和准直镜的焦距有关。被测样品最大吸收值的 1/2 处的吸收谱带宽度称自然带宽，吸光度的准确度取决于光谱带宽与被测样品自然带宽的比值。当光谱带宽/自然带宽<0.1 时，吸光度的准确度>99.5%。一般样品紫外–可见的吸收谱带较窄，当自然带宽≥20 nm，而光谱带宽为 2 nm 时，可满足 99% 的样品吸光度的准确测量。因此，我国和许多国家的药典规定，用于药品分析的紫外–可见分光光度计的光谱带宽为 2 nm。

3）仪器的杂散光

仪器的杂散光是光谱测量中系统误差的主要来源。在紫外–可见吸收光谱中，0.1% 的杂散光即可对吸收值为 2.0 的样品产生 2% 的误差，因此，必须特别重视杂散光的测试方法及其相关问题，尽可能降低仪器杂散光对光谱测量的影响。产生杂散光的原因有：①灰尘污染了仪器的光学元件（如光栅、棱镜、透镜、反射镜等）；②仪器的光学元件受损或有缺陷；③仪器准直系统内部或相关隔板边缘有反射；④仪器的光学系统或检测器屏蔽不当，室光直接漏进光学系统；⑤热辐射或荧光引起二次电子发射；⑥仪器狭缝的缺陷。上述原因中，由光栅产生的仪器杂散光超过总杂散光的 80%。

4）仪器的稳定性

仪器的稳定性对光谱测量很重要。如果一台光谱仪器不稳定，90% 是由不稳定电源引起的。在紫外–可见分光光度计使用的氘灯恒流电源、钨灯恒压电源和光电倍增管高压电源中，当氘灯恒流电源的电流波动 1% 时，其发出的光通量将波动 6.7%；当钨灯恒压电源的电压波动 1% 时，钨灯的发光通量将波动 3.4%；高压电源为额定值时，光电倍增管的放大倍数可达 100 万倍，如果其高压恒压电源波动 1%，放大倍数将波动 7%～10%。因此，电源对紫外–可见分光光度计的稳定性影响极大。此外，试样处理对仪器的稳定性也有影响，如果在试样处理中不能有效抑制因样品本身的化学反应、光化学反应、荧光效应、荧光淬灭等造成的负面影响，很难得到好的分析结果。

5）波长准确度和重复性

波长准确度指仪器指示的波长与实际波长的符合程度，它取决于仪器设计制造时的误差，直接影响分析测试的准确度。特别在物质精细结构的分析时，显著影响峰位相近的不同的物质分辨。波长重复性指同一操作者在相同测试条件下仪器回归同一波长位置的能力量值。在最大吸收波长处，波长的重复性通常很好，此时重新设定该波长产生的误差很小。如果选择最大吸收峰两侧的波长，则同样大小的波长误差，会产生更大的测量误差。因此，定量测定时，必须选择被测样品的最大吸收波长作为测量波长。

6）线性及线性范围

紫外-可见分光光度计的线性指实验点接近或偏离朗伯-比尔定律中直线部分的程度。线性范围指被测样品的吸光度符合朗伯-比尔定律的最小浓度与最大浓度的间隔。产生朗伯-比尔定律偏离的原因很多（见 4.1.1 小节），因此，在紫外-可见分光光度值的测量中，只有线性范围内的测量结果才是可靠的（李昌厚和孙吟秋，2011；李昌厚，1997）。

4.1.5　分光光度法分析铊的实例

1. 2-羟基-5-磺酸基苯基重氮氨基偶氮苯与铊(III)的显色反应测定水样中的铊

1）仪器和检测条件

VIS-7220 型分光光度计，UV-1100 型紫外-可见分光光度计（北京瑞利分析仪器公司），PHS-2C 型精密酸度计（上海雷磁仪器厂）。

Tl^{3+} 标准液：1 000 mg/L 的 Tl^+ 储备溶液，使用时移取适量，滴加饱和溴水到黄色持久不退，5～10 min 后加热煮沸，去除过量溴水，用 0.12 mol/L 盐酸稀释至所需浓度。

0.72～0.99 mol/L 氨水介质，1.0 mL 1% Triton X-100 溶液，2.0 mL 0.03% HSDAA 显色剂溶液，显色时间 5 min，配合物可稳定 8 h。

2）方法特点和共存离子

摩尔吸光系数为 $1.04×10^5$ L/mol·cm，线性范围为 0.0～0.8 μg/mL，桑德尔灵敏度为 0.001 97 μg/cm²。测定 20 mL 中 20 μg 的 Tl^{3+}，数种离子共存不影响测定，加入 50 mg 酒石酸根，5 mg 氰化钠作混合掩蔽剂可增加共存离子的允许量见表 4.6（曹小安 等，2002）。

2. 利用邻羟基苯基重氮氨基偶氮苯与铊(III)的显色反应测定水样和矿样中的铊

1）前处理

水样：适量样品→加 3 mL 王水，搅拌下加热至近干→加 2 mL 盐酸加热至近干→加 1 mL 2%的 HCl→温热→加少许水→加 2～3 滴饱和溴水至放置 10 min→加热赶溴至黄色消失→冷却后 50 mL 容量瓶定容→吸取适量试液至 25 mL 比色管→加 4.5 mol/L 氨水 4 mL、2%三乙醇胺 0.5 mL、0.5%氰化钠 1 mL→混匀。

表 4.6 2-羟基-5-磺酸基苯基重氮氨基偶氮苯与铊(III)显色反应的共存离子

				未加掩蔽剂			加入混合掩蔽剂后	
	共存离子	允许量/µg		共存离子	允许量/µg		共存离子	允许量/µg
1 组	Cd^{2+}	1	3 组	Fe^{3+}	5	1 组	Ti^{4+}	5
	Ag^+	5		Se^{4+}	15		Co^{2+}	20
	Au^+	15		Sn^{4+}	30		Cu^{2+}	100
	Mg^{2+}	80		Al^{3+}	100		Hg^{2+}	10
	Cr^{6+}	200		Sr^{2+}	500			
	Ca^{2+}	1 000		CN^-	5 000	2 组	Cd^{2+}	20
	F^-	400		酒石酸根	50 000		Mg^{2+}	200
	柠檬酸根	100 000						
2 组	Ga^{2+}	2	4 组	Hg^{2+}	2	3 组	Ag^+	10
	Ni^{2+}	8		Cu^{2+}	10		Ni^{2+}	50
	La^{3+}	15		In^{3+}	20		Al^{3+}	1 000
	V^{5+}	100		Pb^{2+}	100			
	Zn^{2+}	200		Mo^{6+}	400	4 组	Ga^{2+}	10
	F^-	400		SiO_3^{3-}	5 000		Fe^{3+}	100
	SO_4^{2-}	50 000		三乙醇胺	10 000		Ca^{2+}	3 000
	Bi^{3+}	严重干扰		Ti^{4+}	严重干扰			

矿样：将聚氨酯泡沫塑料剪成约 0.1 g 的小块→置于 1 mol/L HCl 溶液中煮沸 30 min→洗净→放入瓶中备用；称取适量矿样→置于聚四氟乙烯烧杯→加 10 mL 浓 HCl、4 mL 浓 HNO_3、5 mL HF、1 mL $HClO_4$→低温溶解→蒸发至干→5 mL 1□1（体积比）王水浸取→转至 100 mL 带盖塑料瓶→加 2 mL 30% H_2O_2、2 mg Fe^{3+}（一般试样含 Fe^{3+}，可不加）→加水定容至 50 mL→加 1 块（≈0.1 g）经处理的泡沫塑料（排去气泡）→振荡器上振荡 30 min→取出泡沫塑料放入 50 mL 烧杯中→5%王水洗 3 遍，再分别用自来水、蒸馏水冲洗、挤干→转至 30 mL 蒸馏水（预排气泡）→盖上表面皿，加热至微沸→保持 20 min，趁热取出泡沫塑料挤干，用少许蒸馏水吹洗泡沫塑料 3 遍→溶液合并，弃泡沫塑料→沿壁加 1 mL 浓 HNO_3→低温蒸发至干→加 1 mL 5% HCl，温热，加少许水→加 2~3 滴饱和溴水，放置 10 min，加热赶去多余的溴至黄色消失→转移至 25 mL 比色管中→加 4.5 mol/L 氨水 4 mL、2%三乙醇胺 0.5 mL、0.5%氰化钠 1 mL，按实验方法进行。

2）仪器和检测方法

UV-1100 型分光光度计，VIS-7220 型分光光度计（北京瑞利分析仪器公司），pHS-2C 型精密酸度计（上海雷磁仪器厂），KS 型康氏振荡器（上海跃进医疗器械厂）。

Tl^{3+}标准液（≤15 µg）或经前处理后的样品→25 mL 比色管→加 4.5 mol/L 氨水 4 mL，1% Triton X-100 水溶液 1 mL、4.5 mol/L 氨水 4 mL、0.5% SDBS 水溶液 1 mL→再加 0.04%

O-HDAA 乙醇溶液 2.0 mL，加水至刻度，摇匀→静置 5 min，用 1 cm 比色皿以试剂空白为参比，于 520 nm 处测量吸光度。

3）方法特点与共存离子

分析结果：硫铁矿样 1# 铊的质量分数为 15.7 μg/g，硫铁矿样 2# 铊的质量分数为 13.7 μg/g，废水样铊的质量分数为 0.201 μg/g。

摩尔吸光系数为 1.4×10^5 L/mol·cm，线性范围为 0.0～0.6 μg/mL，共存离子见表 4.7（曹小安 等，2001）。

表 4.7 邻羟基苯基重氮氨基偶氮苯与铊(III)的显色反应的共存离子

共存离子	允许量/μg	共存离子	允许量/μg
Ca^{2+}	800	Se^{4+}	10
Sr^{2+}	600	La^{3+}	10
Al^{3+}	500	Bi^{3+}	10
Sn^{4+}	100	Ni^{2+}	8
Pb^{2+}	100	In^{3+}	5
V^{5+}	100	Ga^{2+}	5
Mo^{6+}	100	Ag^+	3
Zn^{2+}	100	Co^{2+}	2
Cr^{6+}	60	Ti^{4+}	2
Mg^{2+}	50	Cd^{2+}	严重干扰
Cu^{2+}	20	Hg^{2+}	严重干扰
Fe^{3+}	20	As^{3+}	加溴水后消除
Au^+	20	Mn^{2+}	加溴水后消除

3. 微晶酚酞分离富集分光光度法测定铊(III)

1）仪器和检测方法

722 型光栅分光光度计（厦门分析仪器厂）。

Tl^{3+} 的萃取分离：含 10 μg Tl^{3+} 的准溶液→25 mL 比色管→加 1.2 mL 0.2 g/L KI、1.0 mL 2 mol/L H_3PO_4、1.0 mL 1.0×10^{-4} mol/L 结晶紫（CV）水溶液、3.0 mL 1.0×10^{-2} mol/L 酚酞–乙醇溶液→稀释至 10 mL（二次去离子水）→加 3 g 乙酸钠→加热、搅拌 15 min→静置 2 min。

Tl^{3+} 的测定：1.0 mL Tl^{3+} 萃取分离后的清液→加 1.0 mL 0.2 g/L KI、0.8 mL 2 mol/L H_3PO_4、0.7 mL 1.0×10^{-4} mol/L 结晶紫（CV）水溶液→10 mL 容量瓶→稀释至刻度，以试剂空白为参比，于 540 nm 处测定吸光度，计算溶液中剩余的 Tl^{3+} 浓度，以差量法计算富集率。

2）方法特点与共存离子

线性范围为 0～40 μg/L，检出限为 0.132 3 μg/L；实验中将 1.0 L 水样中的 Tl^{3+} 富集到

10 mL 溶液中，按富集倍数 100 倍计算，方法的检出限为 13 ng/L。在含 5 μg Tl^{3+} 的溶液中，100 μg 的下述离子不产生干扰：Na^+、K^+、Al^{3+}、Cu^{2+}、Pb^{2+}、Zn^{2+}、Ba^{2+}、Mn^{2+}、Ca^{2+}、Cd^{2+}、Fe^{2+}、Cl^-、Br^-、SO_4^{2-} 和 NO_3^-；Fe^{3+} 可与 I^- 发生氧化还原反应，对 Tl^{3+} 的富集有干扰，体系中加入抗坏血酸将 Fe^{3+} 还原为 Fe^{2+} 可排除。分析结果见表 4.8（耿新华 等，2014）。

表 4.8　微晶酚酞分离富集分光光度法测定合成水样铊的结果

水样	富集前	加入 Tl^{3+} 的量/(g/L)	测定值/(g/L)	RSD/%，n=5	回收率/%
自来水 1#	未检出	5	4.78	1.8	95.6
自来水 2#	未检出	10	10.24	2.5	102.4
珠江水 1#	未检出	5	5.09	2.3	101.8
珠江水 2#	未检出	10	9.67	1.5	96.7

注：RSD 为相对标准偏差（relative standard deviation）

4. 负载罗丹明 B 的微晶萘固相萃取分离铊(III)

1）仪器和检测方法

722 型光栅分光光度计（厦门分析仪器厂）。

Tl^{3+} 的萃取分离：含 1 μg Tl^{3+} 的标准溶液→25 mL 比色管→加 1.0 mL 50 mg/L KBr、1.2 mL 2 mol/L H_3PO_4、1.4 mL 1.0×10^{-4} mol/L 罗丹明 B、3.0 mL 1.28 g/L 萘丙酮（0.64 g 萘溶于 500 mL 丙酮）→稀释至 10 mL→加 3.0 g 柠檬酸三钠→加热、搅拌 15 min→静置 2 min。

Tl^{3+} 的测定：与上例微晶酚酞分离富集分光光度法测定铊(III)相同。

2）方法特点与共存离子

在含 100 μg Tl^{3+} 的二元体系溶液中，Tl^{3+} 的萃取率在 98.8%～100.0%（表 4.9）；在含 100 μg Tl^{3+} 的混合体系中，加入 200 μg 不同的金属离子，Tl^{3+} 的萃取率为 99.4%，其他离子的萃取率在 1.45%～6.95%（表 4.10）。可见，Tl^{3+} 可以很好地富集于负载罗丹明 B 的微晶萘表面，并可与共存离子有效分离（耿新华 等，2015b）。

表 4.9　负载罗丹明 B 的微晶萘固相萃取分离 Tl^{3+}-M 二元体系的效果

二元体系	离子加入量/μg	水相检出的 Tl^{3+}/μg	水相检出的金属离子量/μg	Tl^{3+}萃取率/%	金属萃取率/%
Tl^{3+}-Cu^{2+}	200	0.2	198.8	99.8	0.60
	500	0.5	508.6	99.5	1.72
Tl^{3+}-Zn^{2+}	200	0.6	197.5	99.4	1.25
	500	1.1	497.2	98.9	0.56
Tl^{3+}-Ni^{2+}	200	0.1	198.1	99.9	0.95
	500	0.7	482.3	99.3	3.54
Tl^{3+}-Mn^{2+}	200	1.0	197.7	99.0	1.15
	500	1.2	498.6	98.8	0.28

续表

二元体系	离子加入量/μg	水相检出的 Tl³⁺/μg	水相检出的金属 离子量/μg	Tl³⁺萃取率/%	金属萃取率/%
Tl³⁺-Mg²⁺	200	0.0	198.3	100.0	0.85
	500	0.3	499.0	99.7	0.02
Tl³⁺-Hg²⁺	200	0.2	194.9	99.8	2.55
	500	1.0	494.4	99.0	1.12
Tl³⁺-Cr²⁺	200	0.4	194.2	99.6	2.90
	500	1.2	491.6	98.8	1.68
Tl³⁺-Al³⁺	200	0.7	196.3	99.3	1.85
	500	1.2	483.9	98.8	3.22
Tl³⁺-Bi³⁺	200	0.1	195.6	99.9	2.20
	500	1.7	491.6	98.3	1.68

表 4.10　负载罗丹明 B 的微晶萘固相萃取分离 Tl³⁺-M 混合体系的效果

混合体系	金属离子加入量/μg	水相检出的金属离子量/μg	萃取率/%
Tl³⁺	200	0.58	99.4
Cu²⁺	200	195.4	2.30
Zn²⁺	200	197.1	1.45
Ni²⁺	200	189.3	5.35
Mn²⁺	200	198.2	0.90
Mg²⁺	200	186.1	6.95
Hg²⁺	200	193.7	3.15
Cr²⁺	200	191.3	4.35
Al³⁺	200	188.1	5.95
Bi³⁺	200	189.6	5.20

5. 亚甲基蓝与抗坏血酸催化氧化还原反应测定水样中的铊

1）前处理

250 mL 河水或自来水倒入烧杯→加 10 mL 浓盐酸→搅拌浓缩至 25 mL。

2）仪器和检测方法

160-A UV-VIS（岛津）紫外–可见分光光度计（配 1 cm 石英比色皿）；Tokyo Rikakika LTD UA-1 恒温水浴，秒表 1 只。

1 000 mg/L 的 Tl⁺标准液：称取适量的硝酸铊溶于 1%的硝酸，使用前用蒸馏水逐级稀释为工作溶液。2.0×10^{-2} mol/L 亚甲基蓝溶液 500 mL（4℃下黑暗保存），0.4 mol/L 硫酸溶液，0.002 4 mol/L 的抗坏血酸溶液 100 mL，除特别说明外全部用水为去离子水。

催化反应体系：10 mL 容量瓶加 1.0 mL 亚甲基蓝溶液、1.0 mL 硫酸→加适量体积的铊工作液（或水样）→加水稀释至 8 mL→加 1.2 mL 的抗坏血酸溶液→加水定容至 10 mL→混匀→25℃下反应 180 s，在 664 nm 处测量吸光度。

非催化反应体系：将适量体积的铊工作液（或水样）改为去离子水，除此之外，所有步骤与催化反应体系相同。

3）方法特点与共存离子

线性范围为 3～20 μg/mL，检出限为 0.09 μg/mL。1 000 倍的 Li^+、Na^+、K^+、Na^+、NH_4^+、Ba^{2+}、Ca^{2+}、Ni^{2+}、Cu^{2+}、Zn^{2+} 和 Co^{2+}，F^-、Cl^-、Br^-、I^-、CO_3^{2-}、$CH_3CO_2^-$、HPO_4^{2-}、PO_4^{3-}、NO_3^- 和 SO_4^{2-}，600 倍的 Hg^{2+}，500 倍的 $C_2O_4^{2-}$、SCN^- 和 ClO_3^-，50 倍的 Mn^{2+} 不干扰 20 μg/mL Tl^+ 的测定。分析结果见表 4.11（Tabatabate et al., 2010）。

表 4.11　亚甲基蓝与抗坏血酸催化氧化还原反应测定水样中的铊浓度　　　（单位：μg/mL）

样品	本法	原子吸收	加标	检出	RSD/%，n=100	回收率/%
河水	104.0	106.0	20	125.7	0.63	98.5
自来水	28.5	30.0	10	40.1	0.71	101.0
海水	13.2	13.4	10	23.3	0.87	99.0
锅炉水			10	9.8	0.98	98.0

6. 非离子型微乳液增敏催化光度法测定水和矿石中的铊

1）前处理

水样：黄河水、污水各 2 L 倒入三角烧瓶→加入（1+1）HCl 15 mL→加热微沸→冷却至室温→5 mL/min 过巯基葡聚糖凝胶（SDG）吸附柱→用 6 mol/L 的盐酸和 1.0 mol/L 氯化钠洗脱液，以 1.0 mL/min 的速度洗脱→50 mL 容量瓶定容。

矿样：样品→110℃下干燥 2 h→准确称量放入聚四氟乙烯塑料烧杯→加 5 mL HF、10 mL HCl→水浴加热（分解样品）→加 2～3 mL 硝酸（进一步氧化分解样品）→加 4 mL 盐酸(蒸干两次)→冷却→加 2～3 mL 2 mol/L 的盐酸溶解残渣→按水样方法过柱分离 Tl^{3+}。

2）仪器和检测方法

722 型分光光度计（上海第三分析仪器厂），pHS-2 型酸度计（上海分析仪器厂），DS-501 型超级恒温水浴（±1℃），秒表。

Tl^{3+} 标准液：0.111 8 g 三氧化二铊加少量浓 HNO_3，加热溶解、冷却后移入 100 mL 容量瓶，稀释为 0.1 μg/mL 的 Tl^{3+} 工作液;OP 非离子型微乳液：正丁醇：正庚烷：水=3：2：0.8：94.2（质量比），pH=3.5 HAc-NaAc 缓冲溶液，0.01 mol/L 硫脲，0.01 mol/L 4，7-二苯基-1，10-菲咯啉乙醇溶液。

催化反应体系：0.1 μg/mL 的 Tl^{3+} 工作液→加 5.0 mL pH 3.5 的 HAC-NaAc 缓冲液、2.5 mL OP 非离子型微乳液、2.0 mL 0.01 mol/L BPT 溶液、2.0 mL 0.01 mol/L 硫脲、3.0 mL 0.01 mol/L 的亚铁氰化钾，用水稀释至刻度→25 mL 比色管（半开瓶塞）→在 80℃水浴

中固定加热 8 min→迅速取出流水冷却 4 min→530 nm 处以水作参比,用 1 cm 的比色皿测定催化反应的吸光度。

非催化反应体系:与 Tl^{3+} 工作液等量的蒸馏水(铊空白)→25 mL 比色管→加入与催化反应体系相同的试剂反应并做同样处理,测定非催化反应的吸光度。

3)方法特点与共存离子

催化效应显著,表观活化能为 29.49 kJ/mol;摩尔吸光系数为 1.07×10^6 L/mol·cm,线性范围为 0~80 μg/L。对 25 mL 含 1.0 μg Tl^{3+} 的溶液,下列离子单独存在不产生干扰:1 000 倍的 Cl$^-$、SO$_4^{2-}$、PO$_4^{3-}$、Na$^+$ 和 K$^+$;500 倍的 Ca^{2+} 和 Mg^{2+};100 倍的 Ni^{2+}、Al^{3+}、Sr^{2+}、Ba^{2+}、Cr^{3+} 和 Cd^{2+};50 倍的 Pb^{2+}、Zn^{2+}、Sn^{2+}、Sb^{3+}、Mn^{2+}、Mo^{6+}、Zr^{4+}、Fe^{3+}、Ti^{4+}、W^{5+}、Cu^{2+}、V^{5+}、Te^{4+} 和 Pd^{2+},2 倍的 Hg^{2+}、Co^{2+} 和 Ag$^+$。分析结果见表 4.12(许崇娟 等,2006)。

表 4.12　非离子型微乳液增敏催化光度法测定水和矿石中铊的结果

样品	本法/(μg/L)	ICP-AES/(μg/L)
黄河水	0.49	0.46
生活污水	2.78	2.74
电镀污水	55.72	55.56
黄矿石/%	0.022	0.023

7. 纸色谱法分离–分光光度法测定地质样品的痕量铊

1)前处理

0.1 g 矿样(或 0.2~0.3 g 土壤)→聚四氟乙烯烧杯→用水湿润→加 10 mL 6 mol/L HCl→用低温电炉加热至无气泡→加 1~2 mL 浓 HNO$_3$、5 mL HF→低温蒸干→再加 2 mL HF→重复蒸干→加 2 mL 6 mol/L HClO$_4$→蒸干→重复一次;加 2 mL 浓 HCl→温热溶解残渣→再重复一次;最后加 2 mL 双蒸水→蒸干→重复一次。

2)仪器和检测方法

VIS-7220 型分光光度计(北京瑞利分析仪器公司),展开室长 38 cm、宽 27.5 cm 和高 42 cm(自制),3 号色谱纸(杭州新华造纸厂)。

Tl$^+$ 标准溶液:1.303 g 优级纯 TlNO$_3$→50 mL 烧杯→加少量水、2 mL 浓 HCl→溶解→加水定容至 1 L→加 1 000 mg/L Tl$^+$ 储备液→用 1.8 mol/L HCl 逐步稀释成 Tl$^+$ 的工作液。

混合展开相:7.2 mL 甲基异丁基酮+8 mL 95%的乙醇+4.8 mL 1.0 mol/L 的氢溴酸。解析相:0.5 g/L 亚硫酸钠溶液。

光度分析试剂:0.2 g/L 镉试剂 2B 溶液,1% Triton X-100 水溶液,2%三乙醇胺溶液,pH=12 的 NH$_3$·H$_2$O-NH$_4$Cl 缓冲溶液,0.5 g/L 结晶紫水溶液。

纸色谱法分离:于距色谱纸下端 3.0 cm 处→滴加 20 mg/L Tl$^+$ 的工作液 0.4 mL→烘干(风筒)→悬挂在密封的展开室→纸下端浸入 200 mL 烧杯盛装的混合展开相→展开 3 h→用结晶紫显色→剪下铊的紫色带纸片→25 mL 解析相→微沸 5 min→加热至黄色消失→冷至室温→加 2 滴磺基水杨酸→25 mL 比色管。

分光光度法分析:1 mL 2%三乙醇胺、5 mL pH=12 的 $NH_3 H_2O-NH_4Cl$ 缓冲溶液、1 mL 1% Triton X-100 溶液、1.5 mL 0.2 g/L 镉试剂 2B→摇匀→用水稀释至刻度→静置 30 min →分光光度计测量波长 515 nm 处吸光度,试剂空白作参比。

3）方法特点与共存离子

分析结果见表 4.13。摩尔吸光系数为 $6.20×10^4$ L/mol·cm,线性范围为 0～1 000 µg/L。对 25 mL 含 8 µg Tl^+ 溶液测定,共存离子的允许量见表 4.14(吴惠明 等,2003)。

表 4.13　纸色谱法分离–分光光度法测定地质样品痕量铊的结果

样品	本法所测铊含量/(µg/g)	其他光度法所测铊含量/(µg/g)	ICP-MS 所测铊含量/(µg/g)
黄铁矿	48.8	45.2(活性炭吸附分离–镉试剂 2B)	43.0
土壤	3.71	4.14(聚氨酯泡沫塑料分离–镉试剂 2B)	

表 4.14　纸色谱法分离–分光光度法测定铊的共存离子

误差	共存离子	允许量/mg
相对误差<5%时	Cu^{2+}	50.0
	Fe^{3+}	30.0
	Ca^{2+}	5.3
	柠檬酸根	20.0
	PO_4^{3-}	5.0
相对误差 5%～10%时	Al^{3+}	0.5
	Pb^{2+}	0.5
	Mg^{2+}	0.3

注:抗坏血酸根、柠檬酸根和 EDTA 存在时的相对误差较大

4.2　铊的荧光光度法

具有荧光性质的物质分子受到光的辐射后,不仅能吸收某种特定波长的光,激发到电子激发态的各振动能级,而且在碰撞时消耗了部分能量,随之降落到振动能级最低的激发态,并在从该能级再跃迁回基态时,可以光的形式释放能量,这种形式的光称为荧光。铊的荧光光度法是基于物质分子在紫外–可见光激发时发射的荧光而建立起来的一类铊的分析方法。荧光光度法具有很高的灵敏度,检测限可达 10^{-12}。

4.2.1　荧光光度法的原理

荧光是被激发后发射的光谱,属于光致发光。任何荧光化合物均有激发光谱和发射光谱。激发光谱指不同激发波长的辐射引起物质发射某一波长的荧光所得到的光谱。发

射光谱指处于激发态的分子回到基态时所产生的光谱,荧光光谱即发射光谱,它是荧光光度法定性的依据。

1. 荧光光谱的特征

无论荧光分子被激发到哪一个激发态,均需经过无辐射过程到达第一激发态的最低能级;荧光发射时,总是从第一激发态的最低能级回到基态的各振动能级,因此,荧光光谱与发光物质被激发到哪个电子能级无关,荧光光谱的形状与激发波长也无关,只要能量足够,不同激发波长下得到的荧光光谱的形状和最大发射波长是一样的。

激发态的电子返回基态时,除了发射荧光,还可能有其他能量损失,导致发射光相对于激发光红移(向长波方向位移),斯托克斯于1852年首次观察到这种位移现象,故称斯托克斯位移。以下为与斯托克斯位移相关的一些概念:

当发射光波长>激发光波长,称斯托克斯荧光;

当发射光波长=激发光波长,称共振荧光(原子荧光多为共振荧光);

当发射光波长<激发光波长,称反斯托克斯荧光(仅在高温稀薄气体或特殊材料中观察到)。

由于能量在振动能级上的分布,基态电子的能量与第一激发态电子的能量很相似,所以在高分辨的荧光谱图上可看到,多数荧光化合物的激发光谱与它的荧光光谱大小峰均对称,存在"镜像规则"。如果光源的发射强度和检测器的灵敏度在整个光谱区内不恒定,或者是单色器的波长刻度不准确,散射光的影响和狭缝宽度较大,实验过程得到的荧光光谱与激发光谱不具有良好的镜像对称关系,可用仪器自身的计算机系统进行校正。

2. 荧光光谱与分子结构

荧光的产生和强度与物质的分子结构紧密相关。具体表现为:①共轭程度越大,分子的荧光效率越高,并出现荧光红移。强发光物质中通常具有大的共轭体系,因为共轭程度越大,电子的离域程度也越大,越容易被激发,产生更多的激发态分子,有利于发光强度的提高;②具有刚性平面结构的分子,荧光量子的产率高。分子的刚性和共平面性增大,可减少发光分子的振动,以及与其他分子碰撞去活化的可能性,得到较高的量子产率,对发光强度的提高有利;③取代基对荧光物质的荧光特征和强度有很大影响。供电子取代基可使共轭增强,吸电子取代基则使荧光减弱。取代基的位置对分子发光的性能也有影响,对芳香烃来说,邻、对位取代基使荧光增强,间位取代基使荧光减弱。

3. 荧光强度的影响因素

荧光效率:荧光效率又称荧光量子效率或荧光量子产率 ϕ_f。指物质发射荧光的光子数与所吸收的激发光的光子数的比值。荧光化合物发射荧光时具有两个特征:①具有与辐射频率对应的荧光结构;②吸收特征频率的光后,具备一定的发光效率。荧光物质的量子产率 $\phi_f > 0$,且 $\phi_f < 1$;量子产率 ϕ_f 越大,物质发射的荧光越强。

溶剂效应:在极性溶剂中,电子跃迁所需的能量较小,因而跃迁概率较大,最大激发波长和荧光波长均发生红移,且荧光强度增强;而在极性较小的溶剂中,分子碰撞的机会较多,无辐射跃迁的概率增大,荧光强度减弱。因此,荧光强度会随着溶剂极性的增加而增强。特殊溶剂效应也对荧光强度有影响,如荧光体与溶剂分子因形成氢键或配合物使荧光强度减弱等。

温度效应:分子发光对温度比较敏感。当温度上升时,介质黏度下降,分子碰撞概率因运动速率加快而增大,外转换等无辐射去活化过程的概率也增大,荧光效率下降。低温状态下的荧光常比室温条件显著增强。

酸度效应:含弱酸或弱碱官能团的化合物,因其离子的电子结构与弱酸或弱碱分子的有所不同,发射光谱有差异;不同酸度中,分子和离子间的平衡改变,可使各种型体的浓度发生变化,发光强度随之变化;因此,含弱酸或弱碱官能团的大多数化合物的发光特性均与 pH 有关,荧光分析需严格控制 pH。

4. 荧光光度法定量的依据

一束紫外–可见光穿过溶液时,溶液中的荧光物质吸收光后被激发,发出荧光。因为激发光有一部分会透过溶液,所以,在激发光的方向观察荧光是不合适的;通常在与激发光源垂直的方向观测荧光。如果入射光的强度为 I_0,吸收光的强度为 I_a,透射光的强度为 I_t,则

$$I_a = I_0 - I_t \tag{4.8}$$

由于溶液对光的吸收度 A,与溶液的浓度 c、液层厚度 l 和入射光的波长 λ 有关。据朗伯-比尔定律 [式(4.7)]:$A = \lg(I_0/I_t) = Ecl$,由透光率 $T = I_t/I_0 = 10^{-Ecl}$,得 $I_t = I_0 \cdot 10^{-Ecl}$。

据式(4.8),有

$$I_a = I_0(1 - 10^{-Ecl}) \tag{4.9}$$

荧光强度正比于被荧光物质吸收的光强度,即 $F \propto I_a$,据荧光效率的定义,有

$$F = \phi_f I_a = \phi_f I_0(1 - 10^{-Ecl}) = \phi_f I_0(1 - e^{-2.3Ecl}) \tag{4.10}$$

$e^{-2.3Ecl}$ 的展开式为

$$e^{-2.3Ecl} = 1 + (-2.3Ecl)^1/1! + (-2.3Ecl)^2/2! + (-2.3Ecl)^3/3! + \cdots \tag{4.11}$$

当溶液很稀,如 $Ecl < 0.05$ 时,式(4.11)括号的高次项可忽略,此时 $e^{-2.3Ecl} = 1 - 2.3Ecl$,则式(4.10)可表示为

$$F = 2.3\phi_f I_0 Ecl \tag{4.12}$$

由式(4.12)可知,当溶液很稀时,荧光强度与物质的荧光效率、激发光强度、物质的吸光系数和溶液的浓度呈线性关系。如果荧光物质给定,激发光的波长和强度也固定,荧光强度与溶液的浓度成正比,式(4.12)可表示为

$$F = Kc \tag{4.13}$$

这是荧光光度法定量分析的依据,K 为比例常数。

5. 荧光分光光度计

荧光分光光度计由光源、单色器、样品池、检测器和信号显示系统等组成（图 4.12）。①光源。荧光分光光度计的光源主要为高压汞灯和高压氙灯，发射 400～800 nm 的连续光源。激光具有强度高、单色性好的特点，高性能荧光分光光度计常采用激光作光源。②单色器。荧光分光光度计有两个单色器，以垂直方式分置于样品池的两侧（图 4.12），位于光源和样品池间为第一单色器（或激发单色器），用于获得单色性好的激发光；位于样品池和检测器间为第二单色器（或发射单色器），用于过滤由激发光产生的反射光、溶剂的散射光、由溶液杂质产生的荧光，通过检测器与激发光源处于 90°垂直位置使样品溶液产生的荧光照射于检测器，减少干扰。③由石英制成样品池。与紫外分光光度计的比色皿（只有两个透光面）不同，荧光分光光度计的样品池有 4 个透光面，操作时手拿对角棱，防止透光面沾污。④检测器。荧光强度一般比紫外光或可见光弱，所以荧光分光光度计的检测器需要比较高的灵敏度，常以光电倍增管或多用阵列检测器作光电元件。⑤信号显示系统。与紫外–可见分光光度计相同（见 4.1.4 小节）。

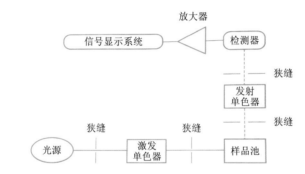

图 4.12　荧光分光光度计的结构示意图（胡琴和彭金咏，2016）

4.2.2　铊的荧光光度分析法

铊的荧光光度分析与大部分金属离子的荧光光度分析类似，其基本反应是基于离子配合物（含荧光的配合物）生成。一种体积较大的荧光阳离子染料（F^+）可与另一较大的阴离子（A^-）通过离子键形成离子配合物 F-A，如配合物分子间存在较强的疏水性作用力和分子间作用力，则会自发聚集形成$(F\text{-}A)_n$微粒，这种微粒称为离子配合微粒。离子配合微粒体系中存在共振散射和荧光淬灭效应，是$(F\text{-}A)_n$离子配合微粒和固液界面形成的结果。这种荧光反应占全部荧光反应的 75%，其中 53%为二元配合体系，22%为多元配合体系。余下 25%的荧光基本反应，氧化还原反应占 6%，取代反应和催化反应各占 4%，酶的反应占 3.5%。若以操作分，70%的荧光方法直接在水相检测，而约 30%的荧光方法需萃取到有机相检测（梁爱惠 等，2004；李志良 等，1990）。

1. 直接荧光法

直接荧光法是基于待测物本身在受到特定波长的光激发后能产生荧光。例如，碱性染料有"带醌型"结构,本身可以发射荧光。且碱性染料 BD^+ 可与卤铊配离子 TlX_4^- 形成离子配合体系,由于离子配合物分子间存在较强的分子间作用力和疏水作用,进而形成离子配合微粒,这些微粒存在荧光共振散射效应。因此,BD^+- TlX_4^- 离子配合体系不仅是紫外-可见光度法测定铊的主要方法,也是荧光光度法测定铊的主要方法。

1）碱性染料与卤铊配离子体系（BD^+- TlX_4^-）

酸性介质中,Tl^{3+} 与过量的 I^- 反应生成 I_3^-,加入罗丹明 6G 后,I_3^- 与 $Rh6G^+$ 形成 Rh6G-I_3 配合物,因 Rh6G-I_3 配合物分子之间存在较强的分子间作用力和疏水作用,可以形成 (Rh6G-I_3)$_n$ 配合微粒,由于配合微粒存在荧光共振散射效应,在 330 nm、420 nm 和 580 nm 处共有 3 个同步散射峰。在罗丹明 6G（Rh6G）的荧光光谱中,激发波长 λ_{ex} 最大为 525 nm,发射波长 λ_{em} 最大为 554 nm,中间重叠峰 540 nm 处为共振荧光光谱的发射峰（图 4.13）,这个峰与罗丹明 6G 的三维共振荧光光谱相对应（图 4.14）。当选择最强共振散射峰 580 nm 进行铊的定量分析时,在 540 nm 处可观察到 Rh6G-I_3 的共振荧光峰（图 4.15）,只有 I^--Rh6G 时,体系的同步散射很弱,加入 Tl^{3+} 后,生成 (Rh6G-I_3)$_n$ 配合微粒,其同步散射信号随铊浓度增大而增强（图 4.15）。该法用于工业废水中铊的检测,结果满意（见 4.3.3 小节）。

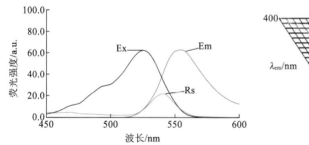

图 4.13　罗丹明 6G 的激发（Ex）、发射（Em）
和共振（Rs）光谱（邓湘舟 等, 2014） 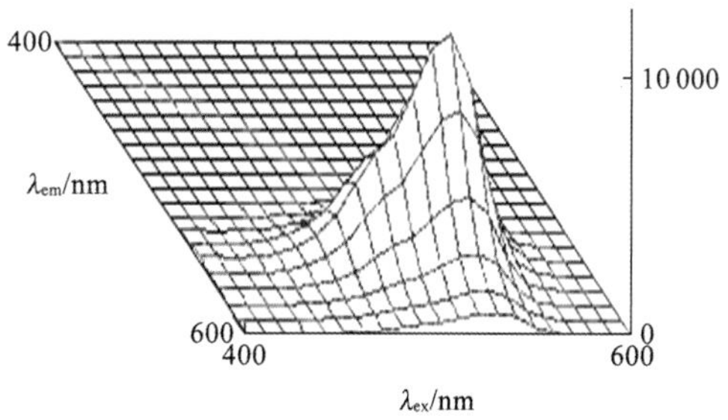
　　　　　图 4.14　罗丹明 6G 的三维共振光谱（Rs）
（邓湘舟 等, 2014）

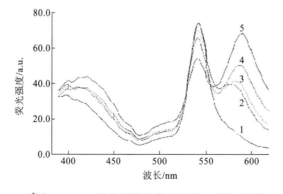

图 4.15　Tl^{3+} 与 Rh6G-I_3 的共振散射荧光光谱（邓湘舟 等, 2014）
1—0.4 mL H_2SO_4+0.4 mL Rh6G+0.4 mL KI；2—1 的试剂+0.5 mL Tl^{3+}；3—1 的试剂+1.0 mL Tl^{3+}；4—1 的试剂+1.5 mLTl^{3+}；5—1 的试剂+2.0 mLTl^{3+}

类似的荧光体系还有：①以异丙醚萃取罗丹明 B（RhB）的配合体系（RhB^+-$TlCl_4^-$）,铊的线性范围为 0.01～0.25 μg/mL,可用于测定矿石和电极精渣中的痕量铊。盐酸和氢溴酸介质下，Tl^{3+} 的荧光萃取体系为 4 mol/L 的盐酸（或 3 mol/L 氢溴酸）–苯萃取。经浓硫酸和 4%氢氟酸处理的硅石，通过冠醚聚合物吸附分离后，用 RhB^+-$TlCl_4^-$-苯萃取荧光体系，铊的检测限为 0.05 μg/L，荧光强度可稳定 40 min，100 μg Fe^{3+}、10 μg Ga^{3+} 和 0.1 μg Au^{3+} 不产生干扰，但 0.5 μg Au^{3+} 对铊的荧光有淬灭效应，荧光强度下降 40%。②盐酸介质中，$TlCl_4^-$ 和亚甲基蓝的离子缔合物萃入一二氯乙烷后，可以观察到荧光，荧光的激发波长 λ_{ex} 为 465 nm，发射波长 λ_{em} 为 680 nm，铊的线性范围为 0.05～5.00 μg/L；进一步的研究表明，当激发波长 λ_{ex} 为 465 nm 时，亚甲基蓝有 550 nm 和 680 nm 两个发射峰，当亚甲基蓝与 $TlCl_4^-$ 形成 1∶1 的离子配合物时，存在离子配合微粒体系的共振散射效应，$TlCl_4^-$ 通过微扰亚甲基蓝发光，使 550 nm 附近的能级跃迁概率减小，而 680 nm 附近能级跃迁概率增大，亚甲基蓝的荧光值大大增强，并使激发态能量降低进而引起峰位置红移。因此，$TlCl_4^-$ 对亚甲基蓝的荧光有增敏效果。$TlCl_4^-$ 与亚甲基蓝形成的配合物可用乙酸丁酯、乙酸异戊酯或二氯乙烷萃取，$TlCl_4^-$ 或 $TlBr_4^-$ 与藏红 T 的配合物以乙酸异戊酯萃取，可用于黄铜矿和氧化锰矿中痕量铊的测定（罗红群和刘绍璞，1994；李连仲和林海，1990）。

　　2）偶氮染料与卤铊配离子体系（HmA^+-TlX_4^-）

　　用于荧光分析的偶氮试剂主要有邻羟基偶氮试剂和杂环类偶氮试剂。邻羟基偶氮试剂存在互变异构现象，表现出不同的荧光特性；杂环类偶氮试剂与 Cd^{2+}、Hg^{2+} 的荧光反应很低，与 Ga^{3+}、Tl^+ 和 Tl^{3+} 反应的荧光变化值也很小，但与 Zn^{2+} 和 In^{3+} 有比较好的荧光反应。胶束增溶试剂可用于改善偶氮试剂与金属离子配合荧光反应的分析特性，虽然这些试剂本身不能直接用作荧光试剂，但可显著增敏金属离子，有利于其与金属离子形成高次配合物。如十六烷基三甲基溴化铵（cetytrimethyl ammonium bromide，CTMAB）对 8-羟基喹啉-5-磺酸与铊的荧光反应有很好的增敏效果，Tl^{3+} 质量浓度在 0.0～0.1 mg/L 与荧光变化值（ΔF）呈良好的线性关系，检出限为 6.64 μg/L，相对标准偏差为 2.34%，该法若用聚氨酯泡沫塑料吸附铊后，可与其他干扰离子分离，用于地质样品中铊的测定；Tl^{3+} 与 8-羟基喹啉的硫醇盐形成的配合物也可用于荧光法测定铊，线性范围为 1.0～7.5 μg/mL（Ostrowska et al.，2014；罗红群和刘绍璞，1994；赵锦瑞 等，1994；李志良 等，1990）。

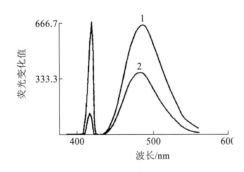

图 4.16　桑色素荧光法测定铊的荧光光谱
（吴惠明 等，2007）
1—Tl^{3+}-桑色素/以试剂空白作参比
2—桑色素/以水为空白

桑色素、安息香、吖啶橙、8-羟基喹啉、8-羟基喹啉-5-磺酸等荧光试剂均可与 Tl^{3+} 发生荧光反应。桑色素带醌基活性基团，分子中的醌基氧和处在邻位上的羟基氧与铊离子可形成五元环结构的配合物，具有发射长波荧光的性质。桑色素荧光变化值（ΔF）较大，且重现性好（图 4.16）。在 pH<3 的 50%乙醇中，桑色素几乎无荧光，但 pH≈4 时，出现绿色荧光，当 pH 为 8～9 时，荧光转变为黄绿色。胶束增溶对某些桑色素配合物有显著的效果，如氯代十六烷基吡啶（cetylpidinium chloride，CPC）和 CTMAB 可分别使桑色素

配合物的荧光强度增强 65 倍和 68 倍，一些含氧有机溶剂，如丙酮、异戊醇等也可使桑色素的荧光增强（段群章，2000）。

3）Tl^+ 的配合物体系

因 Tl^+ 配合物的稳定性较弱，在铊的光度分析中 Tl^+ 的配合体系较少。胆红素在碱性溶液中，经适当处理后能产生较强的荧光，激发波长 λ_{ex} 为 464 nm，发射波长 λ_{em} 为 524 nm，且胆红素的激发峰与荧光峰的位置不受碱浓度、光照、热处理等因素影响。中性条件下加入 Tl^+，胆红素在 524 nm 处的荧光强度减弱（图 4.17），说明 Tl^+ 对胆红素有荧光淬灭作用；并在 650 nm 处出现一个新峰。

在无机荧光分析中，加入增效试剂不仅可以提高体系的荧光强度和量子产率，而且可以提高体系的选择性，增加体系荧光的稳定性。表面活性剂是增效试剂的一大类，环糊精则是另一类型的增效试剂。在胆红素中加入一定量的 β-环糊精，使其摩尔浓度为 1.0×10^{-3} mol/L、2.5×10^{-3} mol/L、5.0×10^{-3} mol/L、7.5×10^{-3} mol/L 和 10.0×10^{-3} mol/L，在不同 pH 下，测定其荧光强度，并计算包合常数可知，胆红素与 β-环糊精能形成 1∶1 的包合物，加入 Tl^+ 后其包合常数减小。在胆红素的荧光体系中加入 β-环糊精，650 nm 处的荧光增强，显示 β-环糊精–胆红素包合物与 Tl^+-胆红素的配合物存在竞争结合，β-环糊精的疏水空腔为 Tl^+-胆红素的配合物的形成提供了有利的微环境，有利于 Tl^+-胆红素形成类卟啉的配合物（图 4.18）。

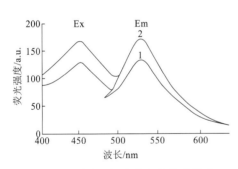

图 4.17　Tl^+ 对胆红素荧光光谱的影响
（李改仙 等，2005）
1—加入 Tl^+；2—不加 Tl^+

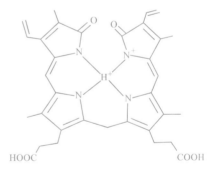

图 4.18　Tl^+-胆红素配合物的结构
（李改仙 等，2005）

2. 间接荧光法

当待测物本身不发射荧光或荧光较弱时，利用一些试剂与待测物发生定量反应，通过增加电子共轭体系的长度或增加分子结构的刚性和共平面性，形成量子效率较高的荧光物质进行测定。如用苯萃取 $TlCl_4^-$ 与亮绿的配合物时，在 6 mol/L 的硫酸介质中，利用配体交换，以丁基罗丹明 B 交换亮绿，在发射波长 λ_{em} 为 566 nm、激发波长 λ_{ex} 为 579 nm 时测定铊，荧光强度可稳定 16 h，线性范围为 0.001 7~0.300 0 μg/mL、0.1 μg 的 Fe^{2+}、Fe^{3+} 和 Hg^{2+}，1 μg 的 Au^{3+}，10 μg 的 Sb^{5+}，10 mg 的 In^{3+}、Bi^{3+}、Ca^{2+} 和 Cu^{2+}，100 mg 的 Zn^{2+} 不干扰测定（陈兴国和胡之德，1987）。光化学荧光也是一种间接荧光法，它基于物质吸收了紫外–可见辐射发生光化学反应，从而引起物质的结构或性质发生变化。例如，形成荧光发射功能团、发生荧光增强或淬灭、荧光物质的激发或发射波长发生移动等现象，使物质的荧光检测性质发生改变，借此来提高荧光分析的灵敏度和选择性。

3. 荧光淬灭法

金属离子是一种常见的荧光淬灭剂，且其浓度往往与荧光试剂的荧光淬灭程度呈线性关系。因此，荧光淬灭法也是测定金属离子的常用方法。如 Tl^+ 对胆红素有荧光淬灭作用，0.5 μg Au^{3+} 对 RhB^+-$TlCl_4^-$-苯萃取荧光体系的荧光也有淬灭效应，荧光强度下降 40%。在一般的荧光分析中，荧光淬灭现象会严重影响方法灵敏度和准确度，分析前需分离或掩蔽淬灭剂，但有时也会利用淬灭现象进行荧光分析。因为荧光物质的分子与淬灭剂作用生成本身不发光的配位化合物，会使荧光分析产生误差，所以荧光淬灭法的选择性不及荧光法高，取代反应及氧化还原选择性大都欠佳，但配合物的形成反应有较好的选择性。

4. 动力学荧光法

动力学荧光法是基于金属离子对特定荧光反应具有催化作用或氧化还原作用而建立的荧光分析法。如硝酸介质中，Tl^+ 可极灵敏地催化高硫酸铵氧化 Mn^{2+} 生成 MnO_2，经微孔滤膜抽滤，制成薄样，以 X 射线荧光光谱法测定，简便、快速。在 pH 6.5 的介质中，利用 Tl^{3+} 与儿茶酚的氧化还原反应可进行铊的荧光测定。Tl^{3+} 与 1,4-二氨基-2,3-二氢蒽醌的氧化作用也可用于铊的荧光测定，线性范围为 0.05～0.40 μg/L。与直接荧光法和荧光淬灭法相比，动力学荧光法具有更高的灵敏度和更好的选择性，但适用范围较窄（陆州舜等，1995；罗红群和刘绍璞，1994；赵尔燕和邱林友，1993）。

5. 荧光分子传感器

荧光分子传感器研究是重金属和过渡金属有机化学和超分子化学中具有挑战性的领域之一。金属离子的荧光分子传感器通常含一个荧光团和一个受体，可形成一个完整或间隔的荧光接收系统。受体包括 N、O 或 S，它们负责选择与金属离子配合，荧光团具有共轭的 π 电子系统，因与金属离子配合后改变其光的物理性质，被检测到发出具有发射波段红移或蓝移的荧光增强或荧光淬灭信号。按光诱变的起源分类，荧光传感器可分为光诱导电子转移（photoinduced electron transfer，PET）阳离子传感器和光诱导电荷转移（photoinduced charge transfer，PCT）阳离子传感器，其中光诱导电荷转移阳离子传感器包含共轭供电子和吸电子基团，可形成一个分子内推的电子系统。当配合物形成时，金属阳离子与供体或受体相互作用影响分子内电荷转移的效率。偶氮杂芳烃对 Cd^{2+}、Hg^{2+} 的荧光反应都很低，对 Tl^+、Tl^{3+} 和 Ga^{3+} 也无任何变化，但与 Zn^{2+} 和 In^{3+} 有良好的荧光反应，可以制作荧光分子传感器（Ostrowska et al.，2014）。

4.2.3　荧光光度法测量铊的实例

1. 罗丹明 6G 共振光散射法测定废水中铊

1）前处理

500 mL 废水样静置→过滤（除去悬浮物）→沉淀，向试样中加入 50 mL 1.0 g/L 的氟化钠溶液掩蔽 Fe^{3+}，消除其干扰。

2）仪器和检测方法

WGY-10-荧光分光光度计（天津港东科技发展股份有限公司）；F-4500 型荧光分光光度计（日本岛津公司），哈纳酸度离子计（意大利哈纳仪器有限公司）；BS210S 电子天平（赛多利斯天平有限公司）。

铊标准溶液：1 000 mg/L 的 Tl^+ 标准溶液（国家有色金属及电子材料分析测试中心）；100 mg/L Tl^{3+} 标准溶液：移取 10 mL Tl^+ 标准溶液至干净的 100 mL 烧杯中，加入少量水稀释，滴入 2 滴溴水氧化 5 min，使 Tl^+ 全部转变为 Tl^{3+}，再用电炉温热至黄色褪去，冷却，转移到 100 mL 容量瓶中，定容。

罗丹明 6G 溶液：称取 0.047 9 g 罗丹明 6G 于小烧杯中，用水溶解，转入 100 mL 棕色试剂瓶中，定容，得 1.0×10^{-3} mol/L 罗丹明 6G 溶液；用前稀释成 1.0×10^{-4} mol/L 的罗丹明 6G 工作液。

配合物共振散射体系：取 1.0×10^{-2} mg/L Tl^+ 标准液适量→置于 10 mL 比色管→加入 0.40 mL H_2SO_4、0.40 mL 0.1 mol/L KI、0.40 mL 1.0×10^{-4} mol/L 罗丹明 6G→摇匀，室温下放置反应 5 min。

空白体系：一定体积的蒸馏水（铊空白）→置于 10 mL 比色管→加与 1）相同的试剂并作同样处理设置荧光分光光度计的 $\Delta\lambda=0$（激发波长＝发射波长），同步扫描；测定 $\lambda_{max}=580$ nm 处的配合物共振散射光强度 F 和空白 Tl^{3+} 溶液的强度 F_0，计算 ΔF（$\Delta F=F-F_0$）。

3）方法特点与共存离子

线性范围为 0.005～0.100 mg/L，检出限为 0.001 2 mg/L。对 0.07 mg/L 的 Tl^{3+}，当相对误差在 ±5.0%范围时，下列离子不产生干扰：1 000 倍的 Al^{3+}、Ca^{2+}、Zn^{2+}、$C_2O_4^{2-}$、PO_4^{3-}、SiO_3^{2-}；500 倍的 Cu^{2+}、Ni^{2+}、Co^{2+}、Mg^{2+}、F^-、CO_3^{2-} 和葡萄糖；50 倍 Ce^{4+}，10 倍的 Fe^{3+} 和 $Cr_2O_7^{2-}$。样品测试中常遇到共存 Fe^{3+} 干扰，可加 NaF 溶液掩蔽消除。分析结果见表 4.15。

表 4.15　罗丹明 6G 共振光散射法测定废水中铊的结果（邓湘舟 等，2014）

样品	本法/（mg/L）	RSD/%，n=6	ICP-MS/（mg/L）	加入量/（mg/L）	总量/（mg/L）	回收率/%
1[#]	0.085	2.7	0.082	0.1	0.190	103
2[#]	0.088	3.2	0.092	0.1	0.185	98
3[#]	0.084	1.7	0.089	0.1	0.180	98
4[#]	0.087	2.4	0.091	0.1	0.195	104

2. 桑色素荧光光度法测定铊

1）仪器和检测方法

970CRT 型荧光光度计。

Tl^+ 标准溶液见纸色谱分离分光光度法测定地质样品的痕量铊（4.1.5 小节）。

2 μg Tl^+ 标准溶液→50 mL 烧杯→加水稀释至约 5 mL→加 2 滴溴水→氧化 5 min→Tl^+ 转变为 Tl^{3+}→电炉温热至黄色消失→加 2 滴 1 g/L 对硝基苯酚→加 2 mol/L 氢氧化钠调至黄色→加 0.1 mol/L 盐酸调成无色→加 5 mL pH 4.0 的 HAc-NaAc 缓冲溶液→加 1.5 mL $1×10^{-3}$ mol/L 桑色素溶液→移至 25 mL 容量瓶→水定容→静置 15 min→荧光分光光度计（λ_{ex}=426 nm，λ_{em}=489 nm）测量 ΔF（$\Delta F=F_{试液}-F_{空白}$）；同时做试剂空白。

2）方法特点与共存离子

线性范围为 0.01～0.12 μg/mL。对含 2 μg Tl^+ 的标准溶液，当相对误差为 ±5% 时，以下物质不产生干扰：1 500 μg NO_3^- 和 Ac^-；1 200 μg Na^+ 和 Cl^-；1 000 μg K^+；100 μg SO_4^{2-}；5 μg Cd^{2+}、Ag^+、Mg^{2+}、Hg^{2+} 和 Ca^{2+}；2 μg Fe^{3+}、Cu^{2+} 和 Zn^{2+}。Al^{3+}、Ga^{3+}、In^{3+} 严重干扰，经活性炭分离后再加入 15 μg 的 F^-，可消除干扰。

3）注意事项

试验 OP-10、四丁基溴化铵和溴化十六烷基三甲基三种表面活性剂对体系的荧光强度不仅没有增强作用，反而有熄灭作用；加入 OP-10 后甚至产生沉淀，严重影响荧光反应；本方法不需表面活性剂（吴惠明 等，2007）。

3. 催化—RFA 测定高纯碳酸锶中痕量铊

1）仪器和检测方法

Rigaku3530 型 X 射线荧光光谱仪，M-50 型玻璃过滤器及 0.45 μm 微孔滤膜：501 型超级恒温槽，秒表。

检测条件：$MnK\alpha$ 分析线，LiF 200 分光晶体，SC 探测器，激发电压和电流分别为 50 kV、50 mA，真空光路，测量时间为 3×100 s。

0.1 μg/mL 的 Tl^+ 标准溶液：0.103 9 g 高纯 Tl_2O 溶于 10 mL 硝酸，二次离子交换水定容至 1 000 mL；移取 1 mL 于 1 000 mL 容量瓶，加 5 mL 硝酸，定容。$6×10^{-3}$ mol/L 硝酸锰（pH 1.5 硝酸介质），1.5 mol/L 高氯酸氨，1:1 硝酸。

0.500 0 g 高纯碳酸锶→用少许水润湿→加 2 滴对硝基苯酚（2 g/L）→用硝酸中和至微酸性（再过量 1.00 mL）→加热赶尽 CO_2（控制体积小于 30 mL）→50 mL 比色管→加 2.5 mL 硝酸、1 mL 硝酸锰、10 mL 高氯酸氨→水稀释至刻度→（80±2）℃水浴 20 min→流水冷却 4 min→微孔滤膜（φ50 μm）抽滤→20 mL 乙醇洗涤两次→取下滤膜粘贴于有机玻璃自然晾干→按检测条件测量荧光强度。

2）方法特点与共存离子

样品 1[#] 铊的三次测量结果：0.086 μg/g，0.083 μg/g，0.082 μg/g；

样品 $2^{\#}$ 铊的三次测量结果：0.12 μg/g，0.13 μg/g，0.16 μg/g。

线性范围为 0.01～14 ng/mL，检测限为 0.01 ng/mL。对 0.2 μg/50 mL 的 Tl^+，当荧光强度的误差为 ±10%，10 mg K^+、NH_4^+、Cs^+ 和 Rb^+，2 mg Zn^{2+}、CrO_4^{2-}、VO_3^-、MoO_4^-、WO_3^{2-}，0.2 mg Cu^{2+}、Cd^{2+}、AsO_3^-、Fe^{3+}、20 μg Be^{2+}、Ni^{2+}、Co^{2+}、Pb^{2+} 和 Bi^{3+} 不产生干扰。Cl^-、Br^-、I^- 和 CO_3^{2-} 严重干扰，但样品中含量甚微，可忽略。CO_3^{2-} 用酸分解去除，不影响测定。基体锶通过加标回收证明无影响（赵尔燕和邱林友，1993）。

4.3　铊的化学发光法

化学发光也叫冷光，它是物质吸收化学反应的化学能跃迁至激发态，又从激发态返回基态时产生的光辐射。利用化学反应导致的发光现象而建立的分析方法称为化学发光法。化学发光法的化学反应常为含 H_2O_2 的氧化还原反应，有时甚至是含过氧化物中间体的高能氧化还原反应，可提供足够的化学能使物质激发。如产生紫外-可见光区的化学发光，需要提供 150～420 kJ/mol 的化学能。化学发光法测定痕量 Tl^+，方法简便、灵敏度较高。

4.3.1　化学发光法的原理

与荧光光度分析法相似，化学发光法也分激发和发光两个步骤。在化学发光法中，反应产生的化学能可被物质吸收形成电子激发态，当分子吸收化学能而激发至激发态后返回基态时，能以光的形式释放能量。不同的化学反应极少产生同一种发光物质，每个化学光反应都有其特征光谱，因而化学发光法有较好的选择性；发光强度通常可与反应物浓度在几个数量级内呈线性关系，故化学发光法有很宽的线性范围；且分析速度快，1 min 内即可完成一次分析，特别适用于自动连续检测。

化学发光的装置一般只有滤光片和光电倍增管，没有光源、复杂的分光和光强测定装置，相对于其他分子光谱法，具有不需外来光源激发、可减少散射和发光杂质带来的干扰、低的光学背景噪声和高灵敏度等优势。

1. 化学发光效率

化学发光效率 ϕ_{CL} 又称化学发光的总量子产率，它是发射光子的分子数与参加反应的分子数的比值：ϕ_{CL} =发射光子的分子数/参加反应的分子数。

物质的化学发光效率由生成激发态分子的化学激发效率 ϕ_{CE} 和激发态分子的发光效率 ϕ_{EM} 决定，即：ϕ_{CE} =激发态的分子数/参加反应的分子数，ϕ_{EM} =发射光子的分子数/激发态的分子数。

因此

$$\phi_{CL} = \phi_{CE} \cdot \phi_{EM} \qquad (4.14)$$

化学发光的效率很低，ϕ_{CL} 通常小于 0.01。

2. 化学发光法定量的依据

化学发光的光强度 I_{CL} 为单位时间内发射的光量子数，在一级反应或准一级反应中

$$A+B \longrightarrow C^* + D$$

t 时刻的发光强度等于 t 时刻的反应速度与发光效率的乘积，即

$$I_{CL(t)} = \phi_{CL} \cdot (-dc_{A(t)}/dt) \tag{4.15}$$

而 t 时刻的发光强度又与该时刻的反应物的浓度成正比：

$$I_{CL(t)} = Kc_A c_B \tag{4.16}$$

当其中一种反应物的浓度大大过量时，化学发光强度便由浓度很小的反应物（待测物）的浓度决定，此时，t 时刻的发光强度与浓度很小反应物（即待测物）的浓度成正比。即

$$I_{CL(t)} = K'c_A \tag{4.17}$$

对于快反应，可得到尖而窄的峰，以式（4.17）为依据进行定量分析。

对于慢反应，得到的是较平宽的峰，可采用测量峰面积的方法定量：

$$S = \int I_{CL} \cdot dt = \phi_{CL} \cdot \int -dc_{A(t)}/dt = \phi_{CL} \cdot c_A \tag{4.18}$$

4.3.2 化学发光法的分类和铊的化学发光分析

1. 化学发光法的分类

化学发光法有液相发光、气相发光、电致发光、偶合反应发光和免疫分析发光 5 种类型。

液相发光：化学发光试剂在碱性条件下可被某些试剂氧化而发光，在适当的反应条件下，许多金属离子可催化或抑制发光反应的速度；且一定的浓度范围内，发光强度与金属离子的浓度成正比，借此可测定痕量金属离子的浓度。

气相发光：主要指 O_3、NO、SO_2、S 和 CO 的化学发光反应，用于空气中 O_3、NO、NO_2、H_2S、SO_2 和 CO_2 的监测。

电致发光：利用电解技术在电极表面产生某些氧化还原物质而导致的化学发光。

偶合反应发光：利用待测物参与的化学反应的反应产物作化学发光反应的反应物或催化剂，即将一个化学反应与一个化学光反应偶合起来，极大地提高化学发光法的灵敏度，间接测定一些不能直接用化学发光法测定的物质浓度。

免疫分析发光：它是目前化学发光检测中比较活跃的领域。通过化学偶联反应将具有某些性质（如放射性、生物催化、化学发光、荧光、吸光等）的标记物共价连结到抗原和抗体（称被标记物）上，标记后的抗原和抗体既能保持自身免疫学性质，又具有标记物的可测定性质。用发光剂或能催化发光反应的催化剂来标记的抗原和抗体，检测的灵敏度超过了放射免疫分析。

2. 铊的化学发光分析

用于铊分析的化学发光法主要为液相化学发光法。鲁米诺（luminol），即 3-氨基邻苯二甲酰肼，是一种最常用的液相化学发光试剂。鲁米诺在碱性溶液中形成叠氮醌，在氧化剂（如过氧化氢、次氯酸盐、碘）作用下形成激发态的邻苯二甲酸根离子，其价电子从最低激发态的最低振动能级返回基态时，可发出波长为 425 nm 的淡蓝色光。

1）Tl^{3+}的鲁米诺化学发光体系

利用 Tl^{3+} 氧化 I^- 生成 I_2，再以 I_2 氧化鲁米诺可产生化学发光。鲁米诺产生化学发光的量子效率 $\Box_{CL}$ 为 $0.01 \sim 0.05$，发光值 CL 与 Tl^{3+} 的浓度呈线性关系，可用作 Tl^+ 的定量测定。其方法要点如下：①鲁米诺溶液 pH 在 $12 \sim 13$ 时，且鲁米诺摩尔浓度为 $3.0 \times 10^{-3} \sim 4.0 \times 10^{-3}$ mol/L 时，发光值较大且变化较小。②Tl^{3+} 试液的 pH 对发光值影响很大，由于发光反应是在仪器内的反应池中瞬时完成，体系的 pH 测定不太方便，采用控制鲁米诺试液的 pH 为 12.5、Tl 试液的 pH 为 2.8，且二者的体积比为 1：3 时，发光值可达最大。③Tl^{3+}-缓冲溶液-KI 的加入顺序比 Tl^{3+}-KI-缓冲溶液顺序的发光值高将近 1 倍。④鲁米诺的发光强度随 KI 用量不同而有变化，加入 15%的 KI 溶液 $2.5 \sim 4.0$ mL 时发光值最大并基本保持不变。⑤发光值随着放置时间的增加而增大。当加入 KI 后放置 1 h，发光值较高，空白值较小，且在其后的 1 h 内变化不大；放置时间过短，Tl^+ 和 KI 反应不完全，发光值较低。放置时间过长，空气中的 O_2 氧化 I^- 使空白值增大。但在 CO_2 气氛下放置 1 h 和 24 h，发光值相同，空白值也相同（金继红 等，1991）。

2）Tl^+的鲁米诺化学发光体系

利用 I_2-鲁米诺的化学发光反应可指示 Tl^+ 对 Cr^{6+}-KI 反应的催化作用，化学发光强度与铊的含量在一定范围内相关，可建立测定铊的化学发光方法。方法要点如下：①当 pH＜1.6 时催化反应速度加快，且在 pH=1.0 时反应速度最快。②催化体系与非催化体系的发光强度之差随 KI 浓度增加而增大，当 KI 摩尔浓度大于 2×10^{-3} mol/L 趋于平稳。③催化体系的发光强度随反应时间的延长而增强，非催化体系的发光强度在 45 min 内变化不大；可选择催化反应时间为 30 min，然后加入溴化钠，利用 Br^- 的配位性终止催化反应（申金山 等，1996）。

4.3.3　化学发光法分析铊的实例

1. Tl^+-Cr^{6+}-碘化钾-鲁米诺体系化学发光法测定铊

1）仪器和检测方法

YHF-1 型液相化学发光分析仪，pHS-2 型酸度计，XWT-204 台式自动平衡记录仪。

200 μg/mL Tl^+ 标准溶液：0.061 7 g Tl_2SO_4 溶于稀硫酸，转 250 mL 容量瓶定容，用时稀释为工作液；1.0×10^{-3} mol/L 鲁米诺溶液：准确称取鲁米诺 0.177 1 g 于 1 L 烧杯，加少量氢氧化钠和适量水，完全溶解后，加 8.4 g 碳酸氢钠和 800 mL 水，在酸度计上调至 pH

为 12.0,转 1 L 容量瓶以 pH 12.0 的水定容,转棕色试剂瓶备用;2.0×10^{-3} mol/L Cr^{6+} 溶液;2.5×10^{-2} mol/L KI 溶液和 2.0 mol/L NaBr 溶液。

反应液:3.0 mL Cr^{6+}、3.0 mL KI、适量 Tl^+ 标准溶液→置于 25 mL 比色管→定容(控制 pH 为 1.0)→反应 30 min→加入 1.0 mL NaBr。

发光强度测定:2.5 mL 鲁米诺溶液、0.13 mL NaOH(1.0 mol/L)→置于试剂贮管→发光仪反应池→通过试样贮管+1.5 mL 反应液→同步记录发光强度。

2)方法特点与共存离子

分析结果:矿样 1# Tl 质量分数为 0.64 μg/g(推荐标准值 0.61 μg/g),矿样 2# Tl 质量分数为 0.60 μg/g(推荐标准值 0.58 μg/g),矿样 3# Tl 质量分数为 0.79 μg/g(推荐标准值 0.78 μg/g)。

线性范围为 0.001~1.000 μg/mL,检测限为 0.000 6 μg/mL,方法选择性较好。当 Tl^+ 浓度为 0.008 μg/mL,在 ±5% 误差范围内,下列离子不产生干扰:1 000 倍的 Zn^{2+}、$AlNO_3$ 和 Ac^-;100 倍的 Cd^{2+}、Co^{2+}、Hg^{2+} 和 Mn^{2+};等量的 Fe^{3+}、Ce^{3+}、Se^{4+} 和 V^{5+}(申金山 等,1996)。

2. 化学发光法测定岩矿中痕量铊

1)仪器和检测方法

YHF-1 型液相化学发光分析仪,函数记录仪。1.4×10^{-2} mol/L 鲁米诺储备液:0.619 8 g 鲁米诺溶于 250 mL 0.1 mol/L NaOH 溶液中,放置 3 天,用前取 25 mL 溶液调 pH 为 12.5,二次蒸馏水定容至 100 mL 得 3.5×10^{-3} mol/L 鲁米诺分析液;l mol/L 的 NaAc-HCl 缓冲液(pH 为 2.5),0.1 μg/mL Tl^{3+} 标准溶液。

Tl^{3+} 溶液→10 mL 比色管→NaOH 调至红色(甲基橙作指示剂)→加入 2.5 mL 缓冲液、3 mL 15% 的 KI→稀释至刻度→摇匀,放置 1 h→吸取 3 mL→发光仪试样贮管→反应池→开动函数记录仪→通过试剂贮管+l mL 鲁米诺分析液→记录反应的发光值 CL。

2)方法特点与共存离子

检出限为 0.2 ng/mL,线性范围为 0.2~10 ng/mL。当 Tl^{3+} 质量浓度为 1 ng/mL,相对误差为 ±5% 时,采用泡沫塑料分离,下列物质不产生干扰:100×10^4 倍的 Fe、Ti、Mg、Ca、Na、K 和 Al,10×10^4 倍的 Zn、Cu、SO_4^{2-}、PO_4^{3-},1×10^4 倍的 Bi、Mn 和 Sb,10 倍的 Pt、Au、Ag、Sn、Cr、Cd、Pb、Co、As、Mo 和 Ga 不干扰测定。标样分析结果见表 4.16。

表 4.16　化学发光法测定岩矿中痕量铊的结果(金继红 等,1991)

	推荐值	本法(分次分析)	均值
GSD-1	0.069±0.077	0.520、0.565、0.663、0.789、0.590	0.617
GSD-6	1.075±0.102	0.975、1.080、1.090、1.080、0.950	1.030
GSD-8	0.725±0.121	0.662、0.589、0.738、0.587、0.700	0.655

化学发光法的光效率很低,可利用的发光反应也很少。因此,化学分光分析发展比较

缓慢。近年来，基于分子印迹技术的电致发光分析兼具分子印迹技术与电致发光的优点，成为化学发光法新的发展方向。

　　分子印迹技术是一门新兴的结合高分子化学、材料化学、化学工程和生物化学等学科的技术，以目标分子为模板，合成对目标分子具有特异识别性能的高分子聚合物。[①]基于分子印迹技术的电致发光分析主要有三个发展方向：①制备基于分子印迹技术的固态发光电极用于构建电致发光传感器；②制备基于分子印迹技术的非固态发光电极构建电致发光传感器；③分子印迹固相萃取与电致发光传感器联用。其中方向①的制备基于分子印迹技术的固态电致发光电极，作为电致发光传感器的敏感识别元件实现复杂样品中的目标物分离、富集和检测一体化，并实现发光材料的循环利用有着巨大的研究价值和应用前景（杨钰昆 等，2016）。

参 考 文 献

曹小安, 陈永亨, 张诠, 等, 2000. 测定痕量铊的泡沫塑料吸附分离–镉试剂 2B 分光光度法. 分析测试学报, 19(3): 11-14.

曹小安, 陈永亨, 周怀伟, 等, 2001. 邻羟基苯基重氮氨基偶氮苯与铊(III)的显色反应及其应用. 光谱学与光谱分析, 21(3): 350-352.

曹小安, 陈永亨, 廖带娣, 2002. 2-羟基-5-磺酸基苯基–重氮氨基与铊(III)显色反应的分光光度法研究. 光谱学与光谱分析, 22(4): 662-664.

陈兴国, 胡之德, 1987. 染料配体交换荧光光度法测定铊. 稀有金属, 3: 227-229.

邓湘舟, 吴颖娟, 耿新华, 等, 2014. 罗丹明 6G 共振光散射法测定废水中的铊. 冶金分析, 34(4): 42-46.

丁杏春, 1998. 我国无机分析及荧光分析的成就和进展. 矿冶, 7(2): 86-89.

丁明玉, 2017. 分析样品的前处理技术与应用. 北京: 清华大学出版社.

董慧茹, 2016. 仪器分析. 北京: 化学工业出版社.

段群章, 1999. 矿冶物料中铊的分析. 湿法冶金(1): 59-63.

段群章, 2000. 桑色素及其在有色和稀有金属荧光光度分析中的新应用. 上海有色金属, 21(3): 132-136.

段群章, 段武君, 1990. 铊的光度分析近况. 稀有金属, 5: 382-386.

耿新华, 陈洁, 李晓, 等, 2014. 微晶酚酞分离富集分光光度法测定铊(III). 分析试验室, 33(9): 1017-1019.

耿新华, 邓湘舟, 伍永丽, 等, 2015a. 负载罗丹明 B 的微晶萘固相萃取分离铊(III). 冶金分析, 35(4): 73-76.

耿新华, 吴启航, 邓湘舟, 等, 2015b. 硫酸铵存在下硫氰酸铵–乙基紫–乙醇体系萃取分离铊. 广州大学学报(自然科学版), 14(5): 13-17.

郭忠先, 蔡蜀穗, 郑国祥, 等, 1997. 邻羧基苯基重氮氨基偶氮苯胶束水相分光光度法测定痕量铊. 化学试剂, 19(6): 356-358.

何应律, 赵锦瑞, 匡文心, 等, 1995. 溶剂浮选吸光光度法测定痕量铊的研究. 理化检验: 化学分册,

---

① 电致发光的引发和控制通过施加在电极表面的电位来实现，是电化学与化学结合的技术

31(5): 295-296.

洪水皆, 李庆喜, 1989. 分光光度法测定铊的进展. 化学试剂, 11(4): 212-219.

洪水皆, 李庆喜, 杨明东, 1988. Triton X-100 存在下镉试剂分光光度法测定痕量铊(III). 化学学报, 46: 500-502.

胡琴, 彭金咏, 2016. 分析化学. 北京: 科学出版社.

金继红, 丁海芳, 李淑玲, 等, 1991. 化学发光法测定岩矿中的痕量铊. 岩矿测试, 10(1): 47-49.

李昌厚, 1997. 再论紫外–可见分光光度计的技术指标如何赶超世界先进水平. 现代科学仪器, 4: 12-15.

李昌厚, 2008. 石英比色皿配对误差对紫外–可见分光光度计测量误差的影响. 分析仪器, 8: 43-46.

李昌厚, 孙吟秋, 2011. 紫外–可见分光光度计的光度准确度研究. 分析仪器, 5: 65-71.

李改仙, 李建晴, 张宏, 等, 2005. 胆红素与金属铊离子作用的研究. 山西大学学报(自然科学版), 28(3): 290-293.

李惠霞, 杨茜, 张其颖, 等, 2006. 邻甲基苯基重氮氨基偶氮苯与铊(III)显色反应的光度法. 理化检验: 化学分册, 42(9): 702-704.

李连仲, 林海, 1990. 亚甲基蓝萃取光度法测定痕量铊. 岩矿测试, 9(1): 24-28.

李志良, 石乐明, 李梦龙, 等, 1990. 荧光分析中偶氮试剂的研究与进展. 分析化学, 18(8): 780-790.

李祖碧, 徐其亨. 1991. 铊–硫氰酸盐–乙基紫高灵敏显色反应及应用研究. 岩矿测试, 10(4): 306-309.

梁爱惠, 蒋治良, 黄思玉, 等, 2004. 罗丹明 6G 共振散射光谱法测定水中痕量六价铬. 环境污染与防治, 26(6): 472-474.

刘绍璞, 罗红群, 1993. 铊(III) –碘化物–碱性三苯甲烷染料在水溶液中的显色反应. 西南师范大学学报, 18(1): 39-43.

刘锡林, 1993. 非萃取分光光度法测定金属及矿物中的微量铊. 甘肃教育学院学报(自然科学版)(1): 45-48.

陆州舜, 朱利中, 刘泽菊, 等, 1995. 荧光分析中环境监测中的应用和进展. 环境科学进展, 3(3): 7-20.

罗红群, 刘绍璞, 1994. 铊的光度分析和原子吸收分析光谱分析近况. 理化检验: 化学分册, 30(4): 244-247.

罗红群, 刘绍璞, 刘忠芳, 等, 1997. 碘化物–乙基紫–阿拉伯树胶体系分光光度法测定铊. 广东工业大学学报, 14(增刊): 158-159.

潘祖亭, 2010. 分析化学. 北京: 科学出版社.

申金山, 周清泽, 王晰, 1996. Tl(I)和Cr(VI)的碘化钾–鲁米诺体系化学发光法测定铊. 理化检验: 化学分册, 32(5): 294-295.

孙登明, 王磊, 1993. 新显色剂 2,6 二氯- 4-氨磺酰基苯基重氮氨基偶氮苯与铊(III)显色反应研究及应用. 分析试验室, 12(5): 31.

孙登明, 朱庆仁, 何冬红, 2003. 以偶合反应萃取光度法间接测定铊. 稀有金属, 27(4): 13-516.

藤恩江, 1989. 4,4′二偶氮苯重氨基苯分光光度法测定废水中痕量铊. 上海环境科学, 8(7): 45-48.

王磊, 孙培培, 彭爱军, 等, 1991. 新显色剂 2,6 二溴-4-氨磺酰基苯基重氮氨基偶氮苯与铊(III)的高灵敏显色反应及其应用. 冶金分析, 11(6): 10.

王德新, 1984. OP 存在下 5 Br PADAP 测定汞矿中微量铊. 冶金分析, 4(5): 25.

王凤君, 1986. 天竺牡丹紫萃取光度法测岩石矿物中铊. 岩矿测试, 5(3): 214-216.

王建华, 阮文举, 王建国, 等, 1992. Tl(I)-Cr(VI)-I-淀粉体系催化光度法测定铊的研究. 分析试验室, 11(5): 43-45.

王文海, 宋传忠, 2005. 铊(III)和硫代米氏酮显反应的探讨. 当代化工, 34(3): 234-236.

王锡仁, 周安康, 1992. 金属镉中微量铊和锑的连续测定. 分析试验室, 11(3): 20-21.

王宏斌, 高建民, 2011. 光度分析中比色皿的使用与维护. 啤酒科技, 3: 55-57.

吴惠明, 陈永亨, 刘浓, 2003. 地质样品中痕量铊的纸色谱法分离–分光光度法测定. 分析测试学报, 22(4): 86-88.

吴惠明, 李锦文, 陈永亨, 等, 2007. 桑色素荧光光度法测定铊. 理化检验: 化学分册, 43(8): 653-657.

薛光, 1997. 洗洁精在金及其伴生元素光度分析中的应用. 黄金地质, 3(3): 78-80.

许崇娟, 李慧芝, 田涛, 2006. 非离子型微乳液增敏催化光度法测定痕量铊. 济南大学学报, 20(4): 309-311.

杨晓秋, 吕兴梅, 辛士刚, 等, 1995. 铊(III)-硫代米氏酮-十六烷基三甲基溴化铵三元显色反应的研究. 沈阳师范学院学报(自然科学版), 13(4): 54-57.

杨钰昆, 王小敏, 方国臻, 等, 2016. 基于分子印迹技术的电化学发光分析. 化学进展, 28(9): 1351-1362.

于秀兰, 田松涛, 孟凡金, 2011. 吡啶偶氮类试剂在光度法中的应用进展. 岩矿测试 30(2):131-137.

张仁德, 王怀公, 温建波, 等, 1988. 氯化十六烷基吡啶茜素紫分光光度法测定痕量铊. 分析化学, 16(2): 111-113.

赵尔燕, 邱林友, 1993. 催化-RFA 测定高纯碳酸锶中痕量铊. 稀有金属和硬质合金, 114: 31-34.

赵锦瑞, 何应律, 钱徐根, 等, 1994. 8-羟基喹啉-5-磺酸-溴化十六烷基三甲胺荧光光度法测定痕量铊. 分析化学, 22(10): 1057-1060.

郑国祥, 郭忠先, 邵勇, 等, 1997. 2-羟基-3-羧基-5-磺酸基苯基重氮氨基偶氮苯与铊反应的分光光度法研究. 分析试验室, 16(2): 21-24.

周之荣, 张纪文, 周瑜芬, 等, 2006. 溴酸钾氧化偶氮胂 M 褪色动力学光度法测定痕量铊(III).冶金分析, 26(5): 62-65.

周天泽, 1996. 化学分析中的干扰消除. 北京: 首都师范大学出版社.

朱玉瑞, 单晓斌, 江万全, 等, 1994. 对偶氮苯重氮氨基偶氮苯磺酸与铊显色反应的研究. 分析试验室, 13(6): 34-35.

OSTROWSKA K, KAŹMIERSKA A, RAPAŁA-KOZIK M, et al., 2014. Ratiometric fluorescent Zn^{2+} and In^{3+} receptors of fused pyrazine with an aminopropanol chain in acetonitrile. New Journal of Chemistry, 38: 213-226.

PEREZ R T, SANCHEZ-PEDRANO S, ORTUNOM A, 1982. 1,2,4,6-tetraphenylpyridinium perchlorate as a reagent for ion assocation complex formation and its use for the spectrophotometric determination of thallium. Analyst, 107(1271):185.

TABATABATE M, SHISHEHBORE M R, BAGHERI H, et al., 2010. Thallium determination using catalytic redox reaction between methylene blue and ascorbic acid. International Journal of Environmental Science and Technology, 7(4): 801-806.

第5章 铊的原子吸收光谱法

原子光谱指因原子外层电子能级发生变化产生的辐射和吸收而形成的线状光谱,与带状的分子光谱形成区别。由于电磁辐射能量传递方式的不同,原子光谱又分为原子吸收光谱、原子发射光谱和原子荧光光谱等。

原子吸收光谱法是基于物质所产生的原子蒸气对特定谱线(通常是待测元素的特征谱线)的吸收作用来进行定量分析的一种方法。如果要测定试液中离子的含量,现将试液喷射成雾状进入燃烧火焰中,雾滴在火焰温度下挥发并离解成原子蒸气;然后用空心阴极灯作光源,它辐射出具有特征谱线的光,当通过一定厚度的原子蒸气时,部分光被蒸气中基态原子吸收而减弱;通过单色器和检测器测得特征谱线光被减弱的程度,即可求得试液中的离子含量。对于原子吸收光谱法,即使和邻近谱线分离得不完全,空心阴极灯一般不发射那些邻近波长的辐射线,其他辐射线干扰较小,所以原子吸收光谱法的选择性高、干扰较少且易于克服。在原子吸收光谱法的实验条件下,原子蒸气中基态原子比激发态原子多得多,所以测定的是大部分原子,这就使原子吸收光谱法往往具有较高的灵敏度。又因为激发态原子的温度系数显著大于基态原子,所以原子吸收光谱法可以预期将比发射法具有较好的信噪比。可见,原子吸收光谱法是特效性、准确度和灵敏度都很好的一种定量分析方法。

5.1 原子吸收光谱法的发展

5.1.1 第一阶段:原子吸收现象的发现与科学解释

1802 年,沃拉斯顿(W.H.Wollaston)在研究太阳连续光谱时,发现了太阳连续光谱中出现的暗线。

1817 年,夫琅禾费(J.Fraunhofer)在研究太阳连续光谱时,再次发现了这些暗线,由于当时尚不能解释产生暗线的原因,于是这些暗线就被命名为夫琅禾费谱线。

1859 年,基尔霍夫(G.Kirchhoff)与本生(R.Bunsen)在研究碱金属和碱土金属的火焰光谱时,发现钠蒸气发出的光在通过温度较低的钠蒸气时,会引起钠光的吸收,根据钠发射线与暗线在光谱中位置相同这一事实,断定太阳连续光谱中的暗线,正是太阳外围大气层中的钠原子对太阳光谱中的钠辐射谱线所进行的吸收的结果。

5.1.2 第二阶段:原子吸收光谱仪器的产生

原子吸收光谱作为一种实用的分析方法是从 1955 年开始的。澳大利亚物理学家沃尔什（Walsh，1955）发表了题为"原子吸收光谱在化学分析中的应用"的著名论文。在论文中，沃尔什阐述如下 5 个观点（郭明才 等，2012）：

（1）可以用简单的仪器做原子吸收分析；

（2）峰值吸收系数与待测元素原子浓度存在线性关系；

（3）锐线光源可以准确测定峰值吸收系数；

（4）空心阴极灯可作为原子吸收光谱分析的光源；

（5）原子吸收光谱法和发射法不同，它具有与跃迁激发电压无关，很少受温度变化及其他辐射线或原子间能量交换的影响等优点。

1955 年，荷兰学者阿尔克玛德（Alkemade）和米拉茨（Milatz）也分别发表文章，建议将原子吸收光谱法作为常规的分析方法。在此之后，沃尔什和他的合作者将原子吸收光谱理论发展成为一种具有高灵敏度和高选择性的定量分析技术，并命名为原子吸收光谱法。自此以后，原子吸收作为一种强有力的分析、测试手段得到广泛应用和飞跃发展，其发展速度和规模，可以通过以下一组数据看出：

1954 年，第一台简单的原子吸收分光光度计展出；

1961 年，推出了第一台原子吸收分光光度计商品仪器；

1962 年，世界上只有少数几台原子吸收分光光度计；

1964 年，全世界有 400 台原子吸收分光光度计；

1966 年，全世界有 2 000 台原子吸收分光光度计；

1968 年，全世界增加到约 5 000 台原子吸收分光光度计；

1972 年，全世界估计至少有 20 000 台原子吸收分光光度计在使用。

空心阴极灯的应用，原子吸收分光光度计商品仪器的大量生产，为原子吸收分光光度计的推广提供了实际的可能性。

5.1.3　第三阶段：电热原子吸收光谱仪器的产生

1959 年，苏联学者里沃夫提出了电加热石墨管原子化技术，极大地提高了原子吸收分析的灵敏度。

1961 年，里沃夫发表了非火焰原子吸收的文章，提出了电热原子化原子吸收分析，该法的绝对灵敏度可达 $10^{-4} \sim 10^{-10}$ g，进一步推动了原子吸收光谱法向前发展，但由于这套系统结构复杂，操作烦琐而未得到推广。

1968 年，马斯曼（Massmann，1968）改进了里沃夫的电热原子化原子吸收分析系统，在半封闭条件下用低压大电流直接加热石墨炉，分阶段将石墨炉的温度升至原子化温度，样品在石墨管管壁上直接原子化，发展了便于推广的马斯曼石墨炉。

马斯曼石墨炉在升温过程中存在时间和空间的不等温性问题。1978 年，里沃夫针对这一问题提出了实现等温原子化的三条途径：平台原子化、探针原子化和电容放电脉冲加热石墨炉。此后，W. Slavin 在里沃夫工作的基础上，提出了稳定温度平台石墨炉（stabilized temperature platform furnace，STPF）原子化技术，有效控制和消除了基体和共存组分的干扰。

塞曼效应和自吸效应背景扣除技术的发展，使在很高的背景干扰下亦可顺利地实现原子吸收测定。

5.1.4　第四阶段：原子吸收分析仪器的发展

原子吸收技术的发展，推动了原子吸收仪器的不断更新和发展，而其他科学技术进步，为原子吸收仪器的不断更新和发展提供了技术和物质基础。使用连续光源和中阶梯光栅，结合使用光导摄像管、二极管阵列多元素分析检测器，设计出了微机控制的原子吸收分光光度计，为解决多元素同时测定开辟了新的前景。微机控制的原子吸收光谱系统简化了仪器结构，提高了仪器的自动化程度，改善了测定准确度，使原子吸收光谱法的面貌发生了重大的变化。联用技术（色谱–原子吸收联用、流动注射–原子吸收联用）日益受到人们的重视。色谱–原子吸收联用，在元素的化学形态分析及有机化合物的复杂混合物测定方面有着重要的用途，是一个很有前途的发展方向（Koirtyohann 和单孝全，1982）。

但原子吸收光谱法应用也有一定的局限性，即每种待测元素都要有一个能发射特定波长谱线的光源。原子吸收分析中，首先要使待测元素呈原子状态，而原子化往往是将溶液喷雾到火焰中去实现，这就存在理化方面的干扰，使对难溶元素的测定灵敏度还不够理想，因此实际效果理想的元素仅 30 余个；由于仪器使用中，需用乙炔、氢气、氩气、氧化亚氮（俗称笑气）等，这就对操作人员提出了较高的要求，在操作中必须注意安全（章诒学，2006）。

5.2　原子吸收光谱法的基本原理

原子吸收是指呈气态的原子对由同类原子辐射出的特征谱线所具有的吸收现象。仪器从光源辐射出具有待测元素特征谱线的光，通过试样蒸气时被蒸气中待测元素基态原子所吸收，由辐射特征谱线光被减弱的程度来测定试样中待测元素的含量。

5.2.1　共振线和吸收线

原子在两个能态之间的跃迁伴随着能量的发射和吸收。原子可具有多种能级状态，当原子受外界能量激发时，其最外层电子可能跃迁到不同能级，因此，可能有不同的激发态存在。电子从基态跃迁到能量最低的激发态（称为第一激发态）时要吸收一定频率的光，它再跃迁回基态时，则发射出同样频率的光（谱线），这种谱线称为共振发射线（简称共振线）；使电子从基态跃迁至第一激发态所产生的吸收谱线称为共振吸收线（也简称共振线）[①]（朱明华，1993）。

---

① 共振吸收线这一名词有时是在更加广泛的含义下使用的，即凡是由基态引起的跃迁吸收线，不管它跃迁的能级位置如何，都称为共振吸收线

各种元素的原子结构和外层电子排布不同,不同元素的原子从基态激发至第一激发态(或由第一激发态跃迁返回基态)时,吸收(或发射)的能量不同,因而各种元素的共振线不同使其各有特征性,所以这种共振线是元素的特征谱线。原子从基态到第一激发态间直接跃迁是最容易发生的,因此对大多数元素来说,共振线是元素的灵敏线。原子吸收分析,就是利用处于基态的待测原子蒸气对从光源辐射的共振线的吸收来进行分析的。

5.2.2　谱线轮廓与谱线展宽

不同频率的光(强度为 I_{0v})通过原子蒸气,部分光将被吸收,其透过光的强度(即原子吸收共振线后光的强度)与原子蒸气的宽度(即火焰的宽度)的关系,同有色溶液吸收光的情况完全类似,是遵循朗伯-比尔定律的(朱明华,1993),即

$$I_v = I_{0v}\mathrm{e}^{-K_v L} \tag{5.1}$$

式中:I_v 为透过光的强度;I_0 为入射光强度;L 为原子蒸气的宽度;K_v 则为原子蒸气对频率为 v 的光的吸收系数。

吸收系数 K_v 将随着光源的辐射频率而改变,这是因为物质的原子对光的吸收具有选择性,对不同频率的光,原子对光的吸收也不同,故透过光的强度 I_v 随着光的频率而有所变化,其变化规律如图 5.1 所示。由图可知,在频率 v_0 处透过的光最少,即吸收最大,这种情况称为原子蒸气在特征频率 v_0 处有吸收线。由此可见,原子群从基态跃迁至激发态所吸收的谱线(吸收线)并不是绝对单色的几何线,而是具有一定的宽度,通常称为谱线的轮廓(或形状)(郭明才 等,2012)。

原子吸收光谱线占据着相当窄的频率范围,有一定的宽度,通常用吸收线的中心频率或中心波长与吸收线的半宽度来表示吸收线轮廓特征(图 5.2)。

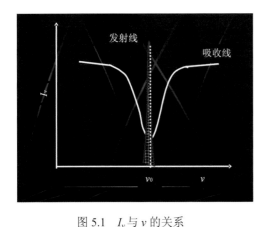
　　　　图 5.1　I_v 与 v 的关系
I_v 为透射光强度;v 为光频率

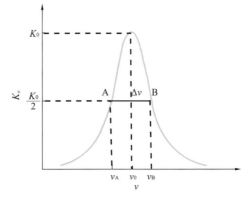
图 5.2　原子吸收光谱轮廓图(K_v 与 v 的关系)
K_v 为基态原子对频率为 v 的光的辐射吸收系数;Δv 为半峰宽

吸收系数 K_v 是基态原子对频率为 v 的光的辐射吸收系数,它随光源的辐射频率 v 的改变而改变,这是因为物质的原子对不同频率的光的吸收强度不同。

中心频率 v_0 指最大吸收系数对应的频率,由原子能级决定。

半峰宽 Δv 是指吸收系数等于极大值一半($K_v/2$)处吸收线轮廓上两点间的距离(即两点间的频率差)表征的吸收线宽度;谱线轮廓上两点之间频率(波长)的距离,大约在 $10^{-3} \sim 10^{-2}$ nm。

5.2.3 积分吸收和峰值吸收

1. 积分吸收

在吸收线轮廓内,以吸收系数对频率积分称为积分吸收(朱明华,1993),积分的结果是吸收线轮廓内的总面积,它表示原子蒸气吸收的全部能量,即图 5.3 吸收线下面所包

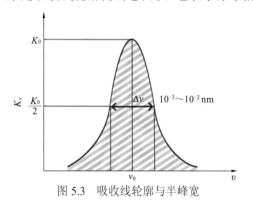

括的整个面积。根据经典色散理论,积分吸收 $\int K_v d_v$ 可得出

$$\int_{-\infty}^{+\infty} K_v d_v = \frac{\pi e^2}{mc} N_0 f \qquad (5.2)$$

式中:e 为电子电荷;m 为电子质量;c 为光速;N_0 为单位体积原子蒸气中吸收辐射的基态原子数,亦即基态原子密度;f 为振子强度,代表每个原子中能够吸收或发射特定频率光的平均电子数,在一定条件下对一定元素,f 可视为一定值。

图 5.3 吸收线轮廓与半峰宽

式(5.2)表明,积分吸收与单位体积原子蒸气中吸收辐射的原子数呈简单的线性关系。这种关系与频率无关,也与产生吸收线轮廓的物理方法和条件无关。式(5.2)是原子吸收分析方法的一个重要理论基础。

这是一种绝对测量方法。理论上,积分吸收与原子蒸气中吸收辐射的基态原子数成正比,若能测得积分吸收值,即可计算出待测元素的原子浓度,且不需与标准比较。但由于原子吸收线的半峰宽很小,仅为 10^{-3} nm,要测量这样一条半峰宽很小的吸收线的积分值,就需要有分辨率高达五十万的单色器[①],这是目前的分光装置无法实现的。

2. 峰值吸收

吸收线中心频率处的吸收系数 K_n 为峰值吸收系数,简称峰值吸收(朱明华,1993)。1955 年,沃尔什提出在温度不太高的稳定火焰条件下,峰值吸收与火焰中被测元素的基态原子密度成正比,因此,采用锐线光源[②]测量谱线峰值吸收的办法来解决积分吸收值测量困难的问题。

---

① 分辨率是指摄谱仪的光学系统能够正确分辨出紧邻两条谱线的能力。一般常用两条可以分辨的光谱线波长的平均值 λ 与其波长差 $\Delta\lambda$ 之比值来表示,即 $R=\lambda/\Delta\lambda$。若需要分辨半宽度为 10^{-3} nm,波长为 500 nm 的谱线,单色器的分辨率可估算如下:$R=\lambda/\Delta\lambda=500/10^{-3}=500\,000$

② 锐线光源就是能发射出谱线半峰宽很窄的发射线光源

使用锐线光源进行吸收测量时,其情况如图 5.4 所示。为了实现峰值吸收的测量,光源发射线的半峰宽 Δv_e 应小于吸收线半峰宽 Δv_a,且通过原子蒸气的发射线中心频率恰好与吸收线的中心频率 v_0 相重合。

原子吸收光谱仪可测定多种元素,火焰原子吸收光谱法可测到 10^{-9} g/mL 数量级,石墨炉原子吸收光谱法可测到 10^{-13} g/mL 数量级。其氢化物发生器可对 8 种挥发性元素汞、砷、铅、硒、锡、碲、锑、锗进行微痕量测定。

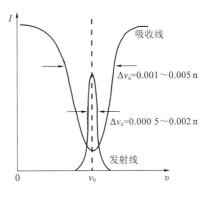

图 5.4　峰值吸收测量示意图

5.3　原子吸收光谱仪的结构组成

原子吸收光谱仪一般由 4 部分组成,如图 5.5 所示,主要包括:①光源系统——空心阴极灯;②原子化系统——火焰原子化器、石墨炉原子化器或氢化物发生器;③分光系统——单色器;④检测显示系统——光电倍增管等。

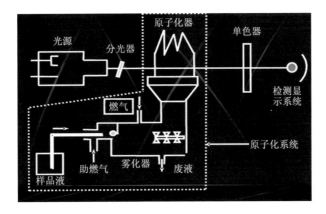

图 5.5　原子吸收光谱仪结构示意图

5.3.1　光源系统

1. 原子吸收光源应满足的条件

(1)能辐射出半峰宽比吸收线半峰宽还窄的谱线,并且发射线的中心频率应与吸收线的中心频率相同;

(2)辐射的强度应足够大;

(3)辐射光的强度要稳定,且背景小。

原子吸收光谱仪常用空心阴极灯和无极放电灯两种光源。

2. 空心阴极灯

最早将空心阴极灯（hollow cathode lamp，HCL）用于原子吸收光谱分析的是沃尔什和他的同事，他们制作了汞、氯、金等空心阴极灯。

1）空心阴极灯结构

如图 5.6 所示，在密闭的硬质玻璃壳内封入阴极和阳极。阴极位于灯的中心线上、内径为 2～5 mm、由被测元素材料制成空心圆筒形；阳极是由钛、锆、钽或其他材料制成，偏置于灯的中心线旁。灯内充有压强 2～10 mmHg[①]的惰性气体（氖或氩）。灯的前端正对阴极口的位置是光学窗，要求对灯产生的相应元素的特征波长辐射能完全透过或透过率最大；陶瓷或玻璃屏蔽管中的阴极套可以避免阴极外侧放电发光；云母屏蔽片也有助于使放电集中在阴极内侧，同时还有使阴极定位的作用（郭明才 等，2012）。

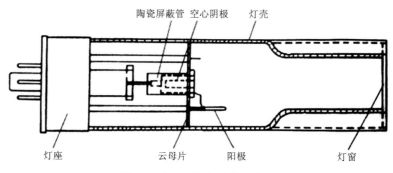

图 5.6 空心阴极灯结构示意图

原子吸收分析中使用的空心阴极灯，其性能与灯的结构、惰性气体的种类和压强的选择、各部件的加工及阴极的形状、制灯工艺条件，以及灯的正确使用等因素有密切关系。其中空心阴极灯的形状设计和充入的气体是至关重要的因素（郭明才 等，2012）。

窗口材料的选择与所测定元素的波长有关。对于波长在 350 nm 以下的元素，更适合使用石英片；波长在 350 nm 以上的元素可用光学玻璃。

单元素灯是指阴极物质只含有一种元素；多元素灯则是指阴极物质含有多种元素。和单元素灯相比，多元素灯的发射强度较弱。如果制作阴极使用的金属元素组合不当就极易产生光谱干扰。

2）空心阴极灯工作原理

空心阴极灯为直流供电，当在正负电极上施加适当电压（一般为 300～500 V）时，在正负电极之间便开始放电，这时，电子从阴极内壁射出，经电场加速后向阳极运动。

电子在由阴极射向阳极过程中，与载气（惰性气体）原子碰撞使其电离成为阳离子，带正电荷的惰性气体离子在电场加速下，以很快的速度轰击阴极表面，使阴极内壁的待测元素的原子溅射出来，与其他粒子相互碰撞而被激发，处于激发态的原子很不稳定，大多

---

① 1 mmHg=133.322 Pa

会自动回到基态，同时释放能量，发出共振发射线。

3）空心阴极灯的特性

（1）特征辐射谱线宽度。在不存在自吸的情况下，谱线宽度主要由多普勒宽度决定。提高空心阴极灯的工作电流，正离子轰击作用增强，使阴极温度上升，多普勒效应增强，谱线展宽。当灯电流增加时，溅射和热增发作用加强，导致空心阴极灯内原子密度的升高，谱线产生自吸，严重时出现自蚀，导致谱线变宽，中心波长位移，造成吸光度明显下降。在低电流工作状态，谱线发生多普勒变宽和压力变宽的宽度仅为 10^{-3} nm 数量级，能获得良好的分析灵敏度（郭明才 等，2012）。

（2）工作电流是影响空心阴极灯特征辐射度稳定性、使用寿命、分析灵敏度和检出限的重要参数。一般而言，灯电流大则辐射强度大，但不利于延长灯的使用寿命。灯电流过大，由于谱线多普勒变宽、自吸效应、中心波长位移等致使灵敏度下降、工作曲线范围变窄；灯电流过小，特征辐射强度弱，光能量不足、稳定性变差。因此，在能够获得足够强的特征辐射信号的前提下，用尽可能低的工作电流。对于大多数空心阴极灯，一般都是工作电流越小，分析灵敏度越高（郭明才 等，2012）。

（3）特征辐射强度的稳定性。空心阴极灯点亮后需要经过一段时间的预热，灯的特征辐射强度才能达到基本稳定。根据不同元素及灯的结构设计，预热时间一般在 5～20 min 或更长时间。在达到基本稳定后，灯的辐射强度随时间变化产生的漂移是由空心阴极灯内被溅射和热蒸发出来的相应元素原子密度随时间变化引起的。漂移越小，灯的稳定性越好。一般来说，低熔点易挥发性元素灯，灯电流小，预热达到稳定后其特征辐射会发生小的漂移（郭明才 等，2012）。

（4）灯的使用寿命。在空心阴极灯工作过程中，阴极溅射和热蒸发出来的阴极元素的原子蒸气部分扩散并沉积在灯壳或灯的其他部位。原子蒸气在扩散和沉降的过程中会吸附稀有气体，造成灯内充入的稀有气体的压强降低。充入气体压强降低到不足以维持正常空心阴极灯放电时，灯的使用寿命终结。当灯的使用寿命终结时，往往会出现不能放电、阴极外部放电、放电不规则、特征辐射线强度漂移大，以及特征辐射线强度弱或为零的现象（郭明才 等，2012）。

3. 无极放电灯

无极放电灯是在直径 5～12 mm，长 40～60 mm 的石英或玻璃管中充入少量的待测元素和几百帕斯卡的稀有气体氩或氖制成（郭明才 等，2012）。待测元素以单质或化合物的形式（一般是卤化物，碘化物最常用）加入，制成放电管，将此管放入射频线圈内，并装在一个绝缘的外套里，接通电源后，微波便将灯内所充气体原子激发，被激发的气体原子又使解离了的气化金属或卤化物激发而发射出待测金属元素的特征光谱辐射。所以在无极放电灯中，经常是首先观察到充入气体的发射光谱，然后随着金属元素或卤化物的气化，再过渡到待测元素的光谱。

无极放电灯操作简单、预热时间相对较短、稳定性好、寿命长、共振线强度大，特别适用于测定共振线在紫外光区的易挥发元素。这种灯的强度比空心阴极灯大几个数量级，没有自吸、谱线宽度窄、谱线更纯、测定的灵敏度高，是原子吸收光谱法中性能较为突出的光源。

为保证无极放电灯有良好的工作稳定性，石英管中物质应在 200～400 ℃，至少具有 1 mmHg 的蒸气压。这就使得难挥发的金属不便于制造无极放电灯。此外，与石英管反应的碱金属也不适于制造无极放电灯。能制造无极放电灯的仅限于那些本身或其化合物具有较高蒸气压的元素。目前已制成无极放电灯的元素有 Zn、Cd、Hg、Ca、In、Sn、Pb、As、Sb、Bi、Se、Tc 等。

5.3.2 原子化系统

原子化器是将样品中的待测组分转化为基态原子的装置，可分为火焰原子化器和石墨炉原子化器。

1. 火焰原子化器

火焰原子化器是利用化学火焰产生的热能蒸发溶剂，解离分析物分子与产生被测元素的原子蒸气。火焰原子化器是开发最早、应用最广泛的原子化器。

1）火焰原子化器的结构

火焰原子化器实际上就是一个喷雾燃烧器（图 5.7），由三部分组成，即喷雾器（nebulizer）、雾化室（spray chamber）和燃烧器（burner）。

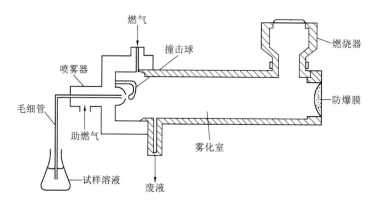

图 5.7 火焰原子化器结构与原子化过程

（1）喷雾器主要是将试液雾化，使之形成直径为微米级的气溶胶（郭明才 等，2012）。要求喷雾稳定，产生的雾珠尽量微细和均匀（即雾化效率要高），单位时间内导入火焰的试样量要多（提升量要大）。目前常用的喷雾器是同心雾化器，同心雾化器是由一根吸样毛细管和一只喷嘴组成，毛细管和喷嘴是同心的。喷嘴与吸样毛细管之间形成环形喷口，当达到音速的助燃气流由环形喷口高速喷出时，在吸样毛细管口形成负压，使试液从毛细管吸入，从管口高速喷出，形成雾珠，高速运动的雾珠碰到装在喷雾头末端的玻璃撞击球，雾珠进一步细化。玻璃撞击球的位置在仪器出厂时已调整好,可最大限度地消除干扰,不得随意更改。

(2)雾化室主要作用就是使雾珠进一步细微化并得到一个平稳的火焰环境。雾化室一般为圆筒状,内壁具有一定的锥度,下面开有排液口。由于喷雾器形成的雾珠有大有小,在雾化室中,较大的雾珠在雾化室内凝结成大溶珠沿内壁流入排液口排出;小雾珠则在高速运动中形成火焰的微粒,在雾化室与燃气混合均匀,减少了它们进入火焰时引起的火焰扰动。如果有较大颗粒进入燃烧器,不能迅速挥发会导致光线散射现象,使火焰温度下降。雾化室具有雾排除大颗粒而均匀地将细微颗粒送入燃烧器的作用。

(3)燃烧器的主要作用是产生火焰,并使进入火焰的试样蒸发和原子化。因此,原子吸收分析的火焰应有足够高的温度,能有效地蒸发和分解试样,并使被测元素原子化。此外,火焰应该稳定、背景发射和噪声低、燃烧安全。最常用的是单缝燃烧器。被雾化的试液微粒与燃气、助燃气均匀混合后,在燃烧器上燃烧,由于火焰温度的作用,使雾珠干燥、熔融、蒸发、解离和原子化,产生大量的基态自由原子和少量激发态原子、离子和分子。燃烧器上面有一条细窄的燃烧缝,缝宽与缝长根据使用的火焰性质来决定。燃烧速度快的火焰,使用较窄的燃烧器;反之,燃烧速度慢的火焰,使用较宽的燃烧缝(郭明才 等,2012)。燃烧口之所以制成缝状,一方面是为了获得较长的吸收光程,以保证原子吸收分析达到尽可能高的灵敏度;另一方面是为了避免火焰回火。

试样雾滴在火焰中,经蒸发、干燥、离解(还原)等过程产生大量基态原子。

2)火焰温度的选择

(1)在保证待测元素充分离解为基态原子的前提下,尽量采用低温火焰;

(2)火焰温度越高,产生的热激发态原子越多;

(3)火焰温度取决于燃气与助燃气类型,常用空气-乙炔的火焰最高温度为 2 600 K,能测 35 种元素。

3)火焰类型

(1)化学计量火焰:又称中性火焰,燃气和助燃气之比与化学反应量相当。其火焰是蓝色透明的,焰头坚挺,蓝色锥芯稍大,较明亮,具有温度高、干扰少、稳定、背景低等优点。对于火焰中不易形成单氧化物的元素,除碱金属外,宜采用化学计量火焰进行分析。

(2)富燃火焰:又称还原性火焰,燃气和助燃气之比大于化学反应量,由于燃烧不充分,半分解物浓度大,具有较强的还原气氛。富燃火焰温度略低于化学计量火焰,中间薄层区域比较大,对易形成单氧化物难解离元素的测定有利,但火焰发射和火焰吸收及背景较强,干扰较多,不如化学计量火焰稳定。

(3)贫燃火焰:燃气和助燃气之比小于化学反应所需量。贫燃火焰清晰,呈淡蓝色。由于大量冷的助燃气带走火焰中的热量,所以温度较低。由于燃烧充分,火焰中半分解产物少,还原性气氛较弱,不利于较难离解元素的原子化,不宜用于易生成单氧化物元素的分析。但温度低有利于易解离元素的测定(郭明才 等,2012)。

2. 石墨炉原子化器

石墨炉原子化器起源于 1959 年里沃夫的工作，之后，马斯曼对里沃夫炉的改进和发展推动了其商品化的应用。1968 年马斯曼石墨炉问世。自 20 世纪 70 年代初至 80 年代末，商品石墨炉原子化器均为马斯曼石墨炉，广为分析者所接受。马斯曼石墨炉是以石墨管两端通低压大电流加热，加热方向与石墨管平行，称为纵向加热。1990 年开始各生产厂家陆续推出恒温性能良好的横向加热石墨炉原子化器商品。

1）石墨炉原子化器分类

（1）纵向加热石墨炉是在石墨管两端通大电流加热快速升温至 2 000～3 000 ℃，在通电加热过程中，与石墨管两端接触的电极必须通水冷却。这就使石墨管两端的热量不断被带走，造成管的两端温度低中心部分温度高，形成原子化过程中明显的温度梯度。

（2）横向加热石墨炉是指在与石墨炉长度方向相垂直的方向对其加热，即电流通过的方向与石墨管方向正交。横向加热石墨炉的特性为：由于横向加热石墨管的两端与冷却部分不接触，两端的热散失很小，沿管长度方向的温度梯度大为减小，其恒温区域大大增加；原子化温度较低和原子化时间较短（郭明才 等，2012）。

2）原子化过程

石墨炉原子化器（图 5.8）是利用低压大电流来使石墨管升温，用电加热至高温实现原子化的系统。石墨炉原子化又称作电热原子化，过程一般分为 4 个阶段，即干燥、灰化（热解）、原子化和净化。

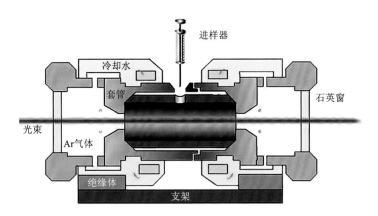

图 5.8　石墨炉原子化器结构

对于石墨炉原子吸收光谱法，样品的共存组分与待测元素分离得越好，干扰就越小。原子化前的干燥和灰化对分离样品干扰组分有重要作用。干燥、灰化和原子化是石墨炉原子吸收光谱法的升温程序的关键步骤，在原子化后加上高温净化，即构成石墨炉原子吸收光谱法的完整的升温程序。

（1）干燥：干燥是为防止试样溶液在原子化过程中发生飞溅或在石墨炉中流散面积太大，主要作用是脱溶剂（郭明才 等，2012）。一般干燥温度稍高于溶剂的沸点，干燥时间根据样品的体积而定，一般是样品体积微升数乘以 1.5～2 s。实际工作中，常用斜坡升温方式缓慢升温，以防止待测元素损失及管内样品发生飞溅。

（2）灰化：程序升温是灰化阶段的一个重要条件。为减少或避免原子化时烟雾的产生，需在原子化前破坏或蒸发掉样品基体中含有挥发性（酸、有机复合物）和非挥发性（无机化合物）成分。因此，采用缓慢递增加热方法，可有效去除样品中挥发性和非挥发性成分，防止因快速增温而发生溅爆引起分析成分的损失，但需要注意的是调节较低的起始温度，并使之缓慢增加。

一般在不引起待分析元素损失的前提下，尽可能选用较高的灰化温度和阶梯升温方式。对于复杂样品，为能除去多组分共存物质，可考虑设置两个或两个以上灰化阶段。

（3）原子化：是在一定的温度下使分析元素的化合物分解为气态自由原子。原子化温度随元素而异，一般而言，应该使用能得出最大吸收信号的最低温度。原子化温度越低，原子化器寿命越长。最佳原子化温度可用实验来确定，原子吸收信号经过峰值后回到基线的整个时间称为原子化时间，原子化时间在保证完全原子化的前提下越短越好（郭明才 等，2012）。

（4）净化：是在结束一个样品的测定后，用比原子化阶段稍高的温度加热石墨炉以除去样品的残渣（郭明才 等，2012）。净化温度一般为 2 700～3 000 ℃，净化时间 3～5 s。经过净化处理的石墨管，便可用于下一个样品的分析。

3）石墨炉的升温模式

升温模式是指温度由 T_1 升至 T_2 所用的途径和方式。通过分步升温使石墨管达到原子化温度，且又符合石墨炉原子吸收光谱分析法的要求，可将升温模式分述如下（郭明才 等，2012）：

（1）斜坡升温与阶梯升温。斜坡升温是指施加于石墨管两端的电流、电压或功率的大小随时间线性上升，且由两个参数决定，一是由起始温度 T_1 和要求达到的温度 T_2 之差 ΔT，二是由 T_1 到达 T_2 所需的时间 Δt。斜坡升温有以下优点：避免干燥阶段中样品的溅射；能有效消除分子吸收的影响，较好地符合基体中每一组分的蒸发温度；可使一些用快速升温不能测定的元素被检测出来。斜坡升温方式使石墨管缓慢平稳地逐渐上升到所要求的温度，对多组分复杂基体物质的蒸发分离去除十分有效。斜坡升温程序可由一个或多个斜坡升温过程及过程之间的温度保持阶段组成。

阶梯升温，又称脉冲升温，与斜坡升温方式相比，由起始温度 T_1 和要求达到的温度 T_2 的时间 Δt，从理论上讲 Δt 为零，实际上 Δt 不可能为零。与斜坡升温相比是陡然升温，易引起石墨管中样品的飞溅，优点是升温速度快。阶梯升温程序由多个阶梯升温过程及过程之间的温度保持阶段组成，主要用在灰化阶段，使用时应充分考虑样品的状态，溶剂是否已除尽。否则，会使样品飞溅。

（2）最大功率升温（快速升温）。最大功率升温方式是指在电路上用一个大功率可控硅将维持原子化温度和加热石墨管两个功能分开，通电开始可控硅全导通，电源的最大电流加于石墨管上使之急速升温，若用时间控制的可控硅全导通时间 Δt 后，其导通角立即被关小至预先设定的原子化温度的位置。石墨管从较高温度降至原子化温度并维持。

使用最大功率升温工作模式,能提高难熔元素的峰高测量的灵敏度,对热解石墨管效果尤其明显;使许多元素的最佳原子化温度降低,延长了石墨管的使用寿命,改善了分析精密度。

快速升温的升温速度可达 2 000 ℃/s 以上。在原子化阶段,采用快速升温能使待测元素在极短的时间内实现原子化,以获得更高的瞬时峰值吸收信号。这种升温方式使用的有效原子化温度较低,可延长石墨管的寿命,对难熔元素有较高的灵敏度,但快速升温在干燥阶段可能使样品溅散和在灰化阶段引起灰化损失。

5.3.3 分光系统

分光系统(单色器)由入射和出射狭缝、反光镜和色散元件(光栅)组成,其作用是把光源发射的待测元素的共振线和其他谱线分开。对分光器来说,较重要的是光通量要高,这对于所要求的增益调节,特别是对于发光微弱的空心阴极灯而言是有决定作用的。

分光器的关键部件是色散元件,现在商品仪器都是使用光栅。光栅放置在原子化器之后,以阻止来自原子化器内所有不需要的辐射进入检测器。

目前,绝大部分原子吸收光谱仪器使用光栅作为单色器。光栅单色器的光学特性可用色散率、分辨率和闪耀特性三个参数来表征(郭明才 等,2012)。

1. 闪耀光栅

闪耀光栅(图 5.9)可分为单闪耀波长光栅和双闪耀波长光栅。单闪耀波长光栅具有足够衍射光强的光谱范围,距闪耀波长较远时光强骤降;双闪耀波长光栅是指一块光栅同时具有两个闪耀波长,全部光谱范围内都有足够的光强(图 5.10)。

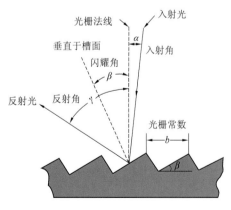

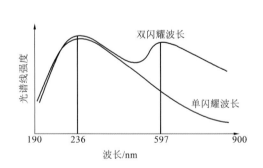

图 5.9 闪耀光栅示意图   图 5.10 闪耀波长对光谱线强度的影响

一块光栅的闪耀波长 λ_b(光栅辐射能量最强的光谱线)决定于其闪耀角。对同一块光栅,其二级光谱的闪耀波长是一级光谱的闪耀波长的 1/2。因此,一块光栅的一级光谱适用于可见光部分,则其二级光谱适用于紫外光区域。

2. 中阶梯光栅

中阶梯光栅（图 5.11）是一种精密刻制的具有宽平刻痕的特殊衍射光栅。中阶梯光栅具有很高的色散率、分辨率和集光本领,利用光谱区广。它类似于普通的闪耀平面光栅,区别在于光栅每一阶梯的宽度是其高度的几倍,阶梯之间的距离是欲色散波长的 10～200倍,闪耀角 β（光栅刻痕小反射面与光栅平面的夹角,图 5.12）大。

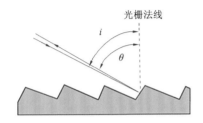
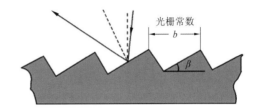

图 5.11　中阶梯光栅示意图　　　　图 5.12　光栅刻痕小反射面与光栅平面的夹角示意图

普通光栅靠增大焦距 f 来提高线色散率,而中阶梯光栅是通过增大闪耀角 β（60°～70°）、利用高光谱级次 m（40～120 级）来提高线色散率的。

普通光栅靠增加光栅刻痕数和光栅宽度来提高分辨率,但这要受到限制。而中阶梯光栅是通过增大闪耀角 β、光栅常数 b 和光谱级次 m 来提高分辨率。

因为利用高级次光谱,光谱级的重叠现象十分严重。为了解决这一问题,采用了二维色散技术,用一个低色散光栅或棱镜在垂直于中阶梯光栅方向先将各级次光谱色散开,用一个中阶梯光栅在水平方向再将同一级光谱内的各波长辐射色散。因此,中阶梯光栅光谱仪得到的是二维色散的光谱图。水平方向谱带代表光谱级次,光谱级次自下而上增加,同一水平谱带是色散的各波长谱线。

5.3.4　检测系统

1. 结构组成

检测系统主要由检测器、放大器、对数变换器、显示记录装置组成。

（1）检测器:将单色器分出的光信号转变成电信号,然后送入放大器,如光电池、光电倍增管、光敏晶体管等。

（2）放大器:将光电倍增管输出的较弱信号,经电子线路进一步放大。

（3）对数变换器:光强度与吸光度之间的转换。

（4）显示记录装置:显示、记录,原子吸收的计算机工作站。

在原子吸收光谱仪中,使用较多的是峰响应在 185～900 nm 的广域光电倍增管。

2. 光电倍增管结构和工作原理

在原子吸收光谱仪中,光电倍增管主要用于将光信号转变成电信号。光电倍增管由一个带阳极的真空光电管,一组光敏电极（光阴极）和一组发射阴极（倍增极）组成,如图 5.13 所示。相对于光阴极，各倍增极正电势逐级增加。光电倍增管通常有 10 个电极，在特殊情况下，其电极总数可增至 13 个。

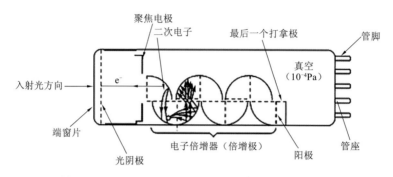

图 5.13　光电倍增管结构示意图（郭明才 等，2012）

从光阴极释放的一个光电子被第一打拿极吸引，并落在第二打拿极上，其动能的大小与电压梯度成正比。它释放出许多二次电子，它们被加速以便进一步释放更多的电子。以此类推，这个电子的作用将进一步增强。光电倍增管的放大作用与所加电压有关，所加电压可用到 1 000~1500 V。

光电倍增管光谱范围与阴极光敏层和管子的窗口材料有关。在原子吸收光谱法中，要想找到一支在整个光谱区内都有足够灵敏度的光电倍增管不是一件容易的事。好的光电倍增管的光通量为 10^{-11}~10^{-6} lm（流明），灵敏度为 10~1 000 A/lm，最大电流约为 10 mA。在给定的放大作用下，如果更多的光照在光电倍增管上，信号会迅速下降。此时打拿极上发生的变化可能是可逆的，也可能是不可逆的。

暗电流是衡量光电倍增管质量的一个重要标准，它是当无光学辐射照在光阴极时，在高压影响下流经光电倍增管的电流。暗噪声即暗电流的波动，在某些情况下是检测器噪声的重要组成部分；它随电压的增加而增加。因此，要使信号与暗噪声很好地分离，检测器上有尽可能高的光强和选择合适的光电倍增管就十分重要。光阴极的量子效率（阴极光谱灵敏度）对光电倍增管特别重要，因为从效果看，它指的是多少光子才可使光阴极释放一个电子。比较低的量子效率使光子流转变成电流时有较大的能量损失，这就增加了噪声，这种噪声经过放大变得较高而无法消除（郭明才 等，2012）。

3. 光电倍增管的特性

1）光谱响应

光阴极灵敏度随入射波长而变化的关系称作光谱响应，一般来说，光电倍增管的长波限由光阴极材料决定，短波限则由窗口材料决定。国外生产的光电倍增管种类繁多，其光谱响应范围为 115~1 200 nm。

2）暗电流

暗电流是指光电倍增管在完全黑暗的情况下工作，阳极上也会收集到一定的电流，称为暗电流。甚至同一批生产的同一型号的管子，其暗电流亦有很大的差异。暗电流决定了光电倍增管能检测出光信号的下限。暗电流的一个来源是光阴极与第一打拿极的热电子发射，在室温条件下，热电子发射通常是暗电流的主要来源。若对光电倍增管进行冷却，暗电流会显著降低。暗电流越小，光电倍增管的质量越好；暗电流越大，仪器稳定性越差。

3）漂移

光电倍增管在连续工作一段较长时间后，其阳极输出电流随时间缓慢变化，这种现象称为漂移。产生漂移的原因是强电子流轰击致使后面几个打拿极的铯遭受侵蚀。光电倍增管的阳极输出电流越大，漂移也越厉害。工作时，应注意选择合适的阳极输出电流（郭明才 等，2012）。

5.4　原子吸收光谱法的优劣分析

5.4.1　原子吸收光谱分析中的干扰及消除方法

原子吸收光谱分析中的干扰可分为：物理干扰、化学干扰、光谱干扰等（郭明才 等，2012）。

1. 物理干扰

物理干扰是试样在转移、蒸发过程中物理因素变化引起的干扰效应，主要影响试样喷入火焰的速度、进样量、雾化效率、原子化效率、雾滴大小及其分布、溶剂与固体微粒的蒸发等，常受到溶液的黏度、表面张力、密度、溶剂的蒸气压和雾化气体的压力等影响。物理干扰是非选择性干扰，对各种元素的影响基本相同。

属于这类干扰的因素有：试液的黏度，影响试样喷入火焰的速度；表面张力，影响雾滴的大小及分布；溶剂的蒸气压，影响蒸发速度和凝聚损失；雾化气体的压力，影响喷入量的多少。上述这些因素，最终都影响进入火焰中的待测元素的原子数量，因而影响吸光度的测定。此外，大量基体元素的存在，总含盐量的增加，在火焰中蒸发和离解时要消耗大量的热量，因而也可能影响原子化效率。常采用消除物理干扰的方法有 4 种。

（1）配制与待测试样具有相似组成的标准溶液，是消除基体干扰的常用而有效的方法；

（2）采用标准加入法；

（3）尽可能避免使用黏度大的硫酸、磷酸来处理试样；

（4）当试样浓度较高时，适当稀释试液也可以抑制物理干扰。

2. 化学干扰

化学干扰是待测元素与其他组分之间的化学作用，生成了难挥发或难解离的化合物，使基态原子数目减少所引起的干扰效应。主要影响到待测元素的原子化效率，这类干扰是选择性干扰，它对试样中各种元素的影响是各不相同的，并随火焰温度、火焰状态和部位、其他组分的存在、雾滴的大小等条件而变化。化学干扰是原子吸收光谱分析中的主要干扰源，其影响因素有 2 个。

（1）形成难挥发的化合物。待测元素与共存物质作用生成难挥发的化合物，致使参与吸收的基态原子减少。在火焰中容易生成难挥发氧化物的元素有铝、硅、硼、钛、铍等。这些形成稳定化合物而引起干扰的大小，在很大程度上与火焰温度和火焰气体组成有关。使用高温火焰可降低这种干扰。

（2）电离使原子失去一个或几个电子后形成离子，不产生吸收，所以部分基态原子的电离会使吸收强度减弱。这种干扰是某些元素特有的，对于电离电位≤6 eV 的元素，在火焰中容易电离，火焰温度越高，干扰越严重。这种现象在碱金属和碱土金属中特别显著。

化学干扰是一个复杂的过程，因此，消除干扰应根据具体情况不同而采取相应的措施。例如，提高火焰温度、加入消电离剂、释放剂等试剂来消除干扰。其中在标准溶液或试样溶液中加入某些试剂，常可控制化学干扰，这类试剂有 4 种。

（1）消电离剂。为了克服电离干扰，一方面可适当控制火焰温度，另一方面可加入较大量的易电离元素，如钠、钾、铷、铯等。这种易电离元素在火焰中强烈电离而消耗了能量，就抑制、减少了待测元素基态原子的电离，使测得结果得到改善。常用的消电离剂有 $CsCl$、KCl、$NaCl$ 等。

（2）释放剂。加入一种过量的金属元素，与干扰元素生成更稳定或更难挥发的化合物，使待测元素释放出来。常用的释放剂：$LaCl_3$、$Sr(NO_3)_2$ 等。例如，火焰原子吸收光谱法测定钙，磷酸盐的存在会生成难挥发的 $Ca_2P_2O_7$，此时可以加入 $LaCl_3$，则 La^{3+} 与 PO_4^{3-} 生成热更稳定的 $LaPO_4$，抑制了磷酸根对钙测定的干扰。

（3）保护剂。防止待测元素与干扰物质生成难挥发化合物。常用的保护剂：EDTA、8-羟基喹啉、乙二醇等。例如，火焰原子吸收光谱法测定钙，磷酸盐的存在会生成难挥发的 $Ca_2P_2O_7$，加入 EDTA，生成 EDTA-Ca 络合物，该络合物在火焰中易于原子化，避免磷酸根离子与钙离子作用。应当指出的是，有机物在火焰中易于破坏，使与有机物络合剂结合的金属元素能有效地原子化，因此使用有机络合剂是有利的。

（4）基体改进剂。改变基体或被测元素的热稳定性，避免化学干扰，这些化学试剂称为基体改进剂。常用的基体改进剂有 $Pd(NO_3)_2$、$PdCl_2$、NH_4NO_3、抗坏血酸、柠檬酸、酒石酸、草酸、EDTA 等有机酸及其盐，以及 Triton X 100（化学名称为聚乙二醇辛基苯基醚，是一种优异的表面活化剂，润湿及洗涤剂）等。

钯（Pd）是最常用的无机化学改进剂之一。金属 Pd 的化学改进作用受样品基体、钯的化学形态、钯在石墨表面存在的物理状态的影响。当样品基体为高浓度的硝酸、硫酸、高氯酸等强氧化物时，不利于金属钯的生成，改进效果甚差。

酒石酸、柠檬酸和抗坏血酸等有机基体改进剂的作用有：①助熔作用；②络合作用，与分析元素形成热稳定的络合物，避免分析元素与 Cl^- 形成共挥发物质；③改善原子化环境（有机物燃烧时形成的强还原性气氛）和降低分析元素的挥发性。有机基体改进剂，不仅降低了被测元素的原子化温度，使被测元素更有效地从难挥发性基体中分离出来，避免基体干扰，同时有利于消除共存组分的化学干扰。

文献报道（谭春华和汤志勇，2000），使用石墨炉原子吸收光谱法测铊时，使用 Li、Ni、Mg、Pd、V 及抗坏血酸等基体改进剂。在待测溶液中加入 $PdCl_2$ 后可提高铊的灰化温度，大大降低基体干扰，使测定灵敏度提高 2～4 倍，加入的抗坏血酸在高温阶段热解可产生大量的炭粒，对待测元素有吸附作用，减少氧化铊的挥发损失，原子化效率得以提高，方法的灵敏度达到 0.68 μg/L（李海涛和马冰洁，1993）。张佩瑜和彭红卫（1994）提出以 V 作为铊的基体改进剂，用标准溶液进行校准的悬浮液进样测定铊的方法，铊的灰化温度提高到 2 400℃，从而克服了样品基体干扰大的问题，灵敏度和精密度均较好。有人研究了用钼酸铵浸渍处理石墨管原子吸收光谱法测定 Ga、In、Tl 的最佳条件，实验表明，采用 HNO_3-HF-H_2SO_4 溶解样品，以 HNO_3 为介质，涂钼石墨管直接测定样品中的 Ga、In、Tl，能有效地避免它们在原子化前以氧化物形式挥发损失，提高灵敏度。测定时，应避免 Cl^- 引入，检出限低至 6.2×10^{-11} g（鲍长利 等，1995）。

3. 光谱干扰

光谱干扰主要来源于光源和原子化器。首先是与光源有关的谱线干扰，光源在单色器的光谱通带内存在与分析线相邻的其他谱线，可能有 2 种情况。

（1）与分析线相邻的是待测元素的谱线。这种情况常见于多谱线元素（如镍、钴、铁），由于存在与分析线相邻的不被吸收的谱线，测得的吸收值偏低，灵敏度下降，工作曲线产生弯曲。可以通过减小狭缝宽度改善或消除这种影响。

（2）与分析线相邻的是非待测元素的谱线。当非待测元素的谱线是该元素的吸收线同时又存在此元素时，则产生假吸收，从而引起误差，这种情况多由于阴极灯材料不纯所致。可通过选择具有合适的惰性气体，纯度高的单元素灯避免影响。

其次是吸收线重叠的干扰，试样中共存元素吸收线与待测元素共振线的重叠干扰。可通过减小单色器的光谱通带宽度，提高仪器的分辨率，使元素的共振线与干扰谱线完全分开。或选择其他吸收线等方法抑制谱线干扰。

最后是与原子化器有关的干扰，这类干扰主要来自背景吸收和原子化器的发射。

1）背景吸收

背景吸收是来自原子化器（火焰或无火焰）的一种光谱干扰，是由气态分子对光的吸收及高浓度盐的固体微粒对光的散射引起，是一种宽频带吸收。主要分为三种情况：火焰成分对光的吸收；金属卤化物、氧化物、氢氧化物，以及部分硫酸盐和磷酸盐分子对光的吸收；固体颗粒物对光的散射。

（1）火焰成分对光的吸收。波长越短，火焰成分的吸收越严重。产生原因是火焰中 OH、CH、CO 等基团或分子吸收了光源辐射。这种干扰对分析结果影响不大，一般可通过零点的调节来消除，但会影响信号的稳定性。

（2）金属卤化物、氧化物、氢氧化物，以及部分硫酸盐和磷酸盐分子对光的吸收。在低温火焰中影响明显，例如碱金属的卤化物在紫外光区的大部分波段均有吸收。在高温火焰中，由于分子分解而变得不明显。碱土金属的氧化物和氢氧化物分子在它们发射谱线的同一光谱区中呈现明显的吸收。这种吸收在低温火焰或温度较高的空气–乙炔焰中较为明显，在高温火焰中则吸收减弱。金属卤化物等的干扰可以通过升高温度或加入同样固体浓度的盐消除。

（3）固体颗粒对光的散射。在低含量分析及痕量分析中，基体中大量盐类进入原子化器，在原子过程中产生固体微粒，阻挡光束而产生散射现象，引起假吸收，从而引起误差。

背景吸收（分子吸收）主要是由于在火焰（或无火焰原子化装置）中形成了分子或较大的质点，除待测元素吸收共振线外，火焰中的分子和盐类也吸收或散射光线，这会引起部分共振发射线的损失。这种影响一般是随波长减小而增大，同时随基体元素浓度的增加而增大，并与火焰条件有关。无火焰原子化器比火焰原子化器具有更严重的分子吸收。

（4）背景吸收的消除。

a. 测量与分析线邻近的非吸收线的吸收（即背景吸收），再从分析线的总吸收中扣除非吸收线的吸收，从而校正背景吸收的影响。

b. 用与试样溶液有相似组成的标准溶液来校正。

c. 用分离基体的办法来消除影响。

d. 为了方便地校正背景吸收的影响，许多商品仪器都附有各种背景校正方式，常用的背景校正方式有：氘灯连续光源背景校正、塞曼效应背景校正、自吸收效应背景校正。

I. 氘灯连续光源背景校正

连续光源背景校正首先由 Koirtyohann 于 1965 年提出。在现代原子吸收分光光度计中，氘灯校正法是应用最广泛的仪器校正方法，尤其是在火焰原子吸收分光光度法（flame atomic absorption spectrophotometry，FAAS）中占绝对优势。

其原理：用待测元素空心阴极灯的辐射作为样品光束，测量总的吸收信号；用连续光源（一般是氘灯）的辐射作为参比光束，在同一波长下测量吸光度。对于连续背景，它对空心阴极灯和连续光源的辐射有相同的吸收。待测原子对连续光源也有吸收，但由于元素分析线很窄，不到通带宽度的 1%，故可以忽略，连续光源所测值可视为纯背景吸收。光辐射交替通过原子化器，两次所测吸光度相减使背景得到校正（陈九武和冯雪松，2001；李玉珍和邓宏筠，1990）。

这种方法是在分析线相同波长位置扣除背景，可避免两次测量和光源不稳的误差（李安模和魏继中，2000）；对连续背景校正效果好；在所有仪器背景校正方法中灵敏度最佳；工作曲线线性范围好；对原子化器无任何限制，在目前看来是校正 FAAS 背景最宜用的方法。

一般认为对于结构背景，由于连续光源所测吸光度为通带宽度内的平均背景，采用氘灯法会产生校正过度或校正不足。如果共存物的原子对通过单色器的连续辐射产生吸收，也会出现补偿过度现象。可采用高强度光源及高频调制电源，提高数据采集速度也可加以改善（高介平和李华昌，1998）。提高调谐频率（传统仪器的调谐频率为 50/60 Hz）可以避免交替测量时间差所带来的校正误差。

II. 塞曼效应背景校正

塞曼效应是指在强磁场作用下,原子发射线或吸收线发生分裂和偏振化,其实质是原子内部能级发生分裂。磁场垂直或平行于光束传播方向,分裂和偏振化的结果不同。

塞曼效应校正背景的基础是,有的偏振组分偏离中心波长,若频移足够大不为待测物所吸收,测量的只是背景吸收。波长位移与磁场强度有关。因此将磁场施加于光源、火焰原子化器及纵向磁场施加于石墨管,都可能因磁场间距过大而使磁场强度不够和不均匀,造成谱线分裂不够理想,降低测量的准确性(陈九武和冯雪松,2001;李安模和魏继中,2000;龚武和邓宛梅,1998)。

原子化器的尺寸问题同样困扰着 FAAS 塞曼效应和 GFAAS 纵向塞曼效应的应用。由于普通燃烧器的尺寸较大,而且火焰的辐射热一般需要将磁铁水冷,并在磁极和火焰间留有一定间隙,很难在 FAAS 中得到足以产生理想分裂所需的磁通量密度,如采用恒磁磁场又会带来灵敏度和线性损失(威尔茨,1989),长期使用磁铁退磁等问题;燃烧器尺寸较大其各部分的磁场强度不可能一致,也会导致校正误差。磁铁和燃烧头用水冷还会带来仪器使用和维修上的麻烦。事实上,火焰的背景吸收干扰通常较低,因此,没有必要在火焰技术中采用塞曼效应。

塞曼效应的优点是可校正高背景吸收;可进行全波段校正;使用同一光源,不需调整光轴及光量;基线漂移小;能校正结构背景与某些原子谱线重叠干扰。与氘灯法系统本身不会引起背景变化不同,塞曼分裂会使结构背景或干扰元素线发生位移(即背景产生塞曼分裂),样品光束与参比光束检测到的背景有可能不同(De Loos-Vollebregt,1993;李玉珍和邓宏筠,1990)。

塞曼效应背景校正的灵敏度与所采用的产生磁场的方式、磁场强度、塞曼分裂行为(正常或反常)和光源发射线的轮廓有关。

III. 自吸收效应背景校正

自吸收效应背景校正是由 Smith 和 Hieftje 于 1982 年提出,又称 S-H 法。其原理为:以低电流脉冲供电,空心阴极灯发射锐线光谱,测得原子吸收与背景吸收的总吸光度;以短时高电流脉冲供电,发射线产生自吸收效应,辐射能量由于自吸收变宽而集中于原波长的两侧,不为原子蒸气所吸收,所测为背景吸收值(朱良漪 等,1997)。将两值相减得到校正后的原子吸收值。

这种方法是最简单和成本最低的系统。能校正某些结构背景与原子谱线重叠干扰;无光能量损失;可进行全波长校正。但许多元素不能产生自吸收;两种脉冲电流下的空心阴极灯谱线宽度有差别,校正不够精确;在有无自吸收时空心阴极灯的发光部位不同而产生准光偏差;灵敏度受强脉冲条件下空心阴极灯自吸收程度影响,除易自吸收元素外均损失很大,如 Al、Ba、Ca、Sr、V 等的相对灵敏度只有 0.3 左右,还有的元素相对灵敏度只有 0.05~0.10(杨啸涛 等,1989)。由于自吸收效应和灯内温度有密切关系,虽采用高电流作为参比光束,但仍不能获得较长时间的基线稳定性效能和较低的基线噪声;Al、Ca、Si、Ti、W、V 等元素检出限变差;强脉冲电流影响灯寿命(杨啸涛 等,1989)。为了使谱线在自吸收后回到正常状态,调谐频率不能太高,仅适用于火焰法,用于石墨炉则较差(高介平和李华昌,1998)。

2)原子化器的发射

原子化器的发射干扰主要来自火焰本身或原子蒸气中待测元素的发射。可通过采用仪器自调的方式避免或者适当增加灯电流,提高发射强度。

5.4.2　原子吸收光谱法的优点与局限性

1. 优点

(1)检出限低,灵敏度高。火焰原子吸收光谱法的检出限可达到 10^{-9} 级,石墨炉原子吸收光谱法的检出限可达到 $10^{-14} \sim 10^{-10}$ g。

(2)分析精度好。火焰原子吸收光谱法测定中等和高含量元素的相对标准差可小于1%,石墨炉原子吸收光谱法的分析精度一般为 3%～5%。

(3)分析速度快。原子吸收光谱仪在 35 min 内能连续测定 50 个试样中的 6 种元素。

(4)应用范围广。可测定的元素达 70 多种,不仅可以测定金属元素,还可以用间接原子吸收光谱法测定非金属元素和有机化合物。

(5)火焰原子吸收光谱仪操作简便,该法重现性好,有效光程大,对大多数元素有较高灵敏度;石墨炉原子化器原子化效率高,在可调的高温下试样利用率达 100%,试样用量少,适用于难熔元素的测定。

(6)石墨炉原子化器与火焰原子化器比较。①原子化效率高,可达到 90%以上,而火焰法仅有 10%多一点。②绝对灵敏度高(可达到 $10^{-12} \sim 10^{-14}$),试样用量少,适用于低含量及痕量组分的测定。③温度高,在惰性气氛中进行且有还原性碳的存在,有利于易形成难离解氧化物元素的离解和原子化。火焰原子化的温度在 2 100～2 400 ℃,石墨炉原子化的温度在 2 900～3 000 ℃。④试样用量少,适合难熔元素的测定。

2. 局限性

(1)不能多元素同时分析。测定元素不同,必须更换光源灯。

(2)标准工作曲线的线性范围窄(一般在一个数量级范围)。

(3)样品前处理麻烦。

(4)仪器设备价格昂贵。

(5)由于原子化温度比较低,对于一些易于形成稳定化合物的元素,原子化效率低,检出能力差,受化学干扰严重,结果不能令人满意。

(6)非火焰石墨炉原子化器虽然原子化效率高、检出率低,但重现性和准确度较差。

(7)对操作人员的基础理论和操作技术要求较高。

5.5　原子吸收光谱法应用实例

目前,常用的测铊的方法有火焰原子吸收光谱法、石墨炉原子吸收光谱法、电感耦合等离子体质谱法、电感耦合等离子体发射光谱法等。而原子吸收光谱法具有测定灵敏度高、分析精度好、稳定性好、分析速度快、适用范围广和仪器操作简单的优点。因此在测定矿物、金属及其合金、土壤、生物样品及环境样品等金属元素含量时,原子吸收光谱法往往是首选的定量方法。

5.5.1　环境样品

环境样品中铊含量的测定方法的选择,需满足环境管理分析要求,因此对不同的环境样品采用不同的方法。

由于环境空气和废气中铊含量较低,环境标准中推荐的测定方法为如下标准——《空气和废气　颗粒物中铅等金属元素的测定　电感耦合等离子体质谱法》(HJ 657—2013)所规定的方法。对于地下水、地表水、饮用水和外排的生活污水、工业废水等,一般铊控制标准极低,小于 0.005 mg/L,一般的分析方法很难满足要求,电感耦合等离子体质谱法(ICP-MS)是较理想的方法(HJ 700—2014、GB/T 5750.6—2006),但 ICP-MS 设备和运行费用高,而石墨炉原子吸收仪器具有较高的灵敏度、取样量少等优点,也成为环境标准(HJ 748—2015)中推荐的测定方法。

鲁青庆(2018)研究认为直接采用环境标准(HJ 748—2015)测定有色冶炼环境水样中铊浓度结果很不理想。因此,先将 200 mL 环境水样(同时用纯水作空白试验)置于 400 mL 烧杯中,加 15 mL 浓硝酸,加盖表面皿,加热消解至体积 30 mL 左右。再加入 0.3 g 过硫酸铵继续加热至刚有结晶析出。取下冷却,吹洗表面皿及杯壁并加水至 50 mL,加热溶解盐类,冷至室温,加水至 200 mL。加饱和溴水(约 2 mL)使试样溶液呈黄色 1 min 不褪色,加入 5 mL 硫酸铁溶液(4 mg/mL),在磁力搅拌下加氨水至沉淀完全(pH>8),继续搅拌 2 min,取出磁子,静置沉降过夜后,小心倾去上清液,沉淀分数次移入 50 mL 离心管中离心 10 min,用吸液管吸去上清液,向沉淀中加入 1 mL 浓硝酸,摇动,在 90 ℃ 以上的热水中放置 5 min 溶解沉淀,用硝酸溶液(1+99)移入 50 mL 容量瓶中,定容至刻度,混匀,最后选择石墨炉原子吸收光谱法测定铊,方法检测限为 0.025 μg/L,试样加标回收率为 90.40%～95.30%。该方法克服了低浓度铊加标回收率极低的困难,解决了难以稳定检测环境水样中铊浓度的关键难题。

贾香等(2017)将采集的水样经浓硝酸酸化后,使溶液中硝酸浓度达到 1%(如果水样较浑浊,则需先用中性滤纸过滤,然后酸化),混合均匀后分别使用 ICP-MS 法与石墨炉原子吸收光谱法测定矿山废水中铊的含量。结果表明,ICP-MS 与石墨炉原子吸收光谱法的加标回收率分别为 86%～98% 和 94%～108%。对于复杂水体中铊的测定,石墨炉原子吸收光谱法具有较高的抗干扰能力、重现性、准确度和精密度,即在测定矿山选矿废水等复杂水体中铊含量时,石墨炉原子吸收光谱法优于 ICP-MS。

　　吕鹏（2014）将 500 mL 或适量水样置于 1 000 mL 烧杯中，用硝酸酸化至 pH=2；加入 0.5～2.0 mL 溴水，使水样呈黄色，以 1 min 不褪色为准；再加入 10 mL 铁溶液（4 mg/mL），在磁力搅拌下，滴加氨水使 pH>7，产生沉淀后放置过夜。次日，小心移去上清液，沉淀液分数次移入离心管，离心数分钟，取出离心管，用吸管吸去上层清液。加 1 mL 硝酸溶液（1+1）溶解沉淀，并用去离子水洗涤烧杯，最后稀释至 10 mL，混匀（水样的富集倍数为 50～100），然后使用石墨炉原子吸收光谱法和火焰原子吸收光谱法测定水中铊的浓度。结果表明，石墨炉原子吸收光谱法适合于低浓度的铊样品分析，火焰原子吸收光谱法适合于高浓度的铊样品分析。火焰原子吸收光谱法测铊的精密度和准确度均符合分析要求，而且稳定性好。但应当注意的是：由于氯化物抑制铊的信号，在标准曲线配置和水样消解处理过程中，不能使用盐酸，建议使用硝酸或者硫酸（喻林，2002）；当铊质量浓度低于 0.2 mg/L 时，应该采用石墨炉原子吸收光谱法。此外，火焰原子吸收光谱法测定高浓度铊的水样时，由于废水成分较复杂，采用溴化法浓缩消解时，加标回收率只有 10%左右，建议废水不论浓度大小，不采用溴化法处理样品。

　　时岚（2004）将 0.500 g 烟囱烟灰样品置于 50 mL 高型烧杯中，加入硝酸 2 mL，在电热板上低温加热溶解，取下，用水洗表面皿和杯壁，加热煮沸片刻，取下冷却，过滤至 20 mL 比色管中，用水洗杯壁及滤纸 2～3 次，定容，摇匀后采用火焰原子吸收光谱法测定烟灰中铊的含量。该方法检测限（3σ）为 0.11 mg/L，回收率在 92%～103%，相对标准差<3%，方法简便快速。

　　汤立同等（2016）分别采用直接进样、甲基异丁基酮（methyl isobutyl ketone，MIBK）萃取法和铁沉淀富集法处理环境水样，然后利用石墨炉原子吸收光谱法测定经不同前处理方式处理后水样。结果表明仪器的最佳分析条件为：灰化温度和原子化温度分别为 700℃和 1 600℃，进样量为 40 μL，基体改进剂为 0.5%的钯与硝酸镁。直接进样法、MIBK 萃取法和铁沉淀富集法 3 种前处理方法对应的检出限分别为 0.76 μg/L、0.07 μg/L 和 0.02 μg/L；分别测定 5 μg/L、0.5 μg/L 和 0.1 μg/L 含铊水样，其相对标准偏差分别为 4.2%、6.1%和 8.4%，加标回收率分别为 92%、91%和 88%，即 3 种样品前处理方式下，石墨炉原子吸收光谱法对环境水样中铊均具有较好的测定效果。直接进样法适用于铊浓度较高的水样，MIBK 萃取法和铁沉淀富集法则适用于较清洁水样。

　　刘莺等（2011）将 500 mL 水样（用纯水作空白实验）置于 1 000 mL 烧杯中，用硝酸（1+1）酸化使 pH=2，加溴水 0.5～2.0 mL，使水样呈黄色 1 min 不褪色，加入 10 mL 溶液，在磁力搅拌下，滴加氨水（1+9）使 pH 大于 7，产生沉淀后放置过夜。次日，倾去上清液，沉淀分数次移入 10 mL 离心管，离心 15 min，取出离心管，用吸管吸取上清液。用 1 mL 硝酸（1+1）溶液溶解沉淀，并用离子水洗涤烧杯，最后稀释至 10 mL，混匀后用石墨炉原子吸收光谱法测定饮用水中铊的含量。结果表明：溴水用量 2 mL，pH 控制在 7～9，陈化时间大于 32 h 时，水样预处理的浓缩效果最好，方法的检出限为 0.01 μg/L，实际水样平均回收率为 90.5%～103%。

5.5.2　地质样品

铊的工业利用造成了严重的环境危害，铊是一种高毒的重金属元素。地质样品中微量铊的测定日益受到重视。但由于铊含量较低，且常与碱金属、碱土金属及铁、铜、铅、锌等硫化物伴生（王春霖 等，2008；Lukaszewski and Zembruski，1992），受基体干扰较大，准确测定比较困难。

董迈青等（2010）称取 0.200 0 g 试样（岩石、土壤、水系沉积物等地质样品）于 25 mL 聚四氟乙烯烧杯中，加入 5 mL HF、5 mL 5 mol/L HNO_3、1 mL $HClO_4$，加盖，置于控温电热板上 100 ℃加热 30 min 后取去盖，升温 200℃到 $HClO_4$ 白烟冒尽蒸干。加（1+1）的王水 5 mL，吹洗杯壁，盖上表面皿，置于电热板上加热微沸几分钟，取下，稍冷。吹洗表面皿，移入振荡瓶中，用水稀释至 50 mL，加入 2 mL H_2O_2、1 mL Fe^{3+}溶液，放入一块已处理的泡沫塑料，置于往复振荡器上振荡 1 h，取出泡沫塑料用自来水反复挤压、冲洗，最后用去离子高纯水冲洗 2～3 次，挤干泡沫塑料，置于已准确装有 5.0 mL 解脱液（去离子高纯水）的 10 mL 比色管中，用玻璃棒挤压泡沫塑料至无气泡，盖紧，置于沸水浴中，解脱 25 min，趁热用铁钩取出泡沫塑料，待溶液冷却至室温摇匀（测定前配制 200 g/L 的抗坏血酸溶液作基体改进剂），然后用石墨炉原子吸收光谱法测定岩石、土壤、水系沉积物等地质样品中微量铊。方法用于测定国家一级标准物质，结果与标准值基本一致。方法精密度（RSD，$n=8$）为 2.73%～3.93%，回收率为 96.7%～101.3%，检出限可达 0.060 μg/g。

刘峰等（2011）首先将称取 1.000 0 g 土壤试样于聚四氟乙烯坩埚中，再加盐酸—硝酸—高氯酸—氢氟酸经电热板消解，反复加酸待消解完全并蒸干后，加盐酸和水，温热使盐类溶解，然后将消解液转移至锥形瓶中，向锥形瓶中加盐酸溶液（4+6）和饱和溴水，摇匀，放置 5 min。再加入活性炭，用恒温磁力搅拌器室温搅拌后用滤纸过滤，弃去滤液。用盐酸溶液淋洗活性炭数次，滤液弃去。再用草酸铵溶液淋洗活性炭数次，用锥形瓶承接洗脱液。向洗脱液中加硝酸，于电热板上加热消解至微沸，保持 15 min。冷却至室温后，用水定容。经活性炭吸附、草酸铵淋洗后的溶液在经电热板消解后，用石墨炉原子吸收光谱法测定。结果表明，土壤试样回收率为 93.3%～106.2%，相对标准偏差（$n=6$）为 0.6%～1.8%，满足分析测试要求。

刑夏和孙晓玲（2011）称取 0.250 0 g 地球化学样品于 50 mL 的聚四氟乙烯烧杯中，加少量去离子水润湿样品，并加入 6.0 mL HNO_3、6.0 mL HF、2.0 mL $HClO_4$，置于电热板上，低温加热至近干。然后加 12.0 mL 浓王水，低温加热至杯中无气泡，即分解完全。用约 10 mL 去离子水冲洗杯壁，取下转移至洗净的三角瓶中，加入 1.5 mL $FeCl_3$溶液、2.0 mL H_2O_2，用去离子水稀释至约 100 mL，放入一块聚氨酯泡沫塑料，加塞，将三角瓶置于振荡器上振荡 1 h 后，取出泡沫塑料，用去离子水洗净，挤干，放入预先加入 5.0 mL 去离子水的 25 mL 比色管中，用玻璃棒挤压排去泡沫塑料中的气泡，于 100 ℃的沸水浴中保持 20 min，趁热取出泡沫塑料，溶液冷却后，加入一滴 HNO_3，摇匀，然后使用石墨炉原子吸收光谱测定。测定中，使用交流塞曼效应校正背景，提高了测定灵敏度及测量范围的宽度；而抗坏血酸基体改进剂的加入也提高了灵敏度，并且确定最佳的干燥、灰化、原子化和清除的温度和时间，如表 5.1 所示。结果表明，地球化学样品经湿法溶解，聚氨酯泡沫塑料分离富集后，利用交流塞曼效应校正背景，用石墨炉原子吸收光谱法测定铊的含量，其准确度满足《地质矿产实验室测试质量管理规范》（DZ/T 0130.3—2006）的要求，该方法检出限为 0.001 μg/g，精密度为 5.49%～8.35%。

　　固体直接进样是近年来石墨炉原子吸收分析领域发展较快的技术，它取代了繁冗的对固体样品的前处理，避免了样品的污染和损失，也保护了操作人员的身体健康。徐子优等（2015）将土壤样品直接注入石墨样品舟处理后经石墨炉原子吸收光谱法测定。石墨炉原子吸收及石墨样品舟处理升温程序分别如表 5.2 和表 5.3 所示。测定过程中，经过持久化学改进剂 Ir 处理过的石墨样品舟不会生成土壤样品的烧结物，从而提高了其使用寿命。结果表明，方法检出限为 0.05 ng，定量测定下限为 0.167 ng、准确度≤0.05、精密度≤10%，均满足环境土壤测试方法的要求。

表 5.1　石墨炉升温程序（刑夏和孙晓玲，2011）

步骤	$T/℃$	t/s
	90	20
干燥	110	15
灰化	550	8
原子化	1 500	3
清除	2 300	3

表 5.2　石墨炉升温程序（徐子优 等，2015）

步骤	温度/℃	升温速度/（℃/s）	温度保持时间/s	氩气流量/（L/min）
干燥（1）	100	5	20	2.0（Max）
干燥（2）	130	3	20	2.0（Max）
干燥（3）	160	2	15	2.0（Max）
灰化	500	300	30	2.0（Max）
自动零点（AZ）	500	0	6	0（Stop）
原子化	1 700	1 300	8	0（Stop）
除残	2 500	500	4	2.0（Max）

表 5.3　石墨样品舟处理升温程序（徐子优 等，2015）

步骤	温度/℃	升温速度/（℃/s）	温度保持时间/s	氩气流量/（L/min）
干燥（1）	90	5	20	2.0（Max）
干燥（2）	130	30	20	2.0（Max）
干燥（3）	160	30	20	2.0（Max）
灰化	400	30	20	2.0（Max）
原子化	1 000	100	10	0（Stop）
除残	2 000	100	5	2.0（Max）

5.5.3　食品样品

铊作为强烈的神经毒物，具有强蓄积性，已被列为我国优先控制污染物的有毒元素。在矿山开采、金属冶炼、特种材料的工业生产及石油燃烧中，常有大量的铊排放到环境中，成为环境铊污染的主要来源，由此带来人类食物链铊的污染。如铊的环境循环和毒性富集时间较长（20～30 年），人类长期食用铊污染食物而发生慢性中毒（聂爱国和龙江平，1997），因而监测食品中的铊具有重要的现实意义。

刘康书等（2015）称取薏苡仁样品 5.00 g，置于 250 mL 三角烧瓶中，加入硝酸–高氯酸溶液（4+1，$v+v$）20 mL，加盖浸泡过夜后，至电热板上消解，直至冒白烟，溶液呈无色透明近干后取下，冷却至室温，用纯水冲入 25 mL 容量瓶中，定容至刻度，摇匀，采用火焰原子吸收光谱法测定了薏苡仁中铊的含量。试验结果表明，铊的质量浓度在 0～3.0 mg/L 时与其吸光度呈良好的线性关系，相关系数为 0.999 9，方法的检出限（$3\sigma/k$）为 0.066 mg/kg，加标回收率为 91.6%～95.5%，相对标准偏差（n=7）为 1.6%～3.2%，该方法可应用于食品中铊含量的测定。

陈素兰等（2006）称取 5.000 0 g 左右的新鲜鱼样于 100 mL 三角烧瓶中，加入 10.0 mL 浓硝酸，盖上表面皿，静置过夜。取下表面皿，加 1.0 mL 硫酸，于电热板上加热消解。必要时补加硝酸使样品消解完全，放冷，加足量溴水，放置 5 min，微热至溶液近无色以去除过剩的溴水，加适量的盐酸使最终浓度为 20%左右，加入已处理好的泡沫塑料 0.2 g 左右，于振荡器上振荡 40 min，取出已吸附了铊的泡沫塑料，用少量水洗涤泡沫塑料 3 次，挤干，将泡沫塑料置于 25 mL 小烧杯中。振荡液转移至电热板上，加热蒸至近干，取下冷却，1% H_2SO_4 定容至 10 mL 或 25 mL，摇匀，静置，用石墨炉原子吸收光谱法测铍。加 15 mL 的蒸馏水于置有泡沫塑料的 25 mL 小烧杯中，置于沸水浴上解脱 20 min。趁热取出泡沫塑料，挤干泡沫塑料，用沸水洗涤泡沫塑料 2 次，弃去泡沫塑料，在洗脱液中加 2 滴浓硝酸，继续蒸至近干，冷却，1% HNO_3 定容至 5 mL，摇匀，静置，用石墨炉原子吸收光谱法测铊。结果表明，鱼肉经硝酸–硫酸消解，溴水氧化，聚氨酯泡沫塑料吸附富集消解液中铊，消解液中铍不被吸附，石墨炉原子吸收光谱法测定铍和铊，结果满足测定要求。

关炯辉和黎俊旺（2014）将 0.200 0 g 贝类水产品样品置于聚四氟乙烯消解罐中，加少量超纯水润湿样品，并加入 5 mL HNO_3，放置一段时间，待有机质反应到不再产生大量气泡时，盖好安全阀，将消解罐置于微波消解仪内，按程序消解完全。小心取出消解罐，置于电热板上，于 130 ℃左右加热样品至近干。用少量超纯水冲洗罐壁，并将溶液全部转移至洗净的具塞锥形瓶中，加入 2.5 mL 王水、1.5 mL Fe^{3+}溶液和 2 mL H_2O_2，用水稀释至约 100 mL，摇匀。放入一块泡沫塑料，盖好瓶塞后将锥形瓶置于振荡器上振荡 1 h。取出泡沫塑料，用超纯水洗净，放入洁净的针筒里挤干，放入预先加入 10 mL 超纯水的 25 mL 比色管中，用竹签或玻璃棒挤压排去泡沫塑料中的气泡，于 100 ℃的沸水浴中保持 20 min，趁热取出泡沫塑料，待溶液冷却后用石墨炉原子吸收光谱法测定铊含量。结果表明，贝类水产品用 1.5 mL Fe^{3+}、2 mL H_2O_2 和 5%王水介质作为吸附体系进行样品中铊分离富集后，再以硝酸钯、抗坏血酸作为基体改进剂进行测定。铊的质量浓度在 0～50 μg/L 内线性良好，相关系数为 0.999 7，方法的检出限可达 0.07 μg/g。测定结果的相对标准偏差（*n*=7）为 1.53%～4.01%，加标回收率为 87.1%～98.3%，是一种准确、安全、便捷的测定贝类水产品中痕量铊的方法。

5.5.4　生物样品

铊的化合物均具有剧毒，为强烈的神经毒物且有强蓄积性。通常可由人体的呼吸道、消化道和皮肤吸收引起急慢性中毒，对人体的中枢神经系统及肝、肾、心肌等内脏造成损害。铊的环境背景值通常较低，铊污染容易被人们所忽视，因此铊中毒事件时常发生。铊中毒发病缓慢，有较长的潜伏期，特征症状出现滞后，初诊易造成误诊，因此生物样本的铊含量测定在此类事件中尤为重要（刘杨 等，2008；Pozebon et al.，2000；Ciszewski et al.，1997）。经研究发现，尿铊和血铊是一种监测摄入的比较可靠的暴露指标（覃丽梅 等，2013；Solovyev et al.，2011；李汉帆 等，2007）。Gergont 等（2004）报道铊中毒症状的严重程度与血铊、尿铊值成正比，如人体血中铊大于 40 μg/L（王涤新和李素彦，2007），尿铊超过 0.3 mg/L（姜枫 等，2016），即有诊断意义。

陈荣乐等（2014）在全血中加入基体改进剂稀释后，加入 100 μL 硝酸脱去蛋白，离心分离后取上清液，采用石墨炉原子吸收光谱法快速测定血中铊。在优化条件下，采用 1 g/L Ni(NO₃)₂ 和 0.2% Triton X-100 作为混合基体改进剂，有效消除了基体干扰。用工作曲线法定量，方法线性范围为 0～50 μg/L（*r*=0.999 9），当进样量为 20 μL 时，方法最低检出限为 0.64 μg/L。在加标水平为 10 μg/L、20 μg/L、40 μg/L 时，加标平均回收率为 97.8%～107.3%，相对标准偏差为 1.0%～6.8%。血样经酸脱蛋白后可直接用于石墨炉原子吸收光谱法测定，方法简便快速，准确度和精密度好，可以满足急、慢性铊中毒者血中铊含量的快速检测要求。

姜枫等（2016）取待测尿样 1.0 mL 于塑料试管中，用 1% HNO₃ 稀释至 10 mL，混匀后，用 ICP-MS 测定，其检出限为 0.006 μg/L，方法的线性范围为 0.006～30 μg/L，相关系数为 0.999 5，对质控物的检测精密度、准确度均可满足检测需要，分析一个样品需 1.5 min。取待测尿样 0.5 mL 于塑料试管中，加入 0.1% Triton-1% HNO₃ 0.3 mL，加 0.2 mL 基体改进剂，混匀后用石墨炉原子吸收光谱法测定，其检出限为 0.48 μg/L，方法的线性范围为 0.48～40 μg/L，相关系数为 0.999 1，对质控物的检测精密度、准确度均可满足检测需要，分析一个样品需 4 min。结果表明，ICP-MS 与石墨炉原子吸收光谱法都可以满足尿铊含量测定的要求，且 ICP-MS 比石墨炉原子吸收光谱法具有更低的检出限和更快的分析速度。

刘江辉和周乐舟（2018）采用 5-溴-2-吡啶偶氮-5-二乙氨基苯酚为螯合试剂、Triton X-100 为浊点萃取剂提取铊，建立了浊点萃取-石墨炉原子吸收光谱法测定尿样中铊含量。点萃取尿样中铊(III)的最优条件为 pH 9.0、75 ℃水浴 20 min，Triton X-100 的浓度为 0.1%。在优化后实验条件下，建立的方法测定尿样中铊(III)的检出限为 0.028 μg/L；相对标准偏差（RSD）为 3.55%～4.21%（*ρ*=0.5 μg/L，*n*=7）；加标回收率为 82.7%～113.1%。

5.6　原子吸收光谱法发展趋势

原子吸收不能同时分析多种元素，测定不同元素时必须更换光源，且测量难熔元素时不如等离子体发射光谱。因此，随着仪器科学技术的发展，新的仪器设备不断更新，原子吸收光谱法在元素分析方面的优势正逐渐被电感耦合等离子体质谱法及发射光谱法所取代。但是，原子吸收光谱法在常微量分析和众多基层科研监测机构仍然具有独特的优势，科研人员结合原子吸收光谱法的独特优势，将致力于激光及高效分离技术在原子吸收分析方面的应用。

（1）用可调谐激光代替空心阴极灯光源。原子吸收光谱用激光使样品原子化。它将为微区和薄膜分析提供新手段，为难熔元素的原子化提供新方法。塞曼效应的应用，使得在很高的背景下也能顺利地实现测定。连续光源、中阶梯光栅单色器、波长调制原子吸收光谱法是 20 世纪 70 年代后期发展起来的一种背景校正新技术。它的主要优点是仅用一个连续光源能在紫外光区到可见光区全波段工作，具有二维空间色散能力的高分辨本领的中阶梯光栅单色器将光谱线在二维空间色散，不仅能扣除散射光和分子吸收光谱带背景，而且还能校正与分拆线直接重叠的其他原子吸收线的干扰。

（2）使用电视型光电器件做多元素分析鉴定器。结合中阶梯光栅单色器和可调谐激光器代替元素空心阴极灯光源，设计出用电子计算机控制的测定多元素的原子吸收分光光度计，将为解决同时测定多元素问题开辟新的途径。

（3）高效分离技术气相色谱、液相色谱的引入，实现分离仪器和测定仪器联用，使原子吸收光谱法的面貌发生重大变化，微量进样技术和固体直接原子吸收分析受到了人们的注意。固体直接原子吸收分析的显著优点是：省去了分解试样的步骤，不加试剂，不经任何分离、富集程序，减少了污染和损失的可能性。这对生物、医药、环境、化学等只有少量样品供分析的领域是特别有意义的。所有这些新的发展动向，都很值得引起我们重视。微型电子计算机应用到原子吸收分光光度计后，使仪器的整机性能和自动化程度达到一个新的阶段。

参 考 文 献

鲍长利, 程信良, 郭旭明, 1995. 涂钼石墨管石墨炉原子吸收法测定地质样品中微量镓、铟和铊. 长春地质学院学报, 25(32): 232-236.

陈九武, 冯雪松, 2001. 原子吸收光谱中的背景吸收及仪器校正技术的发展. 现代科学仪器(3): 23-26.

陈荣乐, 李峰, 李颖, 等, 2014. 酸脱蛋白–石墨炉原子吸收法快速检测全血中铊. 中国卫生检验杂志, 24(7): 934-936.

陈素兰, 章勇, 陈波, 等, 2006. 石墨炉原子吸收分光光度法测定鱼肉中铍和铊. 环境科学与技术, 29(10): 52-53.

董迈青, 谢海东, 彭秀峰, 等, 2010. 泡塑富集–石墨炉原子吸收光谱法测定地质样品中微量铊. 光谱实验室, 27(4): 1560-1564.

高介平, 李华昌, 1998. 九十年代原子吸收光谱仪器技术之新进展. 现代科学仪器(3): 9-11.

龚武, 邓宛梅, 1998. 一种新型的原子吸收光谱仪 UNICAM SOLAAR 989QZ. 现代科学仪器(3): 36-37.

郭明才, 李蔚, 王锡宁, 等, 2012. 原子吸收光谱分析应用指南. 青岛: 中国海洋大学出版社: 1-186.

关炯辉, 黎俊旺, 2014. 泡沫塑料富集–石墨炉原子吸收光谱法测定贝类水产品中痕量铊. 化学分析计量, 23(3): 64-67.

环境保护部, 2015. 水质铊的测定 石墨炉原子吸收分光光度法(HJ 748—2015). 北京: 中国环境出版社: 5-7.

贾香, 邓慧兰, 马立奎, 等, 2017. ICP-MS 法与石墨炉原子吸收法测定矿山废水中铊含量的比较. 中国测试, 43(1): 76-79.

姜枫, 蒋莹, 王军明, 2016. 电感耦合等离子体质谱法与石墨炉原子吸收法测定尿中铊含量的比较. 中国卫生检验杂志, 26(5): 625-627.

李安模, 魏继中, 2000. 原子吸收及原子荧光光谱分析. 北京: 科学出版社: 250-258.

李海涛, 马冰洁, 1993. 石墨炉原子吸收法测定水中铊. 光谱学与光谱分析, 13(1): 127.

李汉帆, 朱建如, 付洁, 等, 2007. 铊的毒性及对人体的危害. 中国公共卫生管理, 23(1): 77-79.

李玉珍, 邓宏筠, 1990. 原子吸收分析应用手册. 北京: 北京科学技术出版社: 93-97.

刘峰, 秦樊鑫, 胡继伟, 等, 2011. 活性炭吸附–石墨炉原子吸收光谱法测定土壤样品中铊. 理化检验(化学分册), 47(3): 333-335.

刘杨, 吉钟山, 朱醇, 等, 2008. 电感耦合等离子体质谱法测定铊中毒事件中铊含量. 中国卫生检验杂志, 18(1): 49-50.

刘莺, 陈先毅, 谢灵, 等, 2011. 石墨炉原子吸收法测定饮用水中铊的探讨. 环境科学与管理, 36(8): 133-136.

刘康书, 梁艺馨, 蔡秋, 等, 2015. 火焰原子吸收光谱法测定薏苡仁及白菜中铊的含量. 食品科技, 40(5): 348-350.

刘江辉, 周乐舟, 2018. 浊点萃取–石墨炉原子吸收光谱法测定尿液中痕量铊. 江苏预防医学, 29(5): 543-545.

吕鹏, 2014. 水体中铊的分析方法探讨. 湖南工业大学学报, 28(4): 22-24.

鲁青庆, 2018. 石墨炉原子吸收法测定有色冶炼环境水样中痕量铊. 湖南有色金属, 34(1): 75-78.

聂爱国, 龙江平, 1997. 贵州西南地区慢性铊中毒途径研究. 环境科学与技术, 1: 12-14.

覃利梅, 韦国铭, 满延峰, 等, 2013. 尿中铊的石墨炉原子吸收光谱直接测定法. 职业与健康, 29(15): 1906-1908.

时岚, 2004. 火焰原子吸收光谱法测定烟囱烟灰中的铊. 环境监测管理与技术, 16(1): 32-33.

谭春华, 汤志勇, 2000. 铊的原子吸收光谱分析进展. 岩矿测试, 19(2): 129-133.

汤立同, 陈纯, 彭华, 等, 2016. 石墨炉原子吸收法测定环境水样中铊. 环境监控与预警, 8(3): 31-33.

王春霖, 张平, 陈永亨, 2008. 黄铁矿焙烧过程中铊析出影响因素及其烧渣中重金属的相态分布研究. 环境污染与防治, 30(7): 1-4.

王涤新, 李素彦, 2007. 铊中毒的诊断和治疗. 药物不良反应杂志, 9(5): 341-346.

威尔茨, 1989. 原子吸收光谱法(第二版). 北京: 地质出版社: 146-181.

刑夏, 孙晓玲, 2011. 交流塞曼效应–石墨炉原子吸收光谱法测定地球化学样品中的铊. 化学工程师, 190(10): 42-45.

徐子优, 杨柳, 陈维, 等, 2015. 固体直接进样石墨炉原子吸收法测定环境土壤中铊元素. 分析仪器, 3: 10-14.

杨啸涛, 何华, 彭润中, 等, 1989. 原子吸收分析中的背景吸收及其校正. 北京: 北京大学出版社: 1-247.

喻林, 2002. 水质监测分析方法标准实务手册. 北京: 中国环境科学出版社: 227.

张佩瑜, 彭红卫, 1994. 悬浮液进样石墨炉原子吸收法测定地质样品中痕量镓和铊. 岩矿测试, 13(2): 96.

章诒学, 2006. 原子吸收光谱仪器发展现状探究. 光谱仪器与分析, Z1: 27-32.

朱良漪, 孙亦梁, 陈耕燕, 1997. 分析仪器手册: 原子吸收分光光度计. 北京: 化学工业出版社: 269-278.

朱明华, 1993. 仪器分析. 北京: 高等教育出版社: 282-333.

CISZEWSKI A ,WASIAKW , CISZEWSKA W, 1997. Hair analysis.Part 2. Differential pulse anodic stripping voltammetric determination of thallium in human hair samples of persons in permanent contact with lead in their workplace. Analytica Chimica Acta, 343(3): 225-229.

DE LOOS-VOLLEBREGT M T C, VAN OOSTEN P, DE KONING M J, et al., 1993. Extension of Dynamic Range in A.C.Zeeman. Journal Spectrochimica-Acta, 48B: 105-107.

GERGONT A, LANKOSZ-LAUTERBACH J, PIETRZYK J J, et al., 2004. Nervous system involvement in three children poisoned with thallium. Przegl Lek, 61(4): 371-373.

KOIRTYOHANN S R, 单孝全, 1982. 原子吸收光谱的历史. 光谱学与光谱分析, Z1: 137-143.

L'VOVB V, 1978. Electrothermal atomization the way toward absolute methods of atomic absorption analysis. Spectrochimical Acta Part B, 33B(5): 153-193.

LUKASZEWSKI Z, ZEMBRUSKI W, 1992. Determination of thallium in soils by flow injection-diferential pulse anodic stripping voltammetry. Talanta, 39(3): 221-227.

MASSMANN H, 1968. Vergleich von atom absorption und atomfluoreszenzin der graphikuvette. Spectrochimical Acta Part B, 23B(4): 215-226.

POZEBON D, DRESSLER V L, CURTIUS A J, 2000. Determination of volatile elements in biological materials by isotopic dilution ETV-ICP-MS after dissolution with tetramethylammonium hydroxide or acid digestion. Talanta, 51(5): 903-911.

SOLOVYEV N D, IVANENKONB, IVANENKO A A, 2011. Whole blood thallium determination by GFAAS with high-frequency modulation polarization Zeeman effect background correction. Biological Trace Element Research, 143(1): 591-599.

WALSH A, 1955. The application of atomic absorption spectra to chemical analysis. Spectrochimical Acta Part B, 7(2): 108-117.

第6章 铊的电化学分析法

铊的电化学分析法是基于溶液的电化学性质而建立的一类铊的分析方法。溶液的电化学性质,指通电电解质的化学组成和活度(或浓度)会随着通电的电流、电位、电导和电量而变化的性质。铊的电化学分析法把化学和电学有机结合,成为早期铊的仪器分析技术之一。

1992年,我国秦巴地区用铊作探途元素寻找金矿获得成功后,铊作为卡林型金矿的指示元素备受关注,由于深部矿体成矿元素及其伴生元素经活化迁移至地表时,常以活动态形式存在于某些矿体中,在相应的相态中形成强大的活动态元素异常,因此,铊在类型各异的大型隐伏金矿探查中被作为远程指示元素(侯嘉丽和杨密云,2002;叶庆森,2001)。铊也是成像、通信和超导领域的高附加值材料,中国、哈萨克斯坦和俄罗斯是目前世界最大的铊的初级生产国,随着液晶显示器、光纤工业、玻璃透镜、心脏造影和高温超导领域的发展,2018年世界市场对铊金属的需求量已从15 t/a 增至40 t/a(吴颖娟等,2018a,2018b,2018c;Tereshatow et al.,2016;Voegelin et al.,2015)。矿山资源开发和铊在新技术领域的应用和发展,使铊分析渐成热点。

6.1 概　述

环境样品中的铊含量很低,常用电感耦合等离子体质谱法(ICP-MS)和以原子吸收光谱为基础的火焰原子吸收光谱法(FAAS)、石墨炉原子吸收光谱法(GFAAS)和电热雾化原子吸收光谱法(ETAAS)测量。由于含量在 $10^{-12} \sim 10^{-7}$ 级铊的分析成本较高,以稳定、准确、可靠且低成本见长的电化学分析法在铊分析中具有吸引力,尤其在卤化物含量较高的样品,如海水和卤水中卤化铊的溶解度低,在雾化进样过程中容易结晶影响进样,因此,铊的电化学分析法具有特殊的意义。近20年来,电化学传感器、纳米电分析化学的快速发展使电化学分析法成为分析化学与物理化学结合的典范,铊的电化学分析技术也因此进入高科技领域。

6.1.1 电化学分析法的特点和分类

电化学分析是分析化学中颇具特色的化学分支,它把研究对象构建为化学电池,通过测量电池中由化学变化而产生的电学参数,获得研究对象的含量或电化学参数的量值。电化学分析的化学电池由三部分组成:①提供电流通路的电解质,由反应物和离子化物质(底液)或有助于离子化作用的物质(缓冲液、表面活性剂)组成;②产生电子转移的电极,由两块与电解质相接触的金属板组成,它们与反应物发生电子交换把电子转移至外电路，或从外电路转移电子到由电解质溶液组成的内电路（即测量电路）；③保证电流在两极通过的外电路，由连接两个电极的金属导体组成。

1. 电化学分析法的特点

在电化学分析中，产生电信号的工作电极是整个测量电路的一部分，电信号不需转换直接输入测量电路，因此电化学分析法的显著特点是仪器响应快、灵敏度高、选择性好、测量简单、易小型化和自动化。除在无机痕量和微量分析中有广泛的应用外，在有机、生物和药物分析中也显示出巨大的潜力和优越性，可在分子和原子水平上探讨电化学界面的组成和结构，实现活体和单分子监测；在一些条件苛刻的环境，如流动的河流、非水化学流动过程、熔岩和核反应堆堆芯的流体中，电化学分析法可实现实时和现场分析。

2. 电化学分析法的分类

电化学分析法的种类较多，容易混淆，为了便于区别，将文献上常见的电化学分析法及其量测特点归纳如下：

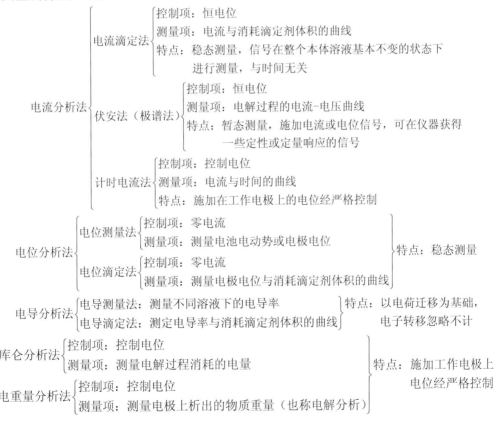

根据国际纯粹与应用化学联合会（International Union of Pure and Applied Chemistry，IUPAC）的推荐，电化学分析法可分为三类：①不涉及双电层和电极反应的分析，如电导分析和高频测定；②涉及双电层，但不涉及电极反应的分析，如表面张力测定和非法拉第阻抗测量等；③涉及电极反应的分析，如电位分析、电解分析、库仑分析和伏安分析。

铊的电化学分析法主要为：①不涉及双电层和电极反应的分析，如铊的电导分析；②涉及电极反应的分析，如铊的电位分析、极谱分析和伏安分析。铊的极谱分析是采用特殊电极（滴汞电极）的伏安分析，凡是在电极上可被氧化或还原的无机或有机物质均可用伏安分析，本章将重点介绍铊的极谱分析法和伏安分析法。

6.1.2　电化学分析法发展中的重要事件

电化学分析法经历了很长的发展历程，其中一些重要事件大力推动了电化学分析法的发展。

1. 电解水的发现

电解是电化学分析的基本过程。1800 年威廉·尼科尔森（William Nicholson）根据伏打电池做出伏打电堆时，发现了电解水现象，他用铜币和锌板各 36 枚组成电池组，当他将两根分别连接铜币和锌板的导线放入水中时，观察并测量到与锌板（负极）连接的金属丝上产生了氢气泡，与铜币（正极）连接的金属丝上产生了氧气，由此尼科尔森成为电解水的先驱（袁瀚青和应礼天，1989）。

2. 法拉第定律

1833 年迈克尔·法拉第（Michael Faraday）提出了著名的法拉第定律，又称电解定律，它包含两个子定律：①电解过程中，在电极上析出或溶解掉的物质的量与所通过的电流强度和通电时间成正比。②当通过的电量相同时，析出和溶解的不同物质的化学当量相同，化学当量指物质的摩尔质量与它的化合价的比值。法拉第定律是电化学中最基本的定律，它把电学和化学统一起来，应用到分析化学的定量分析，成为新的分析技术——电化学分析法。法拉第定律也用于测定一些重要的化学常数，如阿伏伽德罗常量[1 mol 任何物质所含的基本单元（如分子、原子或离子）数都为 6.022×10^{23} 个]。

法拉第定律至今仍然指导着电沉积技术，如电镀过程。人们熟悉的一些电化学术语也由法拉第首创，如电解物质时电流进出的门户称为电极，流进电流的称为阴极，流出电流的称为阳极；电流通过溶液后，从溶液中分解的粒子称为离子，向阴极移动的离子称为阳离子，向阳极移动的离子称为阴离子（袁瀚青和应礼天，1989）。

3. 能斯特方程

1889 年瓦尔特·赫尔曼·能斯特（Walther Hermann Nernst）建立能斯特方程。能斯特方程是电位分析法的基本公式，由膜电极产生的膜电位服从能斯特方程。比如，用于测量 pH 的玻璃电极，它的膜电位由溶液与膜层的离子交换和扩散产生；用于测量氟离子浓度的氟电极，它的晶体膜电极的膜电位由晶体中空穴的移动产生；膜电极的性能由能斯特响应、线性范围、检测下限、选择系数、响应时间和膜内阻等参数确定。

4. 极谱分析法

1922 年海洛夫斯基（J.Heyrovsky）发明滴汞电极
（图 6.1）并创立极谱分析法。滴汞电极具有 5 个特点：
①电极的毛细管内径为 5×10^{-3} cm，因出口处的汞滴很
小，易形成浓差极化；②汞滴自然滴落，可使电极表面不
断更新，重复性好（受汞滴周期性滴落的影响，汞滴面
积的变化使电流呈快速锯齿性变化）；③氢在汞上的超
电位较大（即水还原为氢需有很高的超电势），使滴汞电
极的还原电势相对于饱和甘汞电极可扩展至–0.2 V，因
此，很多金属离子可用极谱法分析；④由于金属与汞生
成汞齐，降低其析出电位，使碱金属和碱土金属也可分
析。⑤汞容易提纯，但汞有毒，且在正电位区不能使用，
汞滴面积的变化可不断产生充电电流（电容电流）。

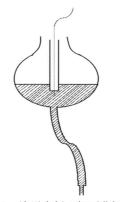

图 6.1　滴汞电极（努丽燕娜和
王保峰，2007）

1925 年海洛夫斯基与志方益三合作制造出能自动记录电流–电压曲线的第一台极谱
仪，开启电化学仪器分析的先河；1935 年海洛夫斯基推导出极谱波方程，1941 年他在极
谱仪上配置示波器，发明示波极谱法。海洛夫斯基长期致力于极谱学研究并因此获 1959
年的诺贝尔化学奖。

6.2　铊的极谱分析法

极谱分析法是特殊条件下的电解分析法。其特殊性在于使用一支极化电极和另一
支去极化电极作为工作电极，在溶液静止的状态下借助外加电源，使电化学反应向非自发
方向进行。因此，极谱过程是一个非完全电解的过程。极化电极指一支电极通过无限小的
电流时，便可引起电极电位发生很大变化的电极，如滴汞电极。去极化电极指电极电位不
随电流变化的电极，如甘汞电极或大面积汞层。

环境样品的铊含量在 $10^{-12}\sim10^{-6}$（即 ng/kg～mg/kg），共存离子的总量常常是铊的数
十万甚至百万倍。极谱法具有高背景下很强的抗干扰性能，在一定的铊浓度下，千倍浓度
的 Pb^{2+}、Cd^{2+}、Cu^{2+}、Zn^{2+}、Fe^{3+}、Ni^{2+}、As^{3+} 和 In^{3+} 共存和万倍浓度的上述阳离子单独存在
不影响铊的测定；当共存离子总量很高时，可用分离富集的方法将铊从复杂基体中分离出
来，进行单独测定。

6.2.1　极谱分析法的原理与特点

1. 极谱法分析铊的原理

极谱法分析铊既涉及双电层又涉及电极反应，它利用浓差极化现象，将待测物质
（Tl^+）放在一外加电场下，当外加电压由–0.2 V 逐渐增加到–0.8 V 时，绘制电流–电压曲

线。图 6.2 的 A～B 段，仅有微小的电流流过，此时的电流称"残余电流"或背景电流。当外加电压达到铊的析出电位（−0.45 V）时，在图 6.2 的 C 处的电流随电压变化的比值最大，称为半波电位。半波电位反映 Tl^+/Tl 电对特性，波的高度对应 Tl^+ 的浓度。此时，Tl^+ 开始在滴汞电极上被还原为 Tl 汞齐并富集在汞滴上，随着外加电压的增加，汞滴周围的 Tl^+ 浓度迅速下降，并最终为零。由于溶液静止，溶液中 Tl^+ 来不及扩散到电极表面进行补充，此时在溶液本体与电极间产生浓度梯度（厚度约 0.05 mm 的扩散层），电解电流不再随外加电压的增加而增加；达到扩散平衡时，在 D 处的电解电流仅受扩散运动的控制，形成极限扩散电流 i_d。当其他条件固定不变时，扩散电流与溶液中 Tl^+ 的浓度成正比，通过测定 Tl 的扩散电流−电压曲线即可确定溶液中 Tl^+ 的浓度。

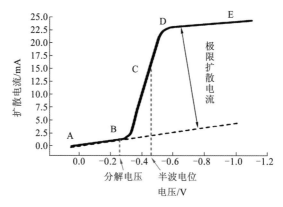

图 6.2　铊的极谱分析原理

2. 极谱法分析铊的特点

Tl（−0.45 V）与 Pb（−0.47 V）、Cd（−0.63 V）有相近的半波电位。当 Tl^+、Pb^{2+}、Cd^{2+} 共存时，Pb^{2+} 和 Cd^{2+} 会干扰 Tl^+ 的测定（图 6.3）。EDTA（乙二胺四乙酸二钠）可与多数金属离子形成配合物，它与 Pb^{2+} 和 Cd^{2+} 配合常数（$\lg K$）为 18.0 和 16.5，与 Tl^+ 的配合常数为 6.11。在 Tl^+、Pb^{2+} 和 Cd^{2+} 共存的溶液中，EDTA 可与 Pb^{2+} 和 Cd^{2+} 形成配合物，而几乎不与 Tl^+ 发生配合反应；这种现象在 PEG（聚乙烯醇 2000）共存时更为明显。由于 EDTA 和 PEG 是非电活性物质，而 Tl^+、Pb^{2+} 和 Cd^{2+} 在配位前后均是电活性的，因此，形成的配合物 EDTA-Pb 和 EDTA-Cd 的半波电位较单纯的 Pb^{2+} 和 Cd^{2+} 负移（图 6.3-c）。当溶液中 Pb^{2+}、Cd^{2+} 和 Tl^+ 的数量级相同时，可实现三者的同时检测；当溶液中 Pb^{2+}、Cd^{2+} 和 Tl^+ 的数量级不同时，用 EDTA+PEG 作掩蔽剂，在适宜的 pH 条件下，可将 Pb^{2+} 峰和 Cd^{2+} 峰完全掩蔽，实现痕量 Tl^+ 的准确测量（图 6.4）。

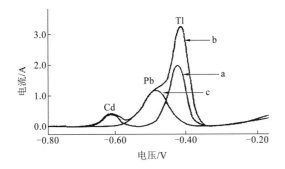

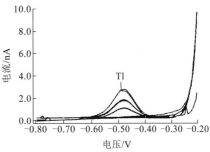

图 6.3　差示脉冲极谱同时检测铊、铅和镉的
极谱图（吴颖娟 等，2008a）

a—铊峰；b—相互干扰的铊、铅和镉的叠加峰；
c—分峰良好的铊、铅和镉的极谱图

图 6.4　差示脉冲极谱检测痕量铊的
极谱图（吴颖娟 等，2008a）

标准加入法，铅和镉的干扰已被掩蔽

6.2.2　极谱分析法的依据

极谱分析在溶液中进行。扩散、电迁和对流是液相传质的主要方式，扩散指离子在电场中，因浓度差由高浓度向低浓度迁移的现象（图 6.5）；电迁指离子在电场作用下的定向运动（即电迁移）；对流则指溶液中的粒子随液体流动而迁移的现象。

在电化学分析中，液相传质比较缓慢，它是电极反应的限制性步骤。因此，极谱分析开始时，常需要比较高的搅拌速度消除由于传质缓慢而带来的各种限制，停止搅拌后则需要静置 $100\sim300$ s，以保证主要的传质方式为扩散传质。

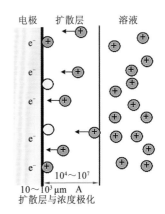

图 6.5　扩散传质

1. 扩散电流方程

平面电极上的扩散向垂直于电极表面的方向进行，此方向与 x 轴的正向相反（图 6.5）。这种线性扩散的速率遵循费克扩散定律，单位时间内通过单位平面的扩散物质的量与浓度差的梯度成正比：

$$f=\frac{\mathrm{d}N}{A\mathrm{d}t}=D\frac{\partial c}{\partial X} \tag{6.1}$$

根据法拉第电解定律：

$$(i_\mathrm{d})_t=nFAf_{X=0,t}=nFAD\left(\frac{\partial c}{\partial X}\right)_{X=0,t} \tag{6.2}$$

式（6.1）和式（6.2）中：A 为电极面积；D 为扩散系数；$(i_\mathrm{d})_t$ 为电解开始 t 时的扩散电流，即瞬时电流；X 为 $0\sim t$ 时的距离；f 为扩散速率；F 为法拉第常数；$\frac{\partial c}{\partial X}$ 为浓度梯度；n、c 的含义在式（6.9）后解释。

在扩散场中，浓度的分布是时间 t 和距电极表面距离 X 的函数：

$$c = \varphi(t, X)$$

$$\left(\frac{\partial c}{\partial X} \right)_{X=0,t} = \frac{c}{\sqrt{\pi \cdot D \cdot t}} \qquad (6.3)$$

将式（6.3）代入式（6.2）得

$$(i_{\mathrm{d}})_t = nFAD \frac{c}{\sqrt{\pi \cdot D \cdot t}} \qquad (6.4)$$

忽略毛细管对滴汞汞滴的影响，滴汞电极可看作一个对称的球面电极。生长的滴汞电极与平面电极的区别在于：①滴汞的面积不是恒定的，为时间的函数；②汞滴呈周期性增长，与溶液产生相对运动，使扩散场延伸到更大的范围，导致扩散层厚度减小。滴汞电极扩散层厚度是平面电极的 $\sqrt{3/7}$ 倍：

$$(i_{\mathrm{d}})_t = nFAD \frac{c}{\sqrt{\pi \cdot D \cdot t \cdot 3/7}} \qquad (6.5)$$

考虑滴汞电极的汞滴面积是时间的函数，当时间为 t 时，汞滴的面积为

$$A_t = 8.49 \times 10^{-3} m^{2/3} t^{2/3} \quad (\mathrm{cm}^2) \qquad (6.6)$$

将式（6.6）代入式（6.5）得

$$(i_{\mathrm{d}})_t = 706 n D^{1/2} m^{2/3} t^{1/6} c \qquad (6.7)$$

式（6.7）为依科维奇（Ilkovič）公式。实际应用中常用平均电流代替瞬时电流。

扩散电流的平均值为

$$(i_{\mathrm{d}})_{\text{平均}} = \frac{1}{\tau} \int_0^\tau (i_{\mathrm{d}})_t \mathrm{d}t \qquad (6.8)$$

则得到扩散电流方程：

$$(i_{\mathrm{d}})_{\text{平均}} = 607 n D^{1/2} m^{2/3} t^{1/6} c \qquad (6.9)$$

在式（6.9）中：$(i_{\mathrm{d}})_{\text{平均}}$ 为每颗滴汞上的平均电流，μA；n 为电极反应中转移的电子数，D 为扩散系数；t 为滴汞的周期，s；c 为待测物的原始浓度，10^{-3} mol/L；m 为汞流的速度，mg/s。

扩散电流方程中，n，D 取决于被测物质的特性；若将 $607 n D^{1/2}$ 定义为扩散电流常数，用 I 表示；则 I 越大，测定越灵敏。m，t 取决于毛细管特性，若将 $m^{2/3} t^{1/6}$ 定义为毛细管特性常数，用 K 表示。则

$$(i_{\mathrm{d}})_{\text{平均}} = I \cdot K \cdot c \qquad (6.10)$$

2. 影响扩散电流的因素

溶液组成、溶液搅动、被测物的浓度和测量温度均是影响扩散电流的因素。不同的溶液组成的溶液黏度会有差异，黏度越大，扩散系数 D 就越小。因为溶液组成不同，待测物质可能形成配合物，导致扩散系数发生改变。所以，极谱分析常采用标准加入法，以使标准溶液与试样溶液在尽可能相同的条件下测量。

扩散电流常数 $I = 607 n D^{1/2} = i_{\mathrm{d}}/(K \cdot c)$ 中，n 和 D 取决于待测物质的性质，理论上与滴汞周期无关，实际情况却不然。因汞滴滴落使溶液产生搅动，扩散过程受到干扰。加入动物

胶（0.005%），可使滴汞周期降低至 1.5 s。

当被测物浓度较大时，汞滴上析出的金属较多，改变汞滴的表面性质，则对扩散电流产生影响。因此极谱法适用于测量低浓度试样。

温度对 D、m、t 值有影响，在 20～50℃，温度系数常为+0.013/℃，当温度控制在 ±0.5℃ 范围内，温度引起的误差小于 1%。扩散电流 i_d 与扩散系数 1/2 次幂（或平方根）$D^{1/2}$ 成正比。

3. 极谱波方程

极谱波方程是描述极谱波上电流与电位之间的关系式。简单金属离子的极谱波方程为

$$E = E^{\ominus} - \frac{RT}{nF} \ln \frac{\gamma_a c_a^o}{a_{Hg} \gamma_M c_M^o} \tag{6.11}$$

若过程可逆，受扩散控制，生成汞齐：

$$M^{n+} + ne + Hg \Longrightarrow M(Hg) \quad （汞齐）$$

在式（6.11）式中，c_a^o 为滴汞电极表面上形成的汞齐浓度；c_M^o 为可还原离子在滴汞电极表面的浓度；γ_a，γ_M 为活度系数；由于汞齐浓度很稀，a_{Hg} 不变；则

$$E = E^{\ominus'} - \frac{RT}{nF} \ln \frac{\gamma_a c_a^o}{\gamma_M c_M^o} \tag{6.12}$$

由扩散电流公式：

$$i_d = K_M c_M \tag{6.13}$$

$$i = K_M (c_M - c_M^o) \tag{6.14}$$

在未达到完全浓差极化前，c_M^o 不等于零；式（6.13）减式（6.14）得

$$i_d - i = K_M c_M^o$$

$$c_M^o = \frac{i_d - i}{K_M} \tag{6.15}$$

根据法拉第电解定律：还原产物的浓度（汞齐）与通过电解池的电流成正比，析出的金属从表面向汞滴中心扩散，则

$$i = K_a (c_a^o - 0) = K_a c_a^o$$

$$c_a^o = i / K_a \tag{6.16}$$

将式（6.15）和式（6.16）代入式（6.12）得

$$E = E^{\ominus'} - \frac{RT}{nF} \ln \frac{\gamma_a K_M}{\gamma_M K_a} - \frac{RT}{nF} \ln \frac{i}{i_d - i} \tag{6.17}$$

在极谱波的中点，即：$i = i_d/2$ 时，代入式（6.17），得

$$E_{1/2} = E^{\ominus'} - \frac{RT}{nF} \ln \frac{\gamma_a K_M}{\gamma_M K_a} = 常数 \tag{6.18}$$

$$E = E_{1/2} - \frac{RT}{nF} \ln \frac{i}{i_d - i} \tag{6.19}$$

$$25℃时，E=E_{1/2}-\frac{0.059}{n}\ln\frac{i}{i_d-i} \qquad (6.20)$$

式（6.20）即为极谱波方程，这是极谱分析定量的依据，由该式可以计算极谱曲线上每一点的电流与电位值。当 $i=i_d/2$ 时，即 $E=E_{1/2}$ 称为半波电位，这是极谱定性的依据，半波电位与待测物质的浓度无关。有时通过观察也可找到电流刚好是扩散电流 i_d 一半时的对应电位，然而这样获得的 $E_{1/2}$ 并不准确，应据式（6.20）用作图法，以 E 对 $\ln[(i_d-i)/i]$ 作图，曲线在 x 轴上的截距即为准确的 $E_{1/2}$。

6.2.3　极谱分析法的分类和分析装置

极谱过程是一个包含传质、化学反应和电极反应的过程,在这些过程中速度最慢的步骤是极谱过程决定电流性质的因素。如果化学反应和电极反应的速度很快，极谱电流仅受扩散速率控制，这时的极谱电流称为扩散电流，相应的极谱图为可逆波；如果电极反应是最慢的步骤，极谱电流仅受电极反应的速率控制，这时的极谱波为不可逆波；如果化学反应是最慢的步骤，极谱电流仅受化学反应的速率控制，这时的极谱电流称为动力电流，相应的极谱波为动力波。当控制电流的化学反应发生在电极反应之前，称为前动力波；类似地，当控制电流的化学反应发生在电极反应之后，称为后动力波；当控制电流的化学反应平行于电极反应时，称为平行催化波。此外，还有一种因待测物在电极上形成吸附的配合物，称为配合物吸附波，与单纯的吸附波不同，也与一般配合物的极谱波不一样，它有增加电流的作用，因而有增敏效果（何锡文，2005）。

极谱法测定铊时，需要得到峰型独立和清晰的极谱图，必须满足如下条件：①待测物的铊浓度要小，通常为 $10^{-10}\sim10^{-6}$（即 μg/kg～mg/kg）级，快速形成浓度梯度。②溶液需保持静止 10 s，使扩散层厚度稳定，待测的铊仅依靠扩散到达电极表面。③电解液中含较大量的惰性电解质，如氯化钾（KCl）、乙酸钠（NaAc）和乙酸（HAc）等，使待测的 Tl^+ 在电场作用力下的迁移运动降至最小，确保 Tl^+ 主要为扩散传质。④使用 2 个不同性能的电极（极化电极和去极化电极），使极化电极的电位随外加电压变化而变化，保证电极表面形成浓差极化。

1. 极谱法的分类

极谱法的考察对象是电流和电压。当测量项为电极电位，控制项为流过电解池的电流时，这时的极谱法称为控制电流极谱法。如计时电位法，特点是控制电流，测定工作电极上电流的关系曲线，与计时电流法控制电位有区别。计时电位法仪器和数学处理简单，用恒流源即可工作；但双电层充电效应影响较大，不易消除。示波极谱法在每一汞滴成长后期，在电解池的两极上，迅速加入一锯齿形脉冲电压，几秒钟内得出一次极谱图；常用示波管的荧光屏作显示工具快速记录极谱图（表 6.1）。用于鉴定物质，只能测至 10^{-5} mol/L；还可用于指示滴定终点，称为示波极谱滴定法，该法用目视法而不用作图法求得终点，较为简便。

表 6.1　控制电流极谱法（何锡文，2005）

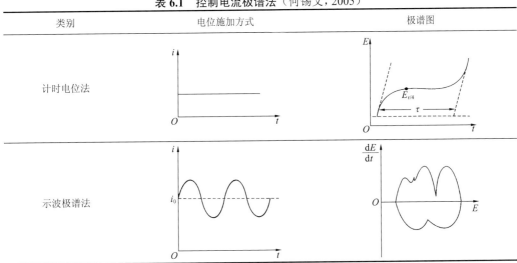

类别	电位施加方式	极谱图
计时电位法		
示波极谱法		

当测量项为信号的电流,控制项为工作电极的电位时,这时的极谱法称为控制电位极谱。如直流极谱法,特点是检测速度快,一滴汞上即能形成一条曲线,经典极谱需 $40\sim80$ 滴汞;检测灵敏度高,峰电流比极限扩散电流大;分辨率高,相邻峰电位差 40 mV 可分辨,经典极谱法中 $\Delta E_{1/2} > 200$ mV 才能分辨。交流极谱法的灵敏度比直流极谱法稍高;分辨率比直流极谱法高,峰电位差 40 mV 可分辨;氧的干扰小;用于考察电极过程动力学、吸附现象和测定反应速率常数。单扫描极谱法与直流极谱法相似的地方是分析速度快,一滴汞即能形成一条曲线;灵敏度和分辨率较直流极谱法高;在汞滴生长的最后 2 s 记录极谱电流,此时汞滴面积几乎不变,电极面积的变化速率最小,可较好地解决充电电流的影响;用于成分分析。循环伏安法的原理和结果与单扫描极谱法相同,但施加电压的方式不同(表6.2);循环伏安法一般不用作成分分析;用于考察电极反应过程的可逆性、电极反应机理、电极动力学,在检验除电极反应外还存在其他化学反应时很有用。方波极谱法的灵敏度可达 $10^{-7}\sim10^{-8}$ mol/L;比交流极谱法高 2 个数量级;前波影响小,可消除充电电流的影响,提高信噪比;适用于物质成分分析。差示技术是利用两个电化学池,两支滴汞电极,记录流过两支滴汞电极电流的差值,灵敏度是脉冲极谱法的 $10\sim100$ 倍。差示脉冲极谱法在每滴汞增长到一定时间时,叠加 $2\sim100$ mV 的脉冲电压,测量脉冲前后电解电流的差 Δi,可消除背景电流;在滴汞寿期采样 2 次,记录两点间电流的差值和电极电势的关系曲线。

表 6.2　控制电位极谱法（何锡文，2005）

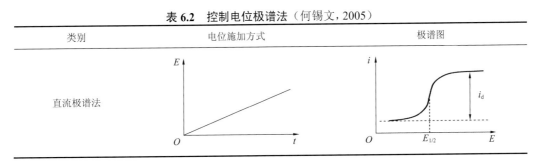

类别	电位施加方式	极谱图
直流极谱法		

类别	电位施加方式	极谱图

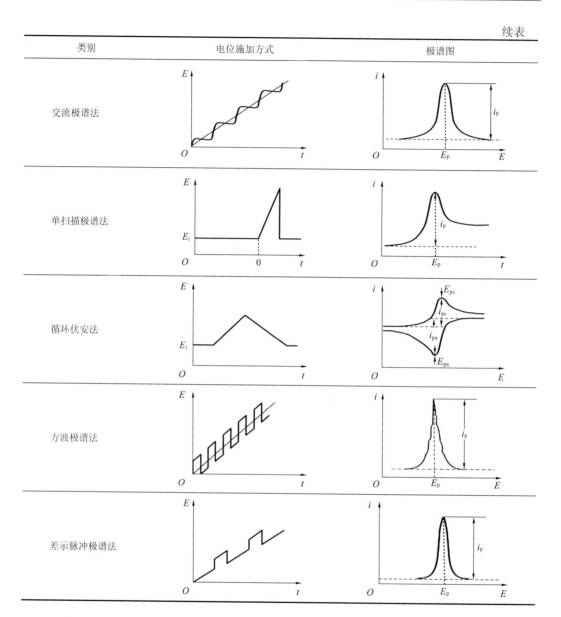

交流极谱法

单扫描极谱法

循环伏安法

方波极谱法

差示脉冲极谱法

2. 极谱法的制约因素

极谱法可用于痕量无机物和有机物的分析,也可用于电极动力学过程、电化学反应机理、生命过程研究及配合物的组成和化学平衡常数的测定。随着现代分析技术的快速发展,极谱法也呈现"短板",使其应用受到限制。

在极谱分析中,干扰电流、迁移电流、极谱极大、氧波等因素均会对极谱过程产生影响。①干扰电流指杂质电流和充电电流两部分,杂质电流是由溶剂及试剂中的微量杂质及微量氧等产生的微弱电流,可通过试剂提纯、预电解、除氧等方法消除;充电电流(也称电容电流),它是影响极谱分析灵敏度的主要因素。极谱分析在电极和溶液界面存在双电层,其电学性质相当于一个平板电容器,影响电极通过的速率。在电学中,当电容器外加电压时会产生对电容器的充电电流;同理,当电解池外加电压时也会产生对双电层的充电电流,这时流过外电路的电流包含两部分:由电子交换产生的法拉第电流和对双电层充电的充电电流。充电电流的存在干扰电解电流的测量,且分析过程中汞滴不停滴下,汞滴表面积在不断变化,充电电流总是存在,较难消除。充电电流约为 10^{-7} A 的数量级,相当于 $10^{-5}\sim10^{-6}$ mol/L 的被测物质产生的扩散电流。要提高分析的灵敏度,就要设法消除充电电流;当滴汞电极具毛细管零电荷电势时,滴汞不带电,充电电流为零;当滴汞电极的电势较零电荷电势为正时,汞表面带正电,充电电流为负;当滴汞电极的电势较零电荷电势为负时,汞表面带负电,充电电流为正;所以加入与平均充电电流相反的补偿电流可以减少充电电流的影响。②迁移电流是电迁作用引起的,由带电荷的被测离子（或带极性的分子）在静电场力的作用下运动到电极表面所形成的电流。加入过量的惰性电解质,被测离子所受到的电场力减小,迁移电流的影响可以消除。惰性电解质还可平衡溶液中各种物质的活度系数,测定过程可直接测量到浓度而不是活度。③极谱极大是在极谱分析过程中产生的一种特殊现象,即在极谱波刚出现时,扩散电流随着滴汞电极电位的降低而迅速增大到一极大值,然后下降稳定在正常的极限扩散电流值上。这种突出的电流峰称为极谱极大。其产生的原因是溪流运动,由于电极表面各点与附近的溶液存在不同的相间电势,使得电极表面各点的界面张力不同,由此可引起界面张力较大处收缩、较小处扩张的切向运动。加入明胶、聚氧乙烯醚类非离子型表面活性剂,可降低电极表面各点与附近溶液的界面张力,减少切向运动的发生,从而消除极谱极大。④溶液中的氧是电活性物质,它可以产生氧波干扰极谱分析。可通过向溶液通入纯净的惰性气体,如 N_2 等除氧;也可在中性或碱性溶液中加亚硫酸钠除氧: $2SO_3^{2-}+O_2 \longrightarrow 2SO_4^{2-}$,或在 pH $3.5\sim8.5$ 的溶液中加抗坏血酸除氧,在 $0.1\sim1.4$ V,抗坏血酸的氧化产物不发生电极反应;强酸性溶液中可加入 Na_2CO_3 产生 CO_2,或纯铁粉产生 H_2 除氧（被测离子不能被铁粉还原）予以消除。

3. 极谱法的分析装置

1）三电极系统

极谱分析中,常用到由工作电极、参比电极和对电极组成的三电极系统（图 6.6）。三电极系统的工作电极为滴汞电极或静汞电极,可同步准确测量电流和电压。参比电极为工作电极电位的参考点。参比电极主要有甘汞电极和银-氯化银电极,需可逆性好、电位稳定、温度系数小且制备简单。对电极也叫辅助电极,用以分担参比电极的电流,使流过参比电极的电流很小,保证参比电极的电位恒定。当参比电极电位恒定（基本无电流通过）,工作电极上的电位就不会受到工作电极与辅助电极间的压降影响,从而波形不受影响。

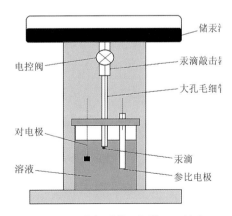

储汞池

电控阀

汞滴敲击器

大孔毛细管

对电极

汞滴

溶液

参比电极

图 6.6　三电极系统（阿伦.J.巴德和拉里.R.福克纳,2005）

2）极谱仪

极谱仪是根据物质电解时所得到的电流–电压曲线，对电解质溶液中不同离子含量进行定性或定量分析的电化学分析仪器，可用于无机离子分析和有机物分析。20 世纪 60～70 年代，我国先后开发了 JP-1 型和 JP-2 型极谱仪，这两种极谱仪仅适用于单扫描极谱分析，不能详细地观察波形，需另配函数记录仪作为终端显示记录仪。80 年代开发的 JP3-1 型示波极谱仪，可冻结存储波形，也可单条及多条曲线同时显示，并可打印波形和标准曲线。目前，国产的微机多功能电化学分析仪和瑞士万通微电脑极谱仪均是成熟的极谱分析仪器。

6.3　铊的极谱分析技术

重叠伏安峰是极谱分析的一个难题。当溶液中存在两种或更多的电活性物质，而这些物质的氧化（或还原）电位又很接近时，难免出现重叠峰现象，如 Tl-Pb-Cd 的重叠峰。当峰形较宽和不对称时，情况更为复杂。然而，重叠峰分离对定性分析有重要意义。极谱分析中，可通过形成配合物来改变待测离子的半波电位，达到分离重叠伏安峰和消除干扰的目的。

6.3.1　重叠伏安峰的分辨方法

金属离子配合物的半波电位通常较单纯的金属离子要负移，配合物的稳定常数越大，半波电位负移越明显。不同金属离子具有不同的半波电位（表 6.3），且不随浓度改变。处理重叠伏安峰方法通常有优化极谱底液和化学计量学两种方法。

表 6.3　金属离子在 1 mol/L KCl 底液中的半波电位（李荻，2008）　（单位：V）

金属离子	半波电位	金属离子	半波电位
Tl^+	−0.44	Co^{2+}	−1.24
Pb^{2+}	−0.47	Ni^{2+}	−1.44
Cd^{2+}	−0.68	Fe^{2+}	−1.34
Cr^{3+}	−0.85	Mn^{2+}	−1.51
Zn^{2+}	−1.06	Al^{3+}	−1.75

1. 优化极谱底液

优化极谱底液用于消除迁移电流的支持电解质的种类和浓度，溶液的酸度均可影响半波电位，特别是有氢离子或氢氧根参与电极过程的反应，其溶液的酸度可明显影响半波电位。当电解液加入一定量的配合剂时，铊的溶出信号比纯底液中灵敏度高，溶出平台、基线和重现性都比纯底液要好；因此，通过优化极谱底液，寻找合适的 pH 可分离重叠的伏安峰。此外，通过测定配合前后半波电位的偏移值：$E_{1/2}=E_{1/2(配合)}-E_{1/2(自由)}$ 可以求得配合物的稳定常数：$E_{1/2(配合)}-E_{1/2(自由)}=-0.059/n\lg K-0.059/n\lg c_L$（$c_L$ 为配体的浓度），也可用作图法，以 $E_{1/2}=E_{1/2(配合)}-E_{1/2(自由)}$ 对 $\lg c_L$ 作图，所得图形为一条直线，直线的截距即为配合物准确的稳定常数 K（保尔 M.S.蒙克，2012）。

　　EDTA 是金属离子常用的配合剂。铊与 EDTA 在碱性底液里不形成配合物，而许多重金属离子可与 EDTA 形成稳定的配合物，据此可消除重金属离子的干扰。氯化吡啶–吡啶也有同样的特性，在氯化吡啶–吡啶介质中，由于吡啶氢$[C_5H_5NH]^+$在电极表面通过吸附富集 Tl^+，使铊的灵敏度较相同浓度的纯盐酸介质中高 12 倍，且铊的溶出峰清晰，灵敏度更高（王世信 等，1991）。EDTA 络合的最佳 pH 为 2～5，溶液酸度提高，电流值增大，可提高铊测定的灵敏度。酸度降低时，EDTA 掩蔽干扰离子的能力增强，但酸度太低铊易水解，同时 EDTA 在酸性或中性转酸性时易析出。此外不宜加入大量 NaOH 调 pH，易出现氢氧化物吸附共沉淀使铊损失。极谱法测定铊时，中性或碱性样品选择 pH 为 4.5±0.2，酸性样品选择 pH 为 3.5±0.2，同时选用 0.050 mol/L 乙酸钠和 0.025 mol/L 乙酸缓冲溶液控制溶液酸度（吴颖娟 等，2008a）。表 6.4 列出了一些优化的测定铊的极谱底液。

表 6.4　铊的极谱底液和析出电位

底液	析出电位	参考文献
0.1 mol/L 氯化钾	-0.44 V（Tl^+）[a]	王玉红和赵凯元（2000）
0.1 mol/L 硝酸钠+0.1 mol/L 氯化钾	-0.46 V（Tl^+）	朱元保等（1984）
0.3 mol/L EDTA+0.015%PEG 2000	-0.47 V（Tl^+）[b]	吴颖娟等（2008a）
0.32 mol/L 乙酸铵+0.01 mol/L EDTA（pH=3.5～4.5）	-0.53 V（Tl^+）	黄建钦等（2004）
1 mL 12 mol/L 酒石酸+0.5 mL 0.2 mol/L EDTA+0.8 mL 4 mol/L 氢氧化钠（pH=4）	-0.58 V（Tl^+）	魏利民和于翔宇（2007）
0.026 5 mol/L 乙酸+0.023 5 mol/L 乙酸铵+0.023 5 mol/L 氯化铵（pH=4.6±0.1）	-0.61 V（Tl^+）	Domańska 和 Tyszczuk（2018）
0.1 mol/L 氢氧化钠+0.06 mol/L 乙二胺	-0.62 V（Tl^+）	邹爱红等（1999）
0.5 mol/L 乙酸钠+0.25 mol/L 氯化钠	-0.65 V（Tl^+）	李建平等（2000）
0.2 mol/L 氯化钾+0.01 mol/L 酒石酸氢钾+0.5 mol/L 二甲酚橙（pH=5.4 左右）	-1.25（Tl^{3+}）	丁虹等（1991）
0.1 mol/L 氯化钾（pH 5.0）	-1.3 V（Tl^+）	Mohammadi 等（2017）
100 μg/L Tl^+和 In^{3+}的乙酸盐缓冲液（pH 4.5）	-1.4 V（Tl^+）	Pérez-Ràfols 等（2017）

注：a. 同时测量 Pb^{2+}=-0.38 V，Cd=-0.58 V，有重叠峰；b. 同时测量 Pb^{2+}=-0.43 V

　　Cd^{2+}、Pb^{2+}与 EDTA 形成的络合物，可使溶出电位发生变化，在 Cd^{2+}、Pb^{2+}、Tl^+共存时，可逐渐改变 EDTA 浓度，观察溶出峰电位的变化。当 EDTA 浓度增加至 0.20 mol/L，铊的溶出峰电位从-0.467 V 平移至-0.479 V，而铅的溶出峰电位从 0.431 V 平移至 0.425 V，选用 EDTA 摩尔浓度为 0.20 mol/L，可提高 Cd^{2+}、Pb^{2+}的允许存在量。实际测定中，由于金属间化合物的形成及有机化合物在电极表面的吸附等原因往往使溶出峰重叠而难以实现多元素的同时测定。利用流通池介质转换技术在 1 mol/L 盐酸和 2 mol/L 乙二胺混合溶液中，可以得到再现性较好的 Pb^{2+} 和 Tl^+ 的溶出峰，有效地解决阳极溶出峰的重叠问题（邵勇 等，1998）。Tl^{3+}在 0.1 mol/L 盐酸、硼酸、柠檬酸、酒石酸和 0.1 mol/L 乙酸-乙酸钠等介质中溶出,以在酒石酸介质中灵敏度最高,波形好且溶出基线较平坦,在 0.1~0.5 mol/L 酒石酸中 Tl^{3+} 的溶出峰高基本相同(王银起,1996)。

2. 化学计量学

化学计量学是运用数学、统计学和计算机科学的理论和方法,优化化学量测的过程,挖掘数据资源,最大限度地获取有用化学信息的一门新兴学科。近 20 年来,多通道和联用仪器的使用使人们容易获得大量的数据,可借助计算机进行各类铊的重叠峰的运算分离。

化学计量学用于铊和多种元素同时测定的例子较多,如用卡尔曼滤波、小波变换与偏最小二乘法处理交流示波极谱或示波计时电位法中 Pb^+ 和 Tl^+ 的重叠切口(李华 等,2003;毕树平 等,1991);将因子分析用于脉冲极谱的 Pb^{2+} 和 Tl^+ 重叠信号的解析(刘思东 等,1994);用卡尔曼滤波或多元线性回归分辨 Tl^+、Pb^{2+}、Cd^{2+} 和 In^{3+} 的溶出峰(范瑞溪和朱海萍,1991;王耀光和刘建华,1991);以计算机进行正交回归分析可同时测定河水中的 Tl^+、Pb^{2+}、Cd^{2+}(王玉红和赵凯元,2000),利用计算机模拟研究目标转换因子分析实现 Tl^+、Pb^{2+}、Cd^{2+} 和 Zn^{2+} 的同时测定等。化学计量学突破了传统分析化学的范畴,免除繁杂的分离步骤,不经分离直接对输出信号进行处理和解析从而完成多组分的同时测定,这对在测定中难以找到有效分离方法的某些样品具有特别的意义。

化学计量学处理铊重叠峰的手段,主要有两种。①从峰宽的角度出发,通过数学处理使其峰宽变窄,而峰位置、峰面积保持不变,如小波变换;利用小波变换,可以将信号$(f)t$分解成交织在一起的多种尺度成分,并对大小不同的尺度成分采用相应粗细的时域或频域取样步长,从而能够不断地聚焦到任意微小的细节。小波变换类似于数学显微镜,具有放大和移位功能,是分析分形局部奇异性的有效工具,即使复合信号重叠程度严重,仍然能较真实地提取重叠峰的组分数及峰位置等信息、有效地避免了人为因素的影响。将样条小波变换用于分离 Cd^{2+}、In^{3+}、Tl^+ 的重叠峰有较好的结果(郑小萍 等,1999),小波变换可以把信号按频率直接分解,容易求出信号频域状态的时域表示,并具有时域局部化的特征,有"数学显微镜"之称;小波变换根据示波信号的特征选择合适的小波基,其时域表示不像傅里叶变换那样由三角函数基逼近,因此对示波信号的刻画更为准确(李华 等,2003);以选定的分辨因子用于样条小波滤波器,使之成为峰分辨器,可直接用其来处理重叠的伏安信号,分辨率大大提高;利用小波变换可方便地从 dE/dt–E 信号中滤噪,提取与去极剂浓度变化有关的信号,获得利于多成分测定的示波图,小波分析与偏最小二乘法结合可用于示波计时电位同时测定铅和铊;小波分析是处理非平稳信号的有力工具,当信号出现奇异点时,只在该点附近产生误差,误差不会传递到其他信号中去,峰位置的相对误差<3.0%,峰面积的相对误差<5.0%(李华 等,2003;郑小萍 等,1999)。②建立一定的数学模型,得出各峰的原始形状或是求出各组分的浓度,目的是获取重叠峰中各子峰的信息,即将提高分辨力后的峰信号进一步分解成独立的子峰,得到各子峰的形状、位置和面积等信息,称曲线拟合法(邱建丁 等,2002;郑小萍 等,1999)。比如,采用二次微分方法处理原信号后,原本重叠的峰的位置和数目均可显示清楚,但峰出现在负值区,有些峰依然重叠严重。不能满足进一步定量分析的需要,需再用样条卷积的方法进行分峰

（张永清 等，2002）。偏最小二乘法是有效的线性多变量回归方法，能够在自变量存在严重多重相关性的条件下进行回归建模，在最终模型中包含所有原有的自变量，容易辨识系统信息与噪声，并允许在样本点个数少于变量个数的条件下进行回归建模，在偏最小二乘回归模型中，每个自变量的回归系数将更容易解释（李华 等，2003）。先用分数阶微分器获得特定峰信号的分数阶阶微分，再用估计器 I 和估计器 II 提取这些特征峰信号的特征参数。对未知重叠峰信号，则用 Tsallis 峰作为子峰模型进行重叠峰信号分离（李远禄 等，2007）。

6.3.2　提高灵敏度和选择性的方法

衡量一个测试方法或测试手段的分析化学性能常用到灵敏度和选择性的概念。灵敏度指某种分析方法对单位浓度或单位量待测物质变化所引起响应量的变化程度，它可以用仪器的响应量或其他指示量与对应的待测物质的浓度（或量）的比值来描述。选择性则指：①用某种分析方法测定某组分时，能够避免样品中其他共存组分干扰的能力。如一个待测成分与另一个可能干扰的成分共存，两者都可在工作电极上进行单电子反应，为了选择性地分别测定，两个半反应的电位差应≥0.35 V，若两种物质的电子转移数均为 2，则电位差应为 0.177 V，若电子转移数均为 3，电位差则为 0.118 V。电位决定了选择性，被测成分与干扰成分的电位差别越大越好，或电位相近，但脉冲方向不同更好。②在指定的测量准确度下，共存组分的允许量与待测组分含量的比值 $n=W$(共存组分)$/W$(待测组分)。比值越大，说明在指定的准确度下，该仪器方法的抗干扰能力越强，即选择性越好。

1. 极谱催化波

极谱催化波是用化学方法提高灵敏度的方法。例如，I^- 和 HSO_4^- 中的 S^{6+} 属于可变性离子，也是电毛细管活性离子，这些离子能与 Tl^+ 结合形成相对稳定的络合物，对汞有吸附作用。在 0.1 mol/L 乙酸盐缓冲液中对 0.02 ng/L 的 Tl^+ 加入 I^- 和 HSO_4^-，对 Tl^+ 的灵敏度都有不同程度的提高，其中以 KI 存在时的基线最好，灵敏度高；在 0.1 mol/L 乙酸盐、0.003 mol/L 的丙二酸和 0.008 mol/L 的 KI 组成的极谱底液中加入一定量的铊，于−0.87 V（AgCl/Ag 电极）预电解 6 min，铊质量浓度在 0.002～0.01 ng/L 有良好的线性关系，当搅拌吸附时间为 8 min 时，可检出 0.000 6 ng/L 的 Tl^+（周志仁，1999）。

极谱催化波主要有氢催化波、平行催化波和配合物吸附波。氢在汞电极上的超电位很高，酸性溶液中，有些物质可降低氢超电位，使 H^+ 在较正的电位还原，形成氢催化波。氢催化波主要有铂族元素的氢催化波，金属配合物和有机化合物的氢催化波两类。平行催化波在电极反应时，电极周围一薄层溶液中发生某一氧化还原反应，使电极反应的产物生成原来的反应物，电极产物的氧化不一定需要氧化剂，有时物理因素也可以，如光照等。在配合物吸附波中，电活性物质以配合物的形式吸附在电极上，然后以下列其中一种类型还原：①配合物的金属离子还原；②配合物的配位体还原；③配合物整体还原。例如，以红菲咯啉（BPT）作配合剂，在 pH=10 的 $Na_2B_4O_7$-NaOH 介质中，采用单扫描极谱法于−0.58 V 电位处可得到 Tl^+、I^- 和 BPT 三元电活性配合物的还原波，配合物的组

成为 Tl^+：I^-：BPT=1：2：1，配合物带负电荷，在汞电极上有较强的吸附波，峰电流与 Tl^+ 浓度呈良好的线性关系，电极过程可逆（董云会 等，1999）。配合物吸附波的灵敏度很高，最低检测浓度可达 $10^{-11}\sim10^{-9}$ mol/L，在超纯物质、冶金、环境和地质样品的微量和痕量铊分析起到重要的作用。此外，采用 20%氟化钾和 0.15%碘化钾的碱性底液，铊产生的吸附催化波可使灵敏度提高 10 倍（袁蕙霞，2005）。

2. 添加表面活性剂

添加表面活性剂是用物理方法提高灵敏度的方法。将表面活性剂加入电解液中，利用表面活性剂的疏水性及其与待测物的静电和配合作用，改变溶液和电极表面的电化学性质，从而影响待测物的扩散过程和电化学反应，达到增敏目的。如聚乙二醇（PEG）分子质量的变化对 Tl^{3+} 测定有明显影响，而对 Tl^+ 测定无影响，因此可通过改变聚乙二醇分子质量来实现铊价态的测定。当电解液中加入一定量的表面活性剂（或修饰在电极表面）时，可显著提高分析方法的灵敏度、选择性和重现性，并可改善极谱波形，抑制和消除干扰。

3. 添加掩蔽剂

电化学分离与配离子有密切的关系，大多数铊的检测，电解液中的 Pb^{2+} 和 Cd^{2+} 干扰严重。以配合作用控制 Pb^{2+} 和 Cd^{2+} 的存在形式，改变摩尔电位可提高铊检测的选择性，并消除干扰。EDTA 是常用的掩蔽剂，利用 EDTA 和丙二酸作掩蔽剂，对高于 500 倍 Tl^+ 的 Pb^{2+} 和 Cd^{2+} 进行试验，证明丙二酸的掩蔽效果优于 EDTA。当丙二酸浓度为 1×10^{-5} mol 时，大量的 Pb^{2+} 和 Cd^{2+} 被掩蔽，少量的溶出电位与 Tl^+ 的电位平台完全分离。当丙二酸浓度增加时，Tl^+ 的溶出电位显著下降，说明 Tl^+ 也被掩蔽（周志仁，1999）。以氟化钾作掩蔽剂，Fe^{3+}、Cu^{2+}、Pb^{2+}、Sb^{2+}、Bi^{2+} 等元素在碱性氟化钾底液中可被掩蔽，Cd^{2+} 峰在铊峰后的 0.1 V 处，当 pH＞8 时镉峰消失（袁蕙霞，2005）。抗坏血酸是强还原剂并有配合作用，微酸条件下可还原铊、铁、铬、锰、铜、钒、铈等高价离子。

4. pH 的选择

很多极谱分析中，底液的组成均含调节和控制溶液 pH 的成分。选用 EDTA 作掩蔽剂时，EDTA 本身和溶液的酸度均可影响铊的测定，当酸度较大时，Pb^{2+} 和 Cd^{2+} 产生的极谱峰，对 Tl^+ 峰产生干扰，且 EDTA 的掩蔽效果不佳；当溶液的 pH 为 4.7 左右时，Pb^{2+} 和 Cd^{2+} 等金属离子在 0.009 mol/L EDTA 的掩蔽下不出峰；当 EDTA 摩尔浓度在 0.001～0.01 mol/L 对 Tl^+ 没有干扰；若 pH 大于 5 时，铊的灵敏度下降。以丙二酸作掩蔽剂，pH 在 2.5～4.8 时，Tl^+ 的溶出电位不变；当溶液的 pH≤3.8 时丙二酸不能完全掩蔽 Pb^{2+} 等干扰离子；增高 pH 时 Tl^+ 的电位值下降，测定的最佳 pH 为 4.5（周志仁，1999）。Tl^{3+} 在酸性介质中溶出峰波形好，灵敏度高，在碱性介质中溶出基线不平坦、波形差、灵敏度低；在 0.2 mol/L 酒石酸介质中，当底液的 pH 为 2～6 时，Tl^{3+} 的溶出峰随酸度增加稍有负移，但峰高基本一致，溶出基线在 pH 2～3 时较平坦（王银起，1996）；以 EDTA 作掩蔽剂，为避免 EDTA 在较强的酸度下掩蔽能力下降且易形成沉淀，选取底液的 pH 为 4。

6.3.3　极谱法分析铊的实例

1. 差示脉冲阳极溶出伏安法测定河水中的铊

1）前处理

河水样品取自大运河的苏州段。水样分 5 个点各取 500 mL，混合沉淀后，滤去泥沙杂物，量取 500 mL，蒸发冷却得残渣，加王水少许溶解，再蒸干，稍冷后加浓硝酸溶解，并加热赶尽 NO_2 气体，冷后用蒸馏水溶解并定容到 50 mL，各取 2.50 mL 加入每个标准试样中。

2）仪器和检测条件

MEC-12A 型微机多功能电化学分析仪，三电极体系：JPSJ-602 型静汞电极，AgCl/Ag 电极为参比电极，铂电极为辅助电极。

支持电解质：氯化钾 0.1 mol/L（通氮除氧）。标准溶液：Pb^{2+} 为 5.000×10^{-5} mol/L，Tl^+ 和 Cd^{2+} 为 1.000×10^{-5} mol/L。

样品+底液：2.50 mL 经浓缩 10 倍的河水样品加 0.1 mol/L 氯化钾定容至 25 mL。电压扫描范围为 $-0.2\sim-0.8$ V，脉冲宽度为 100 ms，脉冲高度 50 mV，脉冲间隔为 0.2 s，峰电位为 -0.44 V。

3）方法特点

可同时测定 200 μg/g Pb^{2+}（-0.38 V）、115 μg/g Cd^{2+}（-0.58 V），峰电流叠加，采用正交回归法分峰。分析结果见表 6.5（王玉红和赵凯元，2000）。

表 6.5　差示脉冲阳极溶出伏安法与发射光谱法对比测定河水铊的结果

差示脉冲阳极溶出伏安法	相对偏差/%	发射光谱法	相对偏差/%
Pb 质量分数为 0.207 mg/kg	2.2	Pb 质量分数为 0.201 mg/kg	3.6
Tl 质量分数为 0.042 mg/kg	3.8	Tl 质量分数为 0.051 mg/kg	6.5
Cd 质量分数为 0.120 mg/kg	2.7	Cd 质量分数为 0.111 mg/kg	4.2

2. 差示脉冲阳极溶出伏安法测定硫酸废渣分级提取液的铊

1）前处理

按图 6.7 的步骤分级提取，每级振荡 1 h 后离心分离，提取 3 个平行样的试管清液混合定容，水相、黏土相和铁锰相用极谱仪测定铊含量；有机相、碳酸盐相、硫化物相和硅酸盐相需分离干扰物：滴加溴水至微黄，将 Tl^+ 氧化成 Tl^{3+}，于小烧杯中加入 17 mL 样品，4 mL 盐酸和 0.15 g 粉末活性炭（用前先用 18 mol/L 盐酸淋洗 10 次），电磁搅拌 20 min，定量滤纸过滤，弃去溶液，用滴管分量、多次加入 40 mL 50～60℃ 50 g/L 的草酸铵溶液洗涤活性炭，小烧杯收集滤液。Tl^{3+} 以 $[TlCl_4]^-$ 被活性炭吸附，在草酸铵的作用下，以 TlCl 解吸。在滤液中加入体积比为 1∶4 高氯酸与硝酸混合液，慢火蒸至冒白烟去除有机物，补加几滴硝酸蒸至近干（余 6 mL），加水定容。再用极谱仪测定铊含量。

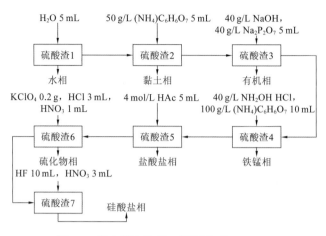

图 6.7　相态提取流程（吴颖娟 等，2003）

2）仪器和检测条件

757 微电脑极谱仪（瑞士万通），三电极系统（工作电极为悬汞电极）。

Tl⁺标准溶液：优级纯 TlNO₃ 配制成 1 mg/mL 标准储备溶液，0.30 mol/L EDTA 和 0.015% PEG 20000 混合溶液。乙酸介质为 1.5 mol/L KCl、0.50 mol/L NaAc、0.25 mol/L HAc，实验用水为二次石英蒸馏水。

检测方法：于 10 mL 容量瓶中，加入适量 1 μg/mL 的铊标准溶液、乙酸介质 1 mL、EDTA 和 PEG 20000 混合溶液 7 mL、0.04 g 抗坏血酸，加水定容后转移至干燥电解杯中，插入三电极系统。通氮气除氧 5 min，搅拌速度为 2 000 r/min，−0.80 V 电位下富集 3 min，静置 10 s，扫描电位为−0.80～−0.20 V，峰电位为−0.467 V，扫描速度为 29.8 mV/s，脉冲振幅为 50 mV。

酸性样品底液：2.0～10.0 mL 0.30 mol/L EDTA+0.015% PEG 20000 混合溶液；1 mL 乙酸介质为1.5 mol/L KCl+0.50 mol/L NaAc+0.25 mol/L HAC，pH=4.5±0.2。

碱性样品底液：2.0 mL 0.30 mol/L EDTA+0.015% PEG 20000 混合溶液，2.0～10.0 mL 1 mol/L 草酸铵+1 mL 乙酸介质，pH=3.5±0.2。

3）方法特点与共存离子

线性范围为 1～100 μg/L，检测限为 0.5 μg/L。当铊质量浓度为 1×10^{-2} μg/L 时，10 000 倍的 Pb^{2+}、Cd^{2+}、Cu^{2+}、Zn^{2+}、Fe^{3+}、Ni^{2+}、As^{3+}、In^{3+}，或 1 000 倍的 Co^{3+} 单独存在；或 1 000 倍以上 9 种离子共存不干扰测定。分析结果见表 6.6（吴颖娟 等，2008a，2008b）。

表 6.6　差示脉冲阳极溶出伏安法测定硫酸废渣分级提取液铊的结果　（单位：μg/g）

废渣	水相	黏土相	有机相	铁锰相	碳酸盐相	硫化物相	硅酸盐相
酸性渣	0.070	0.45	0.69	0.45	14.5	3.74	19.3
碱性渣	0.538	2.43	2.79	1.89	8.64	7.85	19.7

3. 差示脉冲阳极溶出伏安法测定蔬菜中的铊

1) 前处理

样品洗净、风干，65℃烘干，干样粉碎，准确称取 1.000 g 试样，采用硝酸-高氯酸法消化（详见 3.4.6 小节的试样制备）。

2) 仪器和检测条件

757 微电脑极谱仪（瑞士万通），三电极系统（工作电极为悬汞电极）。

支持电解质由 0.25 mol/L NaCl、0.025 mol/L 乙酸和 0.025 mol/L 乙酸钠组成；10 mg/L 铊标准溶液；10 mg/L 铅标准溶液；1 mg/L 镉标准溶液；100 mg/L EDTA 溶液；所用试剂均为优级纯；实验用水为双蒸水。

检测方法：于测量池加入 10 mL 双蒸水和 10 mL 支持电解质，再加入 100 μL EDTA 溶液和适量铊标准溶液，插入电极。通氮气除氧 5 min，搅拌速度为 2 000 r/min，–0.80 V 电位下富集 3 min，静置 20 s，扫描速度为 50 mV/s，扫描电位为–0.80～–0.10 V，脉冲振幅为 50 mV。

3) 方法特点与共存离子

线性范围为 0.5～100 μg/L，检测限为 0.1 μg/L。10 000 倍的 Pb^{2+} 和 Cd^{2+} 不影响测定。分析结果见表 6.7（张平 等，2007）。

表 6.7　供试土壤种植的蔬菜中铊的质量分数　　　　　　（单位：mg/kg）

供试土壤	莲花白	大白菜	莴苣叶	莴苣茎	茄子
污染土壤	12.3	7.35	6.87	4.63	2.53
空白土壤	0.12	0.06	0.04	0.03	0.02

4. 微分脉冲极谱法分析火电厂粉尘中的铊

1) 前处理

见第 3 章 3.5 节。

2) 仪器和检测条件

LK98 微机化电化学分析仪，三电极系统：工作电极为滴汞电极，参比电极为饱和甘汞电极，辅助电极为铂丝。

样品（含铊 0.6～150 μg）+2.0 mL 0.6～4.0 mL+20%微晶萘溶液（丙酮配制）吸附铊的螯合物→稀释至 30～40 mL；0.2 mol/L 乙酸-乙酸钠或氨-氯化铵缓冲液调 pH 5.0～10.0→混合静置几秒；15 mL 1.5 mol/L HCl 使不溶性的螯合物脱附后测定，通氮除氧 3～5 min。电压扫描–0.20～–0.80 V，扫描速度为 10 mV/s，脉冲幅度为 50 mV，脉冲持续时间为 0.04 s，取样时间为 0.02 s，汞滴寿命为 0.5 s。

3) 方法特点与共存离子

25 mg 的酒石酸钠、草酸钠、柠檬酸钠、磷酸二氢钠、碳酸钠、硫酸钠、乙酸钠、硫氰化钾、氯化钠、溴化钠、碘化钠和乙二胺四乙酸钠等对测定没有影响；50 mg 的 U^{6+}、Se^{6+}、Mo^{6+}、Ti^{4+}、Cr^{3+}、Mn^{2+} 和 Zn^{2+}，25 mg 的 V^{5+}、Te^{4+}、Bi^{3+}、Al^{3+}、Ni^{2+}、Sn^{2+}、Co^{2+} 和 Cu^{2+}，5 mg 的 Sb^{3+}、Rh^{3+}、Ru^{3+} 和 Pd^{2+} 均对测定没有干扰。Cd^{2+}、Pb^{2+} 的干扰可加入络合剂 EDTA 加以掩蔽；Fe^{3+} 的干扰可通过加入三乙醇胺加以掩蔽将干扰消除，分析结果见表 6.8（何为等，2004）。

表 6.8　微分脉冲极谱法分析火电厂粉尘铊的质量分数　　　　　　　　　（单位：µg/g）

样品	微分脉冲极谱法	原子吸收光谱法
1#	95.4±4.0	93.2±4.0
2#	5.48±0.04	5.42±0.05

6.4　铊的溶出伏安法

　　以电极表面能周期更新的液体作为工作电极（如滴汞电极）的方法称为极谱法，而以表面不能更新（电极面积固定）的液体或固体作为工作电极的方法称为伏安法，二者均是以测定电解过程中的电流–电压曲线为基础的电化学分析方法。1980～1990 年，*American Chemical Society* 收录了 831 条关于铊分析的条目，其中电化学分析法 148 条，占总条目的 18%；而在电化学分析法中，溶出伏安法 62 条，占电化学分析法的 42%。同期收录于我国《分析化学文摘》和《中国无机分析化学文摘》（已更名为《中国无机分析化学》）关于铊分析的条目 97 条，电化学分析 25 条，占总条目的 25%；其中 17 条为溶出伏安法，占电化学分析法的 68%（罗红群和刘绍璞，1994）。检索 1969～2016 年发表于 SCI 收录的国际刊物上近 300 篇关于铊研究的论文，有 20 篇以电化学分析法检测铊，其中 17 篇为溶出伏安法。可见溶出伏安法是一种有效的检测微量和超微量铊的方法。

6.4.1　溶出伏安法的原理

1. 溶出伏安法分析铊的原理

　　溶出伏安法是恒电位电解富集与伏安分析相结合的一种分析技术。溶出伏安法分为沉积和溶出两步，先将被测物质放在适当电压下恒电位电解，还原沉积在阴极上，然后施加反向电压，使还原沉积在阴极（此时变阳极）上的金属离子氧化溶解，形成较大的峰电流，峰电流与被测物质浓度成正比（定量依据），据此可得出被测物质的浓度。待测物通过预富集后溶出，可显著提高电解电流的成分，而充电电流与普通伏安法基本相同，因而电解电流与充电电流的比值得到很好的改善。借助差示脉冲、方波等电位施加方式可较好地消除充电电流，因此，溶出伏安法的灵敏度可达 10^{-10}～10^{-11} mol/L，广泛应用于微量和超微量的铊分析。

2. 溶出伏安法分析铊的特点

与极谱法分析铊一样，溶出伏安法分析铊的主要干扰为半波电位相近造成的 Pb^{2+}（-0.47 V）、Cd^{2+}（-0.63 V）、Sn^{2+}（-0.45 V）和 Tl^+（-0.45 V）峰的重叠，避免干扰的方法见 6.3.1 小节。此外溶出伏安法测定铊时需要注意以下几点：①自然环境样品的铊浓度很低，测定过程常需要预富集。由于汞齐中 Tl^+ 的浓度远远大于溶液中的浓度，预富集的电位通常比铊的半波电位（-0.45 V）更负一些，如负 $0.2\sim0.5$ V。可用实验方法测量预富集电位对峰电流的影响，选择无干扰且峰电流最大的富集电位进行预富集。②富集时间与溶出峰电流有良好的线性关系。富集时间越长，富集的铊量越大，灵敏度也越高，但线性关系差。以化学计量法确定铊浓度，Tl^+ 可完全电积在阴极上；以非化学计量（常用方法）确定铊浓度，约 $2\%\sim3\%$ 的 Tl^+ 电积在阴极，不宜因富集时间长而使溶液中 Tl^+ 的浓度发生很大的变化，铊离子浓度在 $10^{-11}\sim10^{-9}$ mol/L，富集时间不超过 3 min。③扫描速度对溶出峰电流有影响，在 $25\sim200$ mV/s，溶出峰电流与扫描速度有良好的线性关系。④与极谱法一致，需通入 N_2 或加入 Na_2SO_3 除去溶液的溶解氧。

6.4.2　溶出伏安法的分类和分析装置

1. 溶出伏安法的分类

在溶出伏安法中，金属离子在电极上的富集因子可达 $100\sim1\,000$，因此即便溶液中金属离子的浓度很低，也可通过电化学沉积到汞电极上进行富集。沉积后金属的溶解视沉积的性质有不同的溶出方法。溶出伏安法的分类和特点见表 6.9。

表 6.9　溶出伏安法的分类和特点

方法	特点	应用
阳极溶出伏安法	①控制电位整体电解富集待测物；②施加反向电位扫描，使富集物溶出，记录电流-电压曲线；③溶出为氧化反应	用于测定 Tl、Cu、Cd、Pb 和 Zn 等金属离子
阴极溶出伏安法	①控制电位整体电解，利用电极与待测物生成难溶盐富集待测物；②施加反向电位扫描，使富集物溶出，记录电流-电压曲线；③溶出为还原反应	用于测定不能生成汞齐的金属离子，非金属离子（Cl^-、Br^-、I^- 和 S^{2-}），也可将变价离子难溶化合物沉积在电极表面，然后溶出
电位溶出伏安法	①富集步骤与阳极溶出伏安法相同；②施加恒流源富集物溶出称为计时电位溶出伏安法；③用化学氧化方法使富集物溶出称为电位溶出伏安法	用于金属离子分析
吸附溶出伏安法	①通过待测物本身或待测物与配体形成配合物的吸附完成富集；②溶出过程为待测物或配合物的还原或氧化	主要用于有机物分析；有待测成分的预富集过程，灵敏度更高

2. 溶出伏安法的装置

溶出伏安法与极谱法的装置基本相同，仅工作电极有不同，溶出伏安法采用汞膜电极

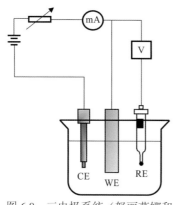

图 6.8 三电极系统（努丽燕娜和
王保峰，2007）

CE 为对电极，WE 为工作电极，RE 为参比电极

或固体电极进行测量。

氢在汞上的超电位很高，有 20 多种金属可在汞阴极沉积而无氢析出的干扰，这些金属沉积物可溶于汞并形成汞齐，达到很好的分离和测定效果。如果用汞膜电极，汞膜很薄，且电极的表面积大，所以汞膜电极的灵敏度常比滴汞电极高 1～2 个数量级。固体电极指铂电极、金电极、碳电极和石墨电极，用于因工作电势的限制，不能在汞电极上（如正电区）测量和研究的物质（图 6.8）。

我国开发的 MP 系列溶出分析仪适用于电位溶出法。多功能伏安仪则可用于经典极谱法、线性扫描伏安法、阴极溶出伏安法、阳极溶出伏安法、循环伏安法、电位溶出法和直流极谱的常规和导数分析。

6.4.3 溶出伏安法分析铊的实例

在天然水铊的测定过程中，有机质在电极上会发生强烈吸附，严重干扰差示脉冲阳极溶出伏安法对铊的测定。电位溶出法是以化学氧化方法使富集物溶出，因此，有机质在电极上强烈吸附对电位溶出法的影响很小，电位溶出法是测定天然水中痕量铊的有效手段。

1. 微分电位溶出法测定地表水中的铊

1）试剂

乙酸盐缓冲溶液：60 g/L 的乙酸钠溶液和 124 mL/L 的冰乙酸等体积混匀，0.10 mol/L EDTA 溶液，20 mg/L 铊标准溶液 100 mL。

2）仪器和检测条件

MP-2 型溶出分析仪，三电极系统：玻璃碳汞膜电极为工作电极，饱和甘汞电极为参比电极，铂电极为辅助电极。汞膜制备：20 mL 含汞 80 mg/L 的硝酸汞镀汞液，从−0.1～−0.9 V 扫描，并在−1.00 V 电解 40 s，电极转速为 2 500 r/min，重复 4 次，观察膜均匀即可使用。

样品+底液：20.0 mL 水样+1 mL 乙酸盐缓冲液+2 mL 0.10 mol/L EDTA 溶液混匀。扫描电压为−0.1～−0.9 V，在−1.00 V 沉积时间 100 s（静置 100 s），溶出峰电位为−0.53 V。测量后于+0.08 V 洗涤电极 10 s。

3）方法特点和共存离子

分析结果：样品 1# Tl 质量浓度为 10 µg/L，样品 2# Tl 质量浓度为 50 µg/L，样品 3# Tl 质量浓度为 90 µg/L。

线性范围为 5～100 µg/L，检测限为 2 µg/L。

当铊浓度为 50 µg/L 时，2.0 mg/L 的 Zn^{2+}、Al^{3+}、Mn^{2+}、F^-、Sn^{4+}、As^{3+}；1.0 mg/L 的 Fe^{3+}、

Co^{2+}、Ni^{2+}、In^{3+}；0.5 mg/L 的 Cu^{2+}、Ag^+、Pb^{2+}、Cd^{2+}，以及大量 K^+、Na^+、Ca^{2+} 和 Mg^{2+} 不干扰测定（陈文仙，2005）。

2. 微分电位溶出法人工尿样中的铊

1）前处理

10.0 mL 尿样+3 mL 混合酸（体积比 $HClO_4$：HNO_3：H_2SO_4=25：10：4），消解至透明，体积约为 1 mL，冷却后加入 5 mL 纯水，放冷后加入 1 滴甲基橙溶液，滴加 1：1 氨水至溶液变黄。

2）仪器和检测条件

MP-1 型溶出分析仪，三电极系统：工作电极为玻璃碳汞膜电极。扫描电位为 -0.20～-0.90 V，-1.0 V 电解 80 s（静置 100 s），溶出峰电位为 -0.53 V，底液为在 0.32 mol/L 乙酸铵+0.01 mol/L EDTA 溶液（pH=3.5～4.5）。

3）方法特点与共存离子

线性范围为 5.0～100.0 μg/L，检测限为 2.0 μg/L。40 倍 Al^{3+}、Zn^{2+}、Mn^{2+}、Ga^{3+}、F^-、Sn^{4+}、As^{3+}；20 倍 Fe^{3+}、Co^{2+}、Ni^{2+}、In^{3+}；10 倍 Cu^{2+}、Ag^+、Pb^{2+}、和 Cd^{2+}；均不影响测定（黄建钦 等，2004）。

3. 计时电位溶出法测定水中的铊

1）前处理

水样 50～100 mL 加 HBr 至摩尔浓度为 1 mol/L，加乙醚萃取两次，合并乙醚萃取液，电热板上蒸干，冷却，加 0.5 mL 2 mol/L 酒石酸、4.5 mL 纯水溶解残渣，混匀。

2）仪器和检测条件

MP-1 型溶出伏安仪，三电极系统为玻璃碳汞膜电极、饱和甘汞电极和铂电极。样品+底液为 1.0 mL 2 mol/L 酒石酸+0.5 mL 0.2 mol/L EDTA+0.8 mL 4 mol/L NaOH（pH=4）；扫描电位为 -0.1～-0.9 V，-1.00 V 电解 300 s（静置 15 min），溶出峰电位为 -0.57 V。

3）方法特点与共存离子

分析结果：Tl 质量浓度为 0.051～0.315 μg/L。

线性范围为 0.81～8.13 μg/L 和 8.13～81.3 μg/L，检测限为 0.2 μg/L。

20 000 倍 Ca^{2+}、Mg^{2+}；2 000 倍 Zn^{2+}、Mn^{2+}、Fe^{3+}、F^-、NO_3^-；1 000 倍 Sn^{4+}、As^{3+}、NO_2^-、PO_4^{3-}；200 倍 Pb^{2+}、Cu^{2+}、Br^-、酚；100 倍 Cd^{2+}、Cr^{6+} 和 80 000 倍 SO_4^{2-} 和 1 500 倍 Cl^-；均不影响测定（王银起，1996）。

4. 计时电位溶出法测定发样中的铊

1）前处理

发样 1.000 g 置 40 mL 的石英试管，加浓硝酸 10 mL 浸过夜，加热至沸，待溶液清亮，冷却，滴加 30% H_2O_2 4 mL，小火加热至有机物完全分解，定容至 0 mL。

2）仪器和检测条件

LK9807 型电位溶出分析仪，三电极系统，工作电极为玻璃汞膜电极。

底液为1.0 mL 2 mol/L 酒石酸，0.5 mL 0.2 mol/L EDTA，以 4 mol/L NaOH 调 pH=4。扫描电位为$-0.30\sim-0.90$ V，-1.00 V 富集 5 min（静置 20 min），溶出峰电位为-0.58 V。

3）方法特点与共存离子

分析结果：Tl 质量分数为 $0.051\sim0.315$ μg/g。

检测限为 2.5 ng。

发样中与 Tl 共存的 13 种主要元素（Ca、Cd、Fe、Co、Mn、K、Na、Ni、Cu、Pb、Zn、Cr、Mg）对测定均无干扰。

4）注意事项

为了使标准系列的介质条件与尿样基本一致，标准曲线中铊的浓度需用模拟尿样配制，在纯水和尿样中加入等量的铊，经同样硝化，纯水中铊的出峰较高。因此，纯水配制的标准曲线不管是否消化，均不能作为标准曲线使用（魏利民和于翔宇，2007）。

5. 溶出伏安法测定地表水、自来水和洪水期河水中的铊

1）前处理

100 mL 水样过滤，加 10 滴 HNO_3 酸化，加热浓缩至 100 mL。

2）仪器和检测条件

SDP-1 型半微分极谱仪，LZ-104 型 X-Y 函数记录仪，三电极系统，工作电极为玻璃碳汞膜电极。

样品+底液为一定量的试液+2 mol/L 吡啶溶液和氯化吡啶溶液各 1.9 mL、1.3 mL、0.2 mol/L EDTA 溶液，以水定容至 25 mL。扫描电位为$-1.10\sim0.00$ V，扫描时间为 15 min（静置 30 s），溶出峰电位为-0.57 V。

3）分析结果和干扰离子

分析结果：Tl 质量浓度为 0.118 μg/L（自来水，$n=18$）；Tl 质量浓度为 0.059 μg/L（井水，$n=15$）；Tl 质量浓度为 0.223 μg/L（洪水期河水，$n=15$）；Tl 质量浓度为 0.413 μg/L（受工业废水污染的河水）。

3 倍的 In^{3+} 和等量的 Pb^{2+} 会干扰 Tl 的测定，加入一定量的 EDTA（0.01 mol/L）可消除（王世信 等，1991）。

6. 溶出伏安法测定尿样中的铊

1）前处理

5.0 mL 尿液+1.5 mL 混合酸（HNO_3+$HClO_4$+H_2SO_4=24 mL+24 mL+1 mL），低温电炉（<180℃）蒸至湿结晶状（无色），室温冷却，加底液 10 mL 溶解其盐类结晶。

2）仪器和检测条件

AD-2B 型极谱仪，三电极系统：工作电极为玻璃碳汞膜电极。

底液为 0.5 mol/L 乙酸钠+0.25 mol/L 氯化钠（优级纯），−1.0 V 处电解 30 s（静置 30 s）。

3）方法特点和共存离子

分析结果：尿液中铊的浓度为 $9.8 \times 10^{-11} \sim 3.9 \times 10^{-5}$ mol/L。

线性范围为 $0.00 \sim 15.6$ μg/L，检测限为 5.2 μg/L。

当 Tl 摩尔浓度为 4×10^{-9} mol/L，615 倍 Pb^{2+} 和 150 倍 Cd^{2+} 不影响测定。当 Tl 浓度很高，如 Tl：Pb=7.9：1 时，Pb 峰淹没（李建平 等，2000）。

7. 溶出伏安法测定岩矿样中的铊

1）前处理

于 50 mL 烧杯中加入 0.500 0 g 矿样、20 mL 王水，电炉加热溶解、蒸发至近干后加少量 HNO_3 蒸干、冷却，并加 1 滴 HNO_3、少量水溶解，50 mL 容量瓶定容。

2）仪器和检测条件

SDP-1 型半微分极谱仪，LZ-104 型 X-Y 函数记录仪。

底液为 2.0 mol/L 吡啶+氯化吡啶+0.2 mol/L EDTA，$-1.10 \sim 0.00$ V 富集 3 min（静置 30 s）。

3）方法特点与共存离子

样品结果：$780 \sim 1\,900$ μg/L。线性范围为 $25 \sim 200$ mV，检测限为 0.02 μg/L。下列离子不产生干扰：1 000 倍的 Al^{3+}、Mg^{2+}、Ni^{2+}、Co^{2+}、Cr^{3+}、Fe^{3+}、Mn^{2+}、MoO_4^{2-}、WO_4^{2-}、Bi^{3+}、VO^{2+}；100 倍的 Zn^{2+}、Sb^+、As^{3+} 和 10 倍的 Te^{4+}、Sn^{4+} 不干扰 Tl 的测定；100 倍的 Cu^{2+}，20 倍的 Te^{4+}、Sn^{4+}，10 倍的 Cd^{2+}。3 倍的 In^{3+} 和等量的 Pb^{2+} 会干扰 Tl 的测定，加入适量 0.01 mol/L 的 EDTA 可消除（王世信 等，1991）。

8. 线性扫描伏安法测定地表水中的铊

1）前处理

天然水样可直接测定。

2）仪器和检测条件

HD-1A 信号发生器，HDV27C 数字式恒电位仪，三电极系统的工作电极为汞膜银电极。

样品+底液为 0.80 g 乙酸钠、0.70 mL 99.5%乙酸、2.00 mL 0.25 mol/L EDTA、0.10 g 抗坏血酸。扫描电位为 $-1.2 \sim -0.1$ V，电磁搅拌 30 s，峰电流为 0.162 mA。

3）方法特点和共存离子

分析结果：地表水样品 1[#] 为 1.29 μg/L、1.35 μg/L、1.22 μg/L；地表水样品 2[#] 为 1.24 μg/L、1.15 μg/L、1.27 μg/L。

线性范围为 $0.000\,69 \sim 0.002\,69$ μg/L，检测限为 0.000 7 μg/L。

无 EDTA 时，Tl^+=0.001 7 μg/L，Pb^{2+}=27 mg/L 和 Cd^{2+}=0.11 g/L 对 Tl^+ 有干扰；加入 EDTA 消除 Cd^{2+} 干扰后，Pb^{2+} 为 32 mg/L 时，不干扰测定（黄松龄 等，2005）。

9. 吸附电位溶出法测定金矿样中的铊

1）前处理

见第 3 章 3.6 节。

2）仪器和检测条件

79-1 型伏安分析仪，X-Y 函数记录仪，XBD-1 型旋转电极装置配球形汞膜电极。

样品+底液为 0.80 g 乙酸钠、0.70 mL 99.5%乙酸、2.00 mL 0.25 mol/L EDTA，0.10 g 抗坏血酸。扫描电位为-0.2～-0.87 V，富集 8 min（静置 15 s）。

3）方法特点与共存离子

线性范围为 0.002～0.010 ng/L，检测限为 0.000 6 ng/L。

下列离子不产生干扰：700 倍 Pb^{2+}、Cd^{2+}、Fe^{2+}、Zn^{2+}、As^{3+}、Al^{3+}、Mg^{2+}、Ba^{2+}；500 倍 Mn^{2+}、Se^{4+}，50 倍 Bi^{2+}、Sn^{2+}、Cu^{2+}、Cr^{6+}、Te^{4+}。少量碘酸根有干扰。分析结果见表 6.10。

表 6.10　吸附电位溶出法与电位溶出法测定金矿样品铊的质量分数（周志仁，1999）（单位：μg/mL）

测定方法	金矿外围样	中南管理样
电位溶出法	0.007 5	0.023
吸附电位溶出法	0.007 4	0.025

6.5　铊的电化学分析新技术

自 20 世纪 60 年代起，极谱学使电化学分析从常量分析扩展到痕量分析领域后，铊的电化学分析稳步发展。当离子选择性电极、固定酶电极、氧电极等固体电极在 70～80 年代快速发展时，铊在电极表面的结构和结构变化，以及电极和溶液界面的研究有了独到之处。90 年代初化学修饰电极在铊分析中的应用，突破传统电化学仅研究裸电极与溶液界面的限制，可进行电极表面“剪切”，达到预设电极功能的目的，推动铊在电极过程动力学理论的研究和发展；与此同时，超微电极将铊的电化学从时间、介质和空间区域扩展到过去难以研究的快速反应体系和分子水平的微环境反应体系中；几乎每隔 15 年，在电分析领域就会出现 1～2 个铊分析的前沿技术。尤其是 21 世纪后，荧光光谱、X 射线光电子能谱、俄歇电子能谱、同步辐射、电子扫描电镜等各种谱学和显微手段的普及和应用，把光谱技术和电化学方法结合在同一电解池，能够现场观测电化学过程电极表面的微结构，获得电极表面化学状态的直接依据，从分子水平掌握电极表面结构与电极功能关系的详细和精确信息，为铊等重金属在催化、显色发光、表面配合、分子识别等领域的研究展示了广阔的前景。如今，铊的电化学分析技术也与其他重金属检测技术一起进入生物电化学和纳米电分析时代。

6.5.1　化学修饰电极

利用物理和化学方法,将具有优良化学性质的分子、离子或聚合物固定在电极表面,造成某种微结构,通过在结构内部建立电极和物质间电子转移的有效的动力学作用,改变或改善电极原有的性质,或赋予电极新的电化学功能,相当于电极的分子设计。化学修饰电极在电化学过程提供了多种可利用的势场,使待测物进行有效的分离富集,与此同时,借助控制电位既可进一步提高选择性,又可把测定方法的灵敏度与修饰剂的化学反应选择性结合,从而把分离、富集和选择性三者合一。因此,化学修饰电极在提高分析方法的选择性和灵敏度方面具有独特的优越性。按修饰方法,化学修饰电极分为共价型、吸附型和聚合物型 3 种。

1. 共价型化学修饰电极

通过共价键的连接方式将被修饰分子结合到基体电极的表面。如在电极表面通过氧化还原预处理后引入键合基,然后通过键合反应接上官能团。共价型化学修饰电极是最早用于人工修饰电极的方法。修饰途径主要为:①以热解石墨和玻炭(由带状石墨组成的混合体)为基体材料,在碳电极的棱面上引入氧基、氨基或卤基,并使之活化。②以金属和金属氧化物为基体材料,先通过氧化还原(金属基体)或用酸处理(金属氧化物基体)使电极表面产生羟基,然后通过有机硅烷试剂键合,使胺键连接预定的官能团。共价键修饰电极稳定,寿命长;但制备烦琐、费时。

2. 吸附型化学修饰电极

利用基体电极的吸附作用将有特定官能团的分子修饰到电极表面。吸附型修饰电极制作简单直接,如 8-羟基喹啉碳糊修饰电极,用石墨粉和憎水性黏合剂调成稠糊状制成碳糊,利用 8-羟基喹啉可与 Cu^{2+}、Zn^{2+}、Tl^{3+} 形成配合物,在碳糊中加入活性材料 8-羟基喹啉制成,可显著改善碳糊电极的性能,达到分步测定 Cu^{2+}、Zn^{2+} 和 Tl^{3+} 的目的。玻碳电极修饰 8-羟基喹啉后可用于 Tl^+ 的测定。吸附型修饰电极与共价型化学修饰电极同属于单一结构的修饰层,但与共价型化学修饰电极相比,其修饰层重现性较差,修饰剂易缓慢脱落。

3. 聚合物型化学修饰电极

通过电化学聚合、有机硅烷聚合和等离子体聚合连接电极的聚合层,或将聚合物的稀溶液浸涂或滴加到电极表面,待溶剂挥发后制得聚合物膜。当电极表面涂覆大量非电活性的聚合物时,由于聚合物膜本身固有的化学和物理的稳定性,以及三维的空间结构,聚合物薄膜具有约 10^{-10}~10^{-6} mol 的活性中心(相当于 1~10^5 个单分子层),待测物通过这些活性中心进行富集或氧化还原催化,使之与活性中间体的键合变得非常有效,分析信号显著增强。用聚合物膜固定催化剂可在电极表面实现三维的均相催化,改变了常规界面电催化的反应维数,显著提高了催化效率。

1）均相复层修饰

与欠电位法、LB 膜法或自组膜法可在电极表面获得高度有序排列的单分子修饰层不同，均相复层修饰属于单一结构的多层修饰，如聚苯胺膜。这种修饰电极内部均匀，适用于基础理论研究。聚苯胺是一种导电聚合物，可把高浓度的氧化还原催化剂固定于电极表面，容易实现对溶液中基质的电化学催化循环。聚苯胺膜对不同的物质有不同的催化氧化性能，改变聚合条件或方法可得到不同性能的聚苯胺膜。聚苯胺膜具有电极稳定、可逆性好、与基体电极连接牢固的特点，且阴极和阳极都是导体。

2）粒界厚层修饰

在聚合物膜或氧化物膜层中沉积某种微粒。这种修饰电极内部不均匀，以粒界为特征区分层与层的空间，并可将单个晶体分离出来，在传输性质上具有内部空间的不连续性。粒界厚层修饰不宜用于定量研究，但提供了将不同化学性质的物质与单一结构广泛结合的能力，很有实用意义（董绍俊 等，2003）。

4. 化学修饰电极的制备

用于制备化学修饰电极的基体电极需要对修饰剂外的其他物质呈化学惰性，在机械、化学和电化学上性质稳定；价廉易得，便于加工，并可用于衍化和涂层。修饰前需用抛光、辐射等物理方法和酸、碱、氧化剂等化学方法清洗基体电极，调节氧的表面含量，以便活化电极表面。单分子层修饰的制备方法主要有共价键法、吸附法、欠电位沉积法、LB 膜法和自组膜法；多分子层修饰的制备方法主要有聚合物薄膜法和气相沉积法。

1）用于 Tl^{3+} 测量的 8-羟基喹啉碳糊修饰电极

碳糊电极是用疏水性的黏合剂与导电性的碳粉的混合物，把它们填入电极管里或涂敷在电极的表面并均匀混合制备形成的一种电极。8-羟基喹啉是含苯环的共轭双链结构的有机试剂，其 π 电子可与基质表面共享，能不可逆地吸附在电极上。8-羟基喹啉不溶于水，可稳定存于电极表面，达成其修饰电极的应用基础。8-羟基喹啉碳糊修饰电极制作简便、快速且使用寿命长。

（1）试剂。8-羟基喹啉（优级纯），石墨粉（光谱纯），硝酸、盐酸、高氯酸均为优级纯。

（2）原理。Tl^{3+} 与 8-羟基喹啉在 -1.25 V 处可产生一灵敏的吸附波，电极过程为

$$HOX+Tl^{3+} \longrightarrow Tl(OX)_3+3H^+$$
$$Tl(OX)_3+3H^++3e \longrightarrow Tl+3HOX$$

（3）制备方法。热吸附法：①8-羟基喹啉→无水乙醇溶解→加石墨粉搅匀→通风柜→乙醇挥发→60℃烘箱干燥；②石墨粉→液体石蜡→混匀为修饰碳糊；③导线（铜丝）→装入纯碳糊（厚 5 mm）→双套玻管的内管→装入修饰碳糊（厚 15 mm）→压紧→滤纸上抛光→制好的电极（图 6.9）。混合吸附法：8-羟基喹啉→研磨至粉末→加石墨粉搅匀→加液体石蜡→混匀为修饰碳糊，可用超声振荡实现 8-羟基喹啉和碳粉的均匀分散。涂抹法：纯碳糊→制备 15 mm 厚的电极→8-羟基喹啉粉末→干磨让粉末均匀涂抹于电极→抛光。

（4）电极活化。新制得的修饰电极电化学活性低，响应不稳定，需经活化处理才能使用。在 0.2 mol/L 的 KCl 的空白底液中进行电位扫描多次，清洗后使用。

（5）电极表征。电化学行为：在 5×10^{-8} mol/L 的 Tl^{3+} 溶液中进行阴极扫描，纯碳糊电极无溶出峰，修饰电极有良好的溶出峰。用修饰电极先后在 5×10^{-8} mol/L 和 1×10^{-7} mol/L 的 Tl^{3+} 溶液进行 2.5 微分循环扫描，阴极支有一显著的疑似 Tl^{3+} 与 8-羟基喹啉的配合吸附峰，阳极支–0.58 V 处有一疑似 Tl 氧化的小峰，峰高随浓度降低而下降。

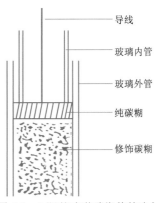

图 6.9　8-羟基喹啉碳糊修饰电极
（丁虹 等，1991）

灵敏度和重现性：在 5×10^{-8} mol/L 的 Tl^{3+} 溶液中，分别用上述三种方法制得的修饰电极进行阴极扫描，以热吸附法制备的修饰电极灵敏度最高。用三种方法各制备四支电极表征重现性，铊峰的相对偏差为：热吸附法 2.98%，混合吸附法 6.86%，涂抹法 11.81%。三种电极各取一支连续测定 10 次，相对偏差为热吸附法 1.65%，混合吸附法 2.88%，涂抹法 4.47%。

修饰浓度的影响：当修饰量为 5%、10%、20%、30% 和 40%、在 5×10^{-8} mol/L 的 Tl^{3+} 溶液中测试时，峰高随修饰量的增大而升高。当修饰浓度为 30% 和 40% 时，因修饰量过大，电极电阻增大，峰高下降，因此，选用修饰量 20% 为宜。

（6）应用特点。8-羟基喹啉在一定条件下可与铊生成疏水性螯合物，从而有效地提高电极的选择性富集效率。Tl^{3+} 测量后，碳糊修饰电极上会遗留少量的铊，直接影响后续的测量，需要再生处理。最简单的办法是将用过的修饰碳糊端挤出弃去。再对新鲜的 8-羟基喹啉碳糊修饰电极重新抛光和活化，也可将用过的 8-羟基喹啉碳糊修饰电极用化学、电化学方法或两者结合的方法处理，使其性能复原。经制备–活化–测定–再生处理的化学修饰电极可经常保持活性表面，有利于测定结果重现（丁虹 等，1991）。

2）用于 Tl^+ 测量的黄酮类冠醚修饰电极

（1）试剂。硝酸铊、邻苯二甲酸二丁酯、PVC 粉、四氢呋喃、乙酸锂、硝酸钙，以上均为分析纯；黄酮类冠醚 I、冠醚 II。

（2）制备方法。冠醚 I 或冠醚 II（10 mg）→四苯硼钠（1.5 mg）→小称量瓶内→5% PVC 四氢呋喃溶液 4 mL→邻苯二甲酸二丁酯 0.5 mL→搅拌成澄清的溶液→注入玻璃杯→挥发成膜；切取适当大小的膜片→1% PVC 四氢呋喃溶液粘贴于电极杆端→注入 0.1 mol/L 的 $TlNO_3$ 溶液即制成电极 I 或电极 II。

（3）电极活化。将电极 I 或电极 II 浸于 0.01 mol/L 的 $TlNO_3$ 溶液活化 4 h，装置成下列电池，电池中的 KCl、LiAc 和 $TlNO_3$ 均为 0.1 mol/L，去离子水替代待测溶液，将电极 I 洗至 <–140 mV，电极 II 洗至 <–120 mV。

Hg, Hg$_2$Cl$_2$ | KCl, LiAc 琼脂 ‖ 待测溶液 | 膜 | TlNO$_3$, NaCl | AgCl, Ag

甘汞电极 | ←外盐桥→ | 待测溶液 | 膜 | 铊离子电极

（4）电极表征。线性范围和检测限：由稀到浓测定不同浓度 TlNO$_3$ 溶液的电位，绘制 E-lg$C$ 曲线，可得线性范围分别为：$1.0 \times 10^{-5} \sim 0.4 \times 10^{-1}$ mol/L（电极 I），$1.3 \times 10^{-5} \sim 0.5 \times 10^{-1}$ mol/L（电极 II），检测限为 4.0×10^{-6} mol/L（电极 I）和 4.5×10^{-6} mol/L（电极 II）。灵敏度和重现性：以 0.05 mol/L 的 LiAc 为底液，当 TlNO$_3$ 浓度在 $10^{-5} \sim 10^{-4}$ mol/L 时，响应时间为 1 min，浓度高于 10^{-3} mol/L 时，响应时间小于 0.5 min，连续测定溶液 4 h，电位漂移为 1.5 mV。在 0.05 mol/L 的 LiAc 溶液中分别检测 0.01 mol/L 和 0.001 mol/L 的 Tl^{3+} 溶液 5 次，标准偏差分别为 0.31～0.34（电极 I）和 0.26～0.31（电极 II）。

修饰浓度的影响：固定冠醚（10 mg）和四苯硼钠（1.5 mg）的用量，保持增塑剂邻苯二甲酸二丁酯对 PVC 溶液的体积比为 1.2：10，改变 PVC 溶液量分别为 3 mL、4 mL、6 mL。按（2）～（4）步骤制成电极并测试线性范围，PVC 溶液量为 3 mL 和 4 mL 时，线性范围基本不变，PVC 溶液量为 6 mL 时有所下降。

（5）应用特点。电极表面对被测的 Tl$^+$ 可进行选择性富集与分离。对 K$^+$ 有响应，当内参比液改为 KCl 后，可作为钾电极使用（喻殿英 等，1993）。

3）对 Tl$^+$/Tl 有催化氧化性能的聚苯胺膜修饰电极

（1）试剂。苯胺（比重 1.002，20℃），浓 HCl（36%～38%），分析纯的 KBr、FeCl$_3$、Tl$_2$SO$_4$、抗坏血酸和盐酸多巴胺。

（2）制备方法。电极准备：铂片电极（基体电极，表观面积为 0.24 cm^2）→金相砂纸磨光（粒度 320 和 500）→Al$_2$O$_3$ 粉磨成镜面→清洗（亚沸蒸馏水）。表面除氧：清洗后的铂电极→50 mL（1.0 mol/L 苯胺+2.0 mol/L HCl）→除氧。制备聚苯胺（PA）膜修饰电极：在 50 mL（1.0 mol/L 苯胺+2.0 mol/L HCl）静止的溶液中，用三电极系统，以恒电流、恒电位或循环伏安法聚合，改变聚合条件可制得不同电化学性质的 PA 膜。PA 膜不必太厚，只要聚合电量大到足以使 PA 膜完全盖住基体铂电极即可。以恒电流法控制聚合 PA 膜电流密度＜100 μA，聚合电量 Q 不应小于 12 mccm^2，本法采用电量为 25 mccm^2。清洗存放：制得的 PA 膜修饰电极，用亚沸蒸馏水清洗，然后储藏在 1.0 mol/L HCl 中备用。

（3）电极表征。循环伏安行为：在 1.0 mol/L 的盐酸介质中，如果 PA 膜修饰电极在 $-0.1 \sim 1.0$ V（饱和甘汞电极，下同），PA 膜有可逆性较好的两对氧化还原峰。电催化作用：在 1.21×10^{-3} mol/L 的抗坏血酸中，用空白铂电极和 PA 膜修饰电极进行循环伏安扫描，与空白铂电极相比，在 PA 膜修饰电极上，抗坏血酸的氧化峰电流增大，峰电位负移，表明 PA 膜对抗坏血酸氧化有电催化作用。修饰电极的寿命：PA 膜修饰电极的寿命较长，尤其存放在 HCl 溶液可以很长时间保持其电催化活性。将 PA 膜放在 1.0 mol/L HCl 溶液中存放 81 d 后，经检测，其催化性能不变。若将 PA 膜干放于空气中，其电催化性能则较易破坏。于空气中存放 73 d 后，PA 膜虽对抗坏血酸仍有催化作用，抗坏血酸的峰电位负移约 100 mV。

（4）应用特点。基于化学修饰电极的电催化，其实质是通过改变电极表面的修饰物来大范围地改变反应电位和速率，使电极除具有传递电子的功能外，还能对电化学反应进行某种促进与选择。具电催化作用的化学修饰电极在铊分析中的应用,其主要功能有三个:①降低底物的过电位,最大限度地减少可能的干扰和背景电流;②增大电流效应,降低检测限;③防止被测物和产物在电极表面吸附。

与修饰前的电极相比,电极修饰后,底物氧化还原的过电位大大降低。Tl^+/Tl 在修饰前铂电极上的氧化还原电位为 0.82/0.3 V,而在修饰后的聚苯胺膜电极上氧化还原电位为 0.67/0.40 V,变幅为 0.40/0.1 V。相对于铂电极,不同物质在聚苯胺膜修饰电极上的氧化和还原峰电位的变化是不一样的,说明聚苯胺膜对不同物质的催化性能不同。聚苯胺膜对抗坏血酸的催化氧化作用较强,对溴离子的催化作用较弱,对 Fe^{3+}/Fe^{2+} 则无催化作用。聚苯胺膜对 Tl^+/Tl 有催化氧化性能,改变聚合条件得到的聚苯胺膜不仅对 Tl^+/Tl 不显电催化性,而且可使 Tl 不被氧化。

影响电催化的因素:①聚合电量:通常聚合度大于 8 的高分子化合物,其固态结构排列很混乱,高分子链间的空隙仅允许较小的分子或 H^+ 自由穿过进入内层,对于其他分子如抗坏血酸、溴离子等,则很难进入 PA 膜的内层;在 PA 膜上起催化作用的仅是 PA 膜外层,大部分 PA 分子只起导电作用。因此,聚合电量不影响催化过程,PA 膜也无须太厚。②扫描速率:随扫描速率的增加,反应物的氧化还原峰电流均增大,但氧化峰电位略正移,还原峰略负移,电位差增大,可逆性变差。在 20~200 mV/s,峰电流与 $V^{1/2}$ 成正比,表明电极反应受反应物向电极表面的扩散所控制。③底液酸度:底液酸度对聚苯胺膜催化性能的影响因被催化的物种而异。对于抗坏血酸随 HCl 浓度的减小,峰电位负移,峰电流增加,催化性能增强;但 HCl 浓度减小,PA 膜电活性下降。当 HCl 浓度减小至 $1.0×10^{-4}$ mol/L,聚苯胺膜失去电活性。考虑聚苯胺膜峰电流及峰形的对称性,实验选择的 HCl 浓度应大于 $1.0×10^{-2}$ mol/L,当浓度小于 1.0 mol/L,随 HCl 浓度的减小,催化电流变小(李根喜 等,1994)。

6.5.2　电化学传感器

将目标物的化学或物理性质连续转换为可测定的物理信号的装置称化学传感器,电化学传感器是化学传感器的一个分支,以修饰电极作为转换元件。电化学传感器由识别系统、传导或转换系统组成。其工作原理为:识别系统选择性地与待测物发生作用,并将测得的化学参数反转为可使传导系统产生响应的信号;传导(或转换)系统在接受识别系统发出的信号后,通过电极或质量敏感元件将响应信号以电压、电流或光强度等变化形式,传送至电子系统放大或转换输出为可作分析的信号,进而检测待测物的含量。电化学传感器的明显优势是传感反应由仪器施加激发信号引起,对热力学上不利的非自发过程,如萃取或结合过程,所需的能量可由仪器提供。据响应信号的不同,电化学传感器分为电位型电化学传感器、电流型电化学传感器和质量型电化学传感器。

1. 电位型电化学传感器

电位型电化学传感器的关键组件是敏感膜。用于分开两种电解质溶液,并对某种电活性物质产生选择性响应,从而形成膜电位。膜电位不能直接测量,需要加入内外两支参比电极组成测量电池。pH 电极和离子选择电极是最常见的电化学传感器，在科研、检测领域及工农业生产均有广泛的应用。本小节仅介绍铊的离子选择电极，用叔丁基环芳烃衍生物修饰的玻璃膜电极在方波阳极溶出伏安法 Tl^+ 和 Pb^{2+} 的同时测定，表现出良好的线性响应和较低的检测限。于真空石英中，放入含铊硫化物玻璃，加热溶解后用环氧树脂涂层和薄膜覆盖，也可制得抗碱金属和碱土金属干扰的铊的离子选择性电极，该电极可在 pH 2～9 用于天然水和硫化物废水中铊的测定，铊的检出限为 1×10^{-7} mol/L（王鲁霞 等，2016）。

1）光聚合铊离子敏感膜棒电极

Tl^+（0.150 nm）与 K^+（0.138 nm）有相近的离子半径和物理化学性质，易干扰 Tl^+ 的测定，已知多种钾离子电极对 Tl^+ 均有良好的响应。为了增强电极抗 K^+ 干扰的能力，可用肉桂酰氯或四甘酰氯作单体置于干燥的苯中，在吡啶的催化下，与三羟甲基丙烷（制备单体 I）或季戊四醇（制备单体 II）作用制得两种含 16-冠醚-5 衍生物的肉桂酸酯的单体。

（1）电极制备。分别取上述两种单体适量，以数滴四氢呋喃稀释，涂在套有 $\varphi 6$ mm 聚氯乙烯（PVC）管的铜棒经打磨抛光的端面上的 NaCl 晶体表面（供红外光谱测定）和平板玻璃上，在氮气气氛下经受不同时间光照后制成电极 I 和 II，膜厚度＜0.1 mm。

（2）响应性能测试。以铊(I)的离子选择电极组合成下列电池：

甘汞电极 ∣ LiAc 琼脂 ‖ 待测溶液 ∣ 膜 ∣ 铊离子选择电极

在搅动下由稀到浓测定对 $TlNO_3$ 的响应电位，作出响应曲线，据曲线的线性部分求得线性范围和响应斜率。

（3）溶解性能测试。浸过四氢呋喃脱脂棉球略挤干，轻轻擦拭玻璃片上的薄膜，一擦即掉为易溶，擦 2～3 次为可溶，擦 4～5 次为稍溶，＞5 次为难溶，＞10 次为不溶。

（4）电极表征。经光照一定时间后，膜中形成了一定量的双冠醚，电极 I 和 II 的性能均有显著的改善。光照时间约 1 h，电极 I 的线性范围为 5×10^{-5}～1×10^{-2} mol/L，响应斜率为 40 mV/pTl^+，适用 pH 为 5.5～10.0。电极 II 的线性范围为 3×10^{-5}～1×10^{-2} mol/L，响应斜率为 48 mV/pTl^+，适用 pH 为 6.0～10.0。使用寿命约 3 个月，电极 II＞电极 I。随着光照时间的延长，膜中存在的单冠醚的量越来越少，电极 I 的响应性能明显变差（吴国梁 等，1993）。

2）聚氯乙烯膜铊离子电极

（1）电极制备。分别取上述两种单体适量，加入增塑剂和聚氯乙烯的四氢呋喃溶液，混匀成膜。配方包括：①单体 15.2%、邻苯二甲酸二辛酯 60.6%、聚氯乙烯 24.2%（重量比），制成涂铜棒电极 I 和 II。②单体 1.6%、邻苯二甲酸二辛酯 65.6%、聚氯乙烯 32.8%，按常规法制成聚氯乙烯常规膜电极 I 和 II，以 AgCl 饱和的 5×10^{-3} mol/L TlCl 作内充液，AgCl/Ag 为内参比电极。

（2）响应性能和溶解性能测试。与光聚合铊离子敏感膜棒电极相同。

（3）电极表征。涂铜棒电极 Tl^+ 的线性响应范围为 3×10^{-5}～1×10^{-2} mol/L，$K_{Tl^+, K^+}^{pot} = 0.12$（抗 K^+ 干扰）。当光照时间从 1 h 增至 3 h，聚氯乙烯膜涂铜棒电极的性能有明显改

善，响应范围从 $1\times10^{-5}\sim5\times10^{-2}$ mol/L 增至 $3\times10^{-5}\sim5\times10^{-2}$ mol/L（电极 I），显示即使膜中有增塑剂和聚氯乙烯共存，在紫外光的作用下，上述单体仍可发生聚合作用。聚氯乙烯常规膜电极的电极膜经紫外光照射 2 h 后，电极的响应斜率略有下降，电极 I 接近 53 mV/pTl$^+$，电极 II 为 52 mV/pTl$^+$ 和 50 mV/pTl$^+$。若以 30-冠醚-10 衍生物作为 Tl$^+$ 的载体制成聚氯乙烯膜铊离子电极，可增强抗 K$^+$ 干扰的能力，K_{Tl^+,K^+}^{pot} =0.18（吴国梁 等，1993）。

2. 电流型电化学传感器

电流型电化学传感器也叫伏安传感器。极谱分析法的灵敏度高、选择性好，但使用的滴汞电极中，汞有毒，同时在正电位区不能使用。近三十年来，无汞电极正在逐步取代汞电极，因此，固体微电极作为特殊的传感器格外引人瞩目。常规电极的电极半径或宽度为毫米级，微电极的电极半径或宽度为微米或纳米级，两者的电解过程无本质区别；但是，常规电极的电流以线性扩散占主导，而微电极以多维扩散占主导，扩散电流可迅速达到稳态，且扩散电流的密度很大而强度很小，因此微电极具有常规电极无法比拟的优越性。

1）银微电极

银是一种贵金属，银电极作为汞电极的替代材料成本较高。银微电极不仅具有电流密度大、扩散传质速度快、压降小等特性，而且可以减少银的用量，降低成本。用化学刻蚀法制作的银微电极可以同时测定 Zn^{2+}、Cd^{2+}、Tl$^+$、Pb^{2+}，与普通玻碳电极比较，分峰良好。背景信号小于普通玻碳电极，灵敏度稍高于普通玻碳电极，微电极信噪比较高，有利于降低检测限。银微电极的制备有以下步骤。

（1）刻蚀。ϕ 0.2 mm，长约 1.5 cm 的高纯银丝→1∶1HNO$_3$→控制一定时间→刻蚀为直径约 50 μm 的银丝（在显微镜下测量），二次蒸馏水洗净。

（2）电极制备。银丝一端穿入毛细管（事先拉制、洗净晾干）→毛细管尖端滴入少量 502 快干胶→倒置待固化封口；1 滴汞滴入毛细管粗端→插入导线→与银丝接触→704 硅橡胶封粗端口→毛细管外的银丝切为 4 mm 长→即成柱电极；若将外露的银丝全切除抛光，即成盘电极。

（3）电极活化。三电极系统（银微电极为工作电极，饱和甘汞电极为参比电极，铂片电极为辅助电极）→0.5 mol/L KCl→通 N$_2$ 除 O$_2$→于 1.0～−1.0 V 电位范围内进行循环伏安扫描，得到 CV 曲线。

（4）银微电极镀汞。银微柱电极→已用 Na$_2$SO$_3$ 除 O$_2$ 浓氨水中蘸汞→0.005 mol/L HCl→−1.8 V 阴极极化→正向扫描至−0.2 V→反复 4～5 次→镀汞银电极可连续使用 6～8 h，若需要可按上述方法重新镀汞。

（5）电极表征。分别取一定量的 Zn^{2+}、Cd^{2+}、Tl$^+$、Pb^{2+} 标准溶液注入 pH 2 的 10 mL 二次蒸馏水中，浓度依次为 6.0×10^{-7} mol/L、2.0×10^{-7} mol/L、8.0×10^{-7} mol/L、1.0×10^{-7} mol/L，电解 90 s，四元素的峰电位分别为−1.04 V、−0.67 V、−0.55 V、−0.46 V（图 6.10），峰形均好，分辨率很理想（方滨 等，1995）。

2）8-羟基喹啉碳糊修饰电极

碳糊电极的重现性好，施加电位范围广、制作方便且无毒。8-羟基喹啉碳糊修饰电极，

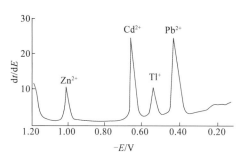

图 6.10　银微电极的分峰能力（方滨 等,1995）

可分步测定样品中的 Cu^{2+}、Zn^{2+}和 Tl^{3+}。

工作原理：①Cu^{2+}与 8-羟基喹啉可在电极上还原为稳定的 Cu（o）的 8-羟基喹啉配合物，催化氢在电极上的放电，产生一灵敏的氢催化波，从而间接地测定铜的含量，50 倍的铊、锌共存不干扰测定。②加入酒石酸氢钾后能有效地掩蔽 Cu^{2+}、Zn^{2+}，在−1.075 V 可产生一配合物的吸附波，因人的头发 Zn^{2+} 含量远大于 Tl^{3+}，Tl^{3+}不干扰 Zn^{2+}的测定。③ Tl^{3+}与 8-羟基喹啉的配合物在−1.25 V 处产生一灵敏的吸附波，加入二甲酚橙排除 Zn^{2+}的干扰，实现 Tl^{3+}的准确测量（丁虹 等，1991）。

3）铋膜改性的丝网印刷电极

铋能与多种重金属形成合金，且氢在铋膜电极上的超电位高，因而铋具有与汞电极相似的性质。铋膜是一层稳定的固态薄膜，稳定性也比液态的汞膜好，电极的背景电流几乎不受溶解氧的影响，在铋膜和铋电极上富集的金属均有很好的溶出行为。制造铋膜电极的基体与汞膜电极相同，以碳材料为主，如玻碳电极、石墨电极、碳微电极、碳糊电极、硼掺杂的金刚石薄膜电极、丝网印刷电极和铅笔芯均可作为铋膜电极的基体（李冬月 等，2012）。试验下列四种丝网印刷碳电极对 Tl^+的测量：①具有铂辅助电极和银参比电极的丝网印刷碳电极；②原位铋膜修饰的丝网印刷碳电极，用铂辅助电极和银参比电极；③采用氧化铋（Bi_2O_3）修饰的丝网印刷碳电极；④具有碳辅助电极和银参比电极的厚膜铋电极；以原位改性的铋膜碳电极获得的信号最高，图形最佳且检测快速，灵敏。因此，以铋膜改性的集成三电极丝网印刷传感器是伏安法测定超痕量 Tl^+的优异装置。Bi^{3+}在中性和弱碱性溶液中容易水解：$Bi^{3+}+3H_2O \Longrightarrow Bi(OH)^{3+}3H^+$，原位镀铋膜通常只在酸性环境中使用。原位铋膜修饰的丝网印刷碳电极制备简单，且检测快速，灵敏。

（1）试剂。0.053 mol/L CH_3COONH_4，0.047 mol/L CH_3COOH，0.047 mol/L NH_4Cl，并含 5×10^{-3} mol/L EDTA（pH=4.6±0.1），2×10^{-6} mol/L Bi^{3+}。

（2）制备方法。辅助电极施加 0.5 V 电压→持续 10 s；−1.1 V 电压→持续 60 s，清洗工作电极的表面，增加电极表面的活性点位，利于铋膜沉积。

磁力搅拌棒→搅拌溶液→持续 5 s，扫描速率为 150 mV/s→−1.1～0.5 V 记录方波伏安图（测量频率为 40 Hz，幅度为 75 mV）→从未脱气的溶液中记录测量值→每个记录的伏安图中减去背景电流；

从−0.9 V 电压切割到−0.45 V，将铋膜镀覆并将铊同时沉积在电极表面上（电极表面在 Tl 沉积期间被电镀铋膜）。

（3）电极表征。光学显微镜：修饰前的裸电极表面 [图 6.11（a）]，修饰后的电极表面可见闪亮的铋颗粒亮点 [图 6.11（b）]。扫描电子显微镜：修饰前的碳工作电极表面结构均匀 [图 6.11（c）]，修饰后的碳工作电极表面出现铋粒子簇明亮的波浪线 [图 6.11（d）]。光电子能谱（XPS）：显示出显著量的 Bi [图 6.11（e）]，证实 Bi 被修饰在碳工作电极。

（a）修饰前的裸电极（光学显微镜）

（b）修饰后电极表面可见铋颗粒的光亮点

（c）修饰前的裸电极表面结构均匀（扫描电子显微镜）

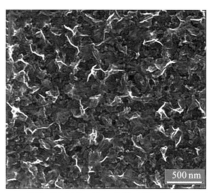
（d）修饰后电极表面出现铋粒子簇明亮的波浪线

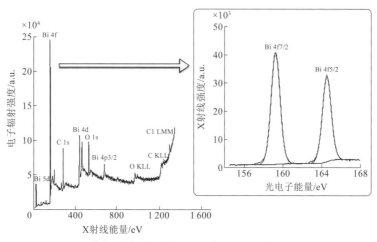
（e）修饰后电极表面的光电子能谱图，可见显著的 Bi 量
左边 XPS 能谱，右边 EDS 能谱

图 6.11　修饰前后的铋膜碳工作电极（Domańska and Tyszczuk，2018）

（4）应用特点。丝网印刷碳电极的铋涂层显著增强 Tl⁺的分析信号（图 6.12），每一个富集、溶出测定循环后，铋膜电极均需在一定的电位下清洗，通过极化作用活化或更新电极表面。原位镀膜的铋膜电极的清洗，一般选择比铋的氧化电位更正的电位。在 0.0～0.3 V 氧化约 30 s（Domańska and Tyszczuk，2018）。

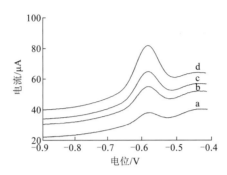

图 6.12　铋膜电极测量地表水和雨水中的铊峰（Domańska and Tyszczuk，2018）

a—Tl^+ 空白（底液）；b—Tl^+ 2×10^{-5} mol/L；c—Tl^+ 4×10^{-5} mol/L；d—Tl^+ 6×10^{-5} mol/L；方波极谱法，底液
0.026 5 mol/L CH_3COONH_4，0.023 5 mol/L CH_3COOH、0.023 5 mol/L NH_4Cl（pH=4.6±0.1），1×10^{-5} mol/L EDTA，
1×10^{-5} mol/L Bi^{3+}，164 μL 样品

4）均一石墨涂层的金属圆盘电极

均一石墨涂层的金属（铝、铜或铋）圆盘电极是在可旋转的电极上组装微结构，由于微圆盘电极上的极化电流随时间衰减很快，短时间即达到稳态。其特点是：①稳态时测量的电流不含双电层充电电流，因而测量值的精密度高；②可忽略时间变量从而极大地简化数学处理方法；③电极表面的传质速度远大于扩散速度，因此，支持电解质浓度很低，甚至为 0。选择不同的电极电位，则可对生物试液和环境样品中痕量的 Tl^+ 进行分离测定。如采用旋转盘镀铋薄膜电极阳极溶出伏安法，以乙酸盐缓冲液为支持电解质，采用方波电位–时间激励信号进行分离富集可现场测定铊（董绍俊 等，2003）。

3. 质量型电化学传感器

借助电化学反应过程电极重量的增减，探知电极表面微结构的变化，从而认识电化学的界面过程，膜内物质传输和化学反应，以及膜生长动力学的检测器。质量型电化学传感器具用超灵敏的检测能力。如石英晶体微天平，可测量 10^{-9} g 数量级的质量变化。

4. 电化学传感器检测铊的实例

电化学传感器的主要元件是化学修饰电极，在 6.5.1 小节和 6.5.2 小节中分别介绍了一些用于铊分析的化学修饰电极的制备和电化学传感器的特点，这里介绍它们在水样品和人发样品分析中的应用。

1）8-羟基喹啉碳糊修饰电极–阳极溶出伏安法测定人发中的铊

（1）前处理。称取发样约 1 g，1%中性洗涤剂超声洗涤 2 min，亚沸水漂洗 2～3 次，重复此过程 3 次，于 60℃烘箱中烘 4～6 h，取出，精确称取发样 500 mg，于消化缸内加入消化液 4 mL，于 160℃消化至溶液呈淡黄色，升温至 250℃消化至溶液无色，升温至 340℃挥干，冷却，加入适量的亚沸水溶解，用 0.1 mol/L NaOH 调 pH=5，定容至 15 mL 备用。

（2）仪器和检测条件。83-2.5 多阶自动新伏安仪，LDF-1 型自动伏安仪，LZ3-204 型 X-Y 函数记录仪，三电极系统：8-羟基喹啉碳糊修饰电极为工作电极，饱和甘汞电极为参比电极，铂电极为辅助电极。扫描电位为-0.10~-1.35 V，清洗 20 s，电解 30 s，静置 30 s，扫描 20 s。峰电位:-1.170 V（Cu^{2+}），-1.075 V（Zn^{2+}），-1.25 V（Tl^{3+}）。底液包括:①0.2 mol/L 氯化钾，②0.01 mol/L 酒石酸氢钾，③0.5 mol/L 二甲酚橙。底液①测 Cu^{2+}，底液①+②测 Zn^{2+}，底液①+②+③测 Tl^{3+}（pH 为 5.4 左右）。

（3）方法特点和共存离子。线性范围:1.5×10^{-9}~1.5×10^{-6} mol/L（Cu^{2+}），3.8×10^{-8}~7.5×10^{-6} mol/L（Zn^{2+}），5.0×10^{-8}~2.0×10^{-7} mol/L（Tl^{3+}）。60 倍 Co^{2+}、Cd^{2+}、Ni^{2+}、Mg^{2+}，100 倍的 Fe^{3+}、Ga^{2+}、Pb^{2+}、Mn^{2+}、Ca^{2+}、Hg^{2+} 与离子共存时不干扰测定。分析结果:Cu^{2+}质量分数为（12.19±1.06）μg/g，Zn^{2+}质量分数为（114.41±12.17）μg/g，Tl^{3+}质量分数为（1.33±0.98）μg/g（孙成员 等，1999）。

2）铋膜改性的修饰电极测量天然水中的 Tl^{+}

（1）仪器和检测条件。电化学工作站（Eco Chemie，荷兰），配备电化学 USB 接口的计算机组合，并使用 GPES 4.9 软件包（Eco Chemie，荷兰）驱动。集成三电极丝网印刷传感器的工作电极为原位铋膜修饰的丝网印刷碳电极，参比电极为 Ag/AgCl/Cl^{-}电极，辅助电极为铂电极，10 mL 的经典石英池。

扫描电位为-0.9~-1.4 V，清洗 10 s（0.5 V），-1.1 V 电解 60 s 或 300 s，扫描速率为 150 mV/s，底液+样品为 0.026 5 mol/L CH_3COONH_4，0.023 5 mol/L CH_3COOH，0.023 5 mol/L NH_4Cl，pH=4.6±0.1 的 1×10^{-5} mol/L EDTA，1×10^{-5} mol/L Bi^{3+}，0.5 g Amberlite XAD-7 树脂（消除有机物质对 Tl^{+}的影响），适量样品，摇动 30 s。

（2）方法特点与共存离子。线性范围为 5×10^{-9}~1×10^{-6} mol/L（60 s），5×10^{-11}~1×10^{-9} mol/L（300 s），检测限为 8.47×10^{-10} mol/L（60 s），6.71×10^{-12} mol/L（300 s）。最多 2 倍摩尔过量的 Cd(II)和 10 倍摩尔过量的 Pb(II)不干扰测定。加入 5×10^{-7} mol /L Cu^{2+}，Sb^{3+}、Mo^{4+}、V^{5+}和 Sn^{4+}，1×10^{-6} mol/L 的 Zn^{2+}、Ni^{2+}和 Se^{4+}，2×10^{-7} mol/L 的 Mn^{2+}和 5×10^{-6} mol/L Fe^{3+}后，未观察到对铊峰的影响。这意味着存在上述量的金属离子引发铊峰值电流误差不超过±5%。分析结果见表 6.11（Domańska and Tyszczuk，2018）。

表 6.11　铋膜改性的修饰电极测量天然水 Tl^{-}的摩尔浓度 　　　　　（单位：nmol/L）

水样	Tl	Tl 标准物
天然水	7.86±0.27	7.86±0.073
地表水	0.128±0.013	0.122±0.000 98
雨水	1.91±0.095	1.84±0.29

6.5.3　纳米材料与新铊传感器

纳米材料是由一个或多个三维尺寸在 1~100 nm 的基本颗粒组成的粉状或团状材料，这些基本颗粒的比例占整个材料颗粒的 50%以上。由于纳米粒子表面的原子数与总原子数之比随粒径变小而急剧增大，纳米粒子的表面原子配位数不足和表面能升高，这些原子需与其他原子结合才能稳定下来。因此，纳米材料具有很高的化学活性。近年来，通过化学修饰方法,在电极表面有目的地引入各种纳米材料,利用纳米材料高的电子传输效率,赋予电极某种特定的性质,从而对某些环境污染物的电化学行为产生特有的催化效应是纳米电分析化学的一个研究方向,引领环境电分析技术向超高灵敏检测污染物的方向发展。

1. 碳纳米材料

碳纳米材料指由碳元素组成的在微观结构的某一或几个维度上受控于纳米尺度的材料。在过去 300 年里,很少有元素能像碳元素一样以奇异的结构绽放耀眼的光芒。表 6.12 为各种碳材料发现年表。

表 6.12　碳材料发现年表

年份	事件	碳结构	特点
1722	证明金刚石的成分为碳	致密三维结构	金刚石硬度极大
1789	命名石墨	六边形层状	石墨具天然可浮性
1985	发现富勒烯的代表物 C_{60}	球状	高度棱锥化,反应活性极强
1991	发现碳纳米管	同轴空心管	碳纳米管具有金属性或半导体性质
2004	发现石墨烯	六角形蜂巢晶格	目前硬度最高、韧性最好、尺寸最薄的材料堆叠的双层石墨偏转 1.1°,导体可转为绝缘体,一定条件下,又反转为导体
2018	发现石墨烯的偏转效应		

常见的碳纳米材料有碳纳米管、碳纳米纤维、石墨烯及其复合材料。图 6.13 为各种形貌的碳纳米材料。碳纳米纤维在铊分析中有良好的应用,使用碳纳米纤维改性丝网印刷电极作为电极基板,可以获得具有更好分析性能的铊传感器。由多壁碳纳米管的竖直排列自组装形成的纳米簇(图 6.14),可作为分子导线实现氧化还原蛋白质与基础电极的多通道连接,为生物传感器提供良好的信息传导。

　(a)石墨烯　　　(b)纳米金刚石　　(c)碳纳米纤维　(d)碳纳米锥　　(e)富勒烯　　　(f)碳纳米管

图 6.13　各种形貌的碳纳米材料(Zhang B.T., et al., 2013)

2. 纳米粒子

金属纳米粒子因其特殊的量子尺寸效应、体积效应、表面效应和宏观量子隧道效应表现出诸多优异的性能。电化学法制备纳米材料不仅设备简单、操作方便、能耗低,而且可以通过控制模板孔径和改变电化学参数获得不同形状和大小的纳米材料,用于电极的化学修饰。如由木质素磺酸盐固定的金纳米粒子、由壳聚糖改性碳糊电极固定的汞纳米粒子及纳米尺寸的分子和离子印迹聚合物均作为汞电极的改性或替代材料用于铊的阳极溶出伏安法测定(Karbowska et al., 2017; Mohammadi, et al., 2017)。

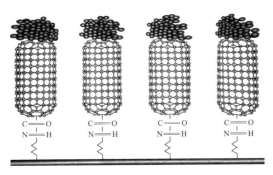

图 6.14　碳纳米管竖直排列形成的纳米簇（约瑟夫·王，2009）

普鲁士蓝粒子和活性炭作为铊的吸附剂，在与人体生理条件类似的体外试验中均有效。过去数十年，人们一直认为普鲁士蓝是一种治疗铊中毒的解毒药，铊通过离子交换作用置换普鲁士蓝中的钾，随粪便排出。当铅、铊混合型中毒患者口服普鲁士蓝后，患者粪便中的铊含量从服药前的 13.0 μg/g 显著增至 29.5 μg/g（服药 1 天）和 163.6 μg/g（服药 2 天），服药 10 天累计从粪便排出的铊为 254.9 μg/g（李建平 等，2000）。早期普鲁士蓝因安全性不明确，没有食品、药品管理部门批准的制药程序，不能用于医学用途。2003 年 10 月 2 日美国食品与药物管理局（FDA）批准了普鲁士蓝的药物应用，将普鲁士蓝用于受到有害水平的铯 -137 辐射和铊污染人员的治疗，以提高人体排泄铯 -137 和铊的速度（Yang et al.，2007）。用于铊检测的电极吸附材料，纳米普鲁士蓝粒子也可通过电化学法，如循环伏安法、恒电流及恒电位沉积法，在电极表面制得（丁海云，2018）：

$$Fe^{3+} \longrightarrow Fe^{2+}+Fe(CN)_6^{3-} \longrightarrow FeK[Fe(CN)_6]$$

3. 纳米新铊传感器

1990 年，丝网印刷技术首次用于制造电化学传感器，为快速分析提供了低成本、高灵敏度和选择性的分析工具。应用丝网印刷技术可在固体基片上制备排布精确、排列复杂的丝网印刷电极。这些精密的电极由一个个导电材料"点"组成，每个"点"都经适当处理，有良好的电接触；当电极足够小时，丝网印刷电极还可构成丝网微电极体系。在丝网印刷电极中，丝网是常用标准印刷机的纤细丝网，"墨水"是导电碳微粒浆，有时这些碳微粒会分散于导电树脂溶液；这些流动顺畅的"墨水"在印刷过程中可以很快凝固，并可保持图案的轮廓和形状（导电树脂起相同的作用）。丝网印刷电极分别连接不同的通道，与频率分析仪、恒电位仪相连接可进行多种分析（保尔 M.S.蒙克，2012）。

1）丝网印刷的碳纳米纤维修饰电极伏安传感器阵列

单个传感器只能给出单个和几个参数的信息，不能满足日益增长的分析需求，把几个单独的传感器集合在一起就形成多通道传感器或传感器阵列，用于不同体系和过程信息的采集。

用于铊分析的丝网印刷的碳纳米纤维修饰电极伏安传感器阵列由 2 个传感器组成：①通过沉积固定在碳纳米纤维丝网印刷电极上的 4-羧基苯并-18-冠-6 化学修饰电极；②沉积在碳纳米纤维丝网印刷电极上的非原位锑膜；两个电极分别用不同的化合物修饰

以寻找多变量响应。虽然传感器阵列需要较长的制造时间，但使用多通道恒电位仪可调动化学计量方法处理复杂数据的潜力，传感器阵列获得的信息比单个传感器提供的信息好得多。

（1）4-羧基苯并-18-冠-6 固定在丝网印刷的碳纳米纤维修饰电极（简称冠-6 丝网印刷的碳纳米纤维修饰电极）传感器。

试剂：亚硝酸钠，4-氨基苯甲酸，盐酸，2-(N-吗啉代)-乙磺酸［2-(N-morpholino)-ethanesulfonic acid］，酰亚胺（sulfo-NHS，N-hydroxysulfosuccinimid），N'-(3-二甲基氨基丙基)N'-ethylcarbodiimide 盐酸盐。

基体电极：4 mm 直径的纳米纤维改性丝网印刷圆盘电极（市售）。

制备芳基重氮盐：4 mmol/L 亚硝酸钠→（146 mmol/L 4-氨基苯甲酸+1 mol/L HCl）冷却溶液→冰浴混合 30 min。

电化学接枝：丝网印刷的碳纳米纤维修饰电极→浸入①的重氮盐→进行 30 次循环伏安法（CV）周期从 0～-1 V，扫描速度 0.2 V/s。

电极漂洗和激活：先用超纯水和乙醇漂洗电极，然后于 0.1 mol/L 2-(N-吗啉代)-乙磺酸缓冲液（pH 4.5）中滴加 10 μL 35 mmol/L 酰亚胺（sulfo-NHS）和 26 mmol/L N'-（3-二甲基氨基丙基）盐酸盐溶液，倒入电极表面并停留 1 h。

制备修饰液：一个赖氨酸垫片→插入→由 2.9 mg 的 4-羧基苯并-18-冠-6+100 μL 的 5 mmol/L 赖氨酸+0.1 mol/L 2-(N-吗啉代)-乙磺缓冲液/乙醇（10%）组成的溶液→于 4℃ 下孵育 3 h。

电极修饰：10 μL 修饰液滴加到官能化的电极表面并在 4℃ 下反应过夜。

电极表征：使用 2 mmol/L 亚铁氰化物/铁氰化物作氧化还原探针在 100 mmol/L 磷酸盐缓冲液（pH 7.4）中，在每个官能化修饰步骤中通过循环伏安法（CV）引导伏安图进行，确认电极表面上发生了修改。

应用特点：在 100 μg/L Tl^+ 和 In^{3+} 的乙酸盐缓冲液（pH 4.5）溶液中，于修饰电极上施加不同的沉积电位，范围为-1.6～-1.3 V，持续 120 s，进行伏安测量，观察到在沉积电位为-1.4 V 下 Tl^+ 和 In^{3+} 获得最佳分离（图 6.15）。但当一个金属离子浓度远高于另一个时，观察到强烈的重叠峰。因此，使用冠-6 丝网印刷的碳纳米纤维修饰电极作为工作电极不足以同时测定 Tl^+ 和 In^{3+}（Pérez-Ràfols et al.，2017）。

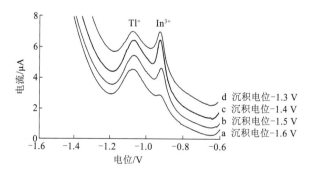

图 6.15　冠-6 丝网印刷的碳纳米纤维修饰电极检测铊和铟（Pérez-Ràfols et al.，2017）

（2）非原位锑膜的丝网印刷碳纳米纤维修饰电极传感器。

修饰液：50 mg/L Sb^{3+}→溶入 0.01 mol/L HCl；

电极修饰：浸入丝网印刷的碳纳米纤维修饰电极→浸入修饰液→高纯氮脱气（驱氧）10 min→−0.5 V 下搅拌 300 s→静置 20 s→超纯水冲洗电极。

电极表征：使用上述方法制备的锑膜的丝网印刷碳纳米纤维修饰电极有非常高的可重复性。

由上述两个传感器组成的伏安传感器阵列可成功用于天然水中 Tl$^+$和 In^{3+}的同时测定（Pérez-Ràfols et al.，2017）。

2）固定在壳聚糖修饰碳糊电极表面的汞纳米粒子新铊传感器

壳聚糖（聚-d-葡糖胺）是甲壳质在真菌作用下，部分氮脱乙酰化形成的亲水性生物聚合物，成膜能力强，透水性高，并有良好的黏附性和生物相容性，无毒且机械强度高，对化学改性有很好的敏感性，是一种有效的化学萃取和金属测定的天然聚合物，可用于修饰电极的化学改性。碳糊电极作为基体电极的优点在电流型电化学传感器中已述（6.5.2 小节），制备壳聚糖修饰碳糊电极时，壳聚糖的含量会影响汞在电极上的吸附量。当壳聚糖的浓度在 0~10%增加时可提高汞的吸附，且 Tl$^+$的伏安信号也会随着电极质量的增加而增加，然而，当石墨浆料中加入较高量的壳聚糖时，改性电极因导电性降低引起峰值电流下降，碳糊中壳聚糖的最佳比例为 10%（重量比）。

（1）试剂。高纯石墨粉、硝酸、盐酸、硫酸、高氯酸、氯化钾、硝酸钾、氯化钠、氯化汞和铊标准溶液（1 000 mg/L）。

（2）电极制备。以碳糊电极作基体电极。用研钵按重量比 1∶9 混合壳聚糖和石墨粉，加入 0.7 mL 石蜡油混合 20 min 至获得均匀润湿的糊状物。将糊状物装入内径为 3.4 mm 玻璃管的一端，并插入一根相近厚度的铜线与玻璃管内的浆料连接作为电极接头（必要时，可将一些糊状物从管中推出以获得新的电极表面），将电极放在一张称重纸上摩擦使电极表面平滑，直至发光。

（3）纳米汞固定。将壳聚糖改性碳糊电极浸入 0.1 mol/L 的氯化钾（含 1 mmol/L Hg^{2+}，HCl 调节 pH 至 5.0）溶液中搅拌 500 s，去离子水冲洗电极，去除未吸附的汞离子，可得 Hg^{2+}壳聚糖改性碳糊电极（图 6.16）。

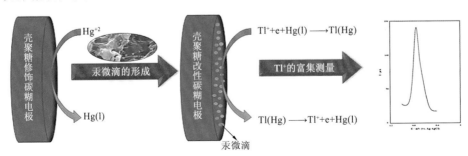

图 6.16　汞纳米粒子–壳聚糖修饰碳糊修饰电极测定 Tl$^+$的示意图（Mohammadi et al.，2017）

（4）电极表征。在 0.1 mol/L 氯化钾（pH 5.0）中，通过差示脉冲极谱的优化条件（氮吹扫 100 s，搅拌速率 600 r/min），于修饰电极上施加$-1.3\sim0.1$ V 的沉积电位，并在-1.3 V 电位处保持 300 s，用于电化学沉积 Tl^+，然后记录伏安图（图 6.16），铊溶出的峰电位约 0.7 mV（Mohammadi et al.，2017）。

4. 纳米传感器分析铊的实例

1）非原位锑膜（exsitu-SbSPCNFE）和 4-羧基苯并-18-冠-6 修饰电极（Crown-6-SPCNFE）传感器阵列测定天然水合成样和自来水合成样中的 Tl^+和 In^{3+}

（1）样品制备。于天然水（河水）和自来水中分别注入 225 µg/L Tl^+和 75 µg/L In^{3+}，制成含 Tl^+和 In^{3+}的河水（合成）样品和自来水（合成）样品。

（2）仪器和检测条件。PGSTAT12 电化学工作站的多通道配置（EcoChemie，TheNetherlands）及其软件包（GPES Multichannel 4.7，EcoChemie）。三电极系统的工作电极为非原位锑膜（exsitu-SbSPCNFE）和 4-羧基苯并-18-冠-6 修饰电极（Crown-6-SPCNFE）组成的传感器阵列，参比电极为 Ag|AgCl|KCl（3 mol/L），辅助电极为 4 mm 直径的纳米纤维改性丝网印刷圆盘电极。

搅拌条件下于-1.4 V 沉积 120 s，静置 5 s，然后以 100 mV 的脉冲幅度、5 mV 的阶跃电位和 50 ms 的脉冲时间从-1.4 V 扫描至-0.5 V。

（3）方法特点。两种分析结果经 t 检验，置信水平为 95%。分析结果见表 6.13（Pérez-Ràfols et al.，2017）。

表 6.13　传感器阵列测定合成水样铊的质量浓度　　　　　　　　　（单位：µg/L）

本方法	相对偏差/%	发射光谱法	相对偏差/%
Tl 质量浓度为 219.4	2.8	Tl 质量浓度为 223.5	0.8
In 质量浓度为 80.5	9.2	In 质量浓度为 74.7	1.8

2）固定在壳聚糖修饰碳糊电极表面的汞纳米粒子新铊传感器测定自来水、井水、铜厂废水和人发中的铊

（1）前处理。液体样品需过滤除去悬浮的颗粒物质，然后用硝酸调节 pH=2.0，防止金属离子吸附到烧瓶壁上，在 4℃下储存于冰箱中。发样先浸入丙酮 30 min，用水洗涤并干燥。然后精确称量 5.0 g 样品，用 30.0 mL 体积比为 1∶8 的 $HClO_4$ 和 HNO_3 的混合物消化，干燥消化溶液，加入几滴 1∶1 的 H_2SO_4，将残余物转移到一个 100 mL 容量瓶，定容。

（2）仪器和检测条件。757 微电脑极谱仪（Model 757 VA Computrace），Windows 98 操作系统下运行的 VA 计算机版本 2.0（Metrohm，Herisau，Switzerland）记录测量结果。用三电极系统记录所有伏安图，三电极系统由改性碳糊电极作工作电极、AgCl/Ag 电极（Metrohm，Herisau，Switzerland）作参比电极，铂丝作辅助电极，使用万通（Metrohm）827 pH 计进行 pH 调节（Metrohm，Herisau，Switzerland），RH B-KT / C IKA（IKA-WERKE，Germany）磁力搅拌器搅拌样品溶液，硝酸钾 pH 为 5.0。

（3）方法特点。线性范围为 1.0～400 μg/L，检测限为 0.2 μg/L。分析结果见表 6.14。
（Mohammadi et al.，2017）。

表 6.14　汞纳米粒子–壳聚糖修饰碳糊电极测定合成样品中铊的质量浓度　　（单位：μg/L）

样品	加入的铊	测出的铊
自来水	50	48.7
井水	50	52.4
废水	50	52.4
发样 1[#]	50	111.9
发样 2[#]	100	162.3

　　纳米材料显著改善了伏安分析的电极性能，在电化学修饰电极和新铊传感器中发挥
了重要作用。构建基于纳米材料的准确、高效和便捷的化学修饰电极与新铊传感器是铊
的电分析技术重要的发展方向。

参 考 文 献

阿伦. J. 巴德，拉里. R. 福克纳，2005. 电化学方法原理和应用. 2 版. 北京: 化学工业出版社.

毕树平，都思丹，王忠，等，1991. Kalman 滤波分辨交流示波极谱图中重叠切口. 高等学校化学学报，
　　12(12): 1592-1594.

陈文仙，2005. 微分电位溶出法测定水中铊. 福建轻纺(4): 18-20.

董绍俊，车广礼，谢远武，2003. 化学修饰电极. 北京: 科学出版社.

董云会，刘保安，邹爱红，1999. 铊(I)-碘化钾-向红菲啰啉络合吸附波的研究. 分析科学学报，15(4):
　　324-327.

丁虹，乔文健，杨晟，1991. 8-羟基喹啉碳糊修饰电极阴极溶出伏安法连续测定发样中的铜、锌、铊. 化
　　学传感器，11(1): 70-74.

丁海云，2018. 可用于化学修饰电极的金属及其化合物的纳米材料合成研究. 湿法冶金，37(3): 173-175.

范瑞溪，朱海萍，1991. 卡尔曼滤波-示差脉冲极谱法同时测定铅(II)、铊(I)、铟(III)和镉(II)的研究. 分析
　　化学，19(8): 859-863.

方滨，方惠群，陈洪渊，1995. 银微电极微分溶出分析法研究. 分析化学，23(11): 1243-1246.

黄松龄，张建华，李雪琼，等，2005. 线性扫描伏安法测定痕量铊. 理化检验(化学分册)，41(2): 121-122.

黄建钦，柯黎伟，占卫华，2004. 尿中铊的微分电位溶出法测定. 中国卫生检验杂志，14(3): 337-338.

何为，范中晓，霍彩红，2004. 微分脉冲极谱法测定痕量铊的研究. 电子科技大学学报，33(3): 309-311.

何锡文，2005. 近代分析化学教程. 北京: 高等教育出版社.

侯嘉丽，杨密云，2002. 铊元素分析在非卡林型金矿中的应用研究. 黄金科学技术，10(1): 41-46.

罗红群，刘绍璞，1994. 铊的光度分析和原子吸收分析光谱分析近况. 理化检验(化学分册)，30(4):
　　244-247.

李华, 张书玲, 申琦, 等, 2003. 小波分析与偏最小二乘法相结合用于示波计时电位同时测定铅和铊的研究. 计算机与应用化学, 20(1): 27-30.

李冬月, 郑建波, 王建国, 2012. 化学修饰铋膜电极的制备和应用研究进展. 分析化学, 40(2): 321-327.

李荻, 2008. 电化学原理. 北京: 北京航空航天大学出版社.

李建平, 郭宝科, 刘雅, 等, 2000. 生物材料中铊的溶出伏安法检测. 中华劳动卫生职业病杂志, 18(5): 313-314.

李根喜, 方惠群, 陈洪渊, 1994. 聚苯胺修饰电极上的电催化. 化学研究与应用, 6(4): 7-11.

李远禄, 于盛林, 郑罡, 2007. 基于分数阶微分的重叠伏安峰分离方法. 分析化学, 35(5): 747-750.

刘思东, 王宗孝, 王富权, 1994. 因子分析–伏安法同时测定波峰重叠的混合物组份. 分析化学, 22(10): 1022-1025.

努丽燕娜, 王保峰, 2007. 实验电化学. 北京: 化学工业出版社.

保尔 M. S. 蒙克, 2012. 电分析化学基础. 北京: 化学工业出版社.

邱建丁, 邹小勇, 梁汝萍, 等, 2002. 复合信号的小波分形特征. 科学通报, 47(23): 1787-1792.

孙成员, 刘德保, 于瑞华, 1999. 用 8-羟基喹啉化学修饰电极测定人体痕量铊. 哲里木畜牧学院学报, 9(4): 62-64.

王鲁霞, 于荟, 朱辉, 等, 2016. 水体中铊的富集分离方法的研究进展. 理化检验–化学分册, 52(7): 865-868.

王世信, 洪建立, 马志梅, 1991. 氯化吡啶–吡啶介质中铊的溶出伏安法测定的研究. 冶金分析, 11(45): 3-6.

王耀光, 刘建华, 1991. 新极谱法中重叠峰的分辨. 高等学校化学学报, 12(5): 594-597.

王银起, 1996. 计时电位溶出法测定痕量铊(III). 环境与健康杂志, 13(6): 272-273.

王玉红, 赵凯元, 2000. 多元标准加入极谱法同时测定铅、铊和镉. 铁道师院学报, 17(1): 16-20.

吴国梁, 王凤琴, 沈彩娣, 等, 1993. 铊(I)离子电化学传感器的研究: 1.光聚合敏感膜电极. 分析化学, 21(4): 392-395.

吴颖娟, 陈永亨, 曹小安, 等, 2003. 黄铁矿废渣中铊的相态分布及其来源. 广州大学学报(自然科学版), 2(5): 419-422.

吴颖娟, 陈永亨, 曹小安, 等, 2008a. 活性炭吸附–差示脉冲阳析溶出伏安法测定硫酸渣提取液中痕量铊. 冶金分析, 28(7): 18-22.

吴颖娟, 崔明超, 柯穗龙, 等, 2008b. 活动态铊的极谱法测定. 环境科学与技术, 31(4): 48-49.

吴颖娟, 邓湘舟, 肖唐付, 等, 2018a. 溴化亚铊和溴化铊的制备方法: ZL201810264008.7. 2018-11-23.

吴颖娟, 肖唐付, 张鸿郭, 等, 2018b. 一种基于界面作用的溴化亚铊的制备方法: CN201811049604.X. 2018-11-23.

吴颖娟, 陈永亨, 张平等, 2018c. 一种基于界面作用的碘化亚铊的制备方法: CN201811049626.6. 2018-12-11.

魏利民, 于翔宇, 2007. 计时电位溶出法测定人发中的微量铊. 中国实用医药, 2(32): 151-152.

叶庆森, 2001. 元素活动态测量法及其在铀矿勘查中的应用前景. 铀矿地质, 17(5): 289-294.

约瑟夫·王, 2009. 分析电化学. 北京: 化学工业出版社.

袁瀚青, 应礼文 1989. 化学重要史实. 北京: 人民教育出版社.

袁蕙霞, 2005. 矿石中微量铊的吸附催化极谱研究. 甘肃冶金, 27(3): 118-119.

喻殿英, 胡宏文, 1993. 黄酮类冠醚铊(I)离子选择电极的研制. 传感技术学报(2): 57-61.

周志仁, 1999. 球形汞膜吸附电位溶出法研究痕量铊. 现代仪器, 6: 18-20.

邵勇, 张淑云, 王曙, 1998. 组合电极–改换介质–阳极溶出伏安法分离重叠峰的研究. 冶金分析, 18(6): 15-17.

张平, 姚焱, 汪珍春, 等, 2007. 溶出伏安法测定蔬菜中的铊. 食品科学, 28(2): 227-228.

张永清, 莫金垣, 谢天尧, 等, 2002. 二次微分与样条小波自卷积联用分辩重叠伏安峰. 分析科学学报, 18(1): 12-16.

郑小萍, 莫金垣, 蔡配祥, 1999. 样条小波变换用于测定重叠伏安峰的研究. 中国科学(B 辑), 29(2): 141-147.

邹爱红, 董云会, 王洪燕, 1999. 阳极溶出伏出法测定氧化镉中的痕量铊. 冶金分析. 19(4): 61-62.

朱元保, 沈子琛, 张传福, 等, 1984. 电化学数据手册. 长沙: 湖南科技出版社.

DOMAŃSKA K, TYSZCZUK K K, 2018. Integrated three-electrode screen-printed sensor modified with bismuth film for voltammetric determination of thallium(I) at the ultratrace level. Analytica Chimica Acta, 1036: 16-25.

KARBOWSKA B, RÉBIŠ T, MILCZAREK G, 2017. Mercury-modified lignosulfonate-stabilized gold nanoparticles as an alternative material for anodic stripping voltammetry of thallium. Electroanalysis, 29: 2090-2097.

MOHAMMADI S, TAHER M A, BEITOLLAHI H, 2017. Mercury nanodroplets immobilized on the surface of a chitosan-modified carbon paste electrode as a new thallium sensor in aqueous samples. Journal of the Electrochemical Society, 164(9): B476-B481.

PÉREZ-RÀFOLS C, SERRANO N, DÍAZ-CRUZ MANUEL, et al., 2017. Simultaneous determination of Tl(I) and In(III) using a voltammetric sensor array. Sensors and Actuators B: chemical, 245: 18-24.

TERESHATOW E E, BOLTOEVA M Y, MAZAN V, et al., 2016. Thallium transfer from hydrochloric acid media into pure Ionic liquids. Journal of Physical Chemistry B, 120: 2311-2322.

VOEGELIN A, PFENNINGER N, PETRIKIS J, 2015. Thallium speciation and extractability in a thallium-and arsenic-rich soil developed from mineralized carbonate rock. Environmental Science & Technology, 49: 5390-5398.

YANG Y, BROWNELL C R, SADRIEN N, et al., 2007. Validation of an *in vitro* method for the determination of cyanide release from ferric-hexacyanoferrate: Prussian blue. Journal of Pharmaceutical and Biomedical Analysis, 43(4): 1358-1363.

ZHANG B T, ZHENG X X, LI H F, et al., 2013. Application of carbon-based nanomaterials in sample preparation: A review. Analytica Chimica Acta, 784: 1-17.

第7章 铊的电感耦合等离子体质谱分析法与电感耦合等离子体原子发射光谱分析法

7.1 ICP-MS 分析法概述

7.1.1 ICP-MS 发展史上的重要里程碑

第一个里程碑：1978 年，Houk 实验室搭建了全球第一台可以从 ICP 中提取离子的 ICP-MS，1979 年 3 月在美国国家环境保护局（EPA）综述研讨会上，Houk 教授做题为 Analytical Capabilities of ICP-MS（ICP-MS 的分析能力）的演讲。

第二个里程碑：1980 年，Houk 在 *Analytical Chemistry*（美国《分析化学》期刊）上发表全球第一篇 ICP-MS 论文，题目是 Inductively Coupled Argon Plasma as an Ion Source for Mass Spectrometric Determination of Trace Elements。该论文被美国分析化学期刊评为前 60 年 60 篇最有影响力的论文之一。

第三个里程碑：1983 年，研究者们提升了 ICP-MS 的检测性能，用于分析水样、尿样、血样等真实的样品，同年加拿大 SCIEX 和英国 VG 两家公司推出了商品化的 ICP-MS 仪器（演化为我们后来熟知的 PerkinElmer 和赛默飞的 ICP-MS）。

第四个里程碑：碰撞池的出现。根据用户们的报告，后来仪器的性能不断提高，更多的创新用于不断提高灵敏度，去除更多的干扰。最早的论文见于 1990 年，1997～1998 年出现了商品化带碰撞池的 ICP-MS。

第五个里程碑：1989 年，英国的一个团队搭建了高分辨率磁质谱的 ICP-MS，可以更有效地去除干扰，提高灵敏度。

7.1.2 ICP-MS 的发展

最早的 ICP-MS 设计采用二级真空方式，进样口直径仅有 0.5 mm，灵敏度较低，而且容易堵塞，实用性差。后来的设计改为三级真空，进样口扩大为 1 mm，进样面积增大了 4 倍，样品中的离子流直接进入了一级和二级真空，灵敏度和实用性得到了显著提升。在第二代技术上，ICP 发生器得到了很大改善，可以持续提供 ICP 源产生等离子体并抑制放电。

7.1.3 ICP-MS 的应用进展

经过三十多年的发展，ICP-MS 已经从最初在地质领域的应用迅速发展到广泛应用于环境、高纯材料、核工业、生物、医药、冶金、石油、农业、食品、化学计量学等领域,成为公认的最强有力的元素分析技术。

7.2 ICP-MS 分析法基本原理

7.2.1 基本原理

ICP-MS 是一种无机元素分析技术,能够检测样品中无机元素并测量其含量。样品由载气带入雾化系统进行雾化后,以气溶胶形式进入等离子体的轴向通道,在高温和惰性气体中被充分蒸发、解离、原子化和电离,转化成的带电荷的正离子经离子采集系统进入质谱仪,质谱仪根据离子的质荷比即元素的质量数对离子进行分离并对其进行定性、定量的分析。在一定浓度范围内,元素质量数处所对应的信号响应值与浓度成正比。

仪器中的电感耦合等离子体是质谱的高温离子源,雾化器将样品溶液转化为极细的气溶胶雾滴(大颗粒碰撞沉积,小颗粒进入等离子体)后,以氩气作为载气将气溶胶雾滴带入等离子体,在中心通道进行样品蒸发、解离、原子化、电离等过程。采样锥和截取锥将 ICP 和 MS 连接起来,离子通过样品锥进入高真空的质谱系统,离子透镜对离子进行聚焦和偏转,使之与光子、中性粒子分离,进入质量分析器,质谱部分为四级快速扫描质谱仪,离子通过高速双通道后按质荷比分离,根据元素的分子离子峰进行分析。

ICP-MS 所用电离源是电感耦合等离子体(ICP),其主体是一个由三层石英套管组成的炬管,炬管上端绕有负载线圈,三层管从里到外分别通载气、辅助气和冷却气,负载线圈由高频电源耦合供电,产生垂直于线圈平面的磁场。如果通过高频装置使氩气电离,则氩离子和电子在电磁场作用下又会与其他氩原子碰撞产生更多的离子和电子,形成涡流。强大的电流产生高温,瞬间使氩气形成温度可达 10 000 K 的等离子焰炬。样品以气溶胶的形式由载气带入等离子体焰炬会发生蒸发、分解、激发和电离,辅助气用来维持等离子体,冷却气以切线方向引入外管,产生螺旋形气流,使负载线圈处外管的内壁得到冷却。

7.2.2 基本组成

电感耦合等离子体质谱仪(ICP-MS)主要由等离子体离子源、接口装置和质谱仪三部分构成。ICP-MS 仪器的基本结构如图 7.1 所示,ICP-MS 仪器主要有以下几个组成部分(游小燕 等,2014;刘虎生和邵宏翔,2005)。

(1)ICP 离子源。利用高温等离子体将分析样品的原子或分子离子化为带电离子的装置。

(2)射频(radio frequency,RF)发生器,是 ICP 离子源的供电装置。用来产生足够强的高频电能,并通过电感耦合方式把稳定的高频电能输送给等离子焰炬。

(3)样品引入系统。可将不同形态(气、液、固)的样品直接或通过转化成气态或气溶胶状态引入等离子焰炬的装置。

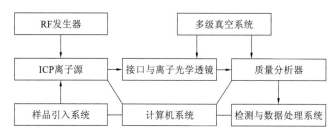

图 7.1　典型的 ICP-MS 仪器基本构成

（4）接口与离子光学透镜。接口是常压、高温、腐蚀气氛的 ICP 离子源与低压（真空）、室温、洁净环境的质量分析器之间的结合部件，用以从 ICP 离子源中提取样品离子流；离子光学透镜是将接口提取的离子流聚焦成散角尽量小的离子束，以满足质量分析器的工作要求。

（5）质量分析器。带电粒子通过质量分析器后，按不同质荷比（m/z）分开，并把相同 m/z 的离子聚焦在一起，按 m/z 大小顺序组成质谱。

（6）多级真空系统。由接口外的大气压到高真空状态质量分析器压力降低至少达 8 个数量级，这是通过压差抽气技术由机械真空泵、涡轮分子泵来实现的。

（7）检测与数据处理系统。检测器将质量分析器分开的不同 m/z 离子流接收，转换成电信号经放大、处理给出分析结果。

（8）计算机系统。对上述各部分的操作参数、工作状态进行实时诊断、自动控制及采集的数据进行科学运算。

1. ICP 离子源

1）等离子体的形成

电感耦合等离子体是通过将射频发生器产生的能量在电场中耦合至等离子体支持气所形成的。其中,电磁场是通过对负载线圈施加一定 RF 功率（典型值为 700～1 500 W）而产生。负载线圈是由直径为 3 mm 粗铜管,环绕成 2～3 匝 3 cm 大小的铜环,绕石英炬管安装并将所形成的等离子体限制在炬管内。所产生的交变电流场振荡频率与调谐 RF 发生器一致。点火时,利用特斯拉（Tesla）线圈放电或压电启动器使线圈附近的等离子支持气电离,形成"种子"电子,将等离子点燃。等离子点燃后,通过感应耦合得以维持。"种子"电子在电磁射频场中加速,与中性气体原子碰撞,形成电离媒介（常压下氩气氛围中加速电子的平均自由程约为 1 pm）。电子与原子的碰撞产生更多电子,造成"雪崩"效应,进而维持等离子体。气体一旦电离后,只要负载线圈上施加有 RF 功率,气体离子将进行自我维持。等离子体是外形像明亮的火球状的放电体。

（1）负载线圈。负载线圈是自由运行发生器中 RF 振荡电路的组合部分或晶控振荡系统的调谐网络组成部分,通常是由 2～3 匝、直径 3 mm 的铜管绕成 3 cm 大小螺旋环组成。铜线圈形成电磁场,用以维持等离子体。负载线圈通常具有三种接地方式：前端接地（距炬管底端最近）、后端（最接近样品注射管）或中间接地。接地位置影响采样接口二次放电,而二次放电严重影响离子束中分子氧化物及双电荷离子的形成。

（2）射频发生器。用于形成 ICP，是由有限组件构成的简单电路，产生一定频率的交变电流。其通常采用两种基本电路，产生 ICP 所需的 RF 能量：①固定频率晶控振荡器；②自由可变频率振荡器。这些发生器的输出功率必须达到 2 kW，才能有效维持氩气等离子气压。

固定频率晶控振荡器的基频受反馈电路中压电晶体控制，典型的工作频率为 13.56 MHz；电路电源包含倍频器，用于提供等离子典型工作频率：27.12 MHz。晶控型系统中阻抗匹配网络通常含有一个伺服模式下运行的可变电容，以维持系统调谐 RF 反射功率降至最低，延长功率管的使用寿命。

自由可变频率振荡器晶体频率的射频发生器处于自由运行状态，其频率大小取决于电路组件组合的情况。由于振荡器绝对频率取决于负载线圈及等离子体耦合阻抗大小，等离子体性质发生变化，频率随之改变，使电路耦合及调谐比晶控系统更困难。自由运行振荡器的优点在于形成等离子方便，使可能的操作所需参数调节及可移动部件最少。近年来，已有使用固态半导体电路产生高功率 RF 能量，其电路是对晶控振荡器的固态模拟，降低了其制造成本，但在产生高功率能量上通常较差。

（3）炬管。其包含并辅助等离子形成的器件，通常是由不吸收 RF 辐射的材料制成，因此不会降低负载线圈形成的磁场。目前有多种不同类型的炬管：陶瓷炬管、氮化硼炬管、石英炬管等。石英熔点足够高，能够在高温氩气 ICP 中工作，因此目前多使用石英炬管。

2）等离子气的选择

目前所用的 ICP 主要采用氩气，引入其他种类气体对实际测试可达到不同的效果。等离子体火焰是否容易熄灭取决于仪器 RF 调谐电路的设计。逐步增加引入气体流量可避免等离子体火焰熄灭。

I. 氩气

氩气的第一电离能为 15.76 eV，高于绝大多数元素（除 He、Ne 外）的第一电离能，且低于大多数元素（除 Ca、Sr、Ba 等）的第二电离能。因此，大多数元素在氩气等离子体环境中，只能电离成单电荷离子，进而可以很容易地由质谱仪器分离并加以检测。

ICP 离子源中的物质：

（1）已电离的待测元素：As、Pb、Hg、Cd、Cu、Zn、Fe、Ca、K 等；

（2）主体：Ar 原子（＞99.99%）；

（3）未电离的样品基体：Cl、$NaCl(H_2O)_n$、SO_n、PO_n、CaO、$Ca(OH)_n$、FeO、$Fe(OH)_n$ 等，这些成分会沉积在采样锥、截取锥、第一级提取透镜、第二级提取透镜（以上部件在真空腔外）、聚焦透镜、偏转透镜、偏置透镜、预四极杆、四极杆、检测器上（按先后顺序依次减少），是实际样品分析时使仪器不稳定的主要因素，也是仪器污染的主要因素；

（4）已电离的样品基体：ArO^+、Ar^+、ArH^+、ArC^+、$ArCl^+$、Ar^+（Ar 基分子离子）、CaO^+、$CaOH^+$、SO_n^+、PO_n^+、NOH^+、ClO^+ 等（样品基体产生），这些成分因为分子量与待测元素如 Fe、Ca、K、Cr、As、Se、P、V、Zn、Cu 等的原子量相同，是测定这些元素的主要干扰。

特别需要注意的是，1 ng/L 浓度的样品元素在 0.4 mL/min（Babinton 雾化器，转速为 0.1 r/s）速度进样时，相当于每秒进入仪器 $>1 \times 10^7$ 个原子；而在检测器得到的离子数在 $10 \sim 1\,000$，即 $>99.99\%$ 的样品及其基体停留在仪器内部或被排废消除；因此，加大进样量提高灵敏度的后果是同时加大仪器受污染速度。

II. 氮气

ICP-MS 中可以使用氮气以减少干扰，可以在冷却气或者雾化气中加入氮气，减少各种干扰，如 $^{40}Ar^{35}Cl^+$ 对 $^{75}As^+$ 及氧化物干扰。若在冷却气中加入氮气，则需提高氮气所占体积分数，在体积分数达到 $5\% \sim 10\%$ 时才能获得良好的效果。在雾化气中加入氮气，当体积分数为 4.5% 时，即可有效消除 1% 的氯离子干扰。因此，在冷却气中加入氮气的去除干扰的效果不如在雾化器中加入氮气。

氮气的引入对等离子体物理及电性质具有重要影响。若在雾化气中加入氮气，则等离子环面明显增大；且氮气的加入，将是电子温度降低 $3\,000 \sim 5\,000$ K，同时气体动力学温度小幅降低，但仍足够明显。虽然在雾化气中加入氮气能明显降低干扰，但同时也会造成灵敏度下降。若在冷却气中加入氮气，会出现信号抑制现象。但某些元素，如 Al、V、Cr、Mn、^{56}Fe、^{57}Fe、Co、Ni、Zn、Cu、As、^{77}Se、^{78}Se、Mo、Cd、Sb、Pb 等，灵敏度实际上有一些提高（Xiao，1994）。Uchida 和 ITO（1995）的研究表明以氮气为主（即冷却气中只加入少量的氩气）的等离子体降低了氩相关离子的干扰，但增加了氮相关离子（N^+，O^+，NO^+等）的干扰。此外，第一电离能小于 6.5 eV 的元素灵敏度增加，而第一电离能大于 6.5 eV 的元素灵敏度下降。

III. 氧气

ICP-MS 在分析含有有机基质的样品时，通常会引入氧气。有机基质的存在，增大了蒸气压，降低表面张力，使雾化室到等离子体之间的传输效率增大，通常在等离子体谱图中形成干扰峰。而有机基质在热分解过程中容易造成碳沉积，可能堵塞采样锥或在离子透镜系统中形成镀层，造成严重的信号漂移。氧气的引入可以将热分解过程转换成氧化燃烧过程，使沉积碳以二氧化碳的形式去除。

IV. 氢气

等离子体较少使用氢气。氢气具有极高的热导率，在雾化气中加入氢气，螺线圈区域的热能将更稳定的传输至等离子环形区域，即等离子能量增大，转动温度升高，这对分析易形成难熔氧化物的待测元素极为有效，此时难熔氧化物离子在高能等离子中解离更有效。有研究表明，在雾化气中加入氢气，能有效降低分析过程中产生的多原子离子干扰（Ebdon et al.，1994）。相比氩气等离子体，加入氢气的多原子离子干扰降低 10 倍，而其他分子干扰离子，如 $ArCl^+$、ArO^+ 及 ClO^+ 并未降低。此外，加入氢气后，信噪比、信背比降低，且质量数较大的元素响应受抑制。

V. 氩气之外的其他惰性气体

惰性气体（氦气、氖气及氙气）可作为添加气加至氩气等离子体中，或可以单独使用。虽然使用这些气体可以降低多原子离子干扰，但成本比氩气等离子体高，因此未得到广泛使用。氩气等离子体，样品与氩气之间易形成多种干扰离子，如 ArO^+ 对 Fe，$ArCl^+$ 对 As 及 Se，Ar_2^+ 对 Se，$ArNa^+$ 对 Cu 等。若使用其他种类气体，就可避免此类干扰。

惰性气体中使用最多的是氦气。氦气不仅具有较少的干扰，还具有更高的电离能（24.59 eV，而氩气的等离子电离能为 15.76 eV），更高的电离能意味着在氩气等离子体中难电离的元素（如卤素、磷、硫等）在氦气等离子体中电离效率更高，从而使灵敏度提高。

此外，在 ICP-MS 分析中也有人使用碳氢化合物气体解决多原子干扰问题。Steve 等（1992）在雾化气中加入了 1%（体积分数）甲烷，解决了 $ArCl^+$、ArO^+、ClO^+ 和多原子干扰问题；但加入甲烷后，使质谱谱图复杂化，同时可能发生碳沉积堵塞采样锥的问题。同样在雾化气中加入 0.5%（体积分数）的乙烷也可解决包括 Cl^- 及 O^- 相关的多原子离子干扰（Ebdon et al.，1994），效果优于甲烷，但仍需经常吸入水防止采样锥上发生碳沉积。

3）ICP 光源的特性

（1）温度高，惰性气氛，原子化条件好，有利于难溶化合物的分解和元素激发，有很高的灵敏度和稳定性。

（2）"趋肤效应"，感应电流在外表面处密度大，是表面温度高、轴心温度低、中心通道进样对等离子体的稳定性影响小。

（3）ICP 中电子密度大，碱金属电离造成的影响小。

（4）基体效应小，试样组分变化对 ICP 影响小，进样量也小，ICP 放电不随基体变化。

（5）自吸效应小，在中心通道原子化、激发，外围没有低温吸收层。

（6）样品能全部进入 ICP，无电极放电，无电极污染。

（7）对非金属测定的灵敏度低，仪器昂贵，操作费用高。

2. 接口装置

接口是 ICP 离子源与质谱仪的连接装置，在它的两端是截然不同的两个环境，一侧是高温、常压和腐蚀性的气氛，另一侧则是常温、真空和洁净的环境，它的作用是将大气压下高温氩等离子体产生的离子连续地引出，并均一地转移到真空状态的质谱仪进行质量分离和测量。因此，接口是 ICP-MS 仪器的关键组成部分，主要功能是将等离子体中的离子有效地传输到质谱仪，并保持离子的一致性和完整性。

目前，ICP-MS 的接口装置多采用双锥设计，即采样锥（孔径 0.8～1.2 mm）和截取锥（0.4～0.8 mm），并通过机械泵维持接口处的低真空（$2\sim5\times10^2$ Pa）（图 7.2）。采样锥和截取锥一般常用金属镍或铂制造，其中铂材质的抗腐蚀能力更强。

1）采样锥提取等离子体

位于前端的锥通常成为采样锥，为减少高温等离子体对椎体的影响，将其安装在水冷平板上。由于采样锥在等离子体中会逐渐腐蚀，工作一段时间后需要更换；对于高盐样品（如海水）分析，因样品的基体沉积，会导致采样锥锥口堵塞，需要清洗后才能继续使用。采样锥的后端为膨胀室，通过一级或二级机械泵（泵送能力为 18～30 m^3/h）维持真空度

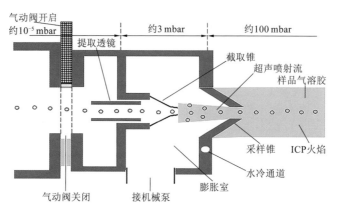

图 7.2　经典 ICP-MS 的结构示意图

1 mbar=10^2 Pa

在 $2\sim5\times10^2$ Pa。由于采样锥前后存在压差,大量等离子体通过采样锥进入膨胀室。氩气 ICP 是弱电离等离子体,因此会有大量氩气分子未电离。气态的分子、原子、离子及电子进入膨胀室,速度迅速增大,并以超声速在几微秒内膨胀,形成超声喷射流。在膨胀室内,气态粒子速度迅速增大,将热能转化为动能,使得气体动力学温度从初始温度 5 000～7 500 K 降至 100～200 K（Douglas 和 French,1988）。此时,由于电子温度仍保持在初始温度,气态粒子处于热不平衡状态,同时因电子密度迅速下降（小于 5 μs）,可以防止离子–电子复合。研究表明,在采样瞬间等离子体组分处于"冻结"状态,称为绝热膨胀。

2）截取过程

截取锥的作用是选择来自采样锥孔的膨胀射流的中心部分,并让其通过截取锥进入下一级真空。典型孔径大小为 0.4～1.0 mm,足以防止沉积及堵塞。

在采样锥前面大气压环境下的等离子体所产生的中性粒子、电子和离子的气流,被采样锥后面的低真空环境造成的压差从锥孔吸取后,会迅速地从膨胀室形成超声射流。射流区域由寂静带和自由膨胀区构成,并被筒状激波和马赫盘的振动波所包围,寂静带激波区气流特征稳定,它在马赫盘前结束,而马赫盘后的涌流是复杂和特征不稳定的。因此,为了最佳提取离子,截取锥孔口应当置于气流特征稳定的寂静带内,从中提取稳定的分析物离子流。实际上马赫盘的位置影响截取锥的最佳安放位置,一般截取锥在从采样锥口到马赫盘 2/3 处的寂静带内取样,能提供最大的信号强度,可获得最佳的离子传输。

采样锥孔到马赫盘的距离可由下列公式计算得到

$$X_{\mathrm{m}}=0.67D_0(p_0/p_1)^{1/2} \tag{7.1}$$

式中：X_{m} 为从采样锥孔到马赫盘的距离；p_0 为 ICP 离子源中的压力；D_0 为采样锥孔口直径；p_1 为膨胀区的背景压力。

3. 离子透镜系统

离开截取锥的涌流是由电子、离子、光子和中性粒子组成的,离子透镜系统将离子流聚焦成散角尽量小的很细的离子束,挡住光子和中性粒子,只允许目标离子传输到质量分析器。

离子透镜通常由一个或多个圆筒形的电极组成。通过对每个离子透镜电压的设置,使带正电荷离子离开接口区域,进入透镜系统被聚焦。透镜的电压会随质量分析器(通常为四极杆)扫描的质量数做相应的调整。在做多元素分析时,对每个质量数元素进行透镜参数优化,以使目标离子最大量通过,同时使基体离子降至"绝对最低"。

离子透镜工作原理如图 7.3 所示。图中 A、B 是带正电荷的离子,其电位用 V_1 表示;V_2 和 V_3 分别表示加在组成离子透镜的圆筒形电极上的电位,在它们之间形成的等电位场强线构成了离子透镜,其中 $V_2 \neq V_3$。当 V_1 高于 V_2、V_3 时,离子 A、B 向低电位方向运动,光轴上的离子 A 沿光轴方向运动,而光轴外的离子 B 在通过离子透镜的弧形等电位表面时将发生折射,从而实现聚焦。离子透镜的透射和聚焦性能是通过调节透镜元件上的电压而改变的。

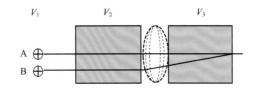

图 7.3　离子透镜工作原理示意图

理想情况下,离子透镜能将离子聚焦成截面很小的离子束。但是,当离子密度很高时,同电荷离子会相互排斥致使离子束有明显膨胀,甚至会使部分离子偏离到离子透镜之外,进而造成灵敏度的损失。高密度的离子流造成的离子束发散现象,就是"空间电荷效应"的结果。

在 ICP-MS 分析中,许多样品基体干扰效应可用空间电荷效应来解释。空间电荷效应对离子束中所有的离子都会产生影响,影响的程度取决于离子的质量和密度。对高密度的基体元素离子而言,质量大的基体离子比质量小的更会使被分析物离子偏离束轴,而被分析物离子中质量轻的比质量重的离子偏离束轴更严重。即样品基体离子中质量重的比质量轻的对分析物离子的传输抑制更大,尤其是被分析物质量轻的比质量重的离子抑制更为严重(Gillson et al.,1988)。在实际应用中,采用"基体匹配法"——有样品基体情况下优化离子透镜电压,使达到最佳状态可明显减少基体效应的影响。

为了克服空间电荷效应,有的商用仪器在测量不同质量的被分析物离子时,计算机将按照不同质量预设的离子透镜电压值进行实时交换。这种方式在多元素分析时为每种元素分别设定了最佳的离子透镜电压,因此提高了仪器的灵敏度、降低了检出限及减少了干扰抑制问题,改善了仪器分析性能。

有的商用仪器还通过改进离子透镜结构设计、增加六极杆滤器来克服空间电荷效应,也使仪器的分析性能得到改善。

4. 质量分析器

质量分析器是质谱仪的主体部分,主要是利用电磁学原理,按照质荷比(m/z)大小对进入的离子进行质量筛分,并将具有相同质荷比(m/z)的离子聚焦在一起组成质谱。

根据质量分析器的工作原理,质量分析器可以分为几种类型。目前,商用 ICP-MS 仪器采用的质量分析器有：四极杆质量分析器、双聚焦扇形磁场质量分析器、飞行时间质量分析器、离子阱质量分析器。其中四极杆 ICP-MS 应用最早，具有结构简单、操作容易、稳定性好、产品价格较低等特点，是目前应用最多、最实用的仪器。目前，95%的 ICP-MS 采用四极杆系统。

1）四极杆质量分析器的结构和工作原理

四极杆质量分析器由四根双曲面形或圆柱形极棒组成，两两对称。极棒通常由高度抛光的金属或镀金属陶瓷组成，长度一般为 15～20 cm，工作频率为 2～3 MHz。不同质荷比的离子沿四极杆极棒方向通过，每次只允许单个质荷比的离子通过，其他质荷比的离子则被排斥，起到类似"过滤"的作用（图 7.4，刘虎生等，2005；Nelms，2005；李冰和杨红霞，2005）。

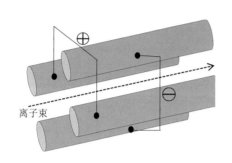

图 7.4   四极杆离子过滤示意图

四根极棒两两组成一对，分别施加直流电压(U)和射频交流电压(V)，即一对极棒施加$[U-V\cos(\omega t)]$电压，另一对极棒施加$-[U-V\cos(\omega t)]$电压，即大小相等，相位相差 180°（图 7.5）。这四根极棒围成空间的中心与离子透镜同轴，当包含不同质荷比（m/z）的离子的离子束进入到四极杆空间后，在离子束行进的过程中与施加在四极杆上的电压所形成的电磁场相互作用，结果只允许某一质荷比（m/z）的离子毫无阻碍地穿过四极杆，到达检测器。而其他质荷比（m/z）的所有离子将会在四极杆电磁场的作用下，以渐开的螺旋式轨道行进，导致它们与极棒碰撞成电中性或者过分偏转后被分子泵抽走。由于这种由四极杆组成的质量分析器只允许特定质荷比的离子通过，而其他所有离子将被排除，这个过程如同"过滤"筛选出特定的被分析物离子。

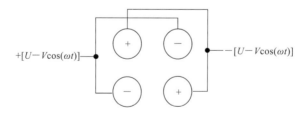

图 7.5   四极杆电压示意图

2）质量分析器的重要特性

I. 分辨率

分辨率是衡量质谱仪区分相邻质量离子束的能力。若相邻质量的离子谱峰之间的峰底大小小于峰高的 10%（或 5%），则认为两峰分离，对质谱仪的分辨率可定义为

$$R = m/\Delta m \qquad (7.2)$$

式中：Δm 为正好分开的两个质量分别为 m 和 $m+\Delta m$ 的质谱峰的质量差。

在四极杆 ICP-MS 中，通常采用 10%峰高来表示分辨率，大部分商用四极杆 ICP-MS

的分辨率足以区分单位质量谱峰（$R=300$）。分辨率的影响因素包括极棒形状、直径和长度；四极杆射频电源频率；系统真空度、附加的射频直流电压；离子通过四极杆的动能。

II. 灵敏度与丰度灵敏度

ICP-MS 的灵敏度通常用所输入样品的某元素浓度与质谱仪输出的该离子信号的比值来表示，即每秒的离子计数/元素浓度。丰度灵敏度是衡量高浓度离子信号对相邻低浓度离子信号的影响程度，即质量数为 M 的离子对 $M+1$ 或 $M-1$ 离子的影响程度。

当 ICP-MS 给出的丰度灵敏度值比较差，大多是提取了等离子体二次放电产生的高能离子或离子与真空中残余气体粒子碰撞后损失能量所致。因此，避免等离子体二次放电和提高真空度，减少背景气体是改善丰度灵敏度的有效办法，必要时可使用各种不同的过滤器滤去尾峰。

丰度灵敏度和分辨率决定了四极杆质量分析器定量分析性能的好坏。

7.2.3　分析方法的特点

（1）灵敏度较高，检出限低，痕量分析的检测下限一般可达到 $10^{-10}\sim10^{-12}$，分析也相对简单而快速，检测一个样品大概只需要 3 min，而且对于批量样品还能迅速地提供测定的结果。

（2）线性动态范围较宽，特别对于多元素的分析非常适合，一般在 100 μg/L 以下的元素基本上都能测定，对于有些元素在 ng/L～mg/L 曲线相关系数可达到 0.999 以上。

（3）需要的样品量较少，进样量为 50～100 μL。

（4）可以分析同位元素，能准确地测定加入富集同位素试剂后样品中的同位素比值，同时还能根据同位素稀释法快速地计算出样品中待测元素的含量。

7.2.4　干扰及消除

ICP-MS 的干扰分为质谱干扰和非质谱干扰。

1. 质谱干扰

质谱干扰主要有同量异位素、多原子或加合物离子、氧化物、双电荷离子等干扰。

1）同量异位素干扰

同量异位素是指两个元素的同位素具有相同的质量数。实际上，它们的质量数可能有很小的差异，大约是 0.005 m/z，这个差异不能被四极杆质量分析器所分辨。因此，同量异位素干扰通常被称为同量异位素重叠干扰。一般而论，具有奇数质量数的同位素不易受同量异位素重叠干扰，而具有偶数质量数的许多同位素则相反。当 $m/z<36$ 时，不存在同量异位素重叠干扰。

同量异位素干扰可以使用干扰校正方程进行校正，或在分析前对样品进行化学分离等方法进行消除。

2）多原子离子干扰

多原子离子干扰是 ICP-MS 最主要的干扰来源，可以利用干扰校正方程、仪器优化及碰撞反应池技术进行消除。

3）氧化物干扰和双电荷离子干扰

可通过调节仪器参数降低干扰程度。

发生器的功率、载气流速和采样深度是金属元素的单电荷离子、氧化物离子、双电荷离子及氢化物离子等多原子离子产率的重要因素。仪器工作参数的优化目标是获得最高的单电荷离子产率以提高分析的灵敏度，尽可能降低氧化物离子的产率以减少或消除其干扰。用 $1\ \mu g/L$ 的调谐液优化仪器参数，使各元素的检测灵敏度最高，并使 CeO/Ce 的信号比值<2%。

2. 非质谱干扰

非质谱干扰主要包括基体抑制干扰、空间电荷效应干扰、物理效应干扰等。非质谱干扰程度与样品基体性质有关，可通过内标法或标准加入法等措施消除。

1）内标法

利用在线加入内标溶液的方式监测信号变动的情况，可以有效克服仪器的漂移，保证测量的准确性。所选用的内标元素不应受同量异位素重叠或多原子离子的干扰或对被测元素的同位素产生干扰，应在所测样品中的含量非常少甚至是没有，且所选内标元素与待测元素质量数应接近。常选择的内标元素有 ^{6}Li、^{45}Sc、^{74}Ge、^{89}Y、^{103}Rh、^{115}In、^{185}Re、^{209}Bi，各元素测定的灵敏度和准确度较好。可直接购买有证标准溶液进行配制，介质为（2+98）的硝酸溶液。

2）标准加入法

标准加入法，又名标准增量法或直线外推法，是一种被广泛使用的检验仪器准确度的测试方法。这种方法尤其适用于检验样品中是否存在干扰物质。

当很难配置与样品溶液相似的标准溶液，或样品基体成分很高，而且变化不定或样品中含有固体物质而对吸收的影响难以保持一定时，采用标准加入法是非常有效的。将一定量已知浓度的标准溶液加入待测样品中，测定加入前后样品的浓度。加入标准溶液后的浓度将比加入前的高，其增加的量应等于加入的标准溶液中所含的待测物质的量。如果样品中存在干扰物质，则浓度的增加值将小于或大于理论值。

7.3 ICP-MS 分析法的应用

铊是一种高度分散的稀有重金属元素，被广泛应用于高能物理、超导材料、医药卫生、航空航天、电子、通信、军工和化工催化材料等领域。铊也是一种剧毒重金属元素，其毒性远超 Hg、Cd、Cu、Pb 等；易溶于水、硝酸、硫酸，为强烈的神经毒物，对肝、肾有损害作用；吸入、口服可引起急性中毒，可经皮肤吸收。铊是可通过干扰依赖钾的关键生理过程、影响 Na^+/K^+-ATP 酶的活性、特异性与巯基结合而发挥其毒性作用；铊的化合物具有诱变性、致癌性和致畸性，进入体内后将会导致多种癌症的发生；并且铊可以和维生素 B_2 及其辅助酶发生作用，破坏 Ca 在人体内的平衡。铊是世界卫生组织（World Health Organization，WHO）重点限制清单中主要危险废物之一，已被我国列入优先控制的污染物名单。

对样品中铊的含量定量测定的方法主要有：分光光度法、电化学分析法、原子吸收光谱法、流动注射分析、电感耦合等离子体光谱/质谱法等。ICP-MS 由于具有极低的检测限、极宽的动态线性范围、抗干扰性强、分析精密度高、测定速度快等优点，广泛应用于环境监测、食品安全、生物及医学、岩矿分析等各大领域。本节主要介绍该方法在这些领域中对铊的应用进展情况。

7.3.1　环境监测

环境水和废水、土壤及空气和废气中的铊含量直接影响着人们的生活，其中的重金属可以通过各种方式进入人体，从而对人们的健康产生危害。然而，环境样品中铊的浓度水平低，基质复杂，而 ICP-MS 的检出限低、分析精密度且准确度高，采用 ICP-MS 法测定环境样品中的铊有重要的意义。

1. 环境水和废水

对淡水、海水及废水等环境水样进行分析，是规定人类用水指标、制订监控环境管理计划及研究痕量元素在天然水中的地球化学循环的基础。

未受污染的天然水体铊含量很低：海水中铊质量浓度为 0.01～0.02 μg/L，《地表水环境质量标准》（GB 3838—2002）中规定地表水中铊标准限值为 0.01 μg/L。因此，对水体铊的检测提出了较高的要求。目前，水体中铊的检测方法主要有分光光度法（李德先 等，2002）、火焰原子吸收光谱法（丁根宝，2001）、石墨炉原子吸收分光光度法（蒋辉云 等，2013）、电感耦合等离子体质谱法（曹蕾和徐霞君，2012；成景特，2016）、电感耦合等离子体光谱法（易颖 等，2015）。其中 ICP-MS 法作为测定环境水样中痕量元素的一种常规分析方法得到了迅速发展，可以全面满足水分分析中常规元素的分析要求，在水分痕量分析领域形成了巨大的影响。

美国国家环境保护局为地下水、地表水及饮用水中 ICP-MS 分析方法（EPA，2008），其中规定的 Tl 的检出限为 0.3 μg/L。在我国《水质 65 种元素的测定 电感耦合等离子体质谱法》（HJ 700—2014）中规定的铊的检出限为 0.02 μg/L。可见，ICP-MS 法分析地表水、地下水和废水中无机元素技术已得到了管理机构的认可。

冯丽萍（2017，2015）采用 ICP-MS 法同时测定地表水中砷、锑、铅、铊、镉、铍、钴和钒 8 种重金属元素含量，通过对质谱干扰和非质谱干扰校正，用外标法定量，实现了准确快速同时测定金属元素的目的。

卢水平等（2014）建立了 ICP-MS 法测定地表水中铊的方法，通过对仪器工作条件优化，在线内标校正基体效应干扰，考察了样品测定介质、酸度、共存元素干扰等因素对测定结果的影响，在最佳实验条件下，该方法的检出限可达 0.003 μg/L，线性相关系数不小于 0.999 9，加标回收率为 93%～110%。与传统的原子吸收光谱法相比，该方法不需要富集等烦琐的前处理过程，具有检出限低、快速、精密度和准确度高等优点。

铁梅等（2007）采用 ICP-MS 法对饮用水中 25 种元素进行同时测定，结果表明用 ICP-MS 法同时测定饮用水中 25 种元素，具有检出限低、灵敏度高、精密度和准确度好等优点，特别是对人体健康却产生重要影响的超痕量组分，如 Tl、Th、U 等的测定，该法具有其他传统分析手段难以满足的优势。乔庆东等（2015）、崔晓娇等（2018）同样研究了 ICP-MS 法测定饮用水中包含铊在内的多元素的测定，结果表明该法可用于多种元素的同时测定，快速、准确，灵敏度高，有良好的重现性及稳定性，适用于生活饮用水中多种元素的测定。

对废水中铊的分析，姚坚和金琴芳（2012）利用火焰原子吸收光谱法连续测定废水中的银和铊，结果表明该法简单快速，对铊的检出限为 0.019 mg/L，相对标准偏差小于5.0%，加标回收率控制在 93.8%～103%，能满足环境监测的要求。成景特（2016）通过研究建立了利用 ICP-MS 标准加入法测高盐分废水铊的方法，确定该法的适用范围为20～200 μg/L，精密度 RSD 为 2.67%，回收率为 97.24%～106.6%，能够满足日常分析测试要求。通过比较发现，ICP-MS 法对废水中的铊的检出限更低、精密度更好，比传统的火焰原子吸收光谱法具有更优的性能。

利用 ICP-MS 法测定地下水、地表水和饮用水等淡水样品无须预处理，通常只需要在取样时经酸化处理或过滤一下就可进行多元素分析，操作简单快捷。但对海水样品，由于其盐分含量比较高（一般约为 3.5%），且许多元素的浓度极低，利用四极杆 ICP-MS 直接分析海水有一定困难，一般需要采取化学分离过程进行预处理。

2. 环境空气和废气

近年来，城市环境空气质量越来越差，灰霾天气时有发生，这使人们对环境空气质量格外关注，空气和废气中重金属的监测尤其重要，因此，建立一种快速有效测定空气和废气中金属含量的方法具有重要意义。在人体里的重金属含量超过其承受值就会引起中毒，铊易使人产生多发性神经炎。目前，测定环境空气和废气中重金属的监测方法有火焰原子吸收光谱法、石墨炉法、电感耦合等离子体原子发射光谱法（樊颖果 等，2014；张贵彬 等，2008）。

在环境空气和废气样品分析中，由于样品量有限，样品难以获得，如用滤膜采样的大气颗粒物样品，对中小流量采样器采集 24 h 的样品的质量一般只有几毫克，因此在分析过程中对仪器灵敏度要求较高。而 ICP-MS 法特别适用于样品量少、被分析成分浓度低的分析测试项目。

徐丽繁（2015）建立了一种在硝酸-盐酸消解体系下，电感耦合等离子体质谱法测定空气和废气颗粒物中钴、铊元素的方法，结果表明：钴、铊的检出限低，精密度和准确度良好，适用于环境空气和废气颗粒物中钴、铊元素的分析测定。刘裕婷（2012）建立了 ICP-MS 测定工作场所空气中钡、钾、钠、铊及其化合物的方法，结果表明该法简便、快速、检出限低、精确度和准确度高，适用于工作场所空气中多种金属及其化合物的同时检测。

我国在 2013 年公布实施的《空气和废气颗粒物中铅等金属元素的测定　电感耦合等离子体质谱法》（HJ　657—2013）中规定了空气和废气的检出限分别为 0.03 ng/m^3 和 0.008 μg/m^3。在环境空气和废气中，铊的电感耦合等离子体质谱法分析技术已得到管理机构的认可。

3. 土壤和沉积物

土壤不但是环境重要的组成部分，也是连接各个环境要素的重要枢纽，是各种环境要素中物质迁移和能量转化的主要和复杂的场所。随着经济的发展，各种矿山开采、电镀、冶炼等相关化工产业快速发展，大量重金属由于不同因素和渠道释放到土壤环境中，对土壤造成严重污染。人类在开发和利用土壤的同时，也造成了土壤的严重破坏和污染。重金属不但是土壤环境的一个重要评价标准，而且重金属对土壤的污染是难以修复的，如果不及时处理还会转移至地下水，重金属将会随地下水迁移至各个地方，让重金属污染更加难以遏制。因此，对土壤中的重金属的测定和准确评价显得极为重要。

2016 年 5 月 31 日，环境保护部颁布了《土壤污染防治行动计划》（简称"土十条"），随后在全国范围内开展了"土壤污染状况详查"项目（简称"详查"）。根据"土十条"计划安排，2018 年底前查明农用地土壤污染的面积、分布及其对农产品质量的影响，为后续的防治提供数据支撑。农用地土壤中重金属元素的检测是该次"详查"的重点。相对以往的普查，该次"详查"的样品量更大、任务更紧急，因此如何高效准确测定土壤中金属元素含量，已成为各承检机构最关注问题。

由于土壤基体复杂、干扰多，传统的检测方法（刘少玉，2014）并不能很好地检测出土壤中的痕量铊，对土壤中痕量的铊的检测还是一个挑战。随着近几年 ICP-MS 的兴起，由于其受基体干扰小、线性范围广、灵敏度极高、谱线相对简单等优点在分析测试领域大放异彩（胡芳 等，2016；黄一帆 等，2008；刘勇胜 等，2003；李金英和姚继军，1998；Yoshida et al.，1998）。

胡芳等（2016）通过对土壤中痕量铊的前处理方法进行试验，对电热板法消解过程中的时间和试剂等进行优化，建立了一种利用 HNO$_3$-H$_2$O$_2$-HF 的酸消解体系测土壤痕量铊的方法，并通过土壤标准样品和实际土壤样品的测定，验证了该方法的准确性和可靠性。

贺忠翔等（2012）建立了通过高压微波消解土壤，用 ICP-MS 法检测国家土壤标准样品中的铍、铊、锡和锂的方法，测定结果表明，该法检测结果准确度高，精密度好。

赵志南等（2017）建立了通过 ICP-MS 同时测定土壤中 14 种元素的分析方法，包含铊在内的 14 种元素的方法检出限均满足同类分析标准要求。使用该法分析 10 种土壤和沉积物标准物质，其测定值均在参考范围内，14 种元素的相对标准偏差（RSD）均小于 5%，回收率在 90%～107%。通过高基体进样系统（high matrix introduction，HMI）的使用，增强了 ICP-MS 对复杂基体的耐受性，大大延长了仪器的维护周期，实现了与火焰原子吸收光谱法（flame atomic absorption spectrophotometer，FAAS）和电感耦合等离子体光学发射光谱法（inductively coupled plasma-optical emission spectrometer，ICP-OES）样品前处理方法的一致性。

蔡苹杨等（2015）对王水-$HClO_4$-HF 消解法中王水冷浸时间、$HClO_4$ 和 HF 的用量进行优化，发现在土壤取样量为 0.500 0 g，王水冷浸时间为 4 h，HF 用量为 4 mL，并且在保证测定值准确的情况下需要加入 $HClO_4$，是测量土壤中痕量的铊的最佳条件。通过一系列的实验建立了一种更加准确、经济、灵敏的检测土壤中痕量铊的 ICP-MS 法。

野外采集土壤样品或沉积物样品后，在风干室将土壤样品和沉积物样品放置于风干盘中，摊成 2～3 cm 的薄层，适时地压碎、翻动，拣出碎石、砂砾、植物残体。样品自然风干或冷冻干燥后研磨，全部过 0.15 mm（100 目）尼龙筛备用。样品制备过程应避免沾污和待测元素损失。参考消解的方法主要有微波消解法和电热板消解法。

1）微波消解法

对于土壤和沉积物样品，称取 0.100 0～0.500 0 g 过筛后的样品，将样品置于微波消解罐中，用少量水润湿后，加入 9 mL 硝酸、3 mL 氢氟酸和 2 mL 浓盐酸，将消解罐放入微波消解装置进行消解，按表 7.1 的升温程序进行消解。微波消解后样品需冷却 25 min 后取出，用少量实验用水将微波消解罐中的全部内容物转移至 50 mL 的聚四氟乙烯烧杯中，加入 1 mL 高氯酸，置于电热板上加热至 160～180 ℃，驱赶至冒白烟近干，冷却至室温，用 5 mL 稀硝酸溶液溶解内溶物，温热溶解残渣，冷至室温后将溶液转移至 50 mL 容量瓶中，用适量稀硝酸溶液淋洗聚四氟乙烯烧杯 3～4 次，全部转移至 50 mL 容量瓶中，用稀硝酸溶液定容至标线，混匀，待测。测定前使用滤膜过滤或取上清液进行测定。

表 7.1　微波消解推荐升温程序

序号	升温时间/min	消解温度	保持时间/min
1	7	由室温升到 130℃	3
2	5	由 130℃升到 150℃	5
3	5	由 150℃升到 180℃	25

注：对于特殊基体样品，若使用上述消解液消解不完全，可适当增加酸用量

2）电热板消解法

将样品放入 50 mL 聚四氟乙烯试管中，用水润湿后加入 5 mL 硝酸，盖上表面皿，于通风橱内的电热板上低温加热，使样品初步分解，待蒸发至约剩 3 mL 时，取下稍冷，然后加入 5 mL 硝酸、5 mL 盐酸、2 mL 氢氟酸、2 mL 高氯酸，加盖后于电热板上 160 ℃加热 50 min 左右，然后开盖，电热板温度控制在 150 ℃，继续加热除硅，为了达到良好的飞硅效果，应经常摇动坩埚。当加热至冒浓厚高氯酸白烟时，加盖，使黑色有机碳化物分解。待坩埚壁上的黑色有机物消失后，开盖，驱赶白烟并蒸至内容物呈黏稠状。视消解情况，可再补加 3 mL 硝酸、3 mL 氢氟酸、1 mL 高氯酸，重复以上消解过程。用 5 mL 硝酸溶液溶解内溶物，温热溶解残渣，冷至室温后将溶液转移至 50 mL 容量瓶中，用适量硝酸溶液淋洗聚四氟乙烯烧杯 3～4 次，全部转移至 50 mL 容量瓶中，用硝酸溶液定容至标线，混匀，待测。测定前使用滤膜过滤或取上清液进行测定。

用去离子水代替试样，采用与实际样品制备相同的步骤和试剂，制备空白试样。

7.3.2　食品安全

近年来，我国食品工业高速发展，消费者在食品消费上可选择的余地越来越大，同时食品质量和安全越来越受关注。这就要求食品科学家监控食品组成，保证食品的质量、安全和品质。食品分析在确保原材料供应方面起到保障作用，在最终食品检验方面起着监督和标示作用。

铊及其化合物都具有剧毒，属于神经毒物，可引起肾脏和肝脏等多脏器的损害，而食品中的铊含量极低，在分析过程中对仪器灵敏度要求较高。由于 ICP-MS 法具有多元素同时测定，检出限低、精确度高等优点，逐渐成为食品中元素测定的新方法。

刘康书等（2015）采用火焰原子吸收光谱法测定了薏苡仁及白菜中铊的含量。称取样品（5.00 g），加入硝酸–高氯酸（4+1）混合酸 20 mL 进行湿法消解。试验结果表明，铊的质量浓度在 0～3.0 mg/L 与其吸光度呈良好的线性关系，相关系数为 0.999 9，方法的检出限为 0.066 mg/kg，加标回收率为 91.6%～95.5%，相对标准偏差（$n=7$）在 1.6%～3.2%。该方法可应用于食品中铊含量的测定。

张贵伟等（2016）建立微波消解-ICP-MS 法测定食品中铊含量，检出限为 0.005 mg/kg。该法线性好、检出限低、精密度小于 5%、准确性高，对大虾、芹菜、猪肝、四川大米标准物质中铊进行测定，标准物质所得结果均在证书值范围内。

陈启钊和张云平（2016）利用微波消解前处理技术，建立通过 ICP-MS 同时测定食品中36 种重金属元素和 16 种稀土元素的方法。食品样品经硝酸–双氧水体系微波消解后，利用电感耦合等离子体质谱法测定，通过在线加入内标溶液校正，同时测定食品中 41 种重金属元素。结果表明，该方法的线性范围宽，线性关系良好，相关系数 r 均在 0.999 以上，检出限低；对国家标准物质 GBW 10014（圆白菜）、GBW 10016（茶叶）、GBW 10023（紫菜）、GBW 10024（扇贝）进行消解处理，用 ICP-MS 法测定，进行方法验证，结果准确可信。

此外，姚焱等（2008）、王晓飞等（2018）及李敏等（2012）分别利用 ICP-MS 法测定了水稻、甘蔗及鱼肉等食品中的铊含量。通过实验验证，ICP-MS 法是一种适用于食品中铊含量测定的检测方法，具有更低的检出限，较高的精确度和准确度，具有优于其他检测方法的性能。

7.3.3　生物及医学

分析生物医学样品中铊的含量主要目的是考察人类暴露在某些家居污染或环境工业污染的情况。而铊化合物可经消化道、呼吸道、皮肤吸收，对人体的毒性大于铅、汞等，属高毒类，具有蓄积性。特别是铊中毒发病缓慢，有较长的潜伏期，特征症状出现滞后，初诊易造成误诊（王继芬 等，2005），因此生物样本的铊含量测定在此类事件中尤为重要。ICP-MS 在生物临床领域的应用涉及的样品包括血液、血清、尿液、头发、指甲、金属结合蛋白、各种动物细胞等。由于生物样品中痕量元素铊检测的绝对量非常小，对检测方法检出限和灵敏度要求高，同时还需保证测定方法的准确度、精确度和抗干扰能力。

人体内的铊几乎全部从尿排泄,尿中铊含量的高低可反映铊的接触水平和中毒情况;吸入人体的铊在血清中不与蛋白质结合,故可迅速分解至全身各组织器官,以肝、肾、肌肉、头发中含量最高,也可损害内分泌系统,干扰毛发的生长而脱发(刘军和陈建平,2009;邱泽武 等,2008;李汉帆 等,2007)。脱发是铊中毒的独特表现。对血液、尿液等生物样本的铊含量检测是确诊铊中毒的依据。

1. 血铊

铊中毒患者血中铊摩尔浓度可达 0.35~1.24 µmol/L(李艳丽 等,2005)。因此测定血铊含量有助于诊断治疗。

杨福成(2009)建立了电热原子化原子吸收光谱法(electrothermal atomization atomic absorption spectrometry,ETAAS)直接测定全血中的铊的检测方法。该方法可将血样进行适当稀释后,直接用电热原子吸收光谱法测定,当进样量为 20 µL 时,该方法的检出限为 0.57 µg/L,回收率为 97.4%~101.8%,相对标准偏差(RSD)为 0.95%~2.83%。结果证明该方法具有简便、快速、灵敏、准确的特点。

覃利梅等(2013)建立石墨炉原子吸收光谱法直接测定血中铊的分析方法。血样经过适当地稀释后,利用石墨炉原子吸收光谱法直接测定血中的铊。结果表明该方法检出限为 0.16 µg/L,回收率为 98.7%~103%,铊测定范围为 0~50.0 µg/L,该方法简单快速,准确度和精密度良好,可以满足急慢性铊中毒者血中铊含量的测定,为临床诊断治疗提供参考依据。

赵亮亮等(2018)采用直接稀释法对待测样品进行前处理,利用 ICP-MS 法测定人血中包含铊在内的 34 种元素,该方法测铊的仪器检出限为 7×10^{-4} µg/L,最低检出浓度为 0.014 µg/L,加标回收率为 95%~110%。通过实验验证了 ICP-MS 法测定血浆中多种元素含量,该方法实用高效,精密度、准确度、线性范围和最低检测限都达到了满意结果,可在科研及检验工作中加以应用。

通过比较,利用 ICP-MS 法测定血液中铊的含量具有更低的检出限,更优的检测性能,是血铊含量测定中更好的选择。

2. 尿铊

尿液中铊的含量高低可反映铊的接触水平和中毒情况,因此铊中毒症状的严重程度可以依据尿铊的含量水平判定。进入人体的铊主要经肾脏代谢,尿铊的排泄量与中毒症状存在一定的关系,尿铊浓度是一种比较可靠的暴露指标(李德先 等,2002);非铊污染地区,人尿铊的质量浓度常小于 1 µg/L(Daniel et al.,1998;David et al.,1996),测定时尿中无机盐干扰较多,因此有必要建立可用于常规监测尿中痕量铊的分析方法。

孟亚军等(2007)利用石墨炉原子吸收光谱法测定尿液中的铊。首先将尿样用硫酸-硝酸混合酸消化,并用溴水将溶液中铊(I)氧化至铊(III),用盐酸(1+4)介质使铊(III)以络阴离子 $Tl(Cl)_4^-$ 状态存在;再用聚氨酯泡沫塑料吸附铊(III),从而与尿液分离,最后聚氨酯泡沫塑料取出并洗净后置于沸水中使铊(III)从泡沫塑料上解吸,所得溶液供石墨炉原子吸收光谱法（GF-AAS）测定。在方法中不加任何基体改进剂且在石墨平台升温程序中省略了灰化步骤，使测定达到快速的要求，方法的测定限达到 0.1 µg/L，测得回收率在 91%～97%。

张聪等（2008）建立了准确可靠的尿中铊的快速分析方法。该方法先用 1%硝酸酸化尿样，再以 PdCl$_2$ 为基体改进剂消除干扰，用石墨炉原子吸收光谱法直接测定尿铊。结果表明铊在 0～100 µg/L 线性良好，相关系数为 0.999 1，方法检出限 0.54 µg/L，最低检出浓度 1.1 µg/L，回收率 98.8%～101.5%。该方法简单快速、精密度和稳定性很好，可以满足尿中铊的测定。

刘杨等（2008）利用 ICP-MS 法测定尿液中铊。尿样加硝酸–高氯酸混合液(4+1)，经电热板加热消解，然后用水定容至 25 mL 比色管中，以内标溶液校正基体效应干扰，用电感耦合等离子体质谱法测定尿铊含量。结果表明，方法检出限为 0.008 µg/L，回收率为 96.8%～104.8%，是一种灵敏快速、简便准确的方法。刘军和陈建平（2009）、张子群等（2009）也通过实验验证 ICP-MS 法测定尿液中铊，是一种具有更低检出限、稳定性好、准确度高的尿铊检测方法。

7.3.4　岩矿分析

岩矿分析是分析化学在地球科学应用的一个分支学科，它以岩石和矿物为研究对象，任务是确定岩石、矿物的化学组成及有关组分在不同赋存状态下的含量。岩矿分析是地球科学研究中的重要组成部分，随着多目标区域地球化学调查的发展，要求岩矿分析技术具有更高的灵敏度、精密度和准确度，以满足区域地球化学研究、矿物开采冶炼及工艺设计、环境监测及变化研究的需要；同时还需要开发能满足多介质分析、多指标测定、经济有效的一整套分析测试方法体系。

铊在地壳中的含量约为 3/100 000，以低浓度分布在铜、铁的硫化物等矿物中，表现出强烈的亲硫性，形成铊的硫化物矿物（岩石矿物分析编委会，2011）。因此，准确测量岩矿样品中铊的含量，有利于矿物原料中有害元素的控制，减少铊及其化合物对环境的污染和危害。不少研究学者建立了利用 ICP-MS 法测定地球化学样品的方法，如表 7.2 所示。

表 7.2　地球化学样品分析测试方法比较

序号	样品类型	前处理方法	分析方法	标曲线性范围/（µg/L）	检出限/（mg/kg）	精密度/%	加标回收率/%	参考文献
1	土壤	纸色谱法分离	分光光度法	0～1000	—	<4	98～102	吴惠明等（2003）
2	岩石、土壤、水系沉积物	HF-HClO$_4$-HNO$_3$ 溶解样品，泡沫塑料富集	石墨炉原子吸收光谱法	0～50.0	0.060	2.73～3.93	96.7～101.3	董迈青等（2010）
3	岩石、土壤、水系沉积物	HF-HClO$_4$-HNO$_3$-HCl 溶解样品，泡沫塑料富集	石墨炉原子吸收光谱法	—	0.058	2.88～6.27	95.2～101.3	林光西等（2006）

续表

序号	样品类型	前处理方法	分析方法	标曲线性范围/（μg/L）	检出限/（mg/kg）	精密度/%	加标回收率/%	参考文献
4	岩石	封闭式酸溶	ICP-MS	0～100	0.04	<8	—	程秀花等（2015）
5	地质样品	硝酸–氢氟酸–高氯酸密闭分解	ICP-MS	—	0.002	1.9～4.8	—	孙朝阳等（2016）
6	金属矿	硝酸–氢氟酸–高氯酸分解	ICP-MS	0.030～50.0	0.009	<5.0	92～102	陈浩凤等（2018）

7.4　ICP-AES 分析法概述

7.4.1　等离子体原子发射光谱的发展

1802 年，英国化学家 Wollaston 在光谱中发现了几条暗线，到 1814 年，德国物理学家 Fraunhofer 通过研究发现了这些暗线是吸收了太阳光谱特定的波长而产生的吸收光谱现象。1826 年 Talbot 研究一些金属盐在酒精灯上燃烧时得到的光谱（铜、银和金在火花放电时的光谱）认为"发射光谱是化学分析的基础"。19 世纪 60 年代到 20 世纪初，利用光谱分析先后发现的元素有铊、铟、镓和稀土元素钬、钐、铥、钕、镥、钇、铯、铷，以及气态元素氦、氩等。这是光谱分析的初级阶段，主要解决元素的定性分析。进入 20 世纪后为快速满足工业产品的成分分析需求，光谱定量分析得以发展。1930 年，Lomakin 和 Schiebe 提出了罗马金公式，确定了谱线发射强度和浓度的定量测定。光学仪器也开始制造多种类型的发射光谱仪，发射光谱的关键是激发光源，支流等离子体和微波等离子体光源最早受到关注，也比较容易形成稳定的等离子体，设备简单，但其性能不太理想，直到电感耦合等离子体的出现，虽然仍有些不足，但分析性能较好，经过优化和改进，逐渐成为源自发射光谱最为通用的光源（周西林 等，2012）。

7.4.2　ICP 光谱仪

自 1975 年第一台商品 ICP 光谱仪诞生以来，仪器不断地改进和创新，目前，主要有三类 ICP 光谱仪在使用。第一类是由多色仪和光电倍增管构成的多通道 ICP 光谱仪，它可以同时进行多元素分析；第二类是由单色器和光电倍增管构成的顺序扫描型 ICP 光谱仪；第三类是 20 世纪 90 年代快速发展起来的由中阶梯光栅分光系统和固体监测器构成的全谱直读 ICP 光谱仪；还有少数介于这三种类型之间的仪器。

ICP 光谱仪主要由两大部分组成，即 ICP 发生器和光谱仪。ICP 发生器包括高频电源，进样装置即等离子体炬管。光谱仪包括分光器、检测器及相关电子数据系统。

ICP 光源由高频电源和 ICP 炬管构成，而炬管的结构和特性对分析性能有更大的影响，是 ICP 光谱装置的核心构建。

　　光谱学家 Greenfield 和 Fassel 参照 Reed 的炬管分别设计了两种用作光谱分析的炬管，通常称为 Greenfield 炬管和 Fassel 炬管。Fassel 炬管因其节省气体和电能而被广泛采用，Greenfield 炬管则只在少数 ICP 光谱仪上被采用。通用 ICP 炬管不足之处在于耗气量大，降低冷却气流量又易烧毁炬管。低气流炬管是适度提高结构因子并改进局部构造来节省冷却气流的石英管，另一个改进炬管的方向是降低炬管尺寸来节省氩气，李师鹍等人设计的 11 mm 微型炬管可在 8.4 L/min 冷却器条件下工作。在炬管外加水冷套构成水冷炬管，冷却水流量为 2 L/min，冷却气氩气（Ar）流量降低至 1 L/min，辅助气流量为 0.6 L/min。使用廉价的分子气体作为冷却气是节省氩气的一个方便的途径，研究表明，在 1.15 kW 高频功率时，氩气中混入 5%～10%空气后谱线强度大于 Ar-ICP 光源。在氩气中混入 10% 氮气作为冷却气也具有较强的发射谱线强度。

　　在 Ar-ICP 光源中，除了发射连续背景光谱和线状光谱，还有一些分子谱带发射，这些谱带多为大气中分子扩散进入 ICP 焰中而形成，或者是与氩气中杂质或试样成分反应形成的。可以用加长炬管或者在炬管上套一延伸管，把大气与等离子体炬焰隔离开，能够显著降低这些分子谱线造成的光谱背景，而对分析线强度影响则不大。

7.4.3　发射光谱分析原理

　　ICP 发射光谱分析过程主要分为 3 步：激发、分光和检测（周西林 等，2012）。

　　（1）利用等离子体激发光源使试样蒸发汽化，离解或分解为原子状态，原子可能进一步电离成离子状态，原子及离子在光源中激发发光。试样经雾化器形成气溶胶，通过载气氩气流带入中心石英管内，然后引入等离子体。

　　（2）利用光谱仪器分光系统将光源发射的光分解为按波长排列的光谱。利用单色器将复合光分解成单色光或有一定宽度的谱带。单色器通常有棱镜和光栅两类。

　　（3）利用光电转换器检测光谱，按测定得到的光谱波长对试样进行定性分析，按发射光强度进行定量分析。

7.4.4　发射光谱分析应用

　　电感耦合等离子体原子发射光谱法（ICP-AES）在多元素同时分析测试方面具有优越的分析性能，已经在很多领域得到了广泛应用，很多分析方法作为分析标准已经纳入国家标准及行业标准，同时由于 ICP-AES 技术的不断发展，逐渐实现了快速、低成本、高通量的分析，且自吸效应小、线性范围宽，准确性好，特别是应用在环境、制药、食品安全或工业分析等领域上，ICP-AES 分析已成低成本的检测方法。

1. 环保领域

　　近几年来，有关铊的环境问题和健康危害越来越受到社会关注。建立高效、快捷的铊分析方法，对铊分析检测具有重要的意义。

易颖等（2015）采用电感耦合等离子体原子发射光谱仪（ICP-AES）测定废水中铊，并对测定波长、介质及其酸度、共存元素干扰等因素进行分析和条件优化，使该方法在 0.00～5.00 mg/L 线性良好，相关系数为 0.999 9。方法检出限为 22 μg/L，该方法对铊标准样品测定的结果在保证值范围内，废水样 7 次测定结果的 RSD 为 0.2%～0.8%，实际废水样品的加标回收率为 98.0%～100%。

钟跃汉等（2016）采用硝酸–盐酸–过氧化氢体系微波消解矿业废渣类固体废物样品，使用全谱直读型电感耦合等离子体原子发射光谱仪同时测定固体废物中 Ag、Al、Ba、Be、Ca、Cd、Co、Cr、Cu、Fe、K、Mg、Mn、Na、Ni、Pb、Sr、Ti、V、Tl、Sb 和 Zn 22 种金属元素，实验证实该方法操作简单，定量准确，可满足固体废物中包含铊在内 22 种元素的含量分析。

高倩倩等（2014）建立了一种以聚氨酯泡沫富集–电感耦合等离子体原子发射光谱法（ICP-AES）测定土壤及水系沉积物中铊含量的分析方法，利用正交实验，确定最佳实验条件，方法的检出限为 0.01 mg/L，对土壤及水系沉积物标准物质的测定结果与推荐值相符，相对误差小于 10%，相对标准偏差在 1.9%～4.9%。

2. 生物医药

金属毒物铊中毒案件频繁发生，社会影响较大，多为群体性案（事）件和医疗纠纷事件，因此，建立准确可靠的铊分析处理方法至关重要。

吴玉红等（2014）采用硝酸–过氧化氢–微波消解，根据标准加入法进行 ICP-AES 定量分析骨中铊含量。该方法的回收率为 99.4%，检出限为 5.1 ng/g，线性范围为 5～500 ng/mL，操作简便，回收率高，检出限低，线性范围宽，可多元素同时测定，结果可靠。吴玉红等（2014，2013，2012）同时还研究了毛发中铊及尿液中毒物金属的 ICP-AES 测定方法，均具有较高的准确度和精密度，可以满足测试要求。

张治军等（2018）采用硝酸–过氧化氢–微波消解，建立了电感耦合等离子体光学发射光谱法（ICP-OES）和电感耦合等离子体质谱法（ICP-MS）测定鸡内金中 24 种元素的方法。经过验证该方法适用于鸡内金等动物类器官和中药中多元素的同时测定。

ICP-AES 测定生物组织及动物类样品具有较好的效果，是一种准确可靠的金属毒物分析方法。

3. 地质分析

具有多元素同时测定技术的 ICP-AES 在勘查地球化学样品的分析测试中起到了关键的作用。

李艳群等（2017）采用 HCl-HNO₃-HF-HClO₄ 四种酸溶解铅锌精矿样品，稀释后用电感耦合等离子体原子发射光谱法（ICP-AES）测定其中的铊元素，测定范围为 0.005%～0.05%，方法相对标准偏差（n=7）为 1.3%～4.8%，加标回收率为 93.7%～102%，方法干扰少、快速、结果准确，适用于大批量铅锌精矿样品中铊的测定。

张利群等（2012）采用盐酸–王水–氢氟酸–电热板消解，利用电感耦合等离子体原子发射光谱法（ICP-AES）测定锑精矿中 4 种元素 Pb、Se、Te、Tl 的定量分析方法。该方法的检出限均小于 0.010 μg/mL，精密度均小于 4%，对锑精矿实际样品进行分析，测定结果与 ICP-MS 法测定值相一致，能满足日常分析对锑精矿中杂质元素的检测要求。

罗明贵等（2017）利用 HCl-HNO$_3$-HClO$_4$-H$_2$SO$_4$ 溶解，聚氨酯泡沫分离富集，建立了电感耦合等离子体原子发射光谱法（ICP-AES）测定混合铅锌精矿中铊含量的方法。通过分离富集法将基体分离，消除了基体效应和共存元素间的谱线干扰，该方法的线性良好，相关系数为 0.999 1，方法的检出限为 0.12 mg/L，方法加标回收率为 96.0%～106%，相对标准偏差小于 5%，是一种准确可靠且能满足混合铅锌精矿中铊含量的测定需求的方法。

ICP-AES 分析结果的准确度和精密度不断提升，检出限也得到有效降低；分析速度进一步加快，仪器的智能化水平越来越高，能够逐步适应勘查地球化学样品的分析测试要求，为勘查地球化学提供更加准确、可靠的数据分析（邢夏　等，2016）。ICP-AES 在地质样品的分析中起到了举足轻重的作用。

7.5　ICP-MS 和 ICP-AES 的质量控制与管理

使用 ICP-MS 和 ICP-AES 进行样品分析时，为保证样品分析质量，需要从空白试验、定量校准、精密度控制、准确度控制、留样复测几个方面进行。

7.5.1　空白试验

（1）每批次样品分析时，应进行空白试验，分析测试空白样品。分析测试方法有规定的，按分析测试方法的规定进行；分析测试方法无规定时，要求每批次分析样品应至少分析测试 2 个空白样品。

（2）空白样品分析测试结果一般应低于方法检出限。若空白样品分析测试结果低于方法检出限，则可忽略不计；若空白样品分析测试结果略高于方法检出限但比较稳定，可进行多次重复试验，计算空白样品分析测试平均值并从样品分析测试结果中扣除；若空白样品分析测试结果明显超过正常值，实验室应查找原因并采取适当的纠正和预防措施，并重新对样品进行分析测试。

7.5.2　定量校准

（1）标准物质。分析仪器校准应首先选用有证标准物质。当没有有证标准物质时，也可用纯度较高（一般含量不低于 98%）、性质稳定的化学试剂直接配制仪器校准用标准溶液。

（2）校准曲线。采用校准曲线法进行定量分析时，一般应至少使用 5 个浓度梯度的标准溶液（除空白外），覆盖被测样品的浓度范围，且最低点浓度应在接近方法测定下限的水平。分析测试方法有规定时，按分析测试方法的规定进行；分析测试方法无规定时，校准曲线相关系数要求为 $r > 0.999$。

（3）仪器稳定性检查。连续进样分析时，每分析测试 20 个样品，应测定一次校准曲线中间浓度点，确认分析仪器校准曲线是否发生显著变化。分析测试方法有规定的，按分析测试方法的规定进行；分析测试方法无规定时，无机检测项目分析测试相对偏差应控制在 10%以内，有机检测项目分析测试相对偏差应控制在 20%以内，超过此范围时需要查明原因，重新绘制校准曲线，并重新分析测试该批次全部样品。

7.5.3　精密度控制

（1）每批次样品分析时，每个检测项目均须进行平行双样分析。在每批次分析样品中，应随机抽取 20%的样品进行平行双样分析；当批次样品数<20 时，应至少随机抽取 1 个样品进行平行双样分析。

（2）若平行双样分析的相对偏差（RD）在允许范围内，则该平行双样的精密度控制为合格，否则为不合格。RD 计算公式为

$$RD(\%) = \frac{2|A-B|}{A+B} \times 100\% \tag{7.3}$$

式中：A 为第 1 次测定结果；B 为第 2 次测定结果。测定结果的相对偏差应≤25%。

平行双样分析测试合格率按每批次同类型样品中单个检测项目进行统计，计算公式如下：

$$合格率(\%) = \frac{合格样品数}{总分析样品数} \times 100\% \tag{7.4}$$

对平行双样分析测试合格率要求应达到 95%。当合格率小于 95%时，应查明产生不合格结果的原因，采取适当的纠正和预防措施。除对不合格结果重新分析测试外，应再增加 5%～15%的平行双样分析比例，直至总合格率达到 95%。

7.5.4　准确度控制

1. 使用有证标准物质

（1）当具备与被测样品基体相同或类似的有证标准物质时，应在每批次样品分析时同步均匀插入与被测样品含量水平相当的有证标准物质样品进行分析测试。每批次同类型分析样品要求按样品数 20%的比例插入标准物质样品；当批次分析样品数<20 时，应至少插入 2 个标准物质样品。

（2）将标准物质样品的分析测试结果（x）与标准物质认定值（或标准值）（μ）进行比较，计算相对误差（RE）。RE 计算公式为：

$$RE(\%) = \frac{x-\mu}{\mu} \times 100\%$$

RE 的允许范围内，可参照标准物质证书给定的扩展不确定度确定。

（3）对有证标准物质样品分析测试合格率要求应达到 100%。当出现不合格结果时，应查明其原因，采取适当的纠正和预防措施。

2. 加标回收率试验

（1）当没有合适的基体有证标准物质时，应采用基体加标回收率试验对准确度进行控制。每批次同类型分析样品中，应随机抽取 20%的样品进行加标回收率试验；当批次分析样品数＜20 时，应至少随机抽取 2 个样品进行加标回收率试验。

（2）基体加标回收率试验应在样品前处理之前加标，加标样品与试样应在相同的前处理和分析条件下进行分析测试。加标量可视被测组分含量而定，含量高的可加入被测组分含量的 0.5～1.0 倍，含量低的可加 2.0～3.0 倍，但加标后被测组分的总量不得超出分析测试方法的测定上限。

（3）基体加标回收率应符合方法规定要求，则该加标回收率试验样品的准确度控制为合格，否则为不合格。在全国土壤详查项目中，土壤样品中包含铊在内的其他检测项目基体加标回收率允许范围见表 7.3。

表 7.3　土壤样品中包含铊在内的其他检测项目基体加标回收率允许范围

检测项目	含量范围	精密度	准确度	适用的分析方法
		相对偏差/%	加标回收率/%	
无机元素	≤10MDL	30	80～120	AAS、ICP-AES、
	＞10MDL	20	90～110	ICP-MS

注：MDL 为方法检出限；AAS 为原子吸收光谱法；ICP-AES 为电感耦合等离子体原子发射光谱法；ICP-MS 为电感耦合等离子体质谱法。对基体加标回收率试验结果合格率的要求应达到 100%。当出现不合格结果时，应查明其原因，采取适当的纠正和预防措施

3. 绘制准确度控制图

（1）必要时，检测实验室可绘制准确度控制图对样品分析测试过程进行质量监控。

（2）准确度控制图可通过多次分析测试所用质控样品获得的均值（x）与标准偏差（s）进行绘制，即在 95%的置信水平，以 x 作为中心线、$x\pm2s$ 作为上下警告线、$x\pm3s$ 作为上下控制线绘制。

（3）每批次样品分析所带质控样品的测定值落在中心线附近、上下警告线之内，则表示分析测试正常，此批次样品分析测试结果可靠；如果测定值落在上下控制线之外，表示分析测试失控，分析测试结果不可信，应检查原因，采取纠正措施后重新分析测试；如果测定值落在上下警告线和上下控制线之间，表示分析测试结果虽可接受，但有失控倾向，应予以注意。

7.5.5　留样复测

对于稳定的、测定过的样品保存一定时间后，若仍在测定有效期内，可进行重新测定。将两次测定的结果进行比较，以评价该样品测定结果的可靠性。

7.5.6　注意事项

（1）样品稀释：如果分析物浓度较高，稀释后样品最低浓度应高于 10 倍仪器检出限，稀释后分析结果与稀释前分析结果的相对偏差小于 5%（或在此类基体分析的控制范围内），否则，应考虑化学或物理干扰。

（2）校准曲线不得长期使用，不得相互借用。一般情况下，校准曲线应与样品测定同时进行。

（3）如果样品基体有变化，分析其中元素时，对新的分析技术要做比对实验，如与石墨炉原子吸收光谱法做比对。

（4）对于 ICP-AES，每半年要做一次仪器谱线的校对及元素间干扰系数的测定。

（5）对于 ICP-MS，当仪器的工作条件发生变化时必须做质量数校正和检测器交叉点校正，确保仪器的正常工作状态；根据样品的洁净程度，须定期擦洗采样锥和截取锥，确保仪器的灵敏度和稳定性。

参 考 文 献

曹蕾, 徐霞君, 2012. ICP-MS 法测定生活饮用水和地表水中的铊元素. 福建分析测试, 21(3): 27-29.

蔡苹杨, 李方明, 李虹丽, 2015. 电感耦合等离子体质谱法测定土壤中痕量铊. 中国测试, 41(10): 50-52.

陈浩凤, 于亚辉, 刘军, 等, 2018. 电感耦合等离子体质谱法测定多金属矿中铟和铊. 理化检验: 化学分册, 54(2): 220-222.

陈启钊, 张云平, 2016. ICP-MS 同时测定食品中 41 种金属元素的前处理方法研究. 现代食品, 17: 107-112.

成景特, 2016. ICP-MS 与 ICP-OES 测废水中铊的比对. 广东化工, 16(43): 229-230.

成景特, 李伟新, 2016. ICP-MS 标准加入法测废水中的铊. 广东化工, 8(43): 177-178.

程秀花, 黎卫亮, 王海蓉, 等, 2015. 封闭酸溶样 ICP-MS 法直接测定地质样品中镓、铟、铊、锗. 分析试验室, 34(10): 1204-1208.

崔晓娇, 周鹏, 曹雄杰, 等, 2018. 电感耦合等离子体质谱同时测定饮用水中 42 种元素. 食品安全导则, 11(22): 68-73.

丁根宝, 2001. 火焰原子吸收光谱法测定废水中铊. 理化检验: 化学分册, 37(4): 156.

董迈青, 谢海东, 彭秀峰, 等, 2010. 泡塑富集–石墨炉原子吸收光谱法测定地质样品中微量铊. 光谱实验室, 27(4): 1560-1564.

樊颖果, 徐国津, 张倩, 等, 2014. 电感耦合等离子体原子发射光谱法测定废气中的铅方法研究. 干旱环境监测, 28(4): 169-173.

冯丽萍, 2015. ICP-MS 同时测定地表水中 8 种金属元素. 仪器仪表与分析监测, 4: 39-41.

冯丽萍, 2017. ICP-MS 法测定水中铊的不确定度评定. 仪器仪表与分析监测, 2: 36-39.

高倩倩, 刘海波, 刘永玉, 等, 2014. 聚氨酯泡沫富集–电感耦合等离子体原子发射光谱法(ICP-AES)测定土壤及水系沉积物中铊含量. 中国无机分析化学, 4(3): 6-9.

贺忠翔, 李婧, 郝峰, 等, 2012. 微波消解-ICP-MS 测定土壤标准样品中的锂、铍、铊和锡. 光谱实验室,

29(6): 3685-3688.

胡芳, 黄慧敏, 禹颖, 等, 2016. 电感耦合等离子体质谱法测定土壤中痕量铊的方法研究. 广州化工,
　　41(6): 42-45.

黄一帆, 林文业, 黄文琦, 等, 2008. ICP-MS 法测定土壤中十五种稀土元素. 广东微量元素科学, 11:
　　46-49.

蒋辉云, 郭霞, 汤根平, 等, 2013. 石墨炉原子吸收分光光度法测定地表水中的铊. 仪器仪表与分析监测,
　　1: 44-46

李冰, 杨红霞, 2005. 电感耦合等离子体质谱原理和应用. 北京: 地质出版社.

李敏, 梁春穗, 连晓文, 等, 2012. 微波消解-ICP-MS 测定鱼肉中的铊. 中国食品卫生杂志, 24(4):
　　336-338.

李金英, 姚继军, 1998. 电感耦合等离子体质谱分析的应用. 北京: 原子能出版社: 90-93.

李德先, 高振敏, 朱永喧, 2002. 环境介质中铊的分布及其分析测试方法. 地质通报, 10(21): 682-688 .

李艳丽, 贾西莲, 王秀丽, 2005. 急性铊中毒三例的诊治. 中华急诊医学杂志, 14(1): 56.

李艳群, 向德磊, 2017. 电感耦合等离子体原子发射光谱(ICP/AES)法测定铅锌精矿中铊. 中国无机分析
　　化学, 7(2): 10-14.

李汉帆, 朱建如, 付洁, 2007. 铊的毒性及对人体的危害. 中国公共卫生管理, 23(1): 77-79.

林光西, 周泳德, 周康明, 2006. 泡沫塑料富集–石墨炉原子吸收光谱法测定地质样品中微量铊. 岩矿测
　　试, 25(4): 377-380.

刘军, 陈建平, 2009. 电感耦合等离子体质谱法快速测定尿、血液和头发中的铊含量. 广东微量元素科
　　学, 16(8): 65-68.

刘杨, 吉钟山, 朱醇, 等, 2008. 电感耦合等离子体质谱法测定铊中毒事件中铊含量. 中国卫生检验杂
　　志, 18(1): 49-50.

刘虎生, 邵宏翔, 2005. 电感耦合等离子体质谱技术与应用. 北京: 化学工业出版社.

刘康书, 梁艺馨, 蔡秋, 等, 2015. 火焰原子吸收光谱法测定薏苡仁及白菜中铊的含量. 食品安全与检
　　测, 40(5): 348-350.

刘少玉, 2014. X 射线荧光快速分析土壤中锑铊等重金属含量. 环境与可持续发展, 5: 201-203.

刘勇胜, 胡圣虹, 柳小明, 等, 2003. 高级变质岩中 Zr、Hf、Nb、Ta 的 ICP-MS 准确分析. 地球科学, 2:
　　151-156.

刘裕婷, 2012. 工作场所空气中钡、钾、钠、铊及其化合物的电感耦合等离子体质谱仪测定法. 职业与
　　健康, 28(12): 1464-1466.

卢水平, 林海兰, 朱瑞瑞, 等, 2014. 电感耦合等离子体质谱法测定地表水中铊的研究. 环境科学与管
　　理, 39(12): 130-132.

罗明贵, 黎香荣, 何昭森, 等, 2017. 聚氨酯泡沫分离-ICP-AES 测定混合铅锌精矿中铊含量. 广西科学
　　院学报, 33(2): 127-133.

孟亚军, 张克荣, 郑波, 2007. 快速石墨炉原子吸收光谱法测定尿铊. 理化检验: 化学分册, 43: 364-366.

乔庆东, 朱雅旭, 庄景新, 等, 2015. 电感耦合等离子体质谱法测定生活饮用水中的多种元素. 中国卫生
　　检验杂志, 25(7): 943-945.

覃利梅, 满延峰, 韦国铭, 等, 2013. 石墨炉原子吸收光谱法直接测定血中的铊. 右江民族医学院学报,
　　2: 183-184.

邱泽武, 王喆, 孙成文, 2008. 铊中毒的现状与诊治新进展. 中国急救医学, 28(9): 822-823.

孙朝阳, 董利明, 贺颖婷, 等, 2016. 电感耦合等离子体质谱法测定地质样品中钪镓锗铟镉铊时的干扰及其消除方法. 理化检验: 化学分册, 52(9): 1026-1030.

铁梅, 李闯, 费金岩, 等, 2007. ICP-MS 同时测定饮用水中 25 种元素的研究. 环境科学与管理, 32(4): 135-139.

王继芬, 李文君, 刘克林, 2005. 铊中毒及其检验方法. 中国人民公安大学学报, 46(4): 7-8.

王晓飞, 陈鑫, 邓超冰, 等, 2018. 电热板消解/电感耦合等离子体质谱法测定甘蔗重金属元素含量. 环境化学, 37(11): 2575-2577.

吴惠明, 陈永亨, 刘浓, 2003. 地质样品中痕量铊的纸色谱法分离–分光光度法测定. 分析测试学报, 22(4): 86-88.

吴玉红, 胡羽鹏, 喻洪江, 2014. 骨中铊的微波消解 ICP/AES 标准加入测定法. 化学通报, 77(11): 1135-1137.

吴玉红, 郭小明, 张鹏, 2013. 毛发中铊的微波消解 ICP/AES 标准加入测定法. 广东公安科技, 2: 36-38.

吴玉红, 王丹, 魏春生, 等, 2012. 微波消解 ICP/AES 标准加入法测定尿液中金属毒物. 中国法医学杂志, 27(1): 19-21.

邢夏, 徐进力, 刘彬, 等, 2016. 电感耦合等离子体发射光谱法在地质样品分析中的应用进展. 物探与化探, 40(5): 998-1006.

徐丽繁, 2015. 电感耦合等离子体质谱法测定空气和废气颗粒物中钴、铊元素. 江西化工, 5: 127-129.

岩石矿物分析编委会, 2011. 岩石矿物分析(第四版 第三分册). 北京: 地质出版社: 17-18.

杨福成, 2009. 电热原子吸收光谱法直接测定全血中铊. 中国职业医学, 36(6): 502-504.

姚焱, 陈永亨, 王春霖, 等, 2008. ICP-MS 测定水稻中的铊等重金属及铊污染水稻安全评价. 食品科学, 9(7): 386-388.

姚坚, 金琴芳, 2012. 火焰原子吸收光谱法连续测定废水中的银和铊. 污染防治技术, 25(1): 50-52.

易颖, 卢水平, 朱瑞瑞, 等, 2015. 电感耦合等离子体原子发射光谱法测定废水中的铊. 环境监测管理与技术, 27(1): 39-41.

游小燕, 郑建明, 余正东, 2014. 电感耦合等离子体质谱原理与应用. 北京: 化学工业出版社.

张聪, 罗晓芳, 秦文华, 等, 2008. 石墨炉原子吸收法测定尿中的铊. 中国卫生检验杂志, 18(7): 1284-1285.

张贵彬, 蒋平安, 余艳华, 等, 2008. 新疆奎屯垦区土壤氟污染调查. 新疆农业大学学报, 31(1): 57-59.

张贵伟, 张琳琳, 汤璐, 等, 2016. 微波消解-ICP-MS 法对深圳市售食品中铊含量调查研究. 广东化工, 43(16): 193-194.

张利群, 王晓辉, 宋晓春, 等, 2012. 电感耦合等离子体的发射光谱法测定锑精矿中铅硒碲铊. 冶金分析, 32(4): 50-53.

张治军, 雷超海, 李沛, 等, 2018. 基于微波消解的 ICP-OES/ICP-MS 法测定鸡内金中 24 种元素. 药物分析杂志, 38(9): 1500-1506.

张子群, 潘巧裕, 吴邦华, 等, 2009. 电感耦合等离子体质谱测定尿样中的铍、钴、镉、镍、铊. 中国职业医学, 36(4): 321-322.

赵亮亮, 余鹏飞, 王军, 等, 2018. 测定人血浆中 34 种金属元素的直接稀释–电感耦合等离子体质谱法. 工业卫生与职业病, 44(5): 379-382.

赵志南, 严冬, 何群华, 等, 2017. ICP-MS 测定《全国土壤污染状况详查》项目中 14 种元素. 环境化学, 36(2): 448-452.

钟跃汉, 王利华, 孙友宝, 等, 2016. ICP-AES 法测定固体废物中 22 种金属元素的含量. 环境化学, 35(9): 1974-1976.

中国环境监测总站, 2014. 土壤环境监测技术. 北京: 中国环境出版社.

中国环境监测总站, 2014. 水环境监测技术. 北京: 中国环境出版社.

周西林, 李启华, 胡德声, 2012. 实用等离子发射光谱分析技术. 北京: 国防工业出版社.

DOUGLAS D J, FRENCH J B, 1988. Gas dynamics of the inductively coupled plasma mass spectrometry interface. Journal of Analytical Atomic Spectrometry, 3 (6): 743-747.

DOUGLAS D J, KERR L A, 1988. Study of solids deposition on inductively coupled plasma mass spectrometry samplers and skimmers. Anal At Spectrom, 3 (6): 749-752.

EBDON L, FORD M J, GOODALL P, et al., 1993. Hydrogen addition to the nebulizer gas for the removal of polyatomic ion interferences in inductively coupled plasma mass spectrometry. Microchemical Journal, 48 (3): 246-258.

EBDON L, MICHAEL J F, ROBERT C H, et al., 1994. Evaluation of ethene addition to the nebulizer gas in inductively coupled plasma-mass spectrometry for the removal of matrix-, solvent-, and support-gas-derived polyatomic ion interferences. Applied Spectroscopy , 48 (4): 507-516.

EPA METHOD, 200.8: us. EPA. 1994. Determination of trace elements in waters and wastes by inductively coupled plasma mass spectrometry. Cincinnati, Ohio: 4-11.

GILLSON G R, DOUGLAS D J, FULFORD J E, et al., 1988. Nonspectroscopic interelement interferences in inductively coupled plasma mass spectrometry. Analytical Chemistry, 60(14): 1472-1474.

HILL S J, FORDMJ, EBDON L 1992. Investigations into the application of methane addition to the nebulizer gas in inductively coupled plasma mass spectrometry for the removal of polyatomic interferences. Journal of Analytical Atomic Spectrometry, 7(8): 1157-1165.

NELMS S M, 2005. ICP mass spectrometry handbook. Blackwell: CRC Press.

NIXON D E, MOYER TP 1996. Routine clinical determination of lead, arsenic, cadmium, and thallium in urine and whole blood by inductively coupled plasma mass spectrometry. Spectrochimica Acta Part B, 51: 13-25 .

PASCHAL D C, MORROW J C, PIRKLE J L et al., 1998. Trace metals in urine of united states residents: reference range concentration. Environmental Research Sention A, 76: 53-59.

UCHIDA H, ITO T, 1995. Inductively coupled nitrogen plasma mass spectrometry assisted by adding argon to the outer gas. Journal of Analytical Atomic Spectrometry, 10: 843-848.

XIAO G, BEAVCHEMIN D, 1994. Reduction of matrix effects and mass discrimination in inductively coupled plasma mass spectrometry with optimized argon-nitrogen plasmas. Journal of Analytical Atomic Spectrometry, 9: 509-518.

YOSHIDA S, MURAMATSU Y, TAGAMI K, et al., 1998. Coneentrations of lanthanide elements, Th and U in Japanese surface soil. Environment International, 24: 275-286.

第8章 铊的多接收电感耦合等离子体质谱（MC-ICP-MS）分析法

8.1 MC-ICP-MS 分析法的发展

自从 1983 年第一台商用电感耦合等离子体质谱仪（inductively coupled plasma spectrometry，ICP-MS）诞生以来，ICP-MS 在环境、地质、半导体、生物医学及核能源等领域得到广泛应用。其应用领域的迅速扩展得益于它能够快速地对超痕量水平的多种化学元素进行含量和同位素的分析测定（Luais et al.，1997；Luo et al.，1997；Stirling et al.，1995；Lee and Halliday，1995）。

20 世纪初，速度聚焦和磁偏转的质谱仪开始发展，最初主要被应用于研究同位素的丰度组成及计算原子质量。在 20 世纪 30 年代这些设计被结合到一台仪器上提高了灵敏度和分辨能力，但这一质谱仪仍然体积庞大且昂贵。因此，在 20 世纪 30 年代后期和 40 年代，磁场技术，尤其是 Nier 的小半径的磁扇区设计成为了质量分离方法中优选方法。Nier 早期设计的质谱仪大多数被应用于地球和行星科学的研究。然而，这一质谱仪快速得到商业化是源于石油工业对快速可靠地分析石油冶炼过程中复杂的碳化合物的需要。

在 20 世纪 40 年代，继磁扇区技术后，离子源的设计成为质谱仪发展所面临的下一个挑战。最初气体放电离子源被开发，适用于气体和高蒸气压的液体，但却不适用于固体物质。因此，首次离子化固体获得成功的方法是采用热阳极法将溶解的物质沉积在铂金的箔片条上，通过电流，使溶解的物质蒸发。但主要缺点是其选择性地离子化物质。也就是说，因为不同元素的挥发性不同，不能够保证离子束如实地代表样品的组成。

1946 年 Dempster 应用了基于一高频率高电压火花的真空火花放电方法，这使得科学研究者最终相信这一方法可以应用于样品电极，并成为一种分析固体样品的离子源。这一领域的突破源于 1954 年第一台基于 Mattauch-Herzog 质谱仪设计的现代火花源质谱法（spark source mass spectrometry，SSMS）的诞生。使用这一设计的质谱仪，Hannay 和 Ahearn 表明了直接测定固体物质中小于 mg/kg 水平的杂质的可能性。在此之后，由于对更稳定的离子源，更低的检测限，以及更高的精确度的要求，研究者开发设计了其他技术，例如，二次离子质谱法（secondary ion mass spectrometry，SIMS）、离子微探针质谱法（ion microprobe mass spectrometry，IMMS）、激光诱导质谱法（laser-induced mass spectrometry，LIMS）。这些技术作为火花源质谱法的补充，根据受测固体物质的分析目的的不同各有其优缺点。然而，值得强调的是这些技术由于样品只有很小的一部分被蒸发而主要被应用于微量分析。这也就意味着这一分析技术仅能够对匀质样品提供有意义的分析数据。

虽然磁扇区技术是使用传统离子源分析无机物最常见的质量分析方法，在 20 世纪 80

年代初期电感耦合等离子体质谱仪最初开始发展之时，磁扇区技术却不及四极杆技术。然而，四极杆质谱通常可以提供 0.7～1.0 amu（原子质量单位）的分辨率，这一分辨率能够满足大多数的分析应用，但却不能满足很多会受到氩气、溶剂和样品基质干扰的元素的分析。到了 80 年代中期，分析领域开始意识到了四极杆电感耦合等离子体质谱法在分辨多原子干扰的有限的能力，研究者开始考虑使用双聚焦磁扇区技术来解决这一问题。最初，由于需要使用高电压来加速离子至质量分析器，而高电压在界面区会大大改变进入质谱仪的离子的能量，加大将离子导入离子透镜并维持较窄的离子动能扩散的难度，这一技术被认为不适合作为电感耦合等离子体质谱的质量分离装置。因此，要成功使用磁扇区技术作为质量分离装置需要对离子加速的原理作出改变。而在磁扇区技术最初被开发的 80 年代末期，这是很大的一个挑战。到了 90 年代初期，一家仪器制造商通过将高电压的组件移至远离等离子体源，而将界面移至更接近于质谱仪，解决了这一问题。现代仪器通常就是基于两种不同的方法来实现。一为标准的 Nier-Johnson 几何设计，另一为反 Nier-Johnson 几何设计。这两种设计基于相同的基本原理，且都由两个分析器——传统的电磁铁和静电分析器（electrostatic analyser, ESA）组成。在标准的 Nier-Johnson 几何设计中，静电分析器置于磁体之前；在反 Nier-Johnson 几何设计中，静电分析器置于磁体之后。

20 世纪 80 年代后期引入的磁扇区电感耦合等离子体质谱采用的是单接收器设计。第一台使用多接收器阵列的磁扇区电感耦合等离子体质谱由 VG Elemental（Winsford, UK）引入。磁扇区分析器对实现多接收是必要的，因为这是唯一能够在质谱的聚焦平面里空间性地分离不同质量的离子束的分析器，使得安放一个多接收探测器系统用于在独立的探测器中同时接收不同的同位素成为可能。

多接收探测器已经长期被用于精确同位素比值的测定，在地球化学和天体化学、核燃料循环、气象学等领域得到广泛应用。MC-ICP-MS 的优势在于其较高的电离效率，分析数据具有较高的精确度和准确性，以及较简单的测定方法。待测物质的化学分离不仅确保了不会产生光谱干扰和基质效应，还大大地提高了测定的灵敏度。由于相对于四极杆质谱来说较慢的质量扫描速度，MC-ICP-MS 不适用于多元素的浓度测定。然而，利用同位素稀释方法，MC-ICP-MS 已被应用于经过基质分离处理的高精确度的痕量元素的分析。所以，MC-ICP-MS 的研究主要集中于热电离质谱仪（thermal ioniozation mass spectrometry, TIMS），TIMS 测量难度较高的放射源和稳定同位素的组成的测定上。

MC-ICP-MS 在 Hf 同位素化学上的应用尤其显现出其在分析领域的影响力（Blichert-Toft and Albarède, 1997）。现在，MC-ICP-MS 已经完全替代了精确度较低、分析速度较慢的 TIMS 和 SIMS 方法，成为了 Hf 同位素的标准分析方法。MC-ICP-MS 在这一领域的应用使得 Hf 的同位素测定成为了一个常规的地球化学工具，发表的地质样品中的 Hf 数据得以大量地增加。更重要的是，MC-ICP-MS 使得精确的 Hf 同位素测定可以在极少量的样品上进行，这使得此前不可能测得的矿物和橄榄岩的研究成为了可能。同样的，MC-ICP-MS 可对较小的待分析样品量进行测定的优势使得 W 同位素可以在很难获得大量样品的陨石和月球样品中得以测定。这些 W 同位素的测定数据对地球和月球的早期进化研究产生了很大影响。

此外，通过向样品溶液中加入 Tl 来进行外标准化来校正质量歧视效应的方法，高精确度的 Pb 同位素比值测定可以通过 MC-ICP-MS 实现。这一方法得到的 Pb 同位素数据比传统的 TIMS 方法在精确度上提高了 3～4 倍。通过 MC-ICP-MS 获得的 ^{230}Th 和 ^{234}U 同位素数据与 TIMS 获得的数据也是具有可比性的。MC-ICP-MS 在测定这些元素的同位素方面非常适合，它能够提供与待测样品量无关的高离子化效率，而这是使用 TIMS 测定 Th 时尤为显著的问题。此外，MC-ICP-MS 可以通过测定加入样品的 U 的 ^{235}U/^{238}U 比值来更好地控制 Th 测定的质量歧视效应。

在稳定同位素的测定方面，传统的研究仅限于一些质量数较小的元素上，例如，H、Li、B、O、S。质量数较大的元素由于它们的同位素变化很小而无法通过常用的质谱方法测定。而 MC-ICP-MS 由等离子体源提供的高离子化效率，以及其在仪器质量分歧效应方面的精确控制，改变了这一研究领域。对于 Li 和 B 来说，MC-ICP-MS 测定得到的同位素数据在精确度上相似于用 TIMS 测定能得到的最好值。与 TIMS 相比，MC-ICP-MS 测定的样品前处理更简单，测定样品更快，而且对质量分歧效应的控制更加可靠。对于 Fe 和 Ca，最精确的 TIMS 测定需要使用双稀释剂方法来控制仪器的质量歧视效应，这一方法能够达到 0.2‰～0.3‰/amu（2 s）的精确度。而最近通过 MC-ICP-MS 测定这两种元素的同位素可在不使用双稀释剂方法的条件下获得相似甚至更好的重复性。

在 MC-ICP-MS 上进行稳定同位素比值测定原子质量大于 40 amu 的元素通常能得到优于 0.1‰/amu 的 2 s 重复性。对这些较重的元素的分析通常使用外标准化或使用一个指示元素进行外标准化来校正质量歧视效应。对于原子质量小于 40 amu 的较轻的元素来说，由于校正质量歧视效应与其绝对的质量歧视效应的相关性随着时间变化，精确地校正仪器质量歧视效应难度非常高。此外，对于这些较轻的元素，可能的指示元素（如用 Li 为 B 做外标准化）通常与质量歧视效应不呈现足够的相关性，外标准化并不可行。目前，最精确的较轻元素的同位素的测定采用交替测量样品和标准物的方法，这样，最终获得的每一个样品的同位素比值是以在此样品前后所测定的标准物的同位素比值为参照的。利用这些方法，MC-ICP-MS 能够得到非常好的精确度，这使得在应用 MC-ICP-MS 之前无法识别的天然稳定同位素，例如，Cu、Zn、Tl 的同位素分馏得到了识别，为地球化学、海洋学、考古学等科学领域开拓了新的研究方向。

Neptune Plus 系统整合了 TRITON Plus 多接收分析器和 ELEMENT-2 ICP 离子源、接口界面，是赛默飞多接收器质谱技术和高分辨 ICP-MS 多年经验的结晶。它第一次整合了高灵敏度、灵活多接收检测器、动态变焦调节和多接收离子计数能力，是实现高精度同位素比值测量的最佳选择。Neptune-plus 型多接收电感耦合等离子体质谱仪由 ICP（离子源）、ESA（静电分析器）、MC（多接收检测器）三大部分组成；ICP 部分在高频电磁场的作用下产生高温等离子体，使样品气溶胶发生蒸发—解离—原子化—离子化等一系列变化，最后形成待检测的阳离子；ESA 部分包含静电分析器，只有符合一定动能要求的离子才可通过；MC 部分包含磁场和多接收法拉第杯（检测器）等，具有不同质荷比的阳离子进入磁场后在洛伦兹力的作用下发生偏转，最后进入不同的法拉第杯进行检测，输出待测的同位素比值。

Nu Plasma 3 是第三代多接收器 ICP 质谱仪（MC-ICP-MS），旨在为同时进行同位素离子检测提供最佳精度和准确度。该仪器保留了独特的专利可变色散变焦镜头，可在 16 个法拉第探测器和多达 6 个离子计数探测器的静态收集器阵列上同时测量从锂到锕系元素的同位素。地面电位分析仪易于操作和维护，具有出色的可靠性。虽然继续提供前几代人所知的最高精度、准确度和灵活性，但 Nu Plasma 3 增加了新的改进和创新，以保持其作为地球科学、环境科学、核研究、考古学、法医学、生物化学和生物医学研究中作为首选仪器的地位。

8.2　MC-ICP-MS 分析法基本原理

同所有质谱仪一样，MC-ICP-MS 主要由样品引入系统、离子源、界面区和离子透镜系统、质量分析器和检测系统 5 大部分组成。本节介绍双聚焦磁扇形多接收电感耦合等离子体质谱。MC-ICP-MS 的原理为，样品经进样系统以气溶胶的形式进入电感耦合等离子体离子源中，在经过去溶剂、汽化，原子化和离子化后成为带正电荷的离子。这些离子经由采样锥和截取锥组成的界面区进入离子透镜系统，在一系列透镜的电场作用下聚焦成为离子束被传递进入质量分析器。在质量分析器中，离子经过静电分析器和扇形磁场分别得到能量聚焦和角度聚焦，在磁场的作用下，根据质荷比不同而被分离。最后，分离后的离子进入检测器中产生电流信号，经放大器放大检测（图 8.1）。

图 8.1　Nu II MC-ICP-MS 仪器示意图

8.2.1　样品引入系统

样品引入系统的作用是将样品溶液转变为样品气溶胶，并将较细小的气溶胶有效地运送到等离子体中，而排出不能够在等离子体中完全分解的较大的液滴，以保证样品能够在等离子体中得到有效的电离。样品引入系统的基本组成部分包括产生样品气溶胶雾化器及对产生的气溶胶液滴大小进行选择的喷雾室。

样品通常可以通过蠕动泵或自提升方式进入雾化器。但对于含有对泵管有较高腐蚀性成分（如 HF）的样品溶液和易受泵管污染的低浓度样品溶液，将样品输送入雾化器应采用自提升方式（Rodushkin et al., 2010）。样品溶液进入雾化器后,气流的气动作用将液体击散为极小的液滴。

　　常用的雾化器为气动式雾化器,利用气流的机械作用力(通常为气压在 20～30 psi[①]的氩气）来产生样品气溶胶。常见的气动式雾化器设计包括同心雾化器、微同心雾化器、微流雾化器、交叉流雾化器、微交叉流雾化器。其中,同心雾化器更适用于总溶解态固体（total dissolved solid, TDS）较少的样品,而交叉流雾化器更适用于总溶解态固体和颗粒物质较多的样品。

　　由于等离子体放电不能够很有效地分解体积较大液滴,通过雾化器形成的样品气溶胶液滴需要经过只允许小液滴进入等离子体的喷雾室。在喷雾室内管运动的过程中,直径＞10 μm 的较大的液滴在重力的作用下下落通过喷雾室末端的排水管离开喷雾室。直径＜10 μm 的细小的液滴则通过喷雾室内管,在离开喷雾室后,进入等离子体炬管进行离子化。

　　常见的喷雾室设计有双通喷雾室、旋流喷雾室和撞击球喷雾室。现今,为获得更精确的同位素测量,MC-ICP-MS 常用的喷雾室为热喷雾室,样品气溶胶液滴被红外线加热器加热至约 150℃。额外的热量使得脱溶剂迅速发生,通常能够待分析物完全变干。在这样的喷雾室中,加热区之后是一冷却区（0～10℃）,当水蒸气随着载气进入这一区域后,在冷却区的内壁上冷凝,冷凝水被排出质谱仪。通过这种方式,以保证样品的热稳定,进入等离子体的溶剂量得以大大减少,减少了对质谱分析产生干扰的氧化物的形成,也提高了质谱仪的灵敏度（Schrön and Müller, 1997）。

8.2.2　电感耦合等离子体离子源

　　产生电感耦合等离子体离子源的主要组成部分包括等离子体炬管、射频发射线圈和电力供应系统。

　　等离子体炬管由三个同心嵌套的石英玻璃管组成,通常水平放置于射频发射线圈的中央,与界面区距离大约 10～20 mm。炬管的外中内三层石英管通入三种不同功能气体。最外层气体沿切线方向引进外层与中层炬管之间,通常流速为 12～17 L/min。间层气体被称为辅助气,通常以 1 L/min 的流速通入中层与内层炬管之间,用于调节等离子体底部相对于中层管和内层管的位置。内层气体,称为载气或者样品气,通常以 1 L/min 的流速通入最内层炬管,携带来自样品引入系统的以细小的气溶胶液滴形式存在的样品,并使得在等离子体中央打出一个可以穿过的通道。炬管中的三路气体通常采用的都是氩气,其中重要原因在于,氩气的第一电离能约为 15.75 eV,高于大多数元素的第一电离能（除 He、Ne 和 F 外）且低于大多数元素的第二电离能（除 Ca、Sr 和 Ba 外）。因此,在氩等离子体中,大多数元素可以被有效地电离为单电荷离子（Lam and McLaren, 1990）。

　　射频电力供应系统通常为一个固态电阻元件组成的射频发生器,射频线圈则是通常由铜作为材料制成的螺旋形线圈。射频发生器通常使用 27 MHz 和 40 MHz 的频率,并与

---

① 1 psi=0.155 cm^{-2}

射频线圈相连，产生电磁场。

等离子体离子源的形成包括两个过程：

（1）等离子体的形成。首先，氩气以切线方向引入石英炬管的外层和中层，产生螺旋气流。负载线圈绕于炬管的末端，与射频发生器相连。当射频电力（通常为 750～1 500 W）加载到负载线圈上，交流电流以与发生器频率（27 MHz 或 40 MHz）相对应的速率在线圈内震荡，在炬管的末端区域产生强电磁场。随着氩气流过炬管，高压电火花施加在氩气上，导致一部分电子被从它们的氩气原子中剥离。这些剥离出来的电子在磁场中被加速，随后与其他氩气原子碰撞，剥离出更多的电子。这一由碰撞引发的氩气的离子化在链反应中持续发生，将氩气分解为氩气原子、氩气离子和电子，形成电感耦合等离子体放电。等离子体放电中通常可以被划分为温度不同三个区域，预加热区（7 500 K）、初始发热区（10 000 K）和分析区（6 500 K）。由于射频电能持续地向负载线圈通过电感耦合过程传送，电感耦合等离子体放电得以在炬管和负载线圈中维持。产生氩气离子所需要的电能大致为 15.8 eV（第一电离能），所以元素周期表上的大部分元素都能被电离。产生等离子体放电后，样品气溶胶经由炬管的内管进入等离子体中。

（2）样品电离。样品经过喷雾室进入炬管内管，离开内管后，样品气溶胶颗粒以一定的速度移动，击穿等离子体放电的中心，从等离子体放电的预加热区开始，经过初始发热区，再在分析区内最终变成带正电的离子。这一过程样品气溶胶颗粒发生一系列物理变化。首先发生的是样品气溶胶液滴去溶剂化。在水分子被移除后，样品气溶胶变成一个很小的固体颗粒。随着样品颗粒在等离子体中继续向前移动，固体颗粒先变成气体形式，随后变成基态形式。最后一步将原子转化为离子主要通过带能量的电子与基态原子碰撞实现。之后，离子离开等离子体，进入质谱仪的界面区。

8.2.3　界面区和离子透镜系统

界面区的作用是将等离子体中产生的离子传送到质谱分析区域，并维持这一传送过程中离子的电属性。首先是将离子引导进入界面区。界面区由两个带有极小的锥孔的金属锥体组成，通过真空泵维持在 1～2 Torr① 的真空环境下。离子在等离子体中产生后，先通过第一个金属锥，称为采样锥，其锥孔的内直径为 0.8～1.2 mm。接着离子向前移动很小一段距离，通过带有比采样锥更小的锥孔（内直径通常为 0.4～0.8 mm）和更尖锐的锥角的截取锥。离开截取锥的离子，通过离子聚焦系统，最后进入质量分离装置。

离开截取锥后，离子在进入质量分离装置之前，通过位于截取锥和质量分离装置之间的离子透镜系统。这一系统由一个或多个静电离子静电控制的透镜组成，通常由一个涡轮分子泵维持在约为 10^{-3} Torr 的真空环境下。透镜系统的作用为通过界面区锥体接受来自在大气压环境下的等离子体的离子，并引导它们进入质量分析器。与此同时透镜系统还起到阻止非离子物质（如颗粒物、中性物质等）进入，以及光子质量分析器的作用。这一作用可通过三种方式实现。第一种方式是设置物理障碍，例如，将一个接地的金属片放

① 1 Torr=1.333 22×10^2 Pa

在截取锥之后。这一金属片允许离子束从其周边通过,而阻碍颗粒物、中性物质及光子继续向质量分析器移动。第二种方式是将质量分析器放于离轴(相对于离子束前进方向)的位置。带正电的离子则通过透镜系统被引导进入质量分析器,而颗粒物、中性物质及光子等非离子物质则被从离子束中排出。第三种方式是用离子镜反射离子束使其偏转 90°。离子镜不会改变颗粒物、中性物质及光子等非离子物质的运动方向,但可将离子束反射偏转 90°进入质量分析器中。

8.2.4　质量分析器

　　质量分析器是质谱仪器的心脏,由电场或磁场、电场–磁场组合构成。其作用是把离子源送来的离子束通过方向聚焦或者方向和能量双聚焦按质荷比分开,以达到将待测离子和非待测离子、基质、溶剂分开的目的。MC-ICP-MS 的质量分析器通常由磁场和静电分析仪器两个部分组成的双聚焦磁扇形设计。

　　磁扇区是 MC-ICP-MS 的核心组成部分。它的作用可由磁场中带电粒子(电子和离子)的运动来解释。带有电荷为 q($=ze$),质量为 m 的带电粒子以速度 v 射入一个磁场强度为 B 的磁场。在垂直于离子运动方向和磁场强度方向的洛伦兹力的作用下,该带电粒子偏离原运动轨迹,而在磁场中沿着一个半径为 r_m 的圆周轨道运动。当该带电粒子所受洛伦兹力与其所受向心力平衡时,则有

$$qvB = m\frac{v^2}{r_m} \tag{8.1}$$

$$r_m = \frac{mv}{qB} \tag{8.2}$$

$$\frac{mv}{q} = Br_m \tag{8.3}$$

　　由上式可见,磁场分析器对离子的扩散性与离子的质量和能量(或动量)有关。因而,磁场分析器是一个动量分离器,其作用为将具有相同能量而质量不同的离子分离开。为最好地实现这一目的,离子源产生的离子通常在一个电势为 U_0 的加速电压下被加速以最小化$\Delta E/E$(ΔE 为离子的能量扩散范围;E 为离子的能量)。加速离子的动能则为

$$qU_0 = \frac{1}{2}mv^2 \tag{8.4}$$

将式(8.4)代入式(8.3)则有

$$r_m = \frac{1}{B}\sqrt{\frac{2mU_0}{q}} \tag{8.5}$$

$$\frac{m}{q} = \frac{B^2 r_m^2}{2U_0} \tag{8.6}$$

　　由式(8.6)可见质量谱线是如何获得的。

　　(1)固定 B 和 r_m,改变加速电压 U_0,进行电扫描。由于灵敏度和聚焦性质的损失,在这种情况下可以扫描到的质量范围通常被限制于磁体质量的 30%～40%。由于加速电

压的更替和稳定可以很快实现，且与质量无关，这种运作模式可用于实现快速扫描。

（2）固定 r_m 和 U_0，改变磁场强度 B，进行磁扫描。理论上来说，在这种情况下可以扫描到的质量范围是不受限制的，且仅与所加的磁场有关。与其他质谱仪相比，比如四极杆质谱，因为磁场改变的速度受到磁体自感和所加电场的限制，这一扫描模式较慢。因此，每次改变磁场后都需要一段安顿时间。

（3）前两种方法主要用于扫描单接收器，第三种方法，用于多接收仪器的静态模式。在这一模式下，固定 U_0 和 B，将接收器（比如，法拉第杯）按照不同的 r_m 放于不同的位置。这样就实现了多接收器的同时测量所有被检测离子的强度，为同位素比值分析提供高精确度。

式（8.6）表明，对于一个给定的半径，离子的质荷比间接与加速电压成正比，更确切地说，与离子的动能成正比。因此，具有相同质量，但微小不同的动能的离子会被聚焦到不同的位置，这会导致质谱峰变宽，失去分辨率。在 ICP-MS 中，进入磁扇区的离子的动能有以下几个因素决定。通常，离子的动能直接与等离子体的温度相关并可由玻尔兹曼方程计算得到。此外，离子的动能还与其质量成正比。这些决定进入磁扇区的离子的动能的因素能够影响磁分析器的分辨率，因而，需要一个附加装置来补偿同一质量离子的能量差异。在大多数仪器中，电扇区的作用就在于此。

对于一个带有电荷 q、质量为 m 的粒子，以速度 v 被射入一个由半径为 r_e 的圆柱形电容器产生的电场，其受到的运动的离心力与电场的向心力平衡，于是有

$$\frac{mv^2}{r_e} = qE \tag{8.7}$$

在电场中被加速的粒子的动能为

$$qU_0 = \frac{1}{2}mv^2 \tag{8.8}$$

由式（8.8）可得速度为

$$v = \sqrt{\frac{2qU_0}{m}} \tag{8.9}$$

合并式（8.9）与（8.7）可得

$$\frac{2mqU_0}{r_e m} = qE \tag{8.10}$$

$$\frac{2U_0}{r_e} = E \tag{8.11}$$

$$r_e = \frac{2U_0}{E} \tag{8.12}$$

式（8.12）与式（8.6）很相似，但式（8.12）不包含离子的质量这一项，因此，电扇区没有质量扩散。如果在一系统之后半径为 r_e 的一个位置放一狭缝，这一系统则起到能量筛选器的作用。

以上对磁扇区和电扇区的介绍可总结为，磁扇区是一个相关于离子质量和能量（动量）的扩散离子光学元件，而电扇区是一个不仅相关于离子磁扇区还相关于离子能量的

扩散离子光学元件。这两种系统都具有角度聚焦的性质。这意味着具有角度发散的离子束可以被聚焦在一个显像平面上。如果磁扇区和电扇区的能量扩散程度相同,但方向相反,磁扇区和电扇区(有时被称作静电分析器),不仅聚焦离子的角度(一次聚焦),还聚焦离子的能量(二次聚焦),离子的扩散仅与荷质比相关。这样的仪器被称为双聚焦仪器。

8.2.5　检测系统

检测系统是质谱仪定量离开质量分析器的离子数量的区域。检测系统先将离子转化为大小与样品中待测离子的数量相对应的电脉冲,再由其集成测量电路进行计数。自1980年代早期 ICP-MS 被引入以来,一些不同设计的离子检测系统得以应用,其中最常见的是适用于低离子计数率的电子倍增器和适用于高离子计数率的法拉第接收器。现今,大部分用于痕量分析的 ICP-MS 使用活性薄膜或分离式二次发射极电子倍增管。这些检测器是非常精密的设备,能够非常有效地将离开质量分析器的离子流转化为电信号。

通道电子倍增管是一个开放的表面镀有半导体类型材料的玻璃锥体,由撞击在它表面的离子产生电子。当一个离子撞击检测器表面时,产生一个或多个二次电子,在检测器内适当的电场安排下,这些二次电子继续在倍增管中向前移动,并继续撞击检测器的表面,发生更多的电子。这一过程重复进行,撞击到检测器玻璃椎体的一个离子便产生一包含数百万电子分离式的电脉冲。这一电脉冲随后由一个快速的前置放大器感应检测,输出脉冲进入数字鉴别器和计数电路,计数高于某一阈值的电脉冲。

法拉第杯通常采用金属制成平板或桶状电极接收离子,接收到的离子通过一个高值电阻产生电压信号,经静电计做直流放大后由记录系统进行测量。由于这种检测方式没有对增益的控制,法拉第杯仅适用于高离子流,其最低工作范围在 10^4 count/s 数量级。因此,如果单独使用法拉第杯作为检测器,质谱仪的灵敏度将受到限制。另外,由于法拉第杯使用的直流放大过程中测定离子流的时间常数较小,法拉第杯被限制在较低的扫描速率。这一限制使得法拉第杯不适用于要求快速扫描速率的传统脉冲计数的 ICP-MS,也限制了质谱仪处理快速短暂的信号峰的能力。

分离式二次发射极电子倍增管,或通常被称作活性薄膜倍增管,与通道电子倍增管工作原理相似,但是分离式二次发射极电子倍增管利用分离式的二次发射极来实现电子倍增。具有一定能量的离子打在分离式二次发射极电子倍增管的第一个二次发射极上产生次级电子。这些次级电子在光电场作用下加速至第二个二次发射极产生更多的电子。这一过程在每一个二次发射极上重复,产生比入射电子流增加很多的末级电子脉冲,最终被截获在倍增接收器或阳极电极上。由于使用不同于通道电子倍增管的材料,以及不同的电子产生的方式,二次发射极电子倍增管是具有更高的灵敏度的技术,可用于较低离子流的检测。

单接收器电感耦合等离子体质谱通常使用以上介绍的其中一种检测器,因而具有较单一的灵敏度,能检测的离子流的计数范围受到该种检测器限制。为了扩展质谱仪能检测的离子流的计数范围,多接收器电感耦合等离子体质谱结合分别检测高离子流和低离子流的法拉第杯与分离式二次发射极电子倍增管。这一在检测器上的改进使得电感耦合等离子体质谱仪能够分析测定的元素浓度范围得到了扩展，使得同时测定多种不同浓度的元素得以实现。

8.3 铊的 MC-ICP-MS 分析应用

铊有两个同位素，原子质量分别为 203 和 205，丰度值分别为 30%和 70%。这意味着，铊的两个同位素的相对质量差仅为 1%。根据稳定同位素分馏理论，同位素分离的大小是与同位素的相对质量差成比例的。因而从理论上来说，铊并不会有很大的稳定同位素分馏效应。然而，铊同位素的地球化学研究却证明了铊具有比按照稳定同位素分馏理论预期大的同位素差异。最早的铊同位素研究的目的是寻找来自现在已经消亡了的放射性 ^{205}Pb 和 ^{205}Tl 同位素（半衰期 15.1 Ma）衰变的潜在放射同位素差异。然而这些 1960～1994 年的早期研究却不能够报道出一些地球上和地球外样品中可分辨的铊同位素差异。这些研究所受到的阻碍来自当时 TIMS 测定比较大的误差（2‰）。直到 1999 年，Rehkämper 和 Halliday（1999）发表了首次利用 MC-ICP-MS 得到的高精确度铊的同位素测定，铊同位素的研究才有了突破。这一技术将分析测定误差大大减小了一个数量级，使得铊的同位素测定达到 0.1‰～0.2‰。由于分析误差的大大减小，这一技术的突破为铊同位素的研究开拓了新的方向。

8.3.1 铊的化学分离方法

由于要在 MC-ICP-MS 上获得准确且精确的同位素比值，很重要的前提是：将感兴趣的元素从样品基质中完全分离；分离过程尽量达到 99%以上的回收率。

将铊从样品基质中分离的方法由 Rehkämper 和 Halliday（1999）最初建立于对地质样品的同位素分析。随后的研究在该方法的基础上进行改进，以针对不同的样品基质，更有效地移出基质元素。

Rehkämper 和 Halliday（1999）使用 MC-ICP-MS 精确地测定了地质样品和陨石样品中铊的同位素组成，建立了相对应的两个阶段离子交换方法。两个阶段的离子交换均使用阴离子交换树脂 AG1-X8。实现离子交换分离纯化样品中的铊的基本原理为，Tl^{3+}能够在酸性溶液中与卤素元素（这个方法中使用 Cl^- 或 Br^-）形成阴离子配合物，被很强地吸附于阴离子树脂上。相反，Tl^+不能够形成强阴离子配合物，不能被吸附在阴离子树脂上。因此，向已经消解并溶于 HCl 的样品加入少量 Br_2 饱和的水溶液，即可使样品所有铊都以三价形式存在，从而保证样品中的铊吸附在离子交换树脂上。接着，通过含有 Br_2 的不同的酸溶液从树脂上的洗脱除去样品基质。最后，利用具有还原性的溶液将 Tl^{3+}转变为 Tl^+，则可将铊从树脂上洗脱回收。在铊的回收液里得到的则是与原样品基质元素分离的纯化铊溶液。

21 世纪早期有关铊的研究（Rehkämper et al.，2002；Rehkämper and Halliday，1999）确定了同位素组成的自然差异。已发表的铊同位素的数据表明特别大的同位素分馏发生在低温海洋环境中。例如，Fe-Mn 壳和海水的铊同位素组成相差可达 2‰。这样大的同位素差异使得学术研究对水体样品（如海水、河水和海底热液）中的铊同位素测定产生了兴趣。Rehkämper 和 Halliday（1999）建立的铊同位素分离方法通常用于分离固体样品，这些样品中通常铊含量较高，大于 10 μg/g。而水体样品中的铊含量低，通常在 15 pg/g，而且铊含量与基质含量的比值很低。通常在海水和河水中，铊基质的值约为 3×10^{-10} 和 5×10^{-8}，假设海水和河水的盐质量分数分别为 35‰和 2‰。而铁锰壳和结核的铊基质值约为 10^{-4}，铊质量分数为 100 μg/g（Hein et al.，2003；Rehkämper et al.，2002）。因而，为了测定与固体样品不同的铊含量和基质的水体样品中的铊同位素组成，Nielsen 等（2004）在 Rehkämper 和 Halliday（1999）和 Rehkämper 等（2002）的离子交换方法基础上进行了改进。改进后的方法实现了对铊质量分数低至 3 pg/g 的水体样品的铊同位素的测定。

火山气体除了主要由水蒸气、CO_2 和硫化物（SO_2 和 H_2S）组成，其中还包含了高浓度的挥发性微量元素，例如 Cu、Cd、In、Hg、Tl、Pb 和 Bi。而这些由火山喷发出的物质随着大气沉降最终进入海洋，因此，火山喷发对海洋中一些痕量金属的含量有重要的影响。最近，对这一领域的研究集中在火山喷发的铊元素上。铁锰壳的时间序列数据（Rehkämper and Nielsen，2004）显示了铊同位素组成的显著的迁移。在 60 Ma，$\varepsilon^{205}Tl$ 的值为+6；在 40 Ma，$\varepsilon^{205}Tl$ 的值变为+12。由于这些具有较大地质年龄的铁锰壳有可能记录了海水里的铊同位素组成的变化，Rehkämper 和 Nielsen（2004）认为海水铊同位素组成的变化可被解释为火山向海洋输入的铊通量的减少。Rehkämper 和 Nielsen（2004）的研究通过海洋中铊的质量平衡表明火山释放的铊占输入海洋的铊的总通量的 40%。由以上研究可见，火山的通量对海水的铊同位素组成有很重大的影响，因此火山活动的变化能够影响海水中的 $\varepsilon^{205}Tl$ 值。

因此，Baker 等（2009）为了能够更好地表征火山铊排入大气的 $\varepsilon^{205}Tl$ 值变化的范围以火山排放的铊对其质量平衡和海洋中铊同位素组成的影响进行定量分析，对来自不同地域的火山喷发口的气体中的颗粒物和冷凝物进行了铊同位素的测定。与 Rehkämper 和 Halliday（1999）分析的陨石样品和 Nielsen 等（2004）分析的水体样品不同，这些来自火山喷发气体的样品含有高含量铊和铅，Tl/Pb 值在 0.05～3.26。

除了对自然环境中的铊同位素的研究，最近开始探索来自人类活动的铊的同位素组成和分馏，旨在建立利用铊同位素作为人类活动造成的铊污染的示踪工具。这些研究使用的铊同位素分析方法大部分建立于自然环境中铊同位素研究的分析方法。Kersten 等（2014）分析测定了水泥厂周围土壤、植物叶片、水泥厂生产使用的黄铁矿和水泥窑灰尘的铊同位素，首次报道了被水泥厂污染的土壤中铊同位素数据，研究了土壤中沉积的铊同位素可变性。他们在这一研究中使用的铊同位素分离方法是由 Nielsen 等（2004）建立的方法。Vaněk 等（2016）分析测定了中欧地区受燃煤发电厂的排放影响森林和草地的土壤的铊同位素；Grösslová 等（2018）分析测定了纳米比亚受到 Zn-Pb 采矿影响的污染废弃物和矿物土壤中的铊同位素。这两个研究均沿用了 Baker 等（2009）的两阶段离子交换方法分离样品基质中的铊，仅根据样品中元素的含量，对 AG1-X8 树脂的用量进行了调整。

8.3.2　MC-ICP-MS 分析测定方法

自然界存在的铊同位素仅有两个，因此，在没有一个合适的放射性稀释剂的情况下，就缺少一个恒定的同位素比值可用于监测和校正质量歧视效应。这限制了使用 TIMS 对铊同位素进行测定能获得的精确度。另外，对地质样品中铊同位素比值的测定还需要假设从自然样品基质中分离出的铊和实验室测定使用的纯标准物质具有相同的同位素分馏效应。而且，铊在很多地质样品中的含量很少，尤其是对能采集到的样品量有限的情况，这为铊同位素的测定增加了难度。这些在铊同位素测定上的难度阻碍了早期对铊的放射和稳定同位素的地球化学的研究，只有很少的研究对铊同位素进行了尝试测定。对地球上的样品的分析，没有能够证明存在 ±0.1% 水平的与自然的同位素分馏过程相关的铊同位素差异。然而，MC-ICP-MS 技术的发展显著提高了同位素测试分析的精确度，使早期无法获得足够精确度的稳定同位素比值的测定成为可能，同时降低了对样品量的要求，使得测定铊同位素组成的差异成为可能。

Rehkämper 和 Halliday（1999）在测定地质样品和陨石样品中铊同位素组成的方法的研究中使用了 VG Elemental Plasma 54 MC-ICP-MS 来进行高精确度的铊同位素的测定。VG Elemental Plasma 54 MC-ICP-MS 是一台双聚焦磁扇区电感耦合等离子体质谱仪，基本结构如图 8.2 所示。样品由雾化器和喷雾室引入系统。由 ICP 炬管和在 1.35 kW 功率下运行的射频发生器组成的离子源产生等离子体放电。引入系统的样品经由等离子体产生离子。这些样品离子在施加于取样锥和截取锥的 6 kV 电压下被加速。圆形的离子束首先经过直流四级杆透镜改变其形状以适合在四级杆透镜末端的入口狭缝。接着，能量离散的离子束被静电分析器减速、聚焦，随后，进入磁扇区。这一双聚焦结构的安排能够获得高精确度同位素测定所必需的平顶的质谱峰。Rehkämper 和 Halliday（1999）采用高效脱溶剂雾化器 CETAC MCN6000。并利用这台 MC-ICP-MS 上装有的 9 个法拉第杯

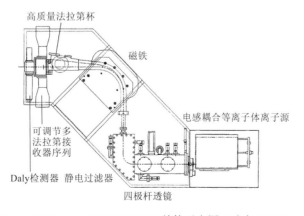

图 8.2　VG Elemental Plasma 54 MC-ICP-MS 结构示意图（改自 Halliday et al.，1995）

序列,分别于法拉第杯 Low 4、Low 3、Low 2、Low 1、Axial、High 1 和 High 2 中收集以下离子流:^{202}Hg、^{203}Tl、^{204}Pb、^{205}Tl、^{206}Pb、^{207}Pb 和 ^{208}Pb。由于 MC-ICP-MS 实现同时测定所有的铊和铅离子束,因而能够获得高精确度的同位素比值。

正如 8.1 节所述,使用 TIMS 测定铊同位素的精确度因缺少质量歧视效应的校正方法而受到限制。而使用等离子体电离的突出结果是相近质量的元素表现出几乎相同的质量歧视效应(Hirata,1996;Halliday et al.,1995;Walder et al.,1993)。Rehkämper 和 Halliday(1999)于是利用 MC-ICP-MS 对铊同位素测定过程中质量歧视效应进行校正,向经过离子交换分离得到的纯化的样品铊溶液中混合入同样由离子交换分离得到的纯化的样品铅溶液。这一方法得以实现的前提是,Rehkämper 和 Halliday(1999)使用的离子交换分离可以得到不含有铊的铅溶液。通过同时测定铅和铊的同位素组成,铊的质量歧视效应则可以通过 ^{208}Pb/^{206}Pb 比值进行校正。而样品中的 ^{208}Pb/^{206}Pb 比值的质量歧视效应则是通过测定已知同位素组成的自然铅的样品溶液和 NIST-997 铊标准溶液的混合液。样品的测定程序按照标准溶液–样品溶液–标准溶液的顺序,标准溶液铊的浓度与样品溶液中铊浓度相匹配,这种方法也因此被称为标准–样品匹配法(standard-sample bracketing,SSB)。

样品引入系统采用高效脱溶剂雾化器 CETAC MCN6000。测定的第一步是测定混合有自然铅的样品溶液和 NIST-997 铊标准溶液。利用 NIST-997 铊标准溶液已知的 ^{205}Tl/^{203}Tl 值,混有自然铅的 NIST-997 铊标准溶液中可得到经过校正了质量歧视效应的铅同位素组成。由这一步测定得到 ^{208}Pb/^{206}Pb,则可以对样品测定的铊同位素比值进行质量歧视效应校正。测定样品使用标准溶液–样品溶液–标准溶液的方法。测定的铊和铅同位素使用指数定律进行在线质量歧视效应的校正。

为确保测定结果不受记忆效应的影响,Rehkämper 和 Halliday(1999)先后使用 2 mol/L HNO$_3$ 和 0.1 mol/L HNO$_3$ 在每一个样品分析前对系统进行清洗。使用上述方法,Rehkämper 和 Halliday(1999)测定的地质样品中铊同位素组成能达到 0.01%~0.02%的精确度。这比早期使用 TIMS 方法测定的精确度高 3~4 倍(Arden,1983)。新的方法被用来测定地球样品(火成岩和 Fe-Mn 壳)和碳质球粒陨石 Allende 中铊同位素组成。然而这一方法仅适用于铅含量高于 ng/g 水平的样品,例如大多数的火成岩、沉积物和陨石。然而,大多数的自然水体铅浓度很低,因而 Nielsen 等(2004)针对水体样品铊同位素组成的测定,对 MC-ICP-MS 方法进行了改进,利用铅标准溶液 NIST SRM 981Pb,而不是 Rehkämper 和 Halliday(1999)使用的样品中含有的自然铅进行质量歧视效应的校正。

Nielsen 等(2004)测定铊同位素组成使用的是 Nu Plasma MC-ICP-MS,基本结构如图 8.3 所示。与 VG54 Elemental MC-ICP-MS 相同,等离子体离子源由一电感耦合等离子体炬管和一个射频发生器组成。样品引入系统采用高效脱溶剂雾化器 CETAC MCN6000。界面区由一个经水冷却的 Ni 取样锥和一个截取锥组成,之间施加 4 kV 电压。界面区锥体之后为提取和转移的光学元件。提取光学元件(Lens 1)为圆形离子束进入转移组件(Lens 2)准备通道,在 Lens 2 中,离子束由圆形几何转换为狭缝几何以满足质量分析器的要求。Nu Plasma MC-ICP-MS 的质量分析器使用的是由一个直径 35 cm 的静电扇区和直径 25 cm 的层压磁体组成的双聚焦几何结构。检测器序列由 12 个固定的蓝宝石晶体或陶瓷法拉第接收器组成，在质量聚焦平面上间隔 2.5 mm。常规能够得到的铅和铊的总离子束强度为 $(200\sim300)\times10^{11}$ A/（mg/kg）。另外多接收器还包括三个分离式二次发射极电子倍增管的离子计数通道和一个延迟过滤器。为测试仪器的运行状态，Nielsen 等（2004）在每一次分析前先测定 SRM 981 Pb 和 SRM 997 Tl 的标准溶液混合物，和被用来作为质量控制样品的 Aldrich Tl 溶液和 USGS 标准参照物 Nod-A-1 的铊同位素组成。

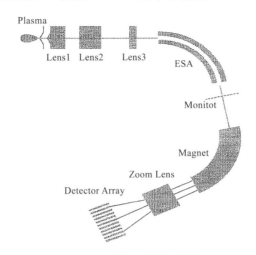

图 8.3　Nu Plasma MC-ICP-MS 结构示意图（改自 Belshaw et al.，1998）

Lens 1—圆形几何提取透镜；Lens 2—转移光学 Y 透镜；Lens 3—Z 透镜；ESA—直径 35 cm 静电扇区；Monitor—离子能量窗口信号监测；Magnet—直径 25 cm 层压磁体；Zoom Lens—分离离子光学元件；检测序列—12 个固定蓝宝石晶体/陶瓷接收器

使用这一方法，Nielsen 等（2004）重复测定了一个海水样品和一个河水样品中的铊同位素组成，能够获得的精确度为 $\pm1\varepsilon^{205}$Tl（2 个标准偏差）。为证明方法的可靠性，Nielsen 等（2004）分析评估了以下几个 MC-ICP-MS 分析过程中可能导致具有高重现性、却不准确结果的因素。

由于作者采用的 MC-ICP-MS 方法是向铊溶液中加入已知铅同位素组成的铅标准溶液，通过同时测定铊和铅，利用测定和已知的铅同位素比值对铊同位素比值进行质量歧视效应的校正，如果离子交换分离不完全，铊溶液中混有来自样品的铅，这将会导致在利用铅做质量歧视效应的校正时得到错误结果。Nielsen 等（2004）改进了 Rehkämper 和 Halliday（1999）的离子交换分离方法，如 8.3.1 小节所述，以达到最后分离得到的铊溶液中几乎不含有铅。这一条件在进行同位素测定之前，通过质量扫描得以确定（Nielsen et al.，2004）。

最后，离子交换分离后残存的样品基质的基质效应可能会对铊同位素测定产生影响。Nielsen 等（2004）通过测定了混合不含铊的海水基质和 NIST SRM 981 的溶液中的铊同位素组成，得到 ε^{205}Tl=+0.3，几乎接近于期待值 ε^{205}Tl=0。这一试验很好地证明了即便是在极低的 Tl/基质比值（2.9×10^{-10}）样品中，Nielsen 等（2004）方法也能够准确地测定铊的同位素组成。

Baker 等（2010）采用此方法测定火山喷发冷凝物和颗粒物样品的铊同位素组成。研究表明，火山释放进入大气和海洋的铊由其特有的同位素组成，$\varepsilon^{205}Tl=-1.7\pm2.0$。Rader 等（2018）测定了包括硅酸盐和硫化物在内的 81 个矿物样品的铊同位素组成。他们使用多次测定标准参照物样品 BCR-2 和 Nod-A-1 的铊同位素组成，表明他们能够获得与文献参考值在误差范围内（2 个标准偏差）相一致的 $\varepsilon^{205}Tl$。另外，尽管 Nielsen 等（2004）的测定铊同位素组成的 MC-ICP-MS 方法是为测定天然地质样品中的铊同位素组成所建立，但这一方法已被应用于最近的研究人类活动过程导致的铊同位素分馏。受人类活动影响的环境样品与自然样品所含元素组成不同。

8.4　铊的 MC-ICP-MS 分析案例

Vaněk 等（2018）利用铊同位素进行了土壤中铊来源示踪的研究。他们探究了捷克布拉格某燃煤电厂附近土壤中铊的污染和同位素组成。样品前处理过后，采用电感耦合等离子体光学发射光谱法或四级电感耦合等离子体光谱法在标准分析条件下分析了土壤、岩石和工业（废弃物）消化后的样品中主要阳离子和微量金属元素的浓度。

将样品通过色谱分离纯化后，进行铊同位素测定。铊同位素分析是在布拉格查尔斯大学理学系质谱实验室中，使用带有去溶剂化雾化器（Aridus II，CETAC，Thermo Science，德国）的 MC-ICP-MS 进行的，使用外部标准化和标准样品支架（NIST SRM 997）消除了质量偏差漂移。使用 NIST SRM 981 掺杂具有铊浓度的溶液以获得 Pb/Tl。在每个样品前后直接测量 NIST SRM 997，并在支架标准之间插入最终数据。

研究结果表明，褐煤样品铊含量较低，因此使用 MC-ICP-MS 方法不能精确地测定样品的铊同位素组成。富铊黄铁矿和其他样品中铊同位素组成（以 $\varepsilon^{205}Tl$ 表示）在-10.3～0.23 变化，炉底渣的 ^{205}Tl 大约是 0，飞灰的 ^{205}Tl 在-2.5～-2.8，废气颗粒的 ^{205}Tl 在-6.2～-10.3。由此表明部分铊同位素发生了较明显的分馏效应。由黄铁矿（-5.5）和粉煤灰（A 区为-2.5 和 B 区为-2.8）的 $\varepsilon^{205}Tl$ 值可以分析，铊同位素特征在原料中明显比二次源产物轻。

由图 8.4 和图 8.5 所示，在森林（F）和草地（M）土壤剖面中，铊浓度的可比趋势显示出轻微的深度依赖性下降。尽管森林剖面的最大铊量出现在地下（有机矿物）层中，但两个剖面土壤中都明显存在适度的铊输入（可能来自人为源）。考虑铊的可交换部分，研究人员记录了活动态铊在富含总有机碳的土壤层中的优先积累，这表明铊容易与土壤有机质相互作用。研究人员确定了上下土层中铊同位素组成（$\varepsilon^{205}Tl$）的显著差异，其中，$\varepsilon^{205}Tl$ 值通常随着剖面深度的增加而增加。除了森林剖面（F）的上层（A），有机和有机矿物层（Bw+C）典型的铊同位素组成变化（$\varepsilon^{205}Tl\leqslant-1.9$）清楚地反映了较轻铊的同位素起源于人类活动。两个剖面中矿层（Bw）的铊同位素特征与基岩样品一致（$\varepsilon^{205}Tl$ 值为-1.3）。原始凋落物（剖面 F，L 层）中检测到的同位素较重部分的转变是值得怀疑的（$\varepsilon^{205}Tl$ 高达-0.2），该铊同位素偏差不能反映富含重铊的有机物的输入，因为铊含量非常低（≤0.04 mg/kg）和适当初级生物量（树针和木材）有更负的 ε^{205}Tl 值（≥-3.7）。因此，这种同位素偏差似乎在某种程度上与有机质控制的过程有关，尽管事实上，有机质没有表现出如前所示的对铊的强大保留能力。

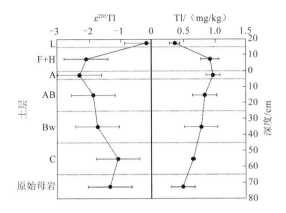

图 8.4　森林土壤剖面铊同位素组成和浓度变化

深度/cm：L 为 20～15；F+H 为 15～0；A 为 0～5；AB 为 5～25；Bw 为 25～45；C 为 45～65

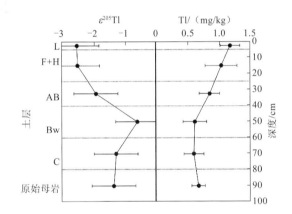

图 8.5　草地土壤剖面铊同位素组成和浓度变化

深度/cm：L 为 0～5；F+H 为 5～25；AAB 为 25～40；Bw 为 40～60；C 为 60～80

参 考 文 献

ARDEN J W, 1983. Distribution of lead and thallium in the matrix of the Allende meteorite and the extent of terrestrial lead contamination in chondrites. Earth and Planetary Science Letters, 62: 395-406.

BAKER R G A, REHKÄMPER M, HINKLEY T K, et al., 2009. Investigation of thallium fluxes from subaerial volcanism: implications for the present and past mass balance of thallium in the oceans. Geochimica et Cosmochimica Acta, 73: 6340-6359.

BAKER R G A, SCHÖNBÄCHLER M, REHKÄMPER M, et al., 2010. The thallium isotope composition of carbonaceous chondrites: new evidence for live 205Pb in the early solar system. Earth and Planetary

Science Letters, 291: 39-47.

BELSHAW N S, FREEDMAN P A, O'NIONS R K, et al., 1998. A new variable dispersion double-focusing plasma mass spectrometer with performance illustrated for Pb isotopes. International Journal of Mass Spectrometry, 181: 51-58.

BLICHERT-TOFT J, ALBARÈDE F, 1997. The Lu-Hf isotope geochemistry of chondrites and the evolution of the mantle-crust system. Earth and Planetary Science Letters, 148: 243-258.

GRÖSSLOV Z, VANĚK A, OBORN V, et al., 2018. Thallium contamination of desert soil in Namibia: chemical, mineralogical and isotopic insights. Environmental Pollution, 239: 272-280.

HALLIDAY A N, LEE D C, CHRISTENSEN J N, et al., 1995. Recent developments in inductively coupled plasma magnetic sector multiple collector mass spectrometry. International Journal of Mass Spectrometry and Ion Process, 146-147: 21-33.

HEIN J R, KOSCHINSKY A, HALLIDAY A N, 2003. Global occurrence of tellurium-rich ferromanganese crusts and a model for the enrichment of tellurium. Geochimica et Cosmochimica Acta, 67: 1117-1127.

HIRATA T, 1996. Lead isotopic analyses of NIST Standard Reference Materials using multiple collector inductively coupled plasma mass spectrometry coupled with a modified external correction method for mass discrimination effect. Analyst, 121: 1407-1411.

KERSTEN M, XIAO T, KREISSIG K, et al., 2014. Tracing Anthropogenic Thallium in Soil Using Stable Isotope Compositions. Environmental Science & Technology, 48: 9030-9036.

LAM J W, MCLAREN J W, 1990. Use of aerosol processing and nitrogen-argon plasmas for reduction of oxide interference in inductively coupled plasma mass spectrometry. Journal of Analytical Atomic Spectrometry, 5: 419-424.

LEE D C, HALLIDAY A N, 1995. Precise determinations of the isotopic compositions and atomic weights of molybdenum, tellurium, tin and tungsten using ICP magnetic sector multiple collector mass spectrometry. International Journal of Mass Spectrometry and Ion Process,146-147: 35-46.

LUAIS B, TELOUK P, ALBARÉDE F, 1997. Precise and accurate neodymium isotopic measurements by plasma-source mass spectrometry. Geochimica et Cosmochimica Acta, 61: 4847-4854.

LUO X, REHKÄMPER M, LEE D C, et al., 1997. High precision 230Th/232Th and 234U/238U measurements using energyfiltered ICP magnetic sector multiple collector mass spectrometry. International Journal of Mass Spectrometry and Ion Process, 171: 105-117.

NIELSEN S G, REHKÄMPER M, BAKER J, et al., 2004. The precise and accurate determination of thallium isotope compositions and concentrations for water samples by MC-ICPMS. Chemical Geology, 204: 109-124.

RADER S T, MAZDAB F K, BARTON M D, 2018. Mineralogical thallium geochemistry and isotope variations from igneous, metamorphic, and metasomatic systems. Geochimica et Cosmochimica Acta, 243: 42-65.

REHKÄMPER M, HALLIDAY A N, 1999. The precise measurement of Tl isotopic compositions by MC-ICPMS: Application to the analysis of geological materials and meteorites. Geochimica et

Cosmochimica Acta, 63: 935-944.

REHKÄMPER M, FRANK M, HEIN J R, et al., 2002. Thallium isotope variations in seawater and hydrogenetic, diagenetic, and hydrothermal ferromanganese deposits. Earth and Planetary Science Letters, 197: 65-81.

REHKÄMPER M, NIELSEN S G, 2004. The mass balance of dissolved thallium in the oceans. Marine Chemistry, 85: 125-139.

RODUSHKIN I, ENGSTRÖM E, BAXTER D C, 2010. Sources of contamination and remedial strategies in the multi-elemental trace analysis laboratory. Analytical and Bioanalytical Chemistry, 396: 365-377.

SCHRÖN W, MÜLLER U, 1997. Influence of heated spray chamber desolvation on the detectability in inductively coupled plasma atomic emission spectrometry. Fresenius Journal of Analytical Chemistry, 357: 22-26.

STIRLING C H, ESAT T M, MCCULLOCH M T, et al., 1995. High-precision U-series dating of corals from Western Australia and implications for the timing and duration of the Last Interglacial. Earth and Planetary Science letters, 135: 115-130.

VANĚK A, GRÖSSLOV Z, MIHALJEVIČ M, et al., 2016. Isotopic Tracing of Thallium Contamination in Soils Affected by Emissions from Coal-Fired Power Plants. Environmental Science & Technology, 50: 9864-9871.

VANĚK A, GRÖSSLOV Z, MIHALJEVIČ M, et al., 2018. Thallium isotopes in metallurgical wastes/contaminated soils: a novel tool to trace metal source and behavior. Journal of Hazardous Materials, 343: 78-85.

WALDER A J, PLATZNER I, FREEDMAN P A, 1993. Isotope ratio measurement of lead, neodymium and neodymium–samarium mixtures, Hafnium and Hafnium–Lutetium mixtures with a double focusing multiple collector inductively coupled plasma mass spectrometer. Journal of Analytical Atomic Spectrometry, 8: 19-23.

第9章 铊的化学形态分级提取分析法

9.1 元素化学形态分析基本原理

9.1.1 化学形态分析基本概念

　　每一种元素的不同形态具有不同的化学活性,对环境和人体健康具有不同的影响作用,所以定性、定量地测定环境样品中特定元素的化学形态是评价该元素的生理毒性和环境危害,以及在环境中其迁移和转化规律的重要依据。20 世纪 70 年代以来,元素的形态分析逐渐发展成为分析化学的一个重要分支,继而成为当代科学研究的热点问题。

　　形态分析是分析化学的一个分支学科,包括物理形态分析和化学形态分析(图 9.1),本小节仅讨论化学形态分析。虽然元素化学形态分析研究已经有 40 多年的历史,但是由于其复杂性,长期以来人们对形态分析的认识仍然不是很明确,甚至其概念和术语都比较混乱。20 世纪 80 年代以来,一直存在关于形态分析定义的讨论,国内外不同学者对"化学形态"给出了各自不同的定义(戴树桂,1992;袁东星 等,1992;周天泽,1991;汤鸿霄,1985;Stumm and Brauner,1975)。2000 年国际纯粹与应用化学联合会(IUPAC)统一给出了痕量元素化学形态分析的定义,确认了元素化学形态分析的术语(Templeton et al.,2001)。

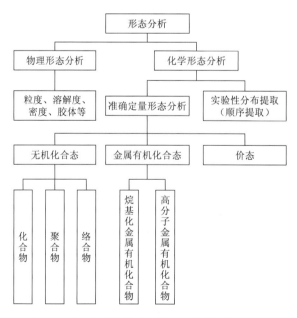

图 9.1　形态分析分类示意图(何红蓼 等,2005)

化学形式（chemical species）：一种元素的特有形式，如同位素组成，电子或氧化状态，化合物或分子结构等。

形态（speciation）：一种元素的形态即该元素在一个体系中特定化学形式的分布。

形态分析（speciation analysis）：识别和定量测量样品中的一种或多种化学形式的分析工作。

分步提取（fractionation）：根据物理性质（如粒度、溶解度等）或化学性质（如结合状态、反应活性等）将样品中一种或一组被测定物质进行分类提取的过程。

有时测定某些样品中元素的不同化学形态是非常困难的。由于样品中存在的化学形态往往不是很稳定，在分析过程中可能会发生变化。各种不同的化学形态处于一个平衡体系，而在分析处理过程中，一旦平衡被破坏，就可能产生不同化学形态之间的转化。当难以测定一种特定介质中某种元素的各个不同化学形态时，一种实用的替代方案就是鉴别元素形态的各种分类组合，即所谓分步提取分析方法，有学者将其称为偏提取、顺序提取或相态分析（何红蓼 等，2005）。

9.1.2　化学形态分析技术

化学形态分析是了解和认识环境介质中元素的生物毒性及其对生态系统的危害影响的科学密钥，该危害影响一旦被认识将迅速成为人们关注的重点。针对环境中的痕量无机元素的价态、化合态、金属有机化合态的分析很快成为化学分析中非常活跃的领域（Florence，1982）。

如何完整地将原始样品中元素的各种化学形态定量分离，这是化学形态分析的关键难点。最合理的化学形态分析应该是天然环境中原始样品的在线实时分析，然而由于分析技术手段发展的限制，目前在多数情况下是很难实现的。现实采用的大多数方法需要采集样品并在实验室中预处理之后进行分离和测定。显然，这种方法存在一定的缺陷，在分析过程中存在化学形态改变的可能性。一般固体样品的前处理采用选择性浸取，辅以加压、超声、微波等手段。

联用分析技术是准确进行形态分析的主要手段，即先用有效的在线分离技术将某种元素的各种化学形式进行选择性分离，然后用高灵敏度的无机元素检测技术进行测定。这些联用技术正在环境科学、临床化学、毒理学和营养学等领域不断扩大应用范围。

一般根据被分析样品的物理化学特征，例如挥发性、电荷、极性、质量及分子的空间结构等性质，选择气相色谱法（gas chromatography，GC）、高效液相色谱法（high performance liquid chromatography，HPLC）、超临界流体色谱法（supercritical fluid chromatography，SFC）和毛细管电泳法（capillary electrophoresis，CE）等现代色谱学分离技术进行被测物质的形态分离，然后用原子吸收光谱法（atomic absorption spectrum，AAS）、原子荧光光谱法（atomic fluorescence spectrometry，AFS）、微波诱导等离子体原子发射光谱法（microwave induced plasma atomic emission spectrometry，MIP-AES）、电感耦合等离子体原子发射光谱法（inductively coupled plasma atomic emission spectrometry，

ICP-AES）和电感耦合等离子体质谱法（inductively coupled plasma mass spectrometry，ICP-MS）等高灵敏度、高选择性的无机元素检测技术进行测定（Bouyssiere et al.，2003；Heumann，2002；Michallke，2002）。化学形态分析的研究真正得到重视并快速发展是在20世纪90年代，这主要归功于 ICP-MS 技术的发展，该技术极高的检测灵敏度（10^{-15}级）及易于与分离技术联用的特点为化学形态分析提供了强有力的检测保障。

化学形态分析方法主要有 3 种：①直接测定；②模拟计算；③模拟实验（分级提取）。

直接测定法按采用的分析测试方法分为电化学法、色谱法、光谱法等。由于单一仪器的局限性，在形态分析时多采用多种分析方法和仪器联用技术，相互补充，将分离与测定结为一体。如气相色谱石英炉原子吸收光谱法（GC-QAAS）、高效液相色谱原子吸收光谱法（HPLC-AAS）、高效液相色谱等离子体质谱法［光谱，HPLC-ICP-MS（AES）］、微波诱导等离子体原子发射光谱法（MIP-AES）等被广泛用于元素的化学形态分析（陈静等，2003；Michallke，2002；黄志勇 等，2002）。

模拟计算法是对以化学平衡为基础建立的相应模型进行模拟计算，这是化学形态分析中很重要的一种方法。但由于模拟计算需同时考虑平衡关系和不同组分间相互影响的因素较多，计算复杂，需要建立相关的热力学、动力学数学模型，主要应用于水体系的形态分析（李广玉 等，2004）。但对于复杂体系中元素化学形态的计算仍有一定难度（王亚平 等，2005）。

模拟实验（分级提取）方法是以实验为基础建立起来的。由于自然环境体系的复杂性，要对所有构成元素的各种化学形态进行精确研究是非常困难的，甚至是不可能的（Quevauviller，1998a；Quevauviller et al.，1997；Quevauviller et al.，1993）。由于土壤、沉积物样品的化学反应机理复杂，成分不均匀，样品前处理步骤繁杂，直接测定对仪器和分析方法要求高，难度大，不适合生态地球化学中大批量样品的分析研究，以及生态毒理学、环境中生物可给性等方面的研究。研究表明，重金属在土壤、沉积物中的总量不能直接用于环境效应的评估（Pistrowska et al.，1994），元素的迁移性、生态有效性和毒性主要取决于元素的化学形态（Quevauviller，1998a；Quevauviller et al.，1993）。因此，对于研究土壤、沉积物中元素的循环、迁移和转化对环境质量和人体健康的影响，选择更为合理有效的替代方法显得尤为迫切。分级提取法因其操作简便、适用范围广、能提供丰富的信息，而得到了广泛的应用（Quevauviller et al.，1996；Tessier et al.，1979）。分级提取模拟各种可能的、自然的及人为的环境条件变化，合理使用一系列选择性试剂，按照由弱到强的原则，连续溶解不同吸收痕量元素的矿物相（Cristine et al.，2002），把原来单一分析元素全量的评价指标变成元素各化学形态的分析量，从而提高了评价质量。然而由于分类标准不一致，学者们对这种方法也有不同看法。例如，单孝全和王仲文（2001）就将它归为物理形态分析。但考虑分级提取是利用化学性质不同的提取剂，选择提取样品中不同相态的金属元素的方法，而且研究的不单单是样品中元素的粒度、溶解度、密度等物理性质，王亚平等（2005）认为这种形态分析方法还是应该属于化学形态分析。

9.1.3　重金属化学形态的环境影响因素

1. 体系 pH

pH 是影响重金属赋存形态的重要环境因素（Yang et al., 2006; Dijkstra et al., 2004）。H^+ 和 OH^- 参与众多重金属氧化物、氢氧化物等物质溶解–沉淀反应，其浓度直接影响重金属的溶解度及其在液–固相中的分配和控制固体的溶解与生成（Zhang et al., 2008; Jing et al., 2004）。同时，pH 决定了环境介质表面官能团的质子化过程，这是介质表面电荷变化的主要原因，会间接影响重金属在环境介质界面上的吸附–解吸与沉淀–溶解平衡（Riemsdijk et al., 2006）。

另外，自然和人类活动可以改变环境介质的 pH，例如环境水体中的 pH 对应于生物体的活动会呈现昼夜和季节性变化，微生物的光合作用和呼吸会造成水体中溶解性 CO_2 浓度的变化，而使水体 pH 发生改变（Dawson et al., 2008）。特别是人类活动对环境介质 pH 的影响更为显著，如酸性采矿废水或碱性工业废水泄漏至环境（Johnson and Hallberg, 2005; Källqvist et al., 1989），会使其流经的土壤、地表和地下水体的 pH 发生急剧的变化。pH 的大幅变化，可使环境介质中的重金属形态发生转化；也可能造成无机矿物基质的溶解，从而释放出其中结合的重金属（Yang et al., 2006; Chen et al., 1997）。重金属在环境介质表面上的键合作用，对 pH 更为敏感，即便是很小的 pH 变化，也可能会影响溶质在介质表面上的吸附程度（章骅 等，2011; Milne et al., 2003）。

2. 氧化还原电位

重金属的形态转化反应需要电子受体和供体。因此，氧化还原电位是影响重金属离子形态和一些对氧化还原电位较为敏感的无机物转化的重要内因。例如 Tl(III) 和 Tl(I)、Cr(III) 和 Cr(VI)、As(III) 和 As(V) 在环境氧化还原电位变化时，将发生氧化还原反应而使其赋存形态发生改变。Fe、Mn 的氧化物及硫化物就是自然界中对氧化还原电位较为敏感的无机物。还有生活垃圾填埋场，在厌氧甲烷化阶段，填埋层内缺氧且氧化还原电位很低（<200 mV）时，硫还原菌可将垃圾中含硫物质转化为硫化物，硫离子可与重金属形成溶解度极低的沉淀物而截留于填埋层内（Flyhammar and Håkansson, 1999），这一现象解释了厌氧填埋场通过渗滤液释放的重金属量非常低的原因（Bilgili et al., 2007; He et al., 2006）。除此之外，这一现象在海洋、河湖底部环境中也得到了验证（Yu et al., 2002）。

一些在环境中大量存在的阳离子，如 Ca(II)、Mg(II)、Al(III) 等，在重金属离子与其他环境介质发生结合时，存在竞争性反应（可与重金属竞争介质表面的结合点位）（Tipping, 2005; Weng et al., 2001），也会影响这些重金属在环境中的传输与生物活性。

3. 环境介质中的重金属结合物

重金属化合物是具有一定溶解度的物质，在环境中，会发生沉淀/溶解反应，而改变其形态和迁移性。土壤、沉积物水体等环境介质，通常是含有多种重金属吸附质的混合体（Van Riemsdijk et al., 2006）。重金属在这些吸附质表面的键合作用，是控制重金属形态和活性的关键（Gustafsson et al.，2003）。高分子量颗粒物，如无定形 Fe 和 Al 的（氢）氧化物、Mn 氧化物、天然有机物、黏土、铝硅酸盐等，可作为分散组分或溶解组分存在于液相或固相中，这些物质具有较大的比表面积，通常带电荷，是结合重金属的重要介质（Baumann et al.，2006；Hizal and Apak，2006；Pagnanelli et al.，2006；Jia and Demopoulos，2005；Flyhammar and Håkansson，1999；Dzombak and Morel，1990），它们可以单独存在或者相互作用，这使它们与重金属之间的相互作用更加多样化。

如低溶解度的重金属化合物，很多重金属碳酸盐、硫化物、氢氧化物、磷酸盐等，具有极低的溶度积 K_{sp}，重金属离子在溶液中遇到碳酸根离子、硫离子、氢氧根离子、磷酸根离子时，会形成重金属化合物，当其离子活性乘积大于 K_{sp} 时，重金属化合物便发生沉淀。随着化学领域的不断拓展，已积累了巨量的化学物质的沉淀/溶解反应过程及其溶度积信息，可通过溶液化学平衡计量学，计算出溶液中重金属离子的浓度、形态及沉淀的固体类型。值得注意的是，这种通过离子活性和 K_{sp}，判断重金属是否可发生沉淀的方法并不总是有效，分散的痕量金属元素可通过化学替代或共沉淀被包裹在沉淀固体的晶格中，如羟基磷灰石中的 Ca 可被 Pb、Cd 等二价金属离子替换（Mavropoulos et al.，2002），从而使溶液中重金属的最大实际浓度低于其溶解度。相反的现象也时有发生，如当沉淀物颗粒粒径过小或产生的浓度太低，不能克服新相成核所需的活化能时，重金属化合物就无法沉淀下来，从而使溶液中实际浓度大于其溶解度（Linge，2008）。

还有无机矿物质，铁和铝的无定形（氢）氧化物因其大比表面积、多微孔结构和富含结合点位，可在其表面与重金属络合，因而对痕量重金属元素的形态与迁移性具有重要的影响（Apul et al.，2005）。

对于重金属与铁/铝（氢）氧化物之间的交互作用，在离子结合模型的建立上已达到了某种程度的一致。研究结果表明，表面络合与沉淀模型可以很好地诠释重金属与铁/铝（氢）氧化物之间的结合机理（Pagnanelli et al.，2006；Apul et al.，2005）。

此外，黏土矿物（如高岭石、蛭石）、磷灰石、碳酸钙等无机矿物质，也可以通过离子交换和表面络合等方式结合重金属。根据其结合机理的不同，可采用不同的结合模型进行分析（章骅 等，2011）。

另外有机物中的腐殖质，包括腐殖酸（HA）和富里酸（FA），对重金属离子在环境介质如土壤和地表水体中的形态分布与迁移起着重要作用（Van Riemsdijk et al.，2006）。当有机物主要以溶解态形式存在时，可与重金属络合而阻止重金属在固相表面的吸附，或者与重金属竞争固相表面的吸附点位，从而会增加重金属化合物的溶解度（Qu et al.，2008；Weng et al.，2001）。反之，固相中的有机物对重金属的络合吸附作用则会降低重金属的迁移性（Chauvedi et al.，2006）。

腐殖酸和富里酸中主要的重金属离子结合点是羧基和酚基，含 N 和 S 的基团也有一定的重金属结合作用（Kopal et al.，2005）。腐殖质的不均匀性和离子结合能力，受很多环境参数（pH、离子强度、金属离子浓度和形态、竞争性离子的存在等）的影响。不同来源和类型的腐殖质，其结合点位密度亦可能有较大差异；即使是同一种腐殖质，由于其同时具有多种官能团，也可能在不同结合点位具有不同的重金属亲合力（章骅 等，2011）。

9.2　元素化学形态分级提取分析法的发展

现在国内外广泛使用的化学元素分级提取方法是在加拿大 Tessier 等 1979 年提出的土壤、沉积物样品重金属元素分级提取法的基础上发展起来的，例如欧盟的 BCR 三步提取法（Ure et al.，1993）。

9.2.1　Tessier 法流程

1979 年，Tessier 等提出了早期较广泛被应用的分级提取流程，首次较系统地归纳了已有的各种流程，提出 5 种以操作定义的地球化学相态。

1. 可交换态

被弱吸附的金属形态，特别指被较弱的静电吸附而附着在土壤颗粒表面的可被离子交换释放的金属形态，实验所用的提取剂通常为强酸与强碱的盐类电解质或弱酸与弱碱形成的 pH 为 7 的盐类。

2. 碳酸盐结合态（弱酸可溶态）

被碳酸盐吸持部分，该部分对 pH 变化敏感，在大约 pH 5 碳酸盐溶解时被释放。

3. 铁锰氧化物结合态（可还原态）

Fe、Mn 氧化物具有很强的吸附痕量金属元素的能力，是优良的土壤净化剂。通过将 Fe、Mn 还原为可溶性低价态，可释放该部分结合的金属。

4. 有机质结合态（可氧化态）

主要指被有机酸聚合物如胡敏酸、富里酸及蛋白质、脂肪、树脂等结合的痕量元素，在氧化条件下，这些有机物可降解，释放出所结合的金属。由于氧化条件下某些硫化物也可能被氧化为可溶性硫酸盐，该步也有可能释放部分金属硫化物。

5. 残余态

存在于原生或次生矿物晶格中，可用 HF、$HClO_4$ 等复合强酸分解。

Tessier 法的五步顺序提取流程所用试剂为：①可交换态，1 mol/L $MgCl_2$，pH 7.0；②碳酸盐结合态，1 mol/L NaAc，HAc 调至 pH 5.0；③铁锰氧化物结合态，0.04 mol/L $NH_2OH·HCl$，4.4 mol/L HAc，96℃；④有机结合态，0.02 mol/L HNO_3+H_2O_2，pH 2，85℃，3.2 mol/L NH_4Ac，3 mol/L HNO_3；⑤残余态，HF+$HClO_4$。

Tessier 法提取流程被广泛应用于重金属污染土壤的研究中，但是在应用过程中产生了不少的争议（何红蓼 等，2005）。

Tessier 法提取流程主要缺陷是在可交换态采用 $MgCl_2$ 作为提取剂，结果使某些元素严重偏高，由此可能导致错误的生态环境地球化学结论。Mg^{2+}较强的交换容量和Cl^-较弱的络合力结合在一起，不分解有机物质、硅酸盐和金属硫化物，但是观察到碳酸盐有些轻微的溶解现象（2%～3%），缩短提取时间可以避免这种情况发生。另外，由于 Cd 和 Cl^-形成的化合物在高浓度氯化物介质中相当稳定（化合物 lg K 值介于 1.98～2.40），结果可交换态明显偏高。有报道在提取过程中也出现过 pH 显著降低，导致碳酸盐和 Mn 氧化物部分溶解等现象。

有研究者认为该法提取剂缺乏选择性，提取过程中存在重吸附和再分配现象，缺乏质量控制等。因此，国际分析化学领域对土壤中元素形态分析的方法广泛使用的缺陷争议很多，均由于缺少有说服力的实验依据而难作结论。单孝全和王仲文（2001）证明了元素化学形态分析过程中的确存在元素再分配与再吸收问题，这才结束了国际学术界对该问题的争论。目前国内外常用的分级提取方法基本上都是根据 Tessier 法针对不同样品采用不同提取剂和提取条件而进行的改进方法（王亚平 等，2005）。

9.2.2　欧盟 BCR（SM&T）流程

虽然 Tessier 分级提取方法已被广泛使用，但是由于不同的研究者使用的流程各异，缺乏统一性，世界各国实验室之间的数据很难比较。为此 1987 年欧盟的标准、测量与测试规划（SM&T，即前 BCR）组织了一个合作项目（López-Sánchez et al.，1998；Quevauviller，1998b；Quevauviller et al.，1997），目的是协调土壤和沉积物中痕量元素的分级提取方案，使其数据具有可比性。同时考虑另一个妨碍数据可比性的问题是没有适当的标准参考物质，使分析质量难以控制。为此，在统一流程的同时制备标准参考物质。在对已有方案充分讨论的基础上，提出三步提取方案：①弱酸提取态，0.11 mol/L HAc；②可还原态，0.1 mol/L $NH_2OH·HCl$，HNO_3调至 pH 2；③可氧化态，8.8 mol/L H_2O_2，HNO_3调至 pH 2～3，1 mol/L NH_4Ac，HNO_3调至 pH 2。

该方案详细规定了实验操作细节，以确保方法的重复性，组织了欧盟 8 个国家 20 余个实验室进行了两轮比对实验。比对实验采用的检测技术有 FAAS、ETAAS、ICP-AES 和 ICP-MS，根据数据分析，ICP-MS 可接受数据比例最高。采用三步提取流程对沉积物标准参考物质（BCR601）进行定值。在验证过程中，可提取态的长期稳定性一直是各国专家关注的主题。要求稳定性的检验期为 3 年。在后来的应用实践中，BCR 的三步顺序提取流程得到进一步修正：强化第二步条件，改为 0.5 mol/L $NH_2OH·HCl$，提高了 HNO_3酸度，并增加残余态以利于质量控制。由于自 1996 年 BCR601 标准物质定值已有多年，SM&T 于 2001 年研制了标准物质 BCR701，以代替即将用尽的标准物质 BCR601。至此，BCR 分级提取方案已成为研究土壤、沉积物重金属污染状态时被普遍采用的方法。需要指出的是，Tessier 法或 BCR 法的分步提取流程用于以阴离子存在元素（如 Tl、As、Se、Cr）的形态分析时仍存在一些问题，此类元素多以不同价态存在，由于提取试剂具有一定的氧化还原性，可能改变这些元素的价态，从而影响提取结果。例如当 Se^{4+}被氧化为 Se^{6+}，溶解度增加，导致该步提取的 Se 的结果偏高。因此对此类元素的分级提取不能简单地套用标准 BCR 法。有些研究阴离子提取的方案用 NaOH 提取铁铝结合态,例如 $Cr^{6+}(HCrO_4^-)$、$As^{5+}(H_2AsO_4^-, HAsO_4^{2-})$ 或 $As^{3+}(HAsO_2, AsO_2^-)$ 等的溶解性与 pH 关系很大,在碱性条件下,大多数矿物表面吸附的阴离子被释放,然后再用酸提取钙结合态。也有人提出通过还原条件将与氧化铁共沉淀的 As 提取出来,以此评估还原条件下 As 的可能移动性,这与阳离子的提取是一致的(何红蓼 等,2005;Gleyzes et al.,2002;Albores et al.,2000)。

9.2.3　BCR 法和 Tessier 法的比较

化学分析工作者使用 BCR 法和 Tessier 法时,一般在流程的第一步增加水溶态,最后一步增加残余态。这样 BCR 法和 Tessier 法相态的对应关系是比较清楚的(表 9.1)。大部分步骤的地球化学意义,甚至提取剂是可以进行比较的。主要不同为提取剂类型、提取剂浓度、称样量、提取条件等。

表 9.1　**BCR 法和 Tessier 法的对应关系**(王亚平 等,2005)

方法	提取态	提取剂与流程
BCR 法[①]	水溶态	称 1 g 样品加入 25 mL 蒸馏水(煮沸、冷却,pH=7.0),22℃±5℃下振荡 2h,3 000 g 下离心 20 min
	弱酸提取态	称 1 g 样品加 40 mL 0.11 mol/L HOAc,22℃±5℃下振荡 16 h,3 000 g 下离心 20 min
	可还原态	残渣中加入 40 mL 0.5 mol/L $NH_2OH \cdot HCl$,pH=2,22℃±5℃下振荡 16 h,3 000 g 下离心 20 min
	可氧化态	残渣中加入 10 mL 30% H_2O_2,保持室温 1 h,加热至 85℃±2℃ 1 h,加 50 mL 1 mol/L NH_4Ac,pH=2,22℃±5℃振荡 16 h,3 000 g 下离心 20 min
	残渣态	$HF+HClO_4+HCl+HNO_3$ 处理
	标准物质	BCR701
Tessier 法	水溶态	无
	可交换态	称 1 g 样品加 18 mL 1 mol/L $MgCl_2$,pH=7.0,室温下搅拌 1 h
	碳酸盐结合态	残渣中加 1 mol/L NaOAc,pH=5.0,室温下搅拌 5 h
	铁锰氧化态	残渣中加入 20 mL 0.04 mol/L $NH_2OH \cdot HCl$ 和 25%HOAc 溶液,96℃±3℃下适当搅拌 6 h
	有机态	残渣中加入 10 mL 0.02 mol/L HNO_3,5 mL 30% H_2O_2,pH=2,85℃±2℃适当搅拌 2 h;加 3 mL 30% H_2O_2,85℃±2℃适当搅拌 3 h;加 5 mL 3.2 mol/L NH_4OAc 和 20% HNO_3 混合液,室温连续搅拌 0.5 h
	残渣态	$HF+HCl+HClO_4$ 处理
	标准物质	无
Tessier 修正法(七步法)[②]	水溶态	称 2.5 g 样品加入 25 mL 蒸馏水(煮沸、冷却,pH=7.0),25℃±5℃下振荡 2 h,4 000 g 离心 20 min
	离子交换态	残渣中加 25 mL 1 mol/L $MgCl_2$,pH=7.0,25℃±5℃下振荡 2 h,4 000 g 离心 20 min
	碳酸盐结合态	残渣中加 25 mL 1 mol/L NaAc,pH=5.0,25℃±5℃下振荡 5 h,4 000 g 离心 20 min

方法	提取态	提取剂与流程
Tessier 修正法(七步法)	铁锰氧化态	残渣中加入 50 mL 0.25 mol/L $NH_2OH \cdot HCl$, 0.25 mol/L 的 HCl, 25℃±5℃下振荡 6 h, 4 000 g 下离心 20 min
	弱有机态[①]	残渣中加入 50 mL 0.1 mol/L $Na_4P_2O_7$, pH=10, 25℃±5℃下振荡 3 h, 4 000 g 下离心 20 min
	强有机态	残渣中加入 5 mL 30% H_2O_2, 3 mL HNO_3, 摇匀, 于 83℃±3℃下保持 1.5 h, 再加 3 mL 30% H_2O_2 保持 70 min 不时搅动; 加入 3.2 mol/L NH_4Ac 2.5 mL, 稀释至 25 mL, 室温静置 10 h, 4 000 g 下离心 20 min
	残渣态	$HF+HClO_4+HCl+HNO_3$ 处理
	标准物质	无

注: ①国家地质实验测试中心改进的 BCR 法中新增水溶态和残渣态定值, 残渣态原为王水消解, 遵循 ISO 11466 改为 $HF+HClO_4+HCl+HNO_3$ 处理, 目前正在研制与此相关的标准物质; ②Tesier 修正法在实验中的弱有机态在铁锰氧化态之前提取, 此处为便于比较

　　从表 9.1 中可以看出, 3 个流程的共同特点是将元素形态分为水溶态 (其中 Tessier 流程没有此步, 实际可以理解成包含在可交换态中)、弱酸提取态 (其中 Tessier 流程及其改进法将其进一步划分成可交换态和碳酸盐结合态)、可还原态 (铁锰氧化态)、可氧化态 (有机态, Tessier 修正法中又将其分为弱有机态和强有机态) 和残余态。各流程的区别主要在于所用试剂和具体操作条件不同 (王亚平 等, 2005)。

　　Albores 等 (2000) 利用污水厂污泥的相态分析研究比较了 BCR 法和 Tessier 法的效果, 表明 BCR 的可氧化物提取比 Tessier 法更有效。BCR 分级提取流程获得了良好的实验室间的可比性, 分析的所有结果表明新的 BCR 提取流程适合污染土壤样品的分析测试。于是 BCR 分级提取流程已成为国内外研究土壤、沉积物重金属污染状态时广泛应用的方法。

　　BCR 法三步顺序提取流程将自然和人为环境条件的变化归纳为弱酸、可还原和可氧化 3 种类型, 同时将选择性提取剂由弱到强的作用充分应用, 使审相相应降到最低。经过不同国家几十个实验室的多次比对实验和改进, 方法日益成熟和完善, 加之步骤相对较少, 形态之间审相不严重, 因此 BCR 法再现性显著优于 Tessier 法。

9.3　铊的化学形态分级提取步骤

　　如前所述, 铊是一个变价元素, 在环境介质中铊的化学形态受环境因素影响很大。土壤中铊的化学形态及其与土壤物质的结合形式是影响其活动性 (Cabral and Lefebvre, 1996; Davis Carter and Shuman, 1993) 和生物可利用性 (卢荫庥和白金峰, 1999; Kersten and Forstner, 1986) 的主要因素, 对其开展深入系统的研究是土壤铊污染防治与修复的关键。土壤和沉积物中重金属的相态分析广泛应用的是 Tessier 等及 Kersten and Forstner (1986) 提出的分级提取法。铊的相态分析在 Tessier 五步法基础上, 经卢荫庥和白金峰

（1999）改进为七步提取法。但是由于缺乏参考物质，限制了进行方法有效性的验证和世界范围内分析结果的对比。后来由 BCR 指导制定了标准三步提取方案（BCR 法，图 9.2）（Ure et al.，1993），由于较 Tessier 法和 Kersten-Forstner 法简单易行，可重现性强，且已建立了相关标准参考物质（Quevauviller et al，1997），因此被广泛应用于沉积物、土壤和垃圾中重金属 Cu、Pb、Zn、Cd、Ni 的形态分析。然而，应用 BCR 法进行土壤样品中铊形态分析的实例很少，对铊的 BCR 方法的研究就更少。

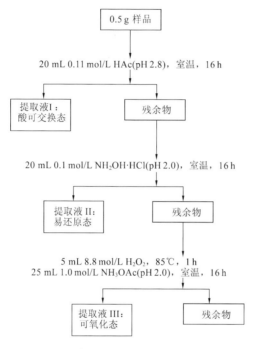

图 9.2　标准 BCR 法分级提取流程图

在应用标准 BCR 方法进行重金属离子的分级提取形态分析时，对于乙酸（HAc）和盐酸羟胺（$NH_2OH \cdot HCl$）提取体系中金属离子发生的重分配现象和提取剂的选择性问题存在较多的争议，不同学者提出了较多的改进措施（Mossop et al.，2003；Sutherland and Tack，2002；Sahuquillo et al.，1999），这些研究主要针对 Cu、Zn、Cd、Cr、Ni 和 Pb，没有对铊的提取条件进行实验研究。从 2000 年开始，作者课题组系统研究了 BCR 标准三步提取法中争议较大的 HAc 和 $NH_2OH \cdot HCl$ 提取体系的提取剂 pH、提取剂浓度和提取体系温度三个主要条件对各形态铊提取量的影响，根据实验结果对体系的 pH、提取剂浓度和提取体系温度做了改进，在 BCR 方法基础上建立一个较完善的土壤铊形态分级提取方法（杨春霞 等，2005，2004）。

9.3.1　样品选择

试验样品选自某硫酸厂黄铁矿废渣堆积区自然高铊污染表层土壤样品（B1），样品的基本特征见表 9.2。选择自然高铊污染土壤样品进行铊形态分析方法的研究，主要基于两方面的考虑：①由于一般土壤标样中铊的含量很低（0.5～2.5 mg/kg），且原始母岩来源的铊主要分布在硅酸盐结合态中，其他结合形态的含量很低（Sager，1992；Lehn and Schoer，1987），不利于铊形态分析方法的研究；而研究区土壤为铊污染土壤，不仅铊的含量较高（15.4 mg/kg），而且铊在土壤各矿物相中均有不同程度的分配，因此有利于进行土壤中铊形态分析方法的研究。②由于简单的模型土壤并不能真实代表自然条件下铊在土壤各相态中的分配规律；自然土壤组成复杂，且铊在其中的分布是自然条件下形成的，因此，研究所改进的实验条件更符合实际情况和具有更好的实际应用价值。

表 9.2　土壤样品基本特征

类别	特征或特征值
土壤类型	亚热带强风化红壤
pH	3.66
有机质（TOC）/%	1.58
阳离子交换量/（cmol(+)/kg）	未测出
烧失量/%	8.30
矿物组成/%	石英（约65）、赤铁矿（约6）、高岭石（约6）、伊利石（约5）、长石（约3）、非晶质矿物（约2）、碳酸盐类矿物（未测出）、硫化物（未测出）
粒度组成/%	砂粒（14）、粉粒（78）、黏粒（8）
常量元素/%	SiO_2（69.0）、Fe_2O_3（10.1）、Al_2O_3（8.30）、K_2O（1.86）、Na_2O（0.14）、CaO（1.42）、MgO（0.37）
微量元素/（mg/kg）	Tl（15.4）、Mn（116）、Pb（591）

9.3.2　实验部分

1. 分级提取步骤

步骤 1：称取风干土样 0.5 g（过 200 目筛）于 50 mL 聚乙烯离心管中，加入 HAc 提取剂 20 mL，搅拌 16 h。然后，离心分离（5 000 r/min，15 min），倾出上清液于 100 mL 烧杯中。之后，用 10 mL 去离子水如上重复清洗 2 次（搅拌 15 min）并合并提取液。最后，将提取液低温蒸干，所获残余物用 2 mL HNO_3(1+1)低温溶解，并定容至 10 mL，测定。

步骤 2：在步骤 1 提取后的残余物中加入 $NH_2OH·HCl$ 提取液 20 mL，搅拌 16 h，离心分离。其余操作同步骤 1。

步骤 3：在步骤 2 提取后的残余物中加入 H_2O_2（30%；pH=2.2）提取液 5 mL，加盖，偶尔振荡，室温溶解 1 h。之后，去盖，85℃加热至溶液近干。重新加入 30% 的 H_2O_2 提取液 5 mL，加盖，偶尔振荡，85℃溶解 1 h。之后，去盖，85℃加热至溶液蒸干。冷却，加入 NH_4Ac（1.0mol/L；pH=2.0）提取液 25 mL，其余操作同步骤 1。

尽管标准 BCR 方法并没有规定残余态（主要为硅酸盐矿物结合态）金属离子的测定，但此相态的测定对于整个提取流程回收率的讨论，进而对各步提取条件的选择优化具有重要意义。因此，对残余态的铊进行了提取，具体方法如下：在步骤 3 提取后的残余物

中加入 HNO_3-HF-$HClO_4$ 进行溶解，所获残余物用 2 mL HNO_3(1+1)低温溶解，并定容至 100 mL，测定。

按照步骤 1 和步骤 2 在保持其他标准条件不变的情况下分别使用不同 pH 条件、不同浓度的提取剂和不同的提取温度来实验其对相应形态铊提取量的影响，具体实验条件见表 9.3。此外，在相同的条件下对分级提取方法流程进行空白实验。空白实验的结果用于仪器测定结果的背景校正。

表 9.3　PE Elan 6000 型 ICP-MS 工作参数

参数	值或方式	参数	值或方式
射频功率/W	1 050	测量方式	峰跳
等离子体流速/（L/min）	15	数据测量组数	8
辅助氩气流速/（L/min）	1.2	质量积分时间/ms	100
雾化器氩气流速/（L/min）	0.83	测定同位素	^{205}Tl
透镜电压	自动聚焦		

2. 仪器测定

ICP-MS（PE Elan6000，USA）测定各提取态的铊含量。仪器工作条件见表 9.3。由于讨论的需要，实验中 Fe、Mn 和 Pb 各提取态的含量也一并给予测定。其中，Fe 和 Mn 含量较高，为原子吸收光谱法（AAS）测定。

3. 试剂与器皿清洗

实验用 HNO_3、HAc、H_2O_2 为优级纯试剂，$NH_2OH \cdot HCl$、NH_4Ac 为分析纯试剂；实验用水为高纯水；所有器皿使用前均用 HNO_3(1+7)浸泡 24 h，然后用去离子水冲洗。

4. 小结与讨论

1）提取条件对铊提取量的影响

HAc 和 $NH_2OH \cdot HCl$ 提取剂不同 pH、浓度和提取体系温度及其相应提取体系铊提取量数据列于表 9.4 及图 9.3。为便于讨论，Fe、Mn 和 Pb 的有关数据也列于表中。

表 9.4　在不同分级提取条件下 Tl 等金属离子的提取量（杨春霞，2004）

提取条件		Tl		Fe_2O_{3t}[①]		Mn		Pb	
		mg/kg	%[②]	g/kg	%[②]	mg/kg	%[②]	mg/kg	%[②]
		HAc 提取体系（[HAc]=0.11 mol/L，28℃）							
pH	2.8	4.23	27.5	3.2	3.2	73.2	63.0	10.9	1.8
	2.0	5.13	33.4	6.7	6.6	77.8	67.0	32.1	5.4
	1.5	7.02	45.7	15.0	14.9	82.1	70.7	142	24.0
	1.0	9.99	65.0	28.9	28.6	93.7	80.7	287	48.6
	0.5	13.17	85.7	30.4	30.1	112.3	96.7	417	70.6

续表

提取条件		Tl		Fe₂O₃t[①]		Mn		Pb	
		mg/kg	%[②]	g/kg	%[②]	mg/kg	%[②]	mg/kg	%[②]
pH	\multicolumn{9}{c}{NH₂OH·HCl 提取体系（[NH₂OH·HCl]=0.1 mol/L, 28℃）}								
	3.0	3.35	21.8	2.8	2.8	1.62	1.4	25	4.2
	2.5	3.55	23.1	5.5	5.4	3.04	2.6	67	11.3
	2.0	4.08	26.6	8.3	8.2	3.26	2.8	152	25.7
	1.5	5.03	32.7	11.1	11	5.15	4.4	307	51.9
	1.0	5.31	34.6	11.9	11.8	5.37	4.6	341	57.7
	0.5	6.62	43.1	12.7	12.6	12.0	10.3	403	68.2
HAc 浓度 /（mol/L）	\multicolumn{9}{c}{HAc 提取体系（28℃）}								
	0.05	2.01	13.1	2.5	2.5	32.2	27.7	9.22	1.6
	0.11	4.23	27.5	3.2	3.2	69.3	59.7	10.9	1.8
	0.22	4.42	28.8	6.0	5.9	75.4	64.9	27.7	4.7
	0.43	5.27	34.3	6.2	6.1	74.4	64.1	44.9	7.6
	\multicolumn{9}{c}{NH₂OH·HCl 提取体系（pH=2.0, 28℃）}								
	0.1	4.5	29.3	8.3	8.2	3.26	2.8	152	25.7
	0.5	5.46	35.5	8.4	8.3	4.47	3.9	272	46.0
	1.0	5.31	34.6	12.1	12.0	8.13	7.0	317	53.6
	1.5	5.25	34.2	8.2	8.1	6.32	5.4	283	47.9
温度/℃	\multicolumn{9}{c}{HAc 提取体系（[HAc]=0.11 mol/L, pH=2.82）}								
	28	4.23	27.5	3.2	3.2	73.2	63.0	10.9	1.8
	45	4.90	31.9	4.9	4.9	78.3	67.4	10.1	1.7
	60	3.77	24.5	2.9	2.9	62.4	53.7	7.86	1.3
	80	3.73	24.3	2.6	2.6	59.3	51.1	7.36	1.2
	\multicolumn{9}{c}{NH₂OH·HCl 提取体系（[NH₂OH·HCl]=0.1 mol/L, pH=2.0）}								
	28	4.51	29.3	8.3	8.2	3.26	2.8	152	25.7
	45	4.83	31.3	8.9	8.8	5.64	4.9	157	26.6
	60	5.80	37.8	8.9	8.8	5.83	5.0	181	30.6
	80	5.67	36.9	9.0	8.9	6.48	5.6	195	33.0

注：①全铁含量；②相对百分含量=提取量/金属离子总量×100%

2）提取剂 pH 对铊提取量的影响

I. HAc 提取体系

用 2 mol/L HNO₃ 调节 0.11 mol/L HAc 提取液使其 pH 分别等于 0.5、1.0、1.5、2.0 和 2.8（pH 2.8 为 HAc 标准酸度和 0.11 mol/L HAc 的酸度），然后分别对土壤样品进行提取。

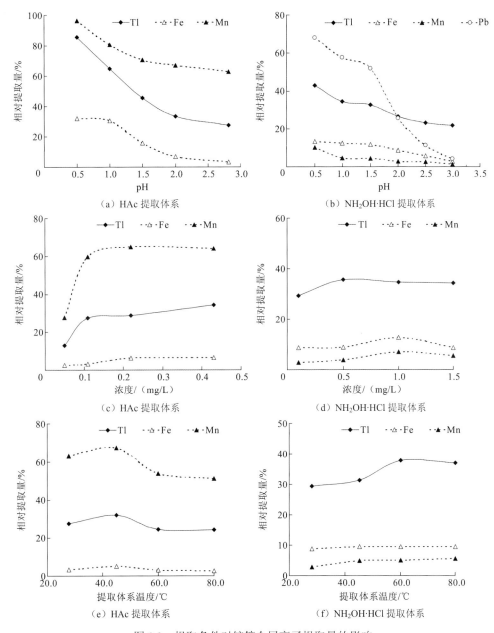

（a）HAc 提取体系　　　　　　　　　　（b）NH₂OH·HCl 提取体系

（c）HAc 提取体系　　　　　　　　　　（d）NH₂OH·HCl 提取体系

（e）HAc 提取体系　　　　　　　　　　（f）NH₂OH·HCl 提取体系

图 9.3　提取条件对铊等金属离子提取量的影响

由表 9.4 及图 9.3（a）可看出，在 HAc 提取剂 pH 由 2.8 酸化至 2.0 时，铊的提取量由 4.23 mg/kg（27.5%）缓慢增至 5.13 mg/kg（33.4%）；当 HAc 提取剂 pH 由 2.0 酸化至 0.5 时，铊的提取量由 5.13 mg/kg（33.4%）快速增至 13.17 mg/kg（85.7%）。随提取剂 pH 的降低，Tl^+ 提取量的增加，特别是当 pH 由 2.0 降低至 0.5 时，Tl^+ 提取量的快速增加可能主要是由于提取体系的持续酸化引起了铁锰氧化物的溶解，从而导致大量 Tl^+ 的释放。有研究表明在 HAc 提取体系 pH=2.8 时，部分无定形铁氧化物已开始发生溶解（Raksasataya et al.，1996）。由图 9.3（a）可看到，随 HAc 提取剂 pH 的降低，Fe 和 Mn 的提取量也不断增加，且表现出与铊相似的变化特点。由此可见，HAc 提取剂的持续酸化确实导致铁锰氧化物的不断溶解，并导致其对吸附态铊和碳酸盐结合态铊提取的选择性降低。由提取剂逐步酸化所导致的重分配于其他矿物相上的 Tl^+ 的释放（Bermond，2001），对于 HAc 提取体系酸化过程中铊提取量的逐渐增加所起到的作用较小。研究表明铁锰氧化物和有机质是引起提取体系中重金属离子发生重分配的主要物质（Raksasataya et al.，1996；Tu et al.，1994）。在实验土壤样品中存在大量的铁氧化物，而锰氧化物和有机质的含量则相对较低，因此，引起 Tl^+ 发生重分配的主要矿物可能是铁氧化物。然而，有研究进一步表明在溶液 pH≥3.0 时，铁氧化物才开始对 Tl^+ 产生吸附作用（Lin and Nriagu，1998）。由于在实验中所有 HAc 提取体系 pH＜3.0，因此，Tl^+ 的重吸附作用可以认为较弱。事实上，当 HAc 提取剂 pH 由 2.8 降低至 2.0 时，铊的提取量并无明显增加，表明在这一 pH 范围内，Tl^+ 的重吸附作用是很弱的。

可见，在选择 HAc 提取剂合理 pH 时，要同时进行两方面的考虑：既不能选择过低的 pH 而导致非目标矿物相铁锰氧化物的溶解，也不能由于 pH 过高而导致释放出的吸附态铊或碳酸盐结合态铊又被重新吸附和分配到其他矿物相上。综上分析，HAc 提取剂 pH=2.0～2.8 是较合适的范围。考虑到 pH 调节误差可能引起提取结果的不确定性（Davidson et al.，1999），HAc 提取剂 pH 条件仍保持其标准浓度时的 pH=2.8 为好。

II. $NH_2OH·HCl$ 提取体系

利用 2 mol/L HNO_3 调节 0.1 mol/L $NH_2OH·HCl$ 溶液使其 pH 分别等于 0.5、1.0、1.5、2.0（BCR 标准酸度）、2.5 和 3.0，然后对标准条件的 HAc 提取后的残余物分别进行提取。由表 9.4 及图 9.3（b）可看出，当 $NH_2OH·HCl$ 提取剂 pH 由 3.0 酸化至 0.5 时，铊的提取量先后经过缓慢增加（pH=3.0～1.5）、平稳期（pH=1.5～1.0）和迅速增加（pH=1.0～0.5）三个阶段。此外，在 $NH_2OH·HCl$ 提取剂 pH 由 3.0 酸化至 1.5 时，Fe 的提取量也出现增加趋势，并在提取剂 pH 降至 1.5 后提取量达到稳定阶段，然而，需要指出的是 Mn 的提取量在这一 pH 条件变化过程中并未出现明显变化（除 pH=1.0～0.5 阶段）。前人研究表明 BCR 标准方法中 $NH_2OH·HCl$ 提取体系的 pH 条件可有效分解锰氧化物，但对铁氧化物的分解能力较弱（Davidson et al.，2004）。因此，降低 $NH_2OH·HCl$ 提取剂 pH，对 Mn 的提取量影响很弱，但对于稳定性稍强的铁氧化物，则有利于其进一步的分解和其结合的金属离子的释放。由此可见，在提取剂 pH 由 3.0 降至 1.5 时，铊提取量的缓慢增加应该来自在持续酸化条件下残余铁氧化物的进一步分解所释放，而后在提取剂 pH=1.5～1.0 时铊提取量的平稳变化应该反映了在标准酸度条件下（pH=2.0）所残余的铁氧化物已完全分解。至于铊提取量在 pH=1.0～0.5 时又快速增加可能是其他非目标矿物相（如铝硅酸盐相）在强酸条件下被破坏的结果。同样，作者也观察到 Pb 的提取量随 $NH_2OH·HCl$ 提取剂 pH 的降低也经历了如铊变化的三个阶段，但其在 pH=3.0～1.5 阶段提取量增加的程度明显高于铊［图 9.3（b）］。这可能是由于 Pb 提取量的增加主要来自铁氧化物的分解释放（Mossop and Davidson.，2003），而铊由于其在锰氧化物中较为富集而在铁氧化物中富集程度相对较弱（Bidoglio et al.，1993），因此，提取剂 pH 降低对其提取量的影响弱于 Pb。

综上，降低提取剂酸度有利于铁氧化物的有效分解，且当提取剂 pH 降低到 1.5 时，铁氧化物结合态铊可以得到有效释放。因此，$NH_2OH \cdot HCl$ 提取剂 pH 选择为 1.5 较为合适。

3）提取剂浓度对铊提取的影响

分别用 0.05 mol/L、0.11 mol/L（BCR 标准浓度）、0.22 mol/L、0.43 mol/L 的 HAc 提取剂对样品进行提取。由表 9.4 及图 9.3（c）可看出，当 HAc 摩尔浓度由 0.05 mol/L 增至 0.11 mol/L 时，铊的提取量由 2.01 mg/kg（13.1%）迅速增至 4.23 mg/kg（27.5%）；而后当 HAc 提取剂摩尔浓度从 0.11 mol/L 增至 0.43 mol/L 时，铊的提取量则增加缓慢。Raksasataya 等（1996）认为在溶液中乙酸根离子可通过络合作用与金属离子形成配合物，从而增强金属离子在溶液中的稳定性。因此，在 HAc 提取剂达到 0.11 mol/L 后，溶液中大量的乙酸根离子可能与 Tl^+ 形成配合物，增加 Tl^+ 的稳定性（配合物稳定常数 $\lg K = 0.79$），并减少其在其他矿物相上的重分配的能力。由于标准浓度的 0.11 mol/L HAc 提取剂已能有效提取可交换态的铊，过高的提取剂浓度不仅对铊的提取量影响很弱，而且可能会引起较强的基质背景干扰，因此，HAc 提取剂摩尔浓度仍选择 0.11 mol/L 为好。

在 HAc 标准条件提取后的残余物中，分别加入 0.1 mol/L（BCR 标准浓度）、0.5 mol/L、1.0 mol/L、1.5 mol/L 的 $NH_2OH \cdot HCl$（pH=2.0）进行提取。由图 9.3（d）可看出，当 $NH_2OH \cdot HCl$ 浓度由 0.1 mol/L 增至 0.5 mol/L 时，铊的提取量由 4.5 mg/kg（29.3%）增至 5.46 mg/kg（35.6%），在 0.5～1.5 mol/L 阶段，铊的提取量趋于平稳。Sahuquillo 等（1999）在研究 $NH_2OH \cdot HCl$ 提取剂浓度的变化（0.1～1.0 mol/L）对 Cd、Cu、Ni、Pb、Zn 等金属离子提取量的影响时，也发现了相似的现象，认为其原因可能是在较高的还原剂浓度条件下铁锰氧化物被有效溶解，从而使其结合的相应金属离子得以有效释放。实验结果表明，当 $NH_2OH \cdot HCl$ 浓度由 0.1 mol/L 增加到 0.5 mol/L 时，Fe 和 Mn 的提取量增加微弱，可见在这一阶段提高提取剂浓度导致铊提取量的增加的原因并不是主要来自铁锰氧化物的溶解释放，其可能是在较高的还原剂浓度条件下增强了铊在溶液中的稳定性，减少了其再分配的能力。综上所述，对于铊，0.5 mol/L 的 $NH_2OH \cdot HCl$ 提取剂已能有效释放铁锰氧化物结合态的铊。考虑到过高的 $NH_2OH \cdot HCl$ 浓度可能会引入大量的杂质离子，增强基质效应，从而干扰铊的测定，故选择 0.5 mol/L 作为 $NH_2OH \cdot HCl$ 提取剂的浓度较为合适。

4）提取温度对铊提取的影响

分别在 28 ℃（室温）、45 ℃、60 ℃、80 ℃条件下，试验标准浓度和酸度条件下 HAc 和 $NH_2OH \cdot HCl$ 提取体系的铊提取量的变化。由表 9.4 及图 9.3（e）可看出，在 HAc 提取体系中，提取温度由 28 ℃增至 45 ℃时，铊的提取量有微弱的增加，由 4.23 mg/kg（27.5%）增至 4.90 mg/kg（31.9%），但在 45 ℃之后，铊的提取量却呈减少的趋势。随提取温度的增加，锰和铊的变化趋势相同，可见铊可能主要由锰氧化物的溶解释放。此外，适当升高温度可以增强 Tl^+ 在溶液中的稳定性（Lin and Nriagu, 1998），从而导致铊的提取量有一定程度的增加。然而，过高的温度条件会造成 HAc 的挥发损失，也可导致配合物的解离，因此，当 HAc 提取体系温度高于 45 ℃后，铊的提取量反而减少。由上可知，提高 HAc 提取体系的温度对铊提取的作用不大，且过高的温度反而引起铊提取量的减少，因此，仍选择室温作为铊提取的温度。

在 $NH_2OH \cdot HCl$ 提取体系中，提取温度由 28 ℃增至 60 ℃时，铊的提取量由 4.5 mg/kg（29.3%）增至 5.8 mg/kg（37.8%），在 60 ℃呈现稳定的趋势。Raksasataya 等（1996）研究认为，提高温度可有效降低有机质对 Pb^{2+} 的重吸附能力。根据实验结果发现，提高温度，铁锰氧化物的提取量并没有明显的增加，因此，在 $NH_2OH \cdot HCl$ 提取体系中，加热的作用很可能同样是降低了铊在有机质上的重吸附能力，从而提高了铊的提取量，而不是由于促进了铁锰氧化物的溶解所导致的铊的释放。由上可知，提高 $NH_2OH \cdot HCl$ 提取体系的温度可有利于铊的有效提取，且在 60 ℃时，铊的提取量已呈现稳定的趋势，因此选择 60 ℃作为 $NH_2OH \cdot HCl$ 提取体系提取铊的温度。

5）提取温度对高有机质土壤中铊提取形态的影响

在 0.11 mol/L 的 HAc（pH 2.8）提取后的残余物中，分别在 30 ℃、45 ℃、60 ℃和 75 ℃条件下，利用 0.5 mol/L 的 $NH_2OH \cdot HCl$（pH 1.5）分别提取土壤样品 S2（有机质 62.6 g/kg）和 S7（有机质 6.90 g/kg）中的铊。由表 9.5 可知，可还原态提取体系温度对整体重现性影响不大，S2 和 S7 土壤中各个形态铊提取量的相对标准偏差（RSD）为 0.19%～5.68%和 0.47%～17.30%，回收率分别为 97.0%～105%和 99.7%～105%，但影响可还原态铊提取量，这与 Sahuquillo 等（1999）结果一致。提取温度由 30 ℃增加到 75 ℃时，S7 土壤可还原态铊提取量逐渐增加（30～60 ℃），然后呈现稳定趋势（60～75 ℃），且可氧化态铊提取量降低，与杨春霞等（2004）的研究结果一致，认为加热所导致的可还原态铊提取量的增加可能是温度升高从而降低了铊在有机质上的重吸附能力，这一点与 Raksasataya 等（1996）对 Pb^{2+} 的研究类似。在 60 ℃的可还原态提取体系中，铊的提取量已近乎稳定，因此杨春霞提出 60 ℃提取可还原态铊效果更好。S2 土壤则明显不同，有机质含量很高，可还原态铊的提取量经历了先缓慢增加（30～45 ℃），然后迅速增加（45～60 ℃），最后相对缓慢增加（60～75 ℃）的过程，在 75 ℃仍未达到平衡，可氧化态铊的提取量也在逐渐增加。通过对比两种土壤的性质，发现 S2 土壤有机质含量比 S7 高约 55.7 g/kg。需要指出的是，杨春霞研究的供试土壤的有机质含量很低（0.158 g/kg），与 S7 的有机质含量接近，两种土壤的可还原态铊提取量在不同提取体系下的变化趋势一致。因此，对于高有机质含量的土壤，提取温度的持续可能会破坏土壤中的有机质，从而使与有机质结合的铊在 $NH_2OH \cdot HCl$ 提取体系中释放。可见 60 ℃条件下利用 $NH_2OH \cdot HCl$ 提取土壤中的铊这一改进方法不一定适用于所有类型土壤，高有机质含量的土壤的可还原态铊提取量受提取体系温度的影响较大。

表 9.5　提取温度对高有机质土壤中铊提取形态的影响（任加敏，2019）

样品	形态	30℃	45℃	60℃	75℃
S2（有机质 62.6 g/kg）	回收率	105%	97.1%	101%	97.0%
	F1	1.66±0.02	1.63±0.01	1.64±0.04	1.64±0.04
	F2	8.41±0.30	10.6±0.09	31.9±0.46	40.0±0.36
	F3	3.82±0.10	6.44±0.32	6.84±0.30	3.53±0.08

续表

样品	形态	30℃	45℃	60℃	75℃
S2（有机质 62.6 g/kg）	F4	78.0±0.15	66.4±1.57	48.1±1.65	39.8±1.04
	回收率	99.7%	100%	104%	105%
S7（有机质 6.90 g/kg）	F1	4.88±0.31	4.61±0.44	4.48±0.31	4.29±0.14
	F2	18.9±0.80	19.2±0.68	23.6±0.11	23.4±0.21
	F3	3.19±0.23	2.53±0.44	2.81±0.14	1.97±0.18
	F4	36.7±0.34	37.5±0.29	35.5±1.49	37.3±1.27

注：F1 为酸可交换态；F2 为可还原态；F3 为可氧化态；F4 为残余态

6）BCR 法改进前后铊提取结果的对比

根据对 BCR 方法中富有争议的 HAc 和 $NH_2OH\cdot HCl$ 提取体系中提取剂 pH、提取剂浓度和提取温度对铊提取量影响的研究，发现提取剂 pH 是影响铊提取的主要因素，其次为提取剂浓度和提取温度。研究证明在标准 BCR 方法中，HAc 提取体系标准条件对铊的提取已比较合适，而 $NH_2OH\cdot HCl$ 提取体系对铊的提取存在两个不足：①不能有效溶解铁锰氧化物，部分铁氧化物结合态的铊在强酸阶段才能提出，造成硅酸盐结合态铊含量的增高；②$NH_2OH\cdot HCl$ 提取的铊可能在有机质上发生重吸附，造成有机结合态铊含量的明显增加。因此，利用标准的 BCR 方法进行铊的分级提取形态分析，不能正确评价土壤中铊的矿物结合形态，尤其对于铁锰氧化物和有机质含量较高的土壤样品。

根据研究，对标准的 BCR 方法进行了改进：$NH_2OH\cdot HCl$ 提取剂 pH 由 2.0 酸化至 1.5，提取剂浓度由 0.1 mol/L 增至 0.5 mol/L，提取温度改为 60 ℃；其他提取条件不变。BCR 方法改进前后，样品中铊的提取结果见图 9.4 及表 9.6。由图 9.4 可看出，HAc 提取体系在提取条件未改变的条件下，铊的提取量亦无明显变化；$NH_2OH\cdot HCl$ 提取体系在提取条件改变后，铊的提取量明显增高，且高于单独降低提取剂 pH、提高提取剂浓度和升高提取温度时铊的增加量，可见铊提取量的增加是多方面的因素所造成；H_2O_2-NH_4Ac 提取体系中铊的提取量明显低于标准方法中铊的提取量，这是由于在 $NH_2OH\cdot HCl$ 提取阶段，较酸性和温度较高的提取体系有效减弱了铊在有机质上的重吸附能力，有机结合态铊的含量明显降低；残余态中铊含量的降低，可能与 $NH_2OH\cdot HCl$ 阶段有效提取了铁氧化物结合态的铊有关。在标准的 BCR 方法中，由于部分

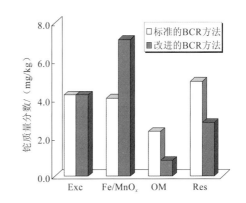

图 9.4　BCR 方法改进前后铊提取量的变化
Exc、Fe/MnOₓ、OM、Res 分别代表酸可交换态、易还原态、可氧化态和残余态

铁氧化物在 $NH_2OH\cdot HCl$ 阶段不能有效溶解，其结合的铊在最后强酸阶段才能提出。由 Fe 和 Mn 的提取量（表 9.6）可明显看到，在 $NH_2OH\cdot HCl$ 提取阶段，Fe 和 Mn 的溶解程度明显提高，可见改进后的 BCR 方法确实提高了对铁锰氧化物的溶解效率。此外，需要

指出的是 BCR 方法改进前后，铊的回收率并没有明显的变化且都保持着较高的数值，这说明 $NH_2OH \cdot HCl$ 提取条件的优化是真实可行的（杨春霞 等，2005，2004）。

表 9.6　BCR 法改进前后铊等金属离子提取量

单位	标准的 BCR 法（n=3）					改进的 BCR 法（n=3）				
	Exc[①]	Fe/MnOₓ[①]	OM[①]	Res[①]	Rec 回收率[②]/%	Exc[①]	Fe/MnOₓ[①]	OM[①]	Res[①]	Rec 回收率[②]/%
Tl	mg/kg	4.25	4.08	2.33	4.96	102	4.24	7.13	0.83	2.81	97.7
Fe_2O_3[③]	g/kg	3.2	8.3	1.9	77.2	95.6	3.2	13.3	1.3	69.3	91.9
Mn	mg/kg	74.5	3.26	1.34	57.5	118	77.7	24.2	4.06	23.9	112
Pb	mg/kg	11.7	152	163	305	107	14.9	406	38.3	91.6	93.3

注：①Exc、Fe/MnOₓ、OM、Res 分别代表酸可交换态、可还原态、可氧化态和残余态；②回收率（%）=[(M_{Exc}+$M_{Fe/MnOx}$+M_{OM}+M_{Res})/M_{total}]×100，M 代表金属离子的量，M_{total} 为金属离子总量；③为全铁含量

9.3.3　改进的铊 BCR 分析法

通过对 BCR 方法中富有争议的 HAc 和 $NH_2OH \cdot HCl$ 提取体系中提取剂 pH、提取剂浓度和提取温度对铊提取量影响的研究，发现提取剂 pH 是影响铊提取的主要因素，其次为提取剂浓度和提取温度。根据铊的分级提取方法的研究，对标准的 BCR 方法进行了改进：$NH_2OH \cdot HCl$ 提取剂 pH 由 2.0 酸化至 1.5，提取剂浓度由 0.1 mol/L 增至 0.5 mol/L，提取温度改为 60℃；其他提取条件不变。改进后的铊 BCR 方法不仅铁锰氧化物结合态铊的提取和释放程度明显提高，而且优化后的条件还有效减弱或避免了铁锰氧化物结合态释放的铊在有机相和残余相中的重分配现象，这对正确评价铊在土壤中的结合形式有重要的意义。

经过近来十多年的实践分析检验，实验结果表明对体系的 pH、提取剂浓度和提取体系温度的改进是合理的，在 BCR 方法基础上建立一个比较完善的土壤和沉积物的铊形态分级提取分析方法（杨春霞 等，2005，2004）。表 9.7 列出了几种 BCR 分级提取方法的流程对比。

表 9.7　铊 BCR 分级提取形态分析法流程对比（任加敏，2019）

形态	流程		
	标准 BCR 法	Rauret 改进 BCR 法	杨春霞改进 BCR 法
F1[①]	称取 1 g 样品，加 40 mL 0.11 mol/L HAc，室温下振荡 16 h，3 000 g 下离心 20 min	称取 1 g 样品，加 40 mL 0.11 mol/L HAc，(22±5)℃下振荡 16 h，3 000 g 下离心 20 min	称取 0.5 g 样品，加 20 mL 0.11 mol/L HAc 提取剂，室温搅拌 16 h，5 000 r/min[②] 离心 15 min
F2[②]	残余物中加 40 mL 0.1 mol/L $NH_2OH \cdot HCl$（用 HNO_3 酸化至 pH 2），室温下振荡 16 h，3 000 g 下离心 20 min	残余物中加 40 mL 0.5 mol/L $NH_2OH \cdot HCl$［用 25 mL 2 mol/L HNO_3 酸化至 pH 1.5，(22±5)℃下振荡 16 h，3 000 g 下离心 20 min］	残余物中加 20 mL 0.5 mol/L $NH_2OH \cdot HCl$（用 HNO_3 酸化至 pH 1.5），60℃下振荡 16 h，离心分离同上步

形态	流程		
	标准 BCR 法	Rauret 改进 BCR 法	杨春霞改进 BCR 法
F3[③]	残余物中加 10 mL H_2O_2(pH 2～3)，室温溶解 1 h；加热至（85±2）℃ 1 h；加 50 mL 1 mol/L NH₄Ac（pH 2），（22±5）℃下振荡 16 h，3 000 g 下离心 20 min	残余物中加 10 mL H_2O_2（pH 2～3），室温溶解 1 h；加热至（85±2）℃ 1 h；加 50 mL 1 mol/L NH₄Ac（pH 2），（22±5）℃下振荡 16 h，3 000 g 下离心 20 min	残余物中加入 5 mL H_2O_2（30%; pH 2.2）室温溶解 1 h；去盖，85℃加热至近干。重新加入 H_2O_2 后加盖，85℃溶解 1 h。去盖，85℃蒸至近干。冷却后加 25 mL 1 mol/L NH₄Ac（pH 2），其余同第一步
F4[④]	未提及	王水	HNO₃-HClO₄-HF
参考文献	Vaněk 等（2013）	Sutherland 和 Tack（2002）	杨春霞等（2005）

注：①F1 为酸可交换态，指可溶解态的盐、可交换态离子或者与碳酸盐结合的部分；②F2 为可还原态，指与铁锰氧化物或氢氧化物结合的部分；③F3 为可氧化态，指与有机质或硫化物结合的部分；④F4 为残余态，指与硅酸盐或静置氧化铁结合的部分

9.4　铊的化学形态分析实例

采用改进的铊 BCR 分级提取方法（杨春霞 等，2005）对黄铁矿、黄铁矿焙烧渣样品中铊及其他重金属的赋存形态进行分析。

9.4.1　实验溶液配制

0.11 mol/L 乙酸（HAc）溶液：准确量取（25±0.1）mL 冰乙酸转移预先装有 0.5 L 去离子水的 1 L 容量瓶中，然后定容至 1 L。量取此溶液 250 mL（HAc 摩尔浓度为 0.43 mol/L）转移入 1 L 容量瓶中定容（HAc 摩尔浓度为 0.11 mol/L）。

0.5 mol/L 盐酸羟氨（NH₂OH·HCl）：称取 34.75 g 盐酸羟氨溶解于 400 mL 高纯水中，转移入 1 L 容量瓶中，加入 25 mL 2 mol/L 的硝酸，加水定容至 1 L，现配现用（当天使用）。

8.8 mol/L 过氧化氢（H_2O_2）：调节 pH 为 2.2，此 pH 下溶液可稳定保存。

1.0 mol/L 乙酸铵（NH₄Ac）：称取 77.08 g 乙酸铵于 800 mL 高纯水中，用浓硝酸将 pH 调节为 2.0，之后用高纯水定容至 1 L。

9.4.2　分级提取操作流程

步骤 1（酸可交换态）：准确称取风干样品 0.5 g（过 200 目筛）置于 50 mL 聚乙烯离心管中，加入 0.11 mol/L HAc 溶液 20 ml，封口在室温（22±5）℃下振荡 16 h，振荡速率为 30 r/min。振荡完成后以 5 000 r/min 离心 15 min 分离，倾出上清液于 100 mL 烧杯中。之后用 10 mL 的高纯水如上重复冲 2 次（搅拌 15 min）并合并提取液。最后，将提取液

低温蒸干,所获残余物用 2 ml HNO₃（1+1）低温溶解,并定容至 10 mL,转移入聚乙烯小瓶于 4℃下冷藏保存,待测。

步骤 2（可还原态）:在步骤 1 提取后的残余物中加入 0.5 mol/L NH₂OH·HCl（调节 pH 为 1.5）20 mL,手摇动使残渣再悬浮,封口。在 60 ℃下振荡 16 h,振荡速率为 30 r/min。振荡完成后以 5 000 r/min 离心 15 min 分离,倾出上清液于 100 mL 烧杯中。之后用 10 mL 的去离子水如上重复冲洗 2 次（搅拌 15 min）,合并提取液。最后,将提取液低温蒸干,所获残余物用 2 mL HNO₃（1+1）低温溶解,并定容至 10 mL,转移入聚乙烯小瓶于 4 ℃下冷藏保存,待测。

步骤 3（可氧化态）:在步骤 2 提取后的残余物中加入 5 mL 8.8 mol/L H₂O₂（调节 pH 为 2.2）,封盖,偶尔振荡,室温下溶解 1 h。之后,去盖,在 85 ℃的水浴下消解 1 h,前 30 min 用手间歇振荡离心管。进一步加热至溶液减少为 2 mL 左右,再加入 5 mL 8.8 mol/L 的 H₂O₂溶液,于上述步骤将体积缩减为 1 mL 左右。之后冷却,加入 25 mL 1.0 mol/L 的 NH₄Ac（调节 pH 为 2.0）,封口。以下操作与步骤 1 相同。

步骤 4（残渣态）:在完成步骤 3 后的离心管中的残渣用 12 mL 王水分多次转移到塑料消解烧杯中,再用 5 mL 氢氟酸分多次清洗离心管,确保离心管中土壤残渣颗粒转移干净。蒸干后加硝酸、氢氟酸、王水结合消解,消解完全后蒸干,加入几滴高氯酸,蒸干,用约 2 mL HNO₃(1+1)溶解,冷却后定容至 25 mL（在 60 ℃烘至恒重,然后准确称量 0.15 g 放入 X-press 消解罐中,加入 4 mL 68%浓硝酸、2 mL 30%过氧化氢和 1 mL 40%氢氟酸,封口放入 CEM 微波消解系统按连续两步消解程序进行样品消解。待样品消解完成冷却至室温后,加入 4 mL 饱和硼酸溶液,再封口在步骤 2 的条件下消解 15 min,以除去过量的氢氟酸。将消解好的溶液定容到 100 mL,转移入聚四氟乙烯小瓶中 4 ℃冷藏保存）,待测。此外实验过程中,在相同的条件下对分级提取方法流程进行空白实验,以保证数据的准确性。

为了验证分级提取法对样品中铊等元素形态分析数据的可靠性,对所购买的土壤和沉积物标准物质（GBW07406 编号 GSS-6 和 GBW070311 编号 GSD-11）进行了 BCR 分级提取实验,通过对分级提取实验中金属元素的回收率来检验。分级提取法金属元素的回收率（η）按如下公式进行计算:

$$\eta = \frac{\sum_{i=1}^{4} Fi}{C_{溶解性固体总量均值}} \times 100\%$$

式中:η 为样品中金属元素分级提取实验的回收率,%;$\sum_{i=1}^{4} Fi$ 为分级提取中各形态金属含量的总和,mg/kg;$C_{溶解性固体总量均值}$为样品溶解性固体总量的平均值,mg/kg。

由表 9.8 可知,采用改进的铊 BCR 法对土壤成分分析标准物质和水系沉积物成分分析标准物质进行提取实验,其中铊的分级提取四步含量之和与土壤、水系沉积物成分分析标准物质的全溶结果很好地相吻合,铊提取项之和的回收率分别达到 96.4%、103.2%;这表明采用改进的 BCR 分级提取法对样品中铊的化学形态进行分析是可行的,结果是令人满意的（王春霖,2010;Yang et al.,2009,2005）。

表 9.8　标准物质中铊元素 BCR 分级提取结果的回收率　　　　（单位：mg/kg）

标准物质	F1	F2	F3	F4	$\sum_{i=1}^{4} Fi$	$C_{溶解性固体总量均值}$	$\eta/\%$
GSD-11	0.43	0.85	0.37	1.21	2.86	2.77	103.2
GSS-6	0.25	0.73	0.31	1.12	2.41	2.50	96.4

注：F1、F2、F3、F4 分别为分级提取中酸可交换态、可还原态、可氧化态、残渣态

分析实例 1：黄铁矿中铊的含量及赋存形态分布

黄铁矿中不同形态的铊在焙烧过程中具有不同的稳定性和迁移性，其含量分布如表 9.9 所示，其中酸可交换态容易受环境的影响发生迁移转化，且易被生物直接吸收利用；可还原态主要为铁锰氧化物和氢氧化物结合态；可氧化态主要包括硫化物结合态和有机质结合态（由存在于矿物颗粒包裹层中的有机质与重金属结合而成）；残渣态主要存在于硅酸盐、原生及次生矿物等的晶格中。根据分级提取的结果，各类矿石中铊在酸可交换态、可还原态、可氧化态和残渣态中均有分布，且存在一定的差异；但铊在各类矿石酸可交换态和可还原态中的质量分数基本一致，其中约 25%分布于酸可交换态、5%分布于可还原态。然而可氧化态铊在浮选矿石中的质量分数（约 7%）明显低于其他类型矿石（11%～12%）。这是由于水洗浮选的结果，部分黄铁矿矿石溶解所致。总体而言，矿石中大约 40%的铊是活动态，它们在矿石焙烧过程中可直接进入气态或被吸附在固体表面，在水洗或酸洗的过程中可进入水体环境，大约 60%的铊以残渣态赋存于矿物晶格中。

表 9.9　黄铁矿中不同形态铊的含量分布

矿石	酸可交换态铊质量分数		可还原态铊质量分数		可氧化态铊质量分数		残渣态铊质量分数		铊总量
	mg/kg	%	mg/kg	%	mg/kg	%	mg/kg	%	mg/kg
块状矿石	3.85	24.8	0.84	5.40	1.73	11.1	9.13	58.7	15.6
粉状矿石	8.40	25.3	1.79	5.40	3.88	11.7	19.1	57.6	33.2
粒状矿石	3.61	25.1	0.77	5.40	1.61	11.2	8.37	58.3	14.4
浮选矿石	10.9	25.0	2.14	4.90	2.93	6.70	27.7	63.4	43.7

分析实例 2：铊在硫酸焙烧废渣中的化学形态分布

黄铁矿焙烧过程中，铊随黄铁矿的氧化分别向炉渣、炉尘、飞灰和烟气中转化而得以重新分配。采用改进了的铊 BCR 分级提取法对硫酸生产各工序焙烧渣中铊的形态进行分析，结果如表 9.10 所示。各焙烧废渣中铊的含量（38.9～76.8 mg/kg）明显高于黄铁矿中的含量（15.6～43.7 mg/kg），表明铊在这些焙烧废渣中得到富集；且各焙烧渣中铊含量的大小顺序为沸腾炉渣＜废热锅炉渣＜旋风除尘渣＜洗涤渣＜电除尘渣＜除雾渣，与其粒径大小顺序一致，即焙烧产物的粒径越小，焙烧产物中铊的富集程度越高。大多数铊化合物的熔点（200～500 ℃）、沸点较低（400～800 ℃）（IPCS，1996），在硫酸生产各工序中（300～850 ℃）容易挥发以气态形式进入炉气，而焙烧产物的粒径越小，比表面积越大，因此更容易吸附富集气态铊。值得一提的是，洗涤渣中铊的含量却低于电除尘渣和除雾

渣中铊的含量。这是由于洗涤渣是经水洗作用并随除尘废水沉降下来的固体颗粒物，在水洗过程中表面吸附的铊重新被洗脱进入水体。

表 9.10　硫酸生产各工序焙烧渣中铊的形态分布

废渣	酸可交换态铊质量分数		可还原态铊质量分数		可氧化态铊质量分数		残渣态铊质量分数		铊总量
	mg/kg	%	mg/kg	%	mg/kg	%	mg/kg	%	mg/kg
沸腾炉渣	1.36	3.50	1.86	4.79	2.64	6.79	33.0	84.9	38.9
废热锅炉渣	4.39	9.00	4.20	8.61	4.78	9.80	35.4	72.6	48.8
旋风除尘渣	5.11	9.91	5.78	11.20	6.97	13.50	33.7	65.4	51.6
电除尘渣	8.90	11.90	9.43	12.60	10.50	14.00	46.0	61.5	74.8
洗涤渣	4.15	5.91	3.02	4.30	3.66	5.21	59.4	84.6	70.2
除雾渣	9.52	12.40	10.10	13.10	10.60	13.80	46.6	60.7	76.8

根据表 9.10 的分析结果，沸腾炉渣中分布于酸可交换态、可还原态、可氧化态、残渣态的铊质量分数分别为 1.36 mg/kg、1.86 mg/kg、2.64 mg/kg 和 33.0 mg/kg，其百分含量分别为 3.50%、4.79%、6.79% 和 84.90%。对比黄铁矿中铊赋存形态的含量分布（表 9.9）表明，黄铁矿焙烧后，铊的赋存形态分布发生了较大的变化。沸腾炉渣中，分布于酸可交换态和可氧化态的铊的质量分数明显降低，分布于可还原态的铊的质量分数变化不明显，而分布于残渣态的铊的质量分数有显著的升高。废热锅炉渣中，分布于酸可交换态、可还原态、可氧化态、残渣态的铊的质量分数分别为 4.39 mg/kg、4.20 mg/kg、4.78 mg/kg、35.4 mg/kg 和 9.00%、8.61%、9.80%、72.60%，与沸腾炉渣相比，废热锅炉渣中分布在前三种形态的铊的质量分数均有明显的升高。旋风除尘渣中，分布于酸可交换态、可还原态、可氧化态、残渣态的铊的质量分数分别为 5.11 mg/kg、5.78 mg/kg、6.97 mg/kg、33.70 mg/kg 和 9.91%、11.20%、13.50%、65.40%。与废热锅炉渣中铊的形态分布相比，旋风除尘渣中铊分布于酸可交换态、可还原态、可氧化态的质量分数也有明显的升高。电除尘渣中，铊在酸可交换态、可还原态、可氧化态、残渣态的含量分别为 8.90 mg/kg、9.43 mg/kg、10.50 mg/kg、46.0 mg/kg 和 11.9%、12.6%、14.0%、61.5%。对比旋风除尘渣可知，分布于酸可交换态、可还原态、可氧化态中的铊质量分数都有所升高。洗涤渣中铊在酸可交换态、可还原态、可氧化态、残渣态的质量分数分别为 4.15 mg/kg、3.02 mg/kg、3.66 mg/kg、59.4 mg/kg 和 5.9%、4.4%、5.2%、84.5%。可见，洗涤渣中，分布于酸可交换态、可还原态和可氧化态中的铊的质量分数较电除尘渣明显减小。除雾渣是硫酸生产炉气净化阶段的最后工序，经过电除雾器后，炉气中所含气溶胶的去除率都达到生产要求。除雾渣中分布于酸可交换态、可还原态、可氧化态、残渣态的铊质量分数分别为 9.52 mg/kg、10.1 mg/kg、10.6 mg/kg、46.6 mg/kg 和 12.4%、13.1%、13.8%、60.7%（陈永亨 等，2013）。

参 考 文 献

陈静, 周黎明, 曲刚莲, 2003. HPLC 联用技术在环境砷形态分析上的应用. 环境科学与技术, 26(2): 60-66.

陈永亨, 王春霖, 刘娟, 等, 2013. 含铊黄铁矿工业利用中铊的环境暴露通量. 中国科学: 地球科学, 43(9): 1474-1480.

戴树桂, 1992. 环境分析化学的一个重要方向: 形态分析的发展. 上海环境科学, 11(11): 20-27.

何红蓼, 李冰, 杨红霞, 等, 2005. 环境样品中痕量元素的化学形态分析 I: 分析技术在化学形态分析中的应用. 岩矿测试, 24(1): 51-58.

黄志勇, 吴熙鸿, 胡广林, 等, 2002. 高效液相色谱/电感耦合等离子体质谱联用技术用于元素形态分析的研究进展. 分析化学, 30(11): 1387-1393.

李广玉, 鲁静, 何拥军, 2004. 天然水化学组分存在形式的研究理论基础及其应用进展. 海洋地质动态, 20(4): 24-27.

卢荫庥, 白金峰, 1999. 土壤中铊的相态分析. 地质实验室, 15(4): 217-220.

任加敏, 2019. 不同钝化剂对高铊污染土壤中铊化学形态分布的影响. 广州: 广州大学: 70.

单孝全, 王仲文, 2001. 形态分析与生物可给性. 分析试验室, 20(6): 103-108.

汤鸿霄, 1985. 试论重金属的水环境容量. 中国环境科学, 5(5): 38-43.

王春霖, 2010. 含铊硫铁矿中铊在硫酸生产过程的赋存形态转化、分布特征及对环境污染的贡献. 广州: 中国科学院研究生院广州地球化学研究所: 142.

王亚平, 黄毅, 王苏明, 等, 2005. 土壤和沉积物中元素的化学形态及其顺序提取法. 地质通报, 24(8): 728-734.

杨春霞, 2004. 含铊黄铁矿利用过程中毒害重金属铊的迁移释放行为研究. 广州: 中国科学院广州地球化学研究所: 108.

杨春霞, 陈永亨, 彭平安, 等, 2004. H^+ 反应对重金属分级提取形态分析法实用性的影响. 分析试验室, 23(10): 74-80.

杨春霞, 陈永亨, 彭平安, 等, 2005. 土壤中重金属铊的分级提取形态分析法研究. 分析测试学报, 24(2): 1-6。

袁东星, 王小如, 黄本立, 1992. 化学形态分析. 分析测试通报, 11(4): 1-9.

章骅, 何品晶, 吕凡, 等, 2011. 重金属在环境中的化学形态分析研究进展. 环境化学, 30(1): 130-137.

周天泽, 1991. 无机微量元素形态分析方法学简介. 分析试验室, 10(3): 44-50.

ALBORES A F, CID B P, GOMEZ E F, et al., 2000. Comparison between sequential extraction procedures and single extractions for metal partitioning in sewage sludge samples. Analyst, 125: 1353-1357.

APUL D S, GARDNER K H, EIGHMY T T, et al., 2005. Simultaneous Application of Dissolution/ Precipitation and Surface Complexation/Surface Precipitation Modeling to Contaminant Leaching. Environmental Science & Technology, 39(15): 5736-5741.

BAUMANN T, FRUHSTORFER P, KLEIN T, et al., 2006. Colloid and heavy metal transport at landfill sites in direct contact with groundwater. Water Research, 40(14): 2776-2786.

BERMOND A, 2001, Limits of sequential extraction procedures re-examined with emphasis on the role of H^+

ion reactivity. Analytica Chimica Acta, 445: 79-88.

BIDOGLIO G, GIBSON P N, O'GORMAN M, 1993. X-ray absorption spectroscopy investigation of surface redox transformation of thallium and chromium on colloidal mineral oxides. Geochimica Cosmochimica Acta, 57: 2389-2394.

BILGILI M S, DEMIR A, INCE M, et al., 2007. Metal concentrations of simulated aerobic and anaerobic pilot scale landfill reactors. Journal of Hazardous Materials, 145(1): 186-194.

BOUYSSIERE B, SZPUNAR J, GAËTANE LESPES, et al., 2003. Gas Chromatography with Inductively Coupled Plasma Mass Spectrometric Detection (GC-ICP-MS). Advances in Chromatography, 42(6): 107-137.

CABRAL A R, LEFEBVRE G, 1996. Use of sequential extraction in the study of heavy metal retention by silty soils. Water Air and Soil Pollution, 102(3/4): 330-344.

CHAUVEDI P K, SETH C S, MISRA V, 2006. Sorptin kinetics and leachability of heavy metal form the contaminated soil amended with immobilizing agent humus soil and hydroxyapatite. Chemosphere, 64(7): 1109-1114.

CHEN X, WRIGHT J V, CONCA J L, et al., 1997. Effects of pH on heavy metal sorption mineral apatite. Environmental Science & Technology, 31(3): 624-631.

CRISTINE G, SYLVAINE T, MICHEL A, 2002. Fractionation studies of trace elements in contaminated soils and sediments: a review of sequential extraction procedure. Trends in Analytical Chemistry, 21(6-7): 451-467.

DAVIDSON CM, FERREIRA PCS, URE AM, 1999. Some sources of variability in application of the three-stage sequential extraction procedure recommended by BCR to industrially contaminated soil. Fresenius Journal of Analytical Chemistry, 363: 446-451.

DAVIDSON C M, HURSTHOUSE A S, TOGNARELLI D M, et al., 2004. Should acid ammonium oxalate replace hydroxylammonium chloride in step 2 of the revised BCR sequential extraction protocol for soil and sediment? Analytica Chimica Acta, 508(2): 193-199.

DAVIS CARTER J G, SHUMAN L M, 1993. Influence of texture and pH of kaolinitic soils on zinc fractions and zinc uptake by peanuts. Soil Science, 155(6): 376-384.

DAWSON J J C, BILLETT M F, HOPE D, 2008. Diurnal variations in the carbon chemistry of two acidic peatland streams in north-east Scotland. Freshwater Biology, 46(10): 1309-1322.

DIJKSTRA J J, MEEUSSEN J C L, COMANS R N J, 2004. Leaching of heavy metals from contaminated soils: an experimental and modeling study. Environmental Science & Technology, 38(16): 4390-4395.

DZOMBAK D A, MOREL F M M, 1990. Surface complexion modeling hydrous ferric oxide. New York: John Wiley & Sons Inc: 89-93.

FLORENCE T M, 1982. The speciation of trace elements in waters. Talanta, 29: 345-364.

FLYHAMMAR P, HÅKANSSON K, 1999. The release of heavy metals in stabilised MSW by oxidation. Science of the Total Environment, 243-244(99): 291-303.

GLEYZES C T, et al., 2002. Fractionation studies of trace elements in contaminated soils and sediments: a review of sequential extraction procedures. Trends in Analytical Chemistry, 21(6): 451-467.

GUSTAFSSON J P, PECHOV P, BERGGREN D, 2003. Modeling metal binding to soils: the role of natural organic matter. Environmental Science & Technology, 37(12): 2767-2774.

HE P J, XIAO Z, SHAO L M, et al., 2006. In situ distributions and characteristics of heavy metals in full-scale landfill layer. Journal of Hazardous Materials, 137(3): 1385-1394.

HEUMANN K G, 2002. Hyphenated techniques: the most commonly used method for trace elemental speciation. Analytical and Bioanalytical Chemistry, 373(6): 323-324.

HIZAL J, APAK R, 2006. Modeling of cadmium(II) adsorption on kaolinite-based clays in the absence and presence of humic acid. Applied Clay Science, 32(3-4): 232-244.

INTERNATIONAL PROGRAMME ON CHEMICAL SAFETY (IPCS), 1996, Environmental Health Criteria 182 Thallium, World Health Organization, Geneva.

JIA Y, DEMOPOULOS G P, 2005. Adsorption of arsenate onto ferrihydrite from aqueous solution influence of media (sulfate *vs* nitrate) added gypsum and pH alteration. Environmental Science & Technology, 39(24): 9523-9527.

JING C, MENG X, KORFIATIS G P, 2004. Lead leachability in stabilized/solidified soil samples evaluated with different leaching tests. Journal of Hazardous Materials, 114(1): 101-110.

JOHNSON D B, HALLBERG K B, 2005. Acid mine drainage remediation options: a review. Science of the Total Environment, 338(1-2): 3-14.

KÄLLQVIST T, CARLBERG G E, KRINGSTAD A, 1989. Ecotoxicological characterization of industrial wastewater-Sulfite pulp mill with bleaching. Ecotoxicology & Environmental Safety, 18 (3): 321-336.

KERSTEN M, FORSTNER U, 1986. Chemical fraction of heavy metals in anoxic estuarine and coastal sediments. Water Science & Technology, 18: 121-130.

KOPAL L K, SAITO T, PINHEIRO J P, et al., 2005. Ion binding to natural organic matter general considerations and the NICA-Donnan model. Colloids & Surfaces a Physicochemical & Engineering Aspects, 265(1/3): 40-54.

LEHN H, SCHOER J, 1987. Thallium transfers from soils to plants: correlation between chemical form and plant uptake. Plant Soil, 97: 253-265.

LIN T S, NRIAGU J O, 1998. Speciation of thallium in natural waters// NRIAGU J O. Thallium in the Environment, New York: Wiley-Interscience Publication: 34-39.

LINGE K L, 2008. Methods for Investigating Trace Element Binding in Sediments. Critical Reviews in Environmental Science & Technology, 38(3): 165-196.

LÓPEZ-SÁNCHEZ J F, SAHUQUILLO A, FIEDLER H D, et al., 1998. CRM 601, a stable material for its extractable content of heavy metals. Analyst, 123(8):1675-1677.

MAVROPOULOS E, ROSSI A M, COSTA A M, et al., 2002. Studies on the mechanisms of lead immobilization by hydroxyapatite. Environmental Science & Technology, 36(7): 1625-1629.

MICHALLKE B, 2002. The coupling of LC to ICP-MS in element speciation-part II: recent trends in application. Trends in Analytical Chemistry, 21(2): 154-165.

MILNE C J, KINNIBURGH D G, VAN RIEMSDIJK W H, et al., 2003. Generic NICA: Donnan model parameters for metal-ion binding by humic substances. Environmental Science & Technology, 37(5): 2049-2059.

MOSSOP K F, DAVIDSON C M, 2003, Comparison of original and modified BCR sequential extraction procedures for the fractionation of copper, iron, lead, manganese and zinc in soils and sediments. Analytica Chimica Acta, 478: 111-118.

PAGNANELLI F, BORNORONI L, MOSCARDINI E, et al., 2006. Non-electrostatic surface complexation models for protons and lead(II) sorption onto single minerals and their mixture. Chemosphere, 63(7): 1063-1073.

PISTROWSKA M, DUDKA S, PONCE-HERNANLEZ R, et al., 1994. The spatial distribution of lead concentrations in the agricultural soils and main crop plants in Poland. Science of the Total Environment, 158: 147-155.

QU X, HE P J, SHAO L M, et al., 2008. Heavy metals mobility in full-scale bioreactor landfill: initial stage. Chemosphere, 70(5): 769-777.

QUEVAUVILLER P, URE A, MUNTAU H, et al., 1993. Improvement of analytical measurements within the BCR-programme: single and sequential extraction procedures applied to soil and sediment analysis. International Journal of Environmental Analytical Chemistry, 51: 129-134.

QUEVAUVILLER P, VAD DER SLOOT H A, URE A, 1996. Conclusions of the workshop: harmonization of leaching/extraction tests for environmental risk assessment. Science the Total Environment, 178: 133-139.

QUEVAUVILLER P, RAURET G, LOPEZ-SANCHEZ J F, et al., 1997. Certification of trace metal extractable contents in a sediment reference material（CRM 601）following a three-stage sequential extraction procedure. Science of the Total Environment, 205: 223-234.

QUEVAUVILLER P, 1998a. Operationally defined extraction procedures for soil and sediment analysis I. Standardization. TrAC Trends in Analytical Chemistry, 17(5): 289-298.

QUEVAUVILLER P, 1998b. Conclusions of the workshop: standards, measurements and testing for solid waste management. ArAC Trends in Analytical Chemistry, 17(5): 314-320.

RAKSASATAYA M, LANGDON AG, KIM ND, 1996. Assessment of the extent of lead redistribution during sequential extraction by two different methods. Analytica Chimica Acta, 332: 1-14.

RIEMSDIJK W H V, KOOPAL L K, HIEMSTRA T, 2006. Adsorption of humic substances on goethite: comparison between humic acids and fulvic acids. Environmental Science & Technology, 40(24): 7494-7500.

SAGER M, 1992. Speciation of thallium in river sediments by consecutive leaching techniques. Mikrochimica Acta, 106: 241-251.

SAHUQUILLO A, LÓPEZ-SÁNCHEZ JF, RUBIO R, et al., 1999. Use of a certified reference material for extractable trace metals to assess source of uncertain in the BCR three-stage sequential extraction procedure. Analytica Chimica Acta, 382: 317-327.

SUTHERLAND RA, TACK FMG, 2002, Determination of Al, Cu, Fe, Mn, Pb and Zn in certified reference materials using the optimized BCR sequential extraction procedure. Analytica Chimica Acta, 454: 249-257.

STUMM W, BRAUNER P A, 1975. A chemical speciation//RILEY J P, SKIRROW G. Chemical oceanography. CH. 3. New York: Academic Press: 173-279.

TEMPLETON D M, ARIESE F, COMELIS R, et al., 2001. IUPAC guidelines for terms related to speciation of trace elements. Pure and Applied Chemistry, 72(8): 1453-1470.

TESSIER A, CAMPBE P G C, BISON M, 1979. Sequential extraction procedure for the speciation of particulate trace metals. Analytical Chemistry, 51: 844-851.

TIPPING E, 2005. Modelling Al competition for heavy metal binding by dissolved organic matter in soil and surface waters of acid and neutral pH. Geoderma, 127(3): 293-304.

TU Q, SHAN XQ, QIAN J, et al., 1994. Trace metal redistribution during extraction of model soils by acetic acid/sodium acetate. Analytical Chemistry, 66: 3562-3568.

URE AM, QUEVAUVILLER PH, MUNTAU H, et al., 1993. Speciation of heavy metals in solids and harmonization of extraction techniques undertaken under the auspices of the BCR of the Commission of the European Communities. International Journal of Environmental Analytical Chemistry, 51: 135-142.

VAN RIEMSDIJK W H, KOOPAL L K, KINNIBURGH D G, et al., 2006. Modeling the interactions between humics, ions, and mineral surfaces. Environmental Science & Technology, 40(24): 7473-7480.

VANĚK A, CHRASTNÝ V, KOMÁREK M ET AL., 2013. Geochemical position of thallium in soils from a smelter-impacted area. Journal of Geochemical Exploration, 124: 176-182.

WENG L, TEMMINGHOFF E J M, VAN RIEMSDIJK W H, 2001. Contribution of individual sorbents to the control of heavy metal activity in sandy soil. Environmental Science & Technology, 35(22): 4436-4443.

YANG C X, CHEN Y H, PENG P A, et al., 2005. Distribution of natural and anthropogenic thallium in highly weathered soils. The Science of Total Environment, 341: 159-172.

YANG C X, CHEN Y H, PENG P A, et al., 2009. Trace element transformations and partitioning during the roasting of pyrite ores in the sulfuric acid industry. Journal of Hazardous Materials 167: 835-845.

YANG J Y, YANG X E, HE Z L, et al., 2006. Effects of pH, organic acids, and inorganic ions on lead desorption from soils. Environmental Pollution, 143(1): 9-15.

YU K C, TSAI L J, CHEN S H, et al., 2002. Chemical binding of heavy metals in anoxic river sediments. Water Research, 35(17): 4086-4094.

ZHANG H, HE P J, SHAO L M, et al., 2008. Leaching behavior of heavy metals from municipal solid waste incineration bottom ash and its geochemical modeling. Journal of Material Cycles & Waste Management, 10(1): 7-13.

第10章　铊环境分析化学发展趋势

2000 年以来重金属污染事件频发，生产企业的周边土壤和水体重金属明显超标，严重威胁到相关河流沿岸和下游居民健康安全。生态环境部网站的数据显示，重金属污染事件中包括大量人体重金属元素超标，环境问题引发的群体性事件屡有发生。全国多个地方居民多次出现因食用被镉污染的大米染患上痛痛病的现象；2008 年，我国相继发生了贵州独山县、湖南辰溪县、广西河池、云南阳宗海、河南大沙河 5 起砷污染事件，2009年，又相继发生了陕西凤翔儿童血铅超标、湖南浏阳镉污染事件。特别是 2005 年 12 月、2010 年 10 月广东北江连续发生铊镉污染事件后，2012 年 1 月发生广西龙江镉铊砷锑污染事件，2013 年 6 月发生广西贺江的镉铊污染事件，2016 年 4 月发生江西新余袁河铊污染事件，2017 年 5 月发生四川嘉陵江铊污染事件，2018 年发生湖南醴陵渌江铊污染事件等，其原因均为重金属冶炼企业将铅锌等重金属提炼过程中产生的废水、废渣违法排放和堆放，其不合理的处理方式严重影响了周边生态环境和居民生存环境。一系列的重金属污染事件表明目前我国的重金属污染已经处于高危态势。铊作为一种典型有毒有害重金属，长期以来由于缺少对其污染来源、污染过程特征及风险管控的系统认识，目前我国铊环境污染的高爆发期已经到来。

我国拥有丰富的含铊矿产资源，如贵州滥木厂超大型汞铊矿、云南南华砷铊矿、云南兰坪金顶铅锌矿、广东云浮黄铁矿、广东凡口铅锌矿、贵州戈塘含铊锑金矿和四川东北寨含铊金砷矿等。但多年来含铊资源矿产利用过程中一直忽视铊污染问题。改革开放 40多年来，随着工业快速发展和对矿产资源的粗放型开发利用，我国一些流域相继暴发了严重的铊污染事件。

铊在土壤中的赋存形态是理解和评估铊的迁移转化过程和生物有效性的一个重要方面，也是人们理解土壤中铊的生物有效性和生物地球化学循环的重要前提。传统的方法主要采用如 Tessier 等（1979）提出的连续提取法和欧盟标准物质局提出的三步提取法（BCR 法）。由于 BCR 法较 Tessier 法简单易行，因此 BCR 法被广泛应用于土壤/沉积物重金属的形态分析。在应用标准 BCR 方法进行重金属离子的分级提取形态分析时，提取体系中金属离子发生的重分配现象和提取剂的选择性问题存在较多的争议。杨春霞等（2005a，b）利用改进的铊 BCR 法分析了土壤中 Tl 的赋存形态，并在土壤和沉积物中得到了广泛的应用（陈永亨 等，2013；邓红梅和陈永亨，2010；Liu et al.，2010a；王春霖，2010；Yang et al.，2009，2005；王春梅，2007；杨春霞，2004）。

作者课题组系统地研究了广东云浮含铊黄铁矿、广东凡口铅锌矿、云南兰坪铅锌矿、贵州黔西南滥木厂汞铊矿等矿山的各类矿石、尾矿、矿渣、电尘、废水及矿区土壤、堆渣场土壤、河流沉积物、城市饮用水源水中铊的含量及化学形态分布特征（陈永亨 等，2013，

2002；Liu et al., 2010a, b；Wang et al., 2010a, b；齐剑英, 2009；李祥平 等, 2009；Yang et al., 2009, 2005；杨春霞 等, 2005a, b；吴颖娟 等, 2002；谢文彪 等, 2001）。根据各类含铊样品中铊的含量建立了各种铊分析化学方法，包括铊的紫外分光光度法、荧光分光光度法、原子吸收光谱法、电化学分析法、极谱分析法、ICP-MS 和 MC-ICP-MS 等（Liu et al., 2020, 2018；齐剑英, 2009；Yang et al., 2009, 2005；吴颖娟 等, 2008a, b；2002；齐剑英 等, 2007；吴惠明 等, 2007, 2003；黄松龄 等, 2005；杨春霞 等, 2004a, b；曹小安 等, 2002, 2001a, b），并改进了土壤铊的分级提取标准 BCR 法（杨春霞 等, 2005b, 2004b），并推广应用于污染土壤中铊化学形态的迁移转化研究中。近 20 年来，大大推动了我国铊表生环境地球化学发展，也使我国铊环境分析化学取得了长足的进步。

　　近 10 年来，污染土壤的矿物钝化剂修复技术方兴未艾，其技术的基本原理在于固化土壤中污染元素的有效活动态。利用分级提取分析法研究修复过程中重金属元素的化学形态转化过程及机理，为矿物钝化剂对土壤的修复机制提供理论支撑，而成为环境分析化学的热点。土壤中重金属的赋存形态多样，并随着土壤中环境因子的变化而变化。一般添加钝化剂能够调节土壤的理化性质，在土壤的内部发生吸附、沉淀、络合、螯合等反应，从而使得土壤中重金属的赋存形态发生改变，降低其活性和生物可利用性。研究表明添加矿物钝化剂可促进土壤中活动态铊向残余态铊转化，可有效降低土壤中酸可交换态、可还原态铊含量，增加残余态铊。土壤中铊在矿物钝化剂的作用下从酸可交换态向可还原态转化，进而进一步转化为残余态铊。在模拟实验条件下，酸可交换态铊可降低 90%，这一结果对利用矿物钝化剂修复重金属污染土壤提供了理论依据。

　　有报道利用同位素稀释法测量土壤中可利用态的浓度，但是该技术没有考虑土壤中实际存在的元素在土壤颗粒物表面吸附/解吸，以及元素的迁移扩散的动态过程。铊在土壤/沉积物中的形态分布是一个动态平衡过程，受铁锰氧化物、有机质、黏土矿物、硫化物、水分等的含量、分布形式控制，同时受土壤/沉积物来源、pH、Eh、阳离子交换量（CEC）等多种因素共同影响（Grosslova et al., 2015；Jia et al., 2013；Liu et al., 2010a；Martin et al., 2004；Yang et al., 2005；Xiao et al., 2004；Lis et al., 2003）。土壤/沉积物矿物相固定铊的过程中首先是伊利石黏土和锰氧化物的吸附作用。铁氧化物、铝氧化物胶体及有机质是土壤/沉积物对铊产生吸附的主要载体，它们的含量、分布形式变化控制着土壤/沉积物中铊的形态分布演化（邓红梅和陈永亨, 2010；Vaněk et al., 2010；Jacobson et al., 2005）。尤其是酸性土壤中铊易被无定形铁和结晶态铁吸附（Martin et al., 2004）。

　　近年基于 Fick 扩散定律的薄膜扩散梯度技术（diffusive gradients in thin-films，DGT）可以获取重金属在土壤中从固相至液相释放的动力学过程，并可以测定土壤/沉积物中的生物有效态重金属。1994 年，William Davison 和张昊发明的 DGT（Davison et al., 1994），引入了一个动态概念，可以通过模拟植物对重金属或一些非金属的吸收过程来进行生物有效性的研究，该技术可以更加真实有效地模拟土壤动态反应过程。与传统的形态分析技术相比，可以有效地测定自然界中重金属和一些非金属元素的生物有效态，能更好地反映生物体对这些元素的吸收（罗军 等, 2011；Zhang et al., 2001）。并且运用模型可以估算出土壤动态过程的动力学参数，从而能够更好地评估土壤动态过程的重要性。2000 年以后，激光剥蚀电感耦合等离子体质谱（LA-ICP-MS）微区分析技术开始介入 DGT 技术中，为 DGT 的高分辨分析带来巨大的发展空间（Gao et al.,2006）。DGT 技术与 LA-ICP-MS 联用可以构建土壤中高分辨的重金属有效态浓度的二维分布（纵向和横向）。DGT 技术的高分辨率特性可以显示出土壤或沉积物的微小（毫米级或者亚毫米级）结构范围的地球化学反应，从而有利于进一步阐明地球生物化学反应的控制机理（Zhang et al., 2001）。

虽然将 DGT 用于研究土壤和植物根际的研究在 2010、2012 年才见诸报道，但却立即展现了此类应用的广阔前景，并取得了关键的发现（房煊 等，2017）。植物根系作为植物与土壤物质交换的通道，其具体过程和状态的阐明对理解植物吸收各种元素有着关键意义，但由于长期缺乏同时测量各种毒性或营养元素有效浓度和关乎元素土壤生物化学过程的含氧量、pH 等重要环境参数的原位测定技术，影响植物根系吸收这些元素的过程始终难以精确研究。平板光极（PO）技术的出现，可以原位高分辨率的测量 O_2 含量、pH 在土壤和沉积物中的二位精细结构分布特征。具有原位高分辨分析能力的 DGT 技术与 PO 技术的联用克服了之前的困难。通过在根际箱实验中串联使用 DGT 和平板光极（PO）DGT，Williams 等（2014）首次发现水稻根尖附近存在一个 As、Pb 和 Fe 释放的显著提高，同时伴随着氧气富集和 pH 降低的区域。在另一项研究中，Hoefer 等（2015）同样在柳树 *Salix smithiana* 树苗根部附近观测到了更高的 Zn 和 Cd 的释放，随后 Hoefer 等（2017）又将 pH 光极膜和 DGT 吸附膜整合到同一水凝胶层，从而实现了对柳苗根际土壤 pH 和金属释放的时空同步成像研究。

邓红梅研究组以氧化锰（δ-MnO$_2$）为吸附相，成功研制了新型高容量 Tl 固定膜。该膜的 DGT 吸收容量为 27.1 μg/cm^2，是常用商业 Chelex 膜的 8 倍以上（Deng et al., 2019）。近年来，随着基于同步辐射的 X 射线吸收光谱技术——微 X 射线荧光（μ-XRF）和扩展 X 射线精细结构（EXAFS）研究的逐渐广泛应用（Voegelin et al., 2015），并与 DGT 技术联合使用，使从微区和分子层面研究土壤中铊的原位分布和形态信息成为可能。

随着分析化学技术的不断完善和发展，将会出现更多的先进技术用于环境铊痕量化学分析和化学形态分析与表征，铊在环境介质中的形态分布及其迁移转化将获得更深入的研究，为推动铊环境分析化学理论的发展和提高奠定更好的基础，以加强铊环境污染控制及合理高效利用铊资源，促进社会经济生态环境可持续发展提供可靠的技术支撑。

参 考 文 献

陈永亨, 王春霖, 刘娟, 等, 2013.含铊黄铁矿工业利用中铊的环境暴露通量. 中国科学: 地球科学, 43(9), 1474-1480.

陈永亨, 谢文彪, 吴颖娟, 等, 2002. 铊的环境生态迁移与扩散. 广州大学学报(自然科学版)1(3): 62-66.

曹小安, 陈永亨, 廖带娣, 2002. 2-羟基-5 磺酸基苯基重氮氨基偶氮苯与铊(III)显色反应的分光光度研究. 光谱学与光谱分析, 22(4): 662-664.

曹小安, 陈永亨, 周怀伟, 2001. 邻羟基苯基重氮氨基偶氮苯分光光度法测定地质样品中的痕量铊, 分析化学, 29(6): 741.

曹小安, 陈永亨, 周怀伟, 等, 2001. 邻羟基苯基重氮氨基偶氮苯与铊(III)的显色反应及其应用. 光谱学与光谱分析, 21(3): 350-352.

邓红梅, 陈永亨, 2010. 腐殖酸对污染土壤中铊赋存形态的影响. 环境化学, 29(1): 34-38.

房煊, 罗军, 高悦, 等, 2017. 梯度扩散薄膜技术（DGT）的理论及其在环境中的应用 II: 土壤与沉积物原位高分辨分析中的方法与应用. 农业环境科学学报, 36(9): 1693-1702.

黄松龄, 张建华, 李雪琼, 等, 2005. 线性扫描伏安法测定痕量铊. 理化检验: 化学分册, 41(2): 121-122.

李祥平, 齐剑英, 王春霖, 等, 2009. 粤西黄铁矿区铊-铅污染土壤的环境质量研究. 农业环境科学学报, 28(3): 496-501.

罗军, 王晓蓉, 张昊, 等, 2011. 梯度扩散薄膜技术（DGT）的理论及其在环境中的应用 I: 工作原理、特性与在土壤中的应用. 农业环境科学学报, 1(2): 205-213.

齐剑英, 2009. 含铊矿产资源利用对水环境安全影响研究. 广州: 中国科学院广州地球化学研究所: 131.

齐剑英, 李祥平, 陈永亨, 等, 2007. 微波消解-电感耦合等离子体质谱法测定黄铁矿中重金属元素. 冶金分析, 27(12): 1-6.

王春霖, 2010. 含铊硫铁矿中铊在硫酸生产过程的赋存形态转化、分布特征及对环境污染的贡献. 广州: 中国科学院研究生院广州地球化学研究所: 142.

王春梅, 2007. 贵州兴仁铊矿化区土壤中铊的环境地球化学. 贵阳: 贵州大学: 67.

吴惠明, 陈永亨, 刘浓, 2003. 地质样品中痕量铊的纸色谱分离-分光光度法测定. 分析测试学报, (4): 86-88.

吴惠明, 李锦文, 陈永亨, 等, 2007. 桑色素荧光光度法测定铊. 理化检验, 化学分册, 43(8): 653-654, 657.

吴颖娟, 陈永亨, 张汝国, 等, 2002. 环境淋滤条件对矿物废渣中铊释放的影响. 环境化学, 21(1): 78-82.

吴颖娟, 陈永亨, 曹小安, 等, 2008a. 活性碳吸附-差示脉冲阳析溶出伏安法测定硫酸渣提取液中的痕量铊. 冶金分析, 28(7): 18-22.

吴颖娟, 崔明超, 柯穗龙, 等, 2008b. 活动态铊的极谱法测定. 环境科学与技术, 31(4): 48-49.

谢文彪, 陈穗玲, 陈永亨, 等, 2001. 云浮黄铁矿利用过程中微量毒害元素的环境化学活动性. 地球化学, 30(5): 465-469.

杨春霞, 2004. 含铊黄铁矿利用过程中毒害重金属铊的迁移释放行为研究. 广州: 中国科学院研究生院广州地球化学研究所: 108.

杨春霞, 陈永亨, 彭平安, 等, 2004a. 活性炭吸附-火焰原子吸收法测定环境样品中微量铊. 理化检验: 化学分册, 40(2), 66-68.

杨春霞, 陈永亨, 彭平安, 等, 2004b. H$^+$反应对重金属分级提取形态分析法实用性的影响. 分析试验室, 23(10): 74-80.

杨春霞, 陈永亨, 彭平安, 等, 2005a. 含铊硫铁矿冶炼废渣在自然淋滤过程中铊的迁移与释放. 环境科学研究, 18(2): 99-102.

杨春霞, 陈永亨, 彭平安, 等, 2005b. 土壤中重金属铊的分级提取形态分析法研究. 分析测试学报, 24(2): 1-6.

DENG H M, LUO M T, LUO J, et al., 2019. *In Situ* Measurement of Thallium in Natural Waters by a Technique Based on Diffusive Gradients in Thin Films Containing a δ-MnO_2 Gel Layer. Analytical Chemistry, 91(2): 1344-1352.

DAVISON W, ZHANG H, GRIME G W, 1994. Performance characteristics of gel probes used for measuring the chemistry of pore waters. Environmental Science & Technology, 28(9): 1623-1632.

GAO Y, LEERMAKERS M, GABELLE C, et al., 2006. High-resolution profiles of trace metals in the pore waters of riverine sediment assessed by DET and DGT. Science of the Total Environment, 362(1/2/3): 266-277.

GROSSLOVA Z, VANEK A, MIHALJEVIC M, et al., 2015. Bioaccumulation of thallium in a neutral soil as affected by solid-phase association. Journal of Geochemical Exploration, 159: 208-212.

HOEFER C, SANTNER J, PUSCHENREITER M, et al., 2015. Localized metal solubilization in the rhizosphere of Salix smithiana upon sulfur application. Environmental Science & Technology, 49(7): 4522-4529.

HOEFER C, SANTNER J, BORISOV S M, et al., 2017. Integrating chemical imaging of cationic trace metal solutes and pH into a single hydrogel layer. Analytica Chimica Acta, 950: 88-97.

JIA Y L, XIAO T F, ZHOU G Z, et al., 2013. Thallium at the interface of soil and green cabbage (Brassica oleracea L. var. capitata L.): Soil-plant transfer and influencing factors. Science of the Total Environment, 450-451: 140-147.

JACOBSON A R, MCBRIDE M B, BAVEYE P, et al., 2005. Environmental factors determining the trace-level sorption of silver and thallium to soils. Science of the Total Environment, 345(1/3): 191-205.

LIS J, PASIECZNA A, KARBOWSKA B, et al., 2003. Thallium in soils and stream sediments of a Zn-Pb mining and smelting area. Environmental Science & Technology, 37: 4569-4572.

LIU J, CHEN Y. H , WANG J , et al., 2010a. Factor analysis and sequential extraction unveil geochemical processes relevant for trace metal distributions in fluvial sediments of a pyrite mining area, China, Carbonates and Evaporites, 25(3): 51-63.

LIU J, WANG J, CHEN Y H, et al., 2010b. Thallium distribution in sediments from the Pearl River Basin, China. Clean-Soil, Air, Water, 38(10): 909-915.

LIU J, WANG J, TSANG C.W. DANIEL, et al., 2018. Emerging Thallium Pollution in China and Source Tracing by Thallium Isotopes. Environmental Science and Technology, 52: 11977-11979.

LIU J, YIN M, XIAO T, et al., 2020. Thallium isotopic fractionation in industrial process of pyrite smelting and environmental implications. Journal of hazardous materials 384, 121378.

MARTIN F, GARCIA I, DORRONSORO C, et al., 2004. Thallium behavior in soils polluted by pyrite tailings (Aznalcollar, Spain). Soil and Sediment Contamination, 13: 25-36.

TESSIER A, CAMPBE P G C, BISON M, 1979. Sequential extraction procedure for the speciation of particulate trace metals. Analytical Chemistry, 51: 844-851.

VANEK A, CHRASTNY V, KOMAREK M, et al., 2010. Thallium dynamics in contrasting light sandy soils-Soil vulnerability assessment to anthropogenic contamination. Journal of Hazardous Materials, 173:

717-723.

VOEGELIN A, PFENNINGER N, PETRIKIS J, et al., 2015. Thallium Speciation and Extractability in a Thallium- and Arsenic-Rich Soil Developed from Mineralized Carbonate Rock. Environmental Science & Technology, 49: 5390-5398.

WANG C.L., PAN J.Y., CHEN Y. et al., 2010a. Study on the purification property of pyrite and its spectra on processing of metal-bearing wastewater. Environmental Earth Sciences, 61(5): 939-945.

WANG C.L., CHEN Y., PAN J.Y. et al., 2010b. Speciation analysis and determination of metals(Tl, Cd and Pb) in Tl-containing pyrite and its cinder from Yunfu Mine, China by ICP-MS with sequential extraction. Chinese Journal of Geochemistry, 29: 113-119.

WILLIAMS P N, SANTNER J, LARSEN M, et al., 2014. Localized flux maxima of arsenic, lead, and iron around root apices in flooded lowland rice. Environmental Science & Technology, 48(15): 8498-8506.

XIAO T, GUHA J, BOYLE D, et al., 2004. Environmental concerns related to high thallium levels in soils and thallium uptake by plants in southwest Guizhou, China. Science of the Total Environment, 318: 223-244.

YANG C X, CHEN Y H, PENG P A, et al., 2005. Distribution of natural and anthropogenic thallium in the soils in an industrial pyrite slag disposing area. Science of the Total Environment, 341(1/3): 159-172.

YANG C X, YONGHENG CHEN, PING'AN PENG, et al., 2009. Trace element transformations and partitioning during the roasting of pyrite ores in the sulfuric acid industry, Journal of Hazardous Materials 167, 835-845.

ZHANG H, ZHAO F J, SUN B, et al., 2001. A new method to measure effective soil solution concentration predicts copper availability to plants. Environmental Science & Technology, 35: 2602-2607.